TURING
图灵程序
设计丛书

DevOps
实践指南
（第2版）

The DevOps Handbook, Second Edition
How to Create World-Class Agility, Reliability,
& Security in Technology Organizations

[美] 吉恩 · 金（Gene Kim）
[英] 耶斯 · 亨布尔（Jez Humble）
[比] 帕特里克 · 德布瓦（Patrick Debois）
[美] 约翰 · 威利斯（John Willis） ◎ 著

茹炳晟 管俊 董越 王晓翔 ◎ 译

人民邮电出版社
北 京

图书在版编目（CIP）数据

DevOps实践指南 / (美) 吉恩·金 (Gene Kim) 等著;
茹炳晟等译. -- 2版. -- 北京 : 人民邮电出版社,
2024.4
(图灵程序设计丛书)
ISBN 978-7-115-63877-9

Ⅰ. ①D… Ⅱ. ①吉… ②茹… Ⅲ. ①软件工程－指南
Ⅳ. ①TP311.5-62

中国国家版本馆CIP数据核字(2024)第048689号

内 容 提 要

本书是软件开发与运维领域经典参考书最新升级版，由 DevOps 领域几位先驱撰写。第 2 版根据最新研究和最佳实践更新了内容，增加了大量新案例，方便大家在各行各业落地 DevOps 实践。

本书内容分为六部分，围绕“DevOps 三要义”（流动、反馈、持续学习与探索）探讨 DevOps 的理论、原则和落地实践。第一部分介绍 DevOps 理论基础和关键主题，第二部分介绍如何寻找切入点并启动转型，第三部分介绍如何通过构建部署流水线来加速流动，第四部分讨论如何通过建立有效的生产环境监控发现和解决问题，第五部分探讨如何通过建立公正的文化促进持续学习与探索，第六部分介绍如何将安全与合规活动集成到日常工作。

本书适合所有互联网企业和传统企业从业者阅读。

◆ 著　　[美] 吉恩·金（Gene Kim）
　　　　[英] 耶斯·亨布尔（Jez Humble）
　　　　[比] 帕特里克·德布瓦（Patrick Debois）
　　　　[美] 约翰·威利斯（John Willis）
　译　　茹炳晟　管　俊　董　越　王晓翔
　责任编辑　刘美英
　责任印制　胡　南

◆ 人民邮电出版社出版发行　　北京市丰台区成寿寺路11号
　邮编　100164　　电子邮件　315@ptpress.com.cn
　网址　https://www.ptpress.com.cn
　三河市中晟雅豪印务有限公司印刷

◆ 开本：800×1000　1/16
　印张：21.5　　　　2024年4月第2版
　字数：533千字　　2024年4月河北第1次印刷

著作权合同登记号　图字：01-2022-5043号

定价：139.80元

读者服务热线：(010)84084456-6009　印装质量热线：(010)81055316

反盗版热线：(010)81055315

广告经营许可证：京东市监广登字 20170147 号

版权声明

目　录

专家推荐

译者序一　理论之光，实践之路：从思想到行动你需要知道的 DevOps 的一切 | 茹炳晟

译者序二　DevOps 智慧与力量之书 | 管俊

译者序三　翻译，以心呈现 | 董越

译者序四　与其旁观，何不加入 | 王晓翔

第 2 版出版说明

第 2 版序 | Nicole Forsgren

第 1 版序 | John Allspaw

前言

导言：畅想 DevOps 新世界

第一部分　DevOps 三要义

第 1 章　敏捷、持续交付与 DevOps 三要义　5

1.1　制造业价值流　5

1.2　技术价值流　5

1.2.1　聚焦部署前置时间　6

1.2.2　关注返工指标——%C/A　8

1.3　DevOps 三要义：DevOps 的基础原则　9

案例研究：向着巡航高度爬升：美国航空的 DevOps 之旅（第一部分，2020 年）　11

1.4　小结　14

第 2 章　第一要义：流动　15

2.1　使工作可视化　15

2.2　限制在制品数量　16

2.3　缩减批量大小　17

2.4　减少工作交接　19

2.5　持续识别并改进约束　20

2.6　消除价值流中的浪费和困境　21

案例研究：医疗行业中改善流动性和改进约束的实践（2021 年）　22

2.7　小结　24

第 3 章　第二要义：反馈　25

3.1　在复杂系统中安全地工作　25

3.2　及时发现问题　26

3.3　群策群力，攻克难题　28

案例研究：Excella 的安灯绳实验（2018 年）　30

3.4　从源头保障质量　32

3.5　为下游工作中心优化　33

3.6　小结　33

第 4 章　第三要义：持续学习与探索　34

4.1　建立学习型组织，打造安全文化　35

4.2　将日常工作的改进制度化　36

4.3　将局部经验转化为全局改进　38

4.4　在日常工作中注入弹性模式　38

4.5　领导层强化与巩固学习文化　39

案例研究：贝尔实验室的故事（1925 年）　40

4.6　小结　41

第一部分总结　42

第二部分　从哪里开始

第 5 章　选择合适的价值流切入　45

5.1　绿地项目与棕地项目　47

案例研究：Kessel Run：空中加油系统的棕地项目转型（2020 年）　49

5.2　兼顾记录型系统和交互型系统　50

5.3　从最具同理心和创新精神的团队开始　51

5.4　在组织中推广 DevOps 转型　52

案例研究：在整个企业中推广 DevOps 转型：美国航空的 DevOps 之旅（第二部分，2020 年）　52

案例研究：英国税务及海关总署如何通过超大规模 PaaS 拯救经济于水火（2020 年）　55

5.5　小结　57

第 6 章　理解、可视化和运用价值流　58

6.1　通过绘制价值流图改进工作　58

6.2　确定价值流的参与团队　59

6.3　通过绘制价值流图展现工作　60

6.4　组建专职转型团队　61

6.4.1　目标一致　62

6.4.2　保持小跨度的改进计划　63

6.4.3 为非功能性需求和偿还技术债务预留 20% 的时间 63
案例研究：LinkedIn 的“反转行动”（2011 年） 65
6.4.4 提高工作的可视化程度 67
6.5 使用工具强化预期行为 67
6.6 小结 68
第 7 章 参照康威定律设计组织结构与系统架构 69
7.1 组织原型 71
7.2 过度以职能为导向的危害（“成本优化”） 72
7.3 组建市场型团队（“速度优化”） 72
7.4 让职能型组织高效运转 73
7.5 将测试、运维和信息安全纳入日常工作 74
7.6 让团队成员都成为通才 75
7.7 投资服务与产品，而非项目 76
7.8 依照康威定律设定团队边界 76
7.9 创建松耦合的架构，保证生产力和安全 77
7.10 保持小规模团队（“两张比萨”原则） 78
案例研究：Target 的“API 启用”项目（2015 年） 80
7.11 小结 81
第 8 章 将运维融入日常开发工作 82
8.1 构建共享服务，提升开发人员生产力 83
8.2 将运维工程师融入服务团队 85
8.3 为服务团队指派运维联络人 85
8.4 邀请运维工程师参加开发团队的例行活动 86
8.4.1 邀请运维工程师参加每日站会 87
8.4.2 邀请运维工程师参加回顾会议 87
8.4.3 使用共享的看板展示相关运维工作 88
案例研究：全英房屋抵押贷款协会：拥抱更好的工作方式（2020 年） 88
8.5 小结 91
第二部分总结 91

第三部分 “第一要义：流动”的具体实践

第 9 章　为部署流水线奠定基础　95

9.1　按需搭建开发、测试和生产环境　96

9.2　使用统一的代码仓库　97

9.3　简化基础设施的重建　99

案例研究：酒店公司如何通过容器技术实现年收入 300 亿美元（2020 年）　100

9.4　代码运行在类生产环境中才算“开发完成”　101

9.5　小结　102

第 10 章　实现快速可靠的自动化测试　103

10.1　持续构建、测试和集成代码与环境　106

10.2　构建快速可靠的自动化测试套件　108

10.3　在自动化测试阶段尽早发现问题　109

10.3.1　确保测试快速运行　110

10.3.2　测试驱动开发　111

10.3.3　尽可能将手工测试自动化　112

10.3.4　在测试套件中集成性能测试　113

10.3.5　在测试套件中集成非功能性需求测试　113

10.4　在部署流水线失败时拉下安灯绳　114

10.5　小结　116

第 11 章　实现持续集成　117

11.1　小批量开发 vs 大批量合并　119

11.2　基于主干的开发实践　120

案例研究：Bazaarvoice 的持续集成实践（2012 年）　121

11.3　小结　123

第 12 章　自动化和低风险的发布　124

12.1　部署流程自动化　126

案例研究：CSG 的每日部署（2013 年）　127

12.1.1　实现自动化的自助部署　129

12.1.2 将代码部署集成到部署流水线 130

案例研究：Etsy 持续部署案例：开发者自助部署（2014 年） 131

12.2 部署与发布解耦 133

12.2.1 基于部署环境的发布模式 134

案例研究：Dixons Retail：蓝绿部署在 POS 系统中的应用（2008 年） 136

12.2.2 基于应用程序的发布模式 138

案例研究：Facebook Chat 功能的暗发布案例（2008 年） 140

12.3 持续交付和持续部署实践调研 141

案例研究：CSG：实现开发与运维的双赢（2016 年） 142

12.4 小结 146

第 13 章 降低发布风险的架构 147

13.1 提高研发效能、可测试性和安全性的架构 148

13.2 架构原型：单体架构 vs 微服务 149

案例研究：亚马逊的演进式架构（2002 年） 150

13.3 安全地演进企业架构 151

案例研究：Blackboard Learn 的绞杀者应用模式（2011 年） 152

13.4 小结 155

第三部分总结 155

第四部分 “第二要义：反馈”的具体实践

第 14 章 使用监控发现和解决问题 159

14.1 搭建集中式的监控基础设施 161

14.2 为应用程序添加日志监控 163

14.3 用监控指引问题的分析和解决 165

14.4 把添加监控融入日常工作 165

14.5 以自助方式访问监控数据 166

案例研究：搭建自助的监控体系：LinkedIn 的实践（2011 年） 167

14.6 对监控配置查漏补缺 169

14.6.1 应用程序和业务的监控 169

14.6.2 基础设施的监控 171

14.6.3 显示其他相关信息 172

14.7 小结 172

第 15 章 使用监控预防问题并实现业务目标 173

15.1 用均值和标准差发现潜在问题 174

15.2 监测到非预期结果时告警 175

15.3 监控数据非高斯分布带来的问题 176

案例研究：Netflix 的自动扩容能力（2012 年） 177

15.4 使用异常检测技术 179

案例研究：异常检测中的高级技术（2014 年） 180

15.5 小结 182

第 16 章 引入反馈机制实现安全部署 183

16.1 利用监控确保部署上线更安全 184

16.2 让开发和运维轮流值班 186

16.3 让开发人员到价值流下游看一看 186

16.4 先由开发人员自行运维 188

案例研究：谷歌的发布就绪评审和移交就绪评审（2010 年） 190

16.5 小结 192

第 17 章 将假设驱动开发和 A/B 测试纳入日常工作 193

17.1 A/B 测试简史 194

17.2 在新功能测试中整合 A/B 测试 195

17.3 在软件发布中整合 A/B 测试 196

17.4 在功能规划中整合 A/B 测试 196

案例研究：雅虎问答在快速迭代中实验，实现收入翻倍（2010 年） 197

17.5 小结 198

第 18 章 通过评审和协调提升工作质量 199

18.1 变更审批流程带来的问题 200

18.2 过度变更控制带来的问题 201

案例研究：从三位高管审批到自动审批：阿迪达斯的大规模发布实践（2020 年） 202
18.3 对变更进行协调和规划 204
18.4 对变更进行同行评审 204
案例研究：谷歌的代码评审（2010 年） 206
18.5 冻结变更并进行大量手工测试的隐患 207
18.6 用结对编程提升各种类型变更的质量 207
案例研究：Pivotal 用结对编程代替阻滞的代码评审过程（2011 年） 208
18.7 分析拉取请求过程的有效性 209
18.8 对官僚化流程进行大胆简化 210
18.9 小结 211
第四部分总结 212

第五部分 “第三要义：持续学习与探索”的具体实践

第 19 章 将学习融入日常工作 215
19.1 建立公正的学习文化 216
19.2 故障发生后及时召开回顾会议 217
19.3 尽可能广泛公开回顾会议纪要 219
19.4 降低事故容差以发现更弱的故障信号 220
19.5 重新定义失败并鼓励评估风险 221
19.6 向生产环境注入故障，提高系统弹性 222
19.7 设立故障演练日 223
案例研究：CSG 如何将故障转化为有效的学习机会（2021 年） 224
19.8 小结 226

第 20 章 将局部经验转化为全局改进 227
20.1 将可复用的标准流程自动化 228
20.2 创建组织级的单一共享源代码仓库 229
20.3 用自动化测试记录、交流实践以传播知识 231
20.4 通过规范非功能性需求来设计运维 231

20.5 将可复用的运维用户故事融入开发过程 232
20.6 确保技术选型有助于组织达成目标 233
案例研究：Etsy 的新技术栈标准化（2010 年） 234
案例研究：Target 的众包技术治理（2018 年） 235
20.7 小结 236

第 21 章 预留时间开展组织学习和改进 237
21.1 将偿还技术债务变为例行活动 238
21.2 让所有人教学相长 239
21.3 在 DevOps 会议中分享经验 241
案例研究：美国全国保险、Capital One 和 Target 的内部技术会议（2014 年） 242
21.4 创建社区结构来推广实践 243
21.5 小结 245
第五部分总结 245

第六部分 整合信息安全、变更管理和合规性的技术实践

第 22 章 信息安全是每个人的日常工作 249
22.1 将安全集成到开发迭代演示 249
22.2 将安全问题纳入缺陷跟踪和事后分析 250
22.3 将预防性安全控制纳入共享源代码仓库及共享服务 250
22.4 将安全集成到部署流水线 252
22.5 保障应用程序安全 253
案例研究：Twitter 的静态安全测试（2009 年） 254
22.6 保障软件供应链安全 256
22.7 保障环境安全 261
案例研究：18F 使用 Compliance Masonry 实现美国联邦政府合规性评审自动化（2016 年） 261
22.8 将信息安全集成到生产监控系统 262
22.8.1 为应用程序创建安全监控 263

22.8.2 为环境创建安全监控 263

案例研究：Etsy 的环境监测（2010 年） 264

22.9 保护部署流水线 265

案例研究：在 Fannie Mae 开展安全左移（2020 年） 266

22.10 小结 267

第 23 章 保护部署流水线 268

23.1 将安全和合规集成到变更审批流程 268

23.2 将低风险的变更归类为标准变更 269

23.3 当变更被归类为常规变更时如何处理 270

案例研究：Salesforce 将自动化基础设施变更归类为标准变更（2012 年） 270

23.4 通过代码评审实现职责分离 271

案例研究：Etsy 的 PCI 合规性以及一则职责分离的警示故事（2014 年） 272

案例研究：通过业务与技术合作，Capital One 实现每天 10 次有信心的发布（2020 年） 274

23.5 确保为合规官和审计师提供文档和证据 275

案例研究：证明监管环境下的合规性（2015 年） 275

案例研究：ATM 系统离不开生产监控（2013 年） 277

23.6 小结 278

第六部分总结 278

行动起来——本书结语 279

第 2 版后记 281

附录 286

致谢 295

关于作者 298

专家推荐

（按姓氏拼音排序）

全球数字化浪潮对企业运营和管理提出了新的挑战，考验企业如何在保持自身新技术洞察力的同时，保障组织的敏捷性、可靠性和安全性。第 2 版的出版恰逢其时，既从宏观角度出发，深入浅出地剖析了 DevOps 技术生态，又从微观角度切入，给出了具体的实践案例和操作步骤。这不仅仅是一本关于 DevOps 的指南，更是一部探索如何持续构建和完善技术架构体系的宝典。

通过阅读这本书，我们将学习到 DevOps 如何融入和影响软件架构，如何实现技术的快速迭代和持续创新，以及如何在保持技术领先的同时确保软件系统的高效、安全和稳定。不仅如此，这本书还为我们提供了一种全新的视角，让我们重新审视技术组织的管理和运营方式，引导我们打破传统的思维定式，拥抱变革，尝试新的方法和工具，从而推动企业的持续进步和发展。

——陈屹力，中国信息通信研究院云计算与大数据研究所副总工程师

20 年前我在东软写软件，“自己运维”；后来进腾讯赶上了“DO 分离”，全职做运维；再后来腾讯内部不同团队的研发搞“敏捷”，运维则开始做“一体化”；2018 年，研发和运维又开始搞协同，也就是“DevOps”……我就是在那时接触到第 1 版的，从概念到案例学到了很多，后来我们组建了介于研发与运维之间的“SRE 岗”，统一了腾讯的基础研发流水线。经历过实践之后再重温这类书会有更多领悟。所以不论你是刚接触 DevOps 领域，还是已经凭感觉和经验做了一些平台建设和研效推动的工作，这本经典工具书都值得你一读再读。本书让你深入理解 DevOps 的同时，也会为你了解后续的技术演进做铺垫：模式之间都是相互继承和相互关联的，继“自己运维”“DO 分离”“敏捷和一体化运维”“DevOps”之后，还会有“平台工程”“CodeAI”等新模式不断涌现。

——党受辉，腾讯 IEG 技术运营部助理总经理

本书是 DevOps 领域经典，深入浅出地介绍了 DevOps 的核心理念和实践方法，可谓“术”“道”兼备——既有高屋建瓴的理念，又有丰富的案例和实用的工具。借助本书，读者可以更好地理解和应用 DevOps，从而提高软件开发和运维的效率和质量。无论你是开发人员、运维人员还是管理人员，这本书都值得一读。

——李大海，面壁智能 CEO

近几年 DevOps 的普及速度大大超出了我们的预期。本书不仅提供了实施 DevOps 的路线图，也包含了大量各行业的参考案例。DevOps 是没有终点的伟大冒险，练就加速能力才能获取奔赴星辰大海的体验。

——刘征，中国 DevOps 社区核心组织者

这是一本必读指南，深入浅出地解释了 DevOps 的核心概念和原则，并提供了一系列实用的工具和技术，帮助读者在现代软件开发中实现高效的协作和持续交付。无论你是软件开发人员、系统管理员还是项目经理，无论你是初学者还是经验丰富的专业人士，本书都将为你提供宝贵的经验和洞察力，为你的 DevOps 实践提供全面而实用的指导，帮助你在竞争激烈的市场中脱颖而出。

——裴丹，清华大学长聘副教授、CCF OpenAIOps 社区发起人

如果你正面临需求变更、技术债务积累、研发效能落后等问题，或者正经历交付周期越来越长、交付质量越来越差、并行交付越来越多的项目现状，又或者在执行项目过程中伴随着倦怠感甚至绝望感等负面情绪，推荐你读读这本书。书中的 DevOps 实践，一定能解决你的一些问题。不要气馁，正如 DevOps 的准则指出的，“总有更好的办法”。

——沈剑，“架构师之路”主理人、快狗打车 CTO

作为 EXIN DevOps Professional 认证指定用书，第 2 版新增了 15 个知名企业 DevOps 实践案例。此外，DevOps Master 2.0 认证指定用书《加速》作者 Nicole 博士为本书提供了全新研究洞察。

——孙振鹏，EXIN 国际信息科学考试学会亚太区总经理、DevOpsDays 中国社区发起人

四位译者基于自身丰富的实践经验为大家重新诠释了 DevOps 领域经典。第 2 版不仅仅有从“DevOps 三步工作法”到“DevOps 三要义”的变化，更引入了丰富的名企案例为你提供高效的贴身指导，不愧是软件工程必读之作。

——萧田国，DAOPS 基金会中国区执行董事、高效运维社区发起人

2017 年的某一天，我初次翻开第 1 版的英文原版，就被书中满溢的知识及其背后折射的智慧所深深震撼，于是夜以继日地整理出了数万字的读书笔记，并绘制了思维导图。当时的兴奋与激动至今仍鲜明如昨。令我倍感欣喜的是，如今还能见证这本书的又一里程碑——第 2 版问世。基于近年来的最佳实践、新数据和新案例，第 2 版做了与时俱进的大幅更新，焕发出全新的生命力，这是真正的王者归来。本书值得你用心阅读和深度思考，相信你也能体会到那种认知被点燃的“啊哈”时刻！

——张乐，腾讯研发效能资深技术专家、DevOpsDays 中国核心组织者

看到译者序的标题中有“以心呈现”四个字，我对翻译质量就很有信心了。原著的作者都是“大牛”、DevOps 的长期实践者，从 DevOps 诞生的那天起，他们就不断在不同类型的企业中实践，并将相关经验结集成书，于 2016 年付梓，面世后迅速成为 DevOps 领域的经典著作，深受读者喜爱。而第 2 版增加了最新研究、优秀实践和大量新案例。我拿到预览版后一口气读完了前 4 章，因为阐述深刻，书中多处引发了我的深度思考或共鸣。相信你会收获更丰。

——朱少民，QECon 和 AiDD 大会发起人

译者序一

理论之光，实践之路：从思想到行动你需要知道的 DevOps 的一切

茹炳晟，腾讯 Tech Lead

在这个软件定义一切的数字化鼎盛时代，如果说开发（development）和运维（operations）原本是一对宿敌，那么 DevOps 则是一剂能化解双方矛盾、促进双方协作的良药。现在，我很荣幸地为这种变革的武器——DevOps 经典图书的最新版《DevOps 实践指南（第 2 版）》——贡献我的语言技能，帮助本书以一种全新的面貌与中国 DevOps 从业者相遇。

提到 DevOps，我们很容易想象出一个充满理念和理论的世界——持续集成（continuous integration，CI）、持续交付（continuous deployment，CD）、自动化测试、基础设施即代码（IaC），等等，这些词语就像星星点缀在一张庞大的知识星图上。它们的光芒虽然璀璨，但往往距离实践比较遥远。有鉴于此，本书除了将这些重要的 DevOps 理念解读得通俗易懂、简洁生动之外，它最大的魅力在于，书中的理论都能转化为实践案例与具体步骤，指导读者将美好的理念落实到繁复的工程实践中。

从译者的角度出发，我认为 DevOps 的理论固然重要，它为现代软件开发和运维建立了理论体系和方法论；然而与其在理论的高塔中遥望理想的实践与协同之城，不如穿上工作服，脚踏实地地去建设。因此，在翻译和统稿的过程中，我们非常注重保持原文的实用性，希望读者在理解了方向和目标之后，可以立刻动手，将理念转变为实践，将规划落地为实际的项目流程。

比如，当我们谈论自动化测试时，我们不只是讨论它能减少人工介入和错误，更是践行在每次提交代码后都要运行测试脚本，并确保所有环节被适当监测。当我们谈论持续集成时，我们不仅要理解它能够帮助团队更快地集成和发现问题，更要亲手搭建 CI/CD 流水线，让软件构建和交付的过程像流水线一样顺畅。

更进一步，DevOps 不仅关乎技术实践，它还是一种文化，一种鼓励协作、沟通、学习和创新的文化。本书的每一页都是对这种文化的解读和推广，旨在告诉读者：在这个迅速变化的世界里，拥抱变化，快速迭代，团队之间开放沟通和紧密协作才是王道。因此，在将文字从一种语言转化成另一种语言的过程中，我们尽可能地传递这种文化内涵，确保中文版的读者能够对 DevOps 文化的魅力感同身受。

作为译者之一和全书的统稿人，我深感责任重大。一本书，一门理论，一次实践，这不仅仅是简单的工作流程的转换，更是一个行业发展的转型，是向更高效、更亲和、更自动化的未来迈进的一大步。带着这样的信念和责任感，我们翻译了这本书，并希望它能成为桥梁，连接理论和实践，连接中文版读者和全球的 DevOps 实践者。

不论你是刚刚起步的软件开发新手，还是资深 DevOps 工程师，我相信，这本书都能给你启发，为你的职业之路提供指导。愿你在阅读的每一个瞬间，都能感受到 DevOps 理念的力量。更重要的是，愿你能将这股力量，通过自己的双手，化为实实在在的技术实践。

让我们一起读书，一起实践，一起将 DevOps 的美好愿景变为现实。

茹炳晟

腾讯 Tech Lead、腾讯研究院特约研究员，中国计算机学会（CCF）TF 研发效能 SIG 主席，《软件研发效能度量规范》标准核心编写专家，中国商业联合会互联网应用工作委员会智库专家，中国通信标准化协会云计算标准和开源推进委员会（TC608）云上软件工程工作组副组长。国内外各大技术峰会联席主席、出品人和 Keynote 演讲嘉宾。公众号“茹炳晟聊软件研发”主理人。

畅销技术书作译者，著有《测试工程师全栈技术进阶与实践》《软件研发效能提升之美》《多模态大模型：技术原理与实战》《高效自动化测试平台：设计与开发实战》《软件研发效能提升实践》《软件研发效能权威指南》等，译有《持续架构实践》《精益 DevOps》《现代软件工程》等。

译者序二

DevOps 智慧与力量之书

管俊，DevOps 架构师

如果现在让你去问一位同事或同行，什么是 DevOps，我相信答案是多种多样的——大家会讲到工具、自动化、框架、方法论，等等；而更多的时候，你得到的可能是茫然或无言的回应。作为过去 10 余年 IT 行业出现频率最高的术语之一，DevOps 的热度和从业者群体对 DevOps 的认知大不相称。近一两年，“DevOps 已死”的声音也开始出现，一些后继的潮流逐步涌现。同时，随着生成式 AI 在软件交付的各个环节崭露头角，DevOps 似乎处于一个微妙的境地，加之后疫情时代出现了更多不稳定因素，由此，我时常思索 DevOps 的未来。

DevOps 将何去何从？坚定 DevOps 之路的力量从何而来？幸运的是，在翻译本书的艰苦过程中，我找到了答案。

一年前的某一天，我收到了《DevOps 实践指南（第 2 版）》的试译邀请。一听到书名，我便毫不犹豫地答应了。毕竟，从颤颤巍巍地带领一个 13 人的跨国团队用 Maven、Ant Build、TestNG、Selenium 和 Jenkins 搭建和实现自动化测试流水线开始，我一路从事过软件工程行业各个环节的工作，也历经了云计算浪潮的起起落落。在沿着 DevOps 战线一路前行 10 多年后，面对这样一个为行业做出贡献的绝佳机会，任何疑虑都显得多余。

第 2 版在第 1 版的基础上增加了不少新内容和案例分析，翻译的难度和工作量也超出我的预想。在完成初稿的半年间，除了每晚固定抽出 1~2 个小时进行翻译之外，多家咖啡店和各式交通工具上也留下了我苦苦思索的身影。最终能成书，我首要感谢的是妻子对我翻译工作的巨大帮助——她不仅充分理解与支持我对 DevOps 的热情，还通读了初稿，从非从业者的角度对文字表达提出了诸多宝贵的建议。

与整个“字幕组”（本书翻译组的自称）一起工作的时光也十分令人怀念。这是一支充满激情、专业素养极高的团队，大家经常持续几个小时激烈讨论，就是为了找到一句话乃至一个词更好的表述方式——为了将原书的思想更精准地传递给广大读者，每个人都倾尽全力。编辑刘老师对文字的推敲也让本人受益匪浅，有意识地修正了一些“英式中”的表达习惯。可以说，大家一同用心血和汗水铸就了这本《DevOps 实践指南（第 2 版）》。

翻译是一种特别的写作方式：逐字逐句嚼碎理解原文，再以中文重新书写。翻译也是一种特别的阅读方式：若干年前，作为第 1 版的读者，我从未如此细致地体会书中的深意；现在，经过极致"精读"之后，我才深深地认识到它是一本传授智慧和"奥义"的书，是过去几十年来，整个人类社会诸多知识领域的智慧投射到软件工程领域凝结而成的精华。书中的核心理念是"DevOps 三要义"，书中精彩纷呈的案例充分展现了各行各业如何以"DevOps 三要义"的智慧来应对数字化的挑战，也表明了在数字化成为时代刚需的背景下，DevOps 依然是"广阔天地，大有可为"。

最后，我想分享一下本书中我个人最喜欢的一个词——scenius（中文翻译为"场域天才"，来自贝尔实验室的案例）。它阐述了人类真正的伟大蕴藏在由本来毫不相关的个体组成的集体之中——即使是一群不具备所谓天才基因的普通人，只要能构建起正确的"场域"（组织、文化等），便能如"天才"一般实现卓越的成就。与原书作者意图"传播'啊哈'时刻"的心愿相呼应，我希望这本书能够带给你渡过难关的力量和蓬勃生长的智慧。

管 俊

目前就职于戴尔中国卓越研发集团，担任 ACP & VxRail 产品研发部门 DevOps 架构师，专注提升产品交付效率、优化工程效能、增强开发者体验，并确保软件供应链的安全。

曾主导若干 OpenStack、Kubernetes 产品和项目的设计、实施与落地运行，在企业研发现代化和数字化转型上积累了超过 10 年的一线 DevOps 工程实践和团队建设经验。

译者序三

翻译，以心呈现

董越，DevOps 咨询师

《DevOps 实践指南》是 DevOps 领域经典图书，值得一读再读。第 2 版与第 1 版相比，更新了不少内容，特别是增加了不少新的案例。为取得最好的翻译效果，从译者角度，第 2 版的翻译工作做了如下安排。

第一，由 DevOps 领域的专家来翻译。译者茹炳晟现任腾讯 Tech Lead 和腾讯研究院特约研究员。译者管俊现任戴尔中国卓越研发集团 ACP & VxRail DevOps 架构师。译者董越曾任阿里巴巴研发效能事业部架构师和高级产品专家。译者王晓翔曾任去哪儿网工程效率部高级总监。几位译者都有丰富的一线 DevOps 团队管理和实践落地经验。此外，董越、王晓翔和茹炳晟都是 DevOps 标准（指中国信息通信研究院牵头制定的《研发运营一体化（DevOps）能力成熟度模型》）权威专家。而茹炳晟和董越都已有若干著作和译作出版，在科技图书的创作和翻译方面有丰富的经验。

第二，字斟句酌，寻找最合适的中文表达。举个例子，“the Three Ways”的传统译法是“DevOps 三步工作法”，但原文并没有“一步一步走”的意思，它的实际含义更接近“三个工作方法”“三个工作要领”“三个锦囊”之类。在第 2 版的翻译工作中，各位译者对这个关键词的翻译十分慎重，先后列出了几十个方案进行比选，比如“DevOps 三原则”“DevOps 三法则”“DevOps 三要领”“DevOps 三法”“DevOps 三板斧”“DevOps 三奥义”等。经过几个月的反复讨论，最终确定翻译为“DevOps 三要义”。

第三，实行严格的检查评审机制。每位译者在完成了一节的翻译后，首先进行两遍自我检查，第一遍是原文与译文逐字逐句对照检查，第二遍是通读译文。随后送交另一位译者进行评审，同样采用“原文与译文逐字逐句对照检查 + 通读译文”的方式。评审意见以注释的方式标注在相应的译文处，随后互评的两位译者以远程会议的方式进行讨论。在这一轮评审后，再由第三位和第四位译者分别通读译文，给出评审意见。必要时大家会在微信群中进行讨论，集体决策。

以上是从译者角度所做的安排。为保证中文版的质量，本书编辑也付出了很多心血。所有译者都是经过试译被编辑“录用”的。编辑在对试译章节的评审中，也指出了各位译者分别需要注意和改进的地方。在随后的翻译过程中，编辑亦进行抽查。这些工作确保了译稿从一开始就有较高的质量，而不是等到全书译毕交稿，“生米煮成熟饭”时才进行润色修补。

《DevOps 实践指南（第 2 版）》是作者的诚意之作，也是译者和编辑的诚意之作。愿每位读者在阅读这本书时都能享受阅读的乐趣，顺畅获取新知。

董　越

独立 DevOps 咨询师，《研发运营一体化（DevOps）能力成熟度模型》核心专家。当前主要从事企业级 DevOps 体系建设的咨询工作，帮助华为、招商银行、中国移动等众多企业提升软件研发交付效能。

曾任阿里巴巴集团研发效能事业部架构师、高级产品专家等职，从事 Aone/云效 DevOps 产品设计等工作。曾就职于西门子、摩托罗拉、雅虎、索尼、去哪儿网等大型企业，长期从事软件配置管理、持续集成 / 持续交付、DevOps、软件研发交付效能相关工作。

畅销技术书作译者，著有《软件交付通识》《未雨绸缪：理解软件配置管理》等，译有《高效能团队模式：支持软件快速交付的组织架构》《版本控制之道——使用 Git》等。

译者序四

与其旁观，何不加入

王晓翔，DevOps 咨询师

2017 年 3 月 18 日，我连夜从上海赶回北京，参加第一届 DevOpsDays 北京站大会，并有幸听到了 DevOps 之父 Patrick Debois 在会上的激情演讲，知道了他推荐的三本书之一 *The DevOps Handbook*（即《DevOps 实践指南》，本书第 1 版）。会议结束后，我兴奋不已，在微信朋友圈发布了以下文字：

> 事实证明，连夜从上海赶回北京参加 DevOpsDays 大会是值得的。倾听完 DevOps 之父的宣讲，心情无比激动，甚至兴奋。激动的是，DevOps 是 IT 界兴起的一场文化运动，兴奋的是，我们正参与其中。
>
> DevOps 解决的不是技术的问题，而是人的问题。
>
> DevOps 关注的不该是技术的先进性，而是商业的输出价值。
>
> 激情已被点燃。Do, then show!

那时我还供职于去哪儿网，我们团队正在打造以应用为中心的 DevOps 一站式平台，而平台的第一个版本在 3 月 1 日刚刚发布上线。那时候我们团队还被称作“配置管理组”。2020 年，我因为个人原因离开了至今感恩且不舍的老东家，当时我们团队已经更名为“工程效率组”。而以应用为中心的 DevOps 平台——Portal（Web 应用）和 MPortal（移动应用），持续为公司各个产线提供稳定、便捷、高效的服务。

从 2020 年开始，我以独立 DevOps 咨询师的身份服务了几十家企业，帮助上百个项目开展 DevOps 实践。我服务的客户主要来自金融行业，而这个行业的 IT 团队，在过去被视为最保守、最传统的存在。时至今日，金融行业的安全意识依然很强，生产故障的代价依旧高昂，但是，他们也已意识到效率同样生死攸关。而在试点项目上取得的成功，充分证明了 DevOps 不只适用于互联网“大厂”。

2023 年，算是我前半生最跌宕起伏的一年。在我处于人生谷底时，董越老师邀请我加入本书的翻译工作。第一次参与译书工作，就是这样一本经典且权威的图书，当时我的压力着实不小。在仔细斟酌后，我还是决定试一试。现在回看，能够参与本书的翻译工作，我是何其幸运。完成译书工作在当时几乎是我的一个精神支柱，而译书过程也是我人生中的一次美好体验。其中，关于是否延续第一版将“the Three Ways”译为“三步工作法”的讨论，令我印象颇深。我相信“DevOps 三步工作法”已经深入人心，但翻阅原著，我们发现作者在阐述“the Three Ways”时，是在表达 DevOps 实践中的三个要点，它们之间既没有先后顺序，也没有主次之分。于是，经过几轮激烈讨论，结合图灵编辑团队的意见，最终在第 2 版中，你将看到“the Three Ways”被译为“三要义”。这只是我们翻译过程中的一个小插曲，但是也体现了一种敢于打破常规、持续优化改进的 DevOps 精神。

书中，Patrick 呼吁大家停止术语层面上关于 DevOps 是什么的讨论，而应把精力放在持续优化上。实际上，DevOps 早已不再是最初提出时的范畴，而正在我们的实践过程中被不断扩大和丰富。所以，与其旁观，何不加入其中呢？相信这本书，永远可以作为你 DevOps 实践中的一个助手。

最后，感谢我的爱人陈刚和儿子浩文，这一年里我们每个人都在自己的人生轨迹上迈出了坚实的一步，而我的这一步，离不开你们的鼓励和支持；感谢一起合作的三位老师——茹炳晟、管俊和董越，从你们身上，我学到了精益求精的专业精神；感谢图灵编辑团队，是你们一丝不苟的严谨作风，保障了译文最终的质量。感谢你们！

王晓翔

独立 DevOps 咨询师，《研发运营一体化（DevOps）能力成熟度模型》核心专家。目前致力于为传统企业提供 DevOps 转型指导。

拥有近 20 年软件配置管理、过程管理和工程效率方面的经验。曾就职于中国海关数据中心、索尼移动通信产品（中国）有限公司、去哪儿网、奇安信等大型企业。

担任去哪儿网工程效率部高级总监期间，带领团队完成了以应用为中心的全生命周期管理平台的建设，构建起完整的 DevOps 技术生态圈。

作为中国信息通信研究院的 DevOps 系列标准的核心专家之一，已为几十家企业完成了能力成熟度评估工作。

第 2 版出版说明

第 1 版的影响力

自《DevOps 实践指南》（下称第 1 版）出版以来，《DevOps 现状报告》[①]（*State of DevOps Reports*）等研究显示，DevOps 可以帮助企业更快地实现业务价值并提升研发效能和工作幸福感。它也让业务更加灵活和敏捷，更快地适应形势变化，各企业能在疫情的影响下迅速做出调整就是很好的证明。

Gene Kim 在他的《DevOps 现状：2020 年及以后》（"State of DevOps: 2020 and Beyond"）一文中写道："我认为，2020 年充分展现了科技在危难时刻所发挥的作用。这场危机加快了变革，我很感激我们已经准备好来迎接它。"

《DevOps实践指南》并非只适用于独角兽企业，正如DevOps从来不是只对业界巨头（FAANGs[②]）或者初创公司有效。本书和整个 DevOps 社区持续证明，DevOps 流程和实践甚至可以让非常传统的企业转变得像高科技公司那样迅速响应变化。

如今，所有的业务都需要技术来支持，所有的管理者都需要管理技术，这一点比以往任何时候都更明显。技术不仅不能再被忽视，反而应该成为企业整体战略的重要组成部分。

第 2 版的变化

新的研究和经验让我们对 DevOps 有了更为深入的认识，也知晓了它在行业中更多的应用实践。各位作者据此扩充和更新了本书的内容，形成了《DevOps 实践指南（第 2 版）》（下称第 2 版）。此外，我们很高兴邀请到知名研究员 Nicole Forsgren 博士参与合著，为本书带来新的研究成果和支持数据。

第 2 版还增加了一些案例研究，展示 DevOps 在各行各业的落地实践。这些案例不仅涉及各个企业的 IT 部门，也涉及企业管理层。此外，在每个案例研究文末，我们还总结了一两个关键要点，强调这个案例带给我们最重要的启示。最后，原书各部分的末尾提供了更多的资源，以便大家更深入

① 2023 年，官方将 *State of DevOps Reports* 翻译为《DevOps 现状报告》（之前曾有过《DevOps 状态报告》的译名）。在此，我们统一采用新译名。——编者注

② FAANGs 指 Facebook（现为 Meta）、Apple（苹果）、Amazon（亚马逊）、Netflix 和 Google（谷歌）。

地学习，这部分在中文版中以免费 PDF 资料的形式随书附赠。大家可以扫描以下二维码到图灵社区本书主页“随书下载”部分下载阅读。①

> **持续学习**
>
> 在第 1 版的基础上，我们增加了一些新的见解和资源。第 2 版引入了以“持续学习”为标题的小贴士，贯穿全书，以呈现支持性数据以及额外的资源、工具和技术，方便大家参考。

DevOps 以及软件开发方式将会如何演变

过去 5 年发生的事情告诉我们，技术有多么重要，在 DevOps 的指引下，IT 部门和业务部门的坦诚交流能带来怎样的效果。其间，没有什么比 2020 年由疫情而引发的快速调整更能说明这一点了。为了向内部和外部客户提供服务，各组织运用 DevOps 思想，以前所未有的速度进行技术上的改造。一些大型复杂组织在自我调整和应对变化方面表现得非常缓慢，此时突然别无选择了。

美国航空（American Airlines）公司通过 DevOps 转型迅速取得了巨大的成功，详见本书第 1 章和第 5 章。

Chris Strear 博士讲述了他使用约束理论优化医院工作流程的经验，详见本书第 2 章。

2020 年，作为全球最大的互助金融机构，全英房屋抵押贷款协会（Nationwide Building Society，一译泛邦建房合作社）通过持续的 DevOps 转型实现了在数周内响应客户需求，而在此之前通常需要数年时间，详见本书第 8 章。

要想成功转型为未来的工作方式，仅仅进行技术上的变革是不够的，还需要业务领导层发挥带头作用。如今，瓶颈不再只是技术实践（尽管它们仍然存在），最大的挑战以及最需要做的事情是让业务领导层加入进来。业务部门和技术部门必须协作才能共同实现转型，而本书介绍的内容可以指导这个过程。

企业再也不能持“唯命是从或者唯技术是从”的二元思维了，而是必须实现真正的协作，其中的关键是找到合适的人，并且让他们在共识之下通力合作，这样我们就可以始终保持迈向未来的动力。

IT Revolution 出版社

2021 年 6 月于美国俄勒冈州波特兰市

---

① “随书下载”中附赠的资料还包括本书术语翻译对照表、《EXIN DevOps Professional 认证备考指南 & 模拟题（2024 版）》。——编者注

第 2 版序

本书第 1 版发布至今已有 5 年。虽然很多事情发生了改变，但也有很多东西保持不变。尽管一些工具和技术已不再流行，但这并不影响大家阅读本书。技术在不断演化，但是本书介绍的基本原则始终有效。

事实上，如今对 DevOps 的需求更为旺盛，因为企业需要更为快速、安全、可靠地向客户和用户交付价值。为此，他们需要在 DevOps 实践的指引下，改变工作流程，发挥技术的作用。全球各个行业的组织都是如此。

在过去的几年里，我与本书作者 Jez Humble 和 Gene Kim 一起，领导了年度《DevOps 现状报告》的调研和撰写工作（最初与 Puppet 合作，后来与 DORA 和谷歌合作）。研究证实，本书描述的诸多实践能带来各方面的改进，如提高软件发布的速度和稳定性，减少部署的痛苦和工程师的倦怠，提升组织效能，包括盈利能力、生产力、客户满意度、有效性和效率。

在第 2 版中，我们根据最新研究和最佳实践更新了内容，包括相关数据。此外，还添加了新的案例研究，以分享更多的转型故事，让本书更接地气。感谢大家加入我们的持续改进之旅。

Nicole Forsgren 博士

微软研究院（Microsoft Research）合伙人

2021 年

第1版序

许多工程领域在过去都经历了长足的发展，由此人们对这些领域的认知不断提升。尽管有大学课程教授特定的工程学科（土木、机械、电气、核能等），这些工程学科也都有专业机构支持，但是实际上现代社会中的所有行业都需要跨学科的协作。

以高性能汽车的设计为例，机械工程师的工作在哪个环节结束，电气工程师的工作从哪个环节开始？空气动力学专家（他肯定会对车窗的形状、大小和位置有很好的见解）应该在哪个环节（以及如何和何时）与人机工程学专家（他关心乘坐的舒适度）协作？在车辆的整个使用寿命期间，混合燃料和汽油对发动机和变速器材料有什么化学方面的影响？对汽车设计我们还可以提出很多其他方面的问题，但最终结论都是一样的：现代技术工作要想获得成功，必然需要从多个角度考虑问题，由不同专业领域的人员协作。

任何一个学科或领域要想发展成熟，都需要人们认真思考它出现的背景和原因，从不同的视角审视它，这对预见该学科或领域的发展很有帮助。

这本书就遵循了这样的思路，把软件开发与运维领域（我认为该领域仍处于快速演进中）的不同视角和观点融会贯通，必将产生深远的影响。

无论你身处哪个行业，无论你的组织提供何种产品或服务，这样的思维方式都十分重要，是每个业务或技术领导者必须掌握的，它关乎组织的存亡。

John Allspaw

Etsy 首席技术官

2016 年 8 月于美国纽约市布鲁克林区

前　言

啊哈！

关于本书的故事要从很久以前开始讲起。2011 年 2 月起，本书的几位作者每周通过 Skype 组织一次讨论，主题是为当时尚未完成的《凤凰项目：一个 IT 运维的传奇故事》[①]（后称《凤凰项目》）写一本配套的实践指南。

经过 2000 多小时的努力，5 年多以后，《DevOps 实践指南》（第 1 版）终于付梓了。完成这本书是一个极其漫长的过程，但也是一个广泛学习、收获颇丰的过程。最终，这本书涉及的范围比我们最初设想的要广泛得多。在整个写作过程中，所有作者都认为 DevOps 十分重要，它反映了我们在个人职业生涯中曾经出现的一些“啊哈”时刻顿悟到的道理。我相信许多读者也会对这些道理产生共鸣。

> 自 1999 年以来，我有幸从事对高绩效的技术组织的研究。我很早就发现，跨越运维、信息安全和开发等不同职能部门之间的边界是成功的关键。我清楚地记得第一次见到不同职能部门目标相左导致恶性循环的场景。
>
> 那是在 2006 年，我有机会与一个外包运维团队共事一周，他们为一家大型航空公司的预订业务提供运维支持。他们向我描述了每年一次的大规模发布后的情形：每次发布都会给外包商和客户带来巨大的混乱和搅扰；服务中断导致违反服务等级协定（service level agreement，SLA），并因此产生罚金；由于利润下滑，公司不得不裁掉最有才华和最有经验的员工；由于有很多计划外的工作和“救火”行动，剩下的员工处理不过来客户服务请求，导致其越积越多；局面要靠中层管理人员“填坑”来维持；所有人都认为 3 年后肯定得重新招标。
>
> 由此产生的绝望感和无助感让我开始思考和探索解决之道。软件开发工作似乎总是被视为战略性的，而运维工作却被视为战术性的，经常被委托出去或者完全外包，其结果是待 5 年后合同到期交还回来时，情况比当初还要糟糕。

① 原版为 *The Phoenix Project: A Novel about IT, DevOps, and Helping Your Business Win*，中文版由人民邮电出版社于 2018 年出版，并于 2019 年出版修订版。详见 https://www.ituring.com.cn/book/2631。——编者注

多年以来，我们中的许多人都认为一定有更好的方法。2009 年，我在 Velocity 大会上听到一场演讲，它介绍了架构、技术实践和文化方面的改进——也就是我们现在所说的 DevOps——所带来的惊人效果。我感到非常兴奋，因为它清楚地描绘了我们一直在寻找的更好的方法。传播 DevOps 这一思想是我参与写作《凤凰项目》的动机之一。你可以想象，看到众多从业者对这本书的反应，看到他们讲述这本书如何帮助他们实现自己的“啊哈”时刻，是一件多么有成就感的事情。

——Gene Kim

我的 DevOps“啊哈”时刻出现在 2000 年。当时我在一家初创公司工作，那是我毕业后的第一份工作。有一段时间，我是公司仅有的两名技术人员之一。我什么都做：网络、编程、支持、系统管理，等等。我们实现生产环境部署的方式是通过 FTP 把软件从个人工作站直接传输到生产环境。

2004 年，我加入了 Thoughtworks，这是一家咨询公司，我参与的第一个项目有大约 70 名项目成员。我所在的团队有 8 名工程师，团队职责是把我们的软件部署到类生产环境中。刚开始的时候，工作压力真的很大。但几个月后，我们已经把耗时两周的手工部署改进为耗时 1 小时的自动部署，并且可以在正常工作时间内进行，因为我们使用了蓝绿部署模式，可以在几毫秒内完成程序新旧版本间的切换。

这个项目带给我很多启发，我把它们记录在了《持续交付：发布可靠软件的系统方法》[①]（后称《持续交付》）和本书中。我们之所以在这一领域不断探索，是因为相信无论面临怎样的限制，总能找到办法做得更好。同时，我们也希望帮助到各位同行。

——Jez Humble

我经历过若干个“啊哈”时刻。2007 年，我和几个敏捷团队一起完成了一个数据中心迁移项目。我很嫉妒他们有如此高的工作效率，能在很短的时间内完成如此多的事情。

在接下来的一个项目中，我开始在运维部门尝试使用看板方法，这取得了明显的成效。后来，在 2008 年多伦多敏捷大会上，我就此发表了一篇 IEEE 论文，不过当时它并没有在敏捷社区引起广泛反响。我们成立了一个敏捷系统管理小组，但算不上成功，因为我忽视了人的因素。

---

① 原版为 *Continuous Delivery: Reliable Software Releases through Build, Test, and Deployment Automation*，中文版由人民邮电出版社于 2011 年出版。详见 https://www.ituring.com.cn/book/758。——编者注

在听了 John Allspaw 和 Paul Hammond 在 2009 年 Velocity 大会上题为“10 Deploys per Day: Dev and Ops Cooperation at Flickr”的演讲后，我确信其他人也有类似的想法。所以我决定组织第一届 DevOpsDays 大会，由此意外地创造了 DevOps 这个词。

当人们开始因 DevOps 改善他们的工作而感谢我时，我意识到这个大会产生了广泛的影响。从那以后，我一直在推广 DevOps。

——Patrick Debois

2008 年，我卖掉了一家咨询公司，该公司专注于大型遗留系统的运维工作，主要围绕配置管理和运维监控（使用 Tivoli 这个工具）这两部分。不久以后，我第一次见到了 Luke Kanies（Puppet Labs 的创始人），那是在 O'Reilly 的开源大会的配置管理分会场，他在那里做了一个关于 Puppet 软件的演讲。

一开始我只是在会场后面闲逛，消磨时间，心想：“关于配置管理，这个 20 多岁的年轻人又能告诉我什么呢？”毕竟，我的整个职业生涯都在为世界上最大的那些企业工作，帮助他们设计配置管理等方面的运维管理解决方案。然而，在他讲了 5 分钟之后，我意识到我过去 20 年所做的一切都是错的，于是坐到了第一排认真听。Luke 当时描述的就是现在我们所说的第二代配置管理。

演讲结束后，我找机会和他坐下来边喝咖啡边聊。我理解并支持他在演讲中所提的如今被称为“基础设施即代码”（infrastructure as code）的思想。在我们一起喝咖啡时，Luke 更进一步地阐述了他的想法。他认为运维工程师将会像软件开发人员那样工作：他们必须把系统配置纳入版本控制，并在工作中采用 CI/CD（continuous integration/continuous deployment，持续集成 / 持续交付）的模式。作为一名运维老兵，我当时大概是这么回应的：“这个想法在运维人员中激不起什么浪花。”（显然我错了。）

大约一年后，在 2009 年 O'Reilly 的 Velocity 大会上，我听了 Andrew Clay Shafer 的一场关于敏捷基础设施的演讲。在演讲中，Andrew 展示了一幅形象的插图，图中开发部门和运维部门之间存在一堵高墙，工作被从墙的一侧扔到另一侧。他把这堵墙称为“困顿之墙”（the wall of confusion）。Andrew 在演讲中表达的观点正是 Luke 一年前告诉我的。我终于接受了它，视其为指路的明灯。那年晚些时候，我作为唯一一个受邀的美国人，参加了在比利时根特市举办的 DevOpsDays 大会。当大会闭幕时，我们称之为 DevOps 的东西已然融入了我的血液。

——John Willis

关于 DevOps 的一些误区

显然，本书的作者都有自己的“啊哈”时刻，尽管他们是在不同的场景中顿悟的。有充分的证据表明，上述这些问题几乎无处不在，它们总是可以用 DevOps 解决。

撰写本书的目的是，介绍如何把我们曾经历或研究的 DevOps 转型成功经验复制到更多项目中，并纠正那些认为 DevOps 在某些情况下行不通的错误认识。以下是我们经常听到的关于 DevOps 的一些认识上的误区。

误区 1：DevOps 只适合初创公司。

谷歌、亚马逊、Netflix 和 Etsy 等互联网独角兽公司是 DevOps 的先行者，这些公司在过去都曾面临过巨大的困难，而他们遇到的问题与传统组织相比并无二致：高度危险的软件发布可能造成灾难性故障，无法快速发布新功能以击败竞争对手，存在合规性问题，服务无法扩容，开发人员和运维人员彼此高度不信任，等等。

然而，这些独角兽公司能够改变其架构、技术实践和文化，遵循 DevOps 的理念完成效果惊人的改进。正如信息安全执行官 Branden Williams 博士所说：“是不是独角兽并不重要，重要的是要跑得快。”

误区 2：DevOps 代替了敏捷。

DevOps 的原则和实践与敏捷有不少共通之处，许多人认为 DevOps 是始于 2001 年的敏捷之旅的自然延续。敏捷通常能够促使 DevOps 发生，因为敏捷强调让小型团队不断向客户交付高质量的代码，而这正是 DevOps 擅长的。

敏捷的目标是在每个迭代末产生潜在可发布的软件。这可以被进一步拓展为：让软件总是处于可以在生产环境部署的质量状态，开发人员每天都把代码改动提交到主干，在类生产环境演示软件的新特性。而要想实现这些拓展，就需要 DevOps 相关的实践了。

误区 3：DevOps 与 ITIL 相互冲突。

许多人认为 DevOps 反对 ITIL（information technology infrastructure library，IT 基础架构库）或 ITSM（information technology service management，IT 服务管理）。ITIL 诞生于 1989 年，它广泛影响了几代运维人员，其中也包括本书的一位作者。它是一个不断发展的实践体系，是支撑世界一流运维的流程和实践的汇总，涵盖服务战略、设计和支持等方面。

DevOps 实践可与 ITIL 流程兼容。为实现 DevOps 追求的更短的交付周期和更高的部署频率，ITIL 的许多领域变得完全自动化，解决了与配置和发布管理流程相关的许多问题（例如及时更新配置管理数据库，及时把发布版本保存到制品库）。此外，DevOps 要求故障发生时的快速检测和恢复能力，这与 ITIL 对服务设计、事故和问题管理领域的要求完全吻合。

误区 4：DevOps 与信息安全和合规冲突。

传统控制措施（如职责分离、变更审批流程、项目结束时的人工安全评审）的缺失可能会让负责信息安全和合规的人员感到沮丧。

然而，这并不意味着实行 DevOps 的组织没有有效的控制措施，只是它不再是在项目结束时才执行。DevOps 将控制措施融入软件开发生命周期中每一个阶段的日常工作，从而实现更高的质量、安全性和合规性。

误区 5：DevOps 意味着消除运维工作，或者“NoOps”。

许多人将 DevOps 误解为完全取消运维岗位，然而事实很少如此。虽然运维人员的工作内容可能会发生变化，但其重要性一如既往。实施 DevOps 后，运维人员在软件生命周期的早期就与开发人员开展合作，而在软件部署到生产环境很久之后，开发人员也仍会继续与运维人员合作。

实施 DevOps 后，运维不再是工单驱动的手工操作，而是通过提供 API、搭建自助式平台来提高开发人员的工作效率，让他们可以自助地创建环境、测试并部署程序、监控业务运行的状态等。这让运维人员像开发人员一样进行产品开发（QA 和信息安全人员亦如此转变），而其开发的产品就是运维服务平台，供开发人员使用，让软件安全、快速、可靠地测试、部署到生产环境并运行。

误区 6：DevOps 就是“基础设施即代码”或者自动化。

虽然本书讲述的许多 DevOps 实践都意味着自动化，但实施 DevOps 还需要文化和架构方面的改进，以便整个 IT 价值流中的各个角色实现共同目标，这远远超出了自动化的范畴。作为 DevOps 的早期拥趸，技术高管 Christopher Little 认为：“DevOps 不等于自动化，就像天文学不等于望远镜。”

误区 7：DevOps 只适用于开源软件技术栈。

尽管许多 DevOps 的成功案例发生在使用 LAMP（Linux、Apache、MySQL、PHP）技术栈的组织中，但实现 DevOps 与所使用的技术无关。使用 Microsoft.NET、COBOL 和大型计算机汇编语言编写应用程序，以及编写 SAP 内置程序甚至嵌入式系统（例如惠普 LaserJet 固件）的场景都有成功的案例。

传播“啊哈”时刻

本书的每位作者都从 DevOps 社区中产生的令人惊叹的创新中获得了很多灵感。这些创新包括安全的工作体系，以及允许小型团队快速、独立地开发和验证代码，并将软件安全地部署到生产环境的成果，等等。我们相信，DevOps 意味着充满活力的学习型组织、不断强化高度信任的文化。因此，这些组织一定会持续地创新，并在市场竞争中获胜。

我们衷心希望本书能因为以下多方面的价值成为许多人的宝贵资源。

- 它是规划和执行 DevOps 转型的指南；
- 它是一套供学习和研究的 DevOps 案例集；
- 它讲述了 DevOps 的发展历史；
- 它介绍了连接产品负责人、架构、开发、QA、IT 运维和信息安全等角色以实现共同目标的方法；
- 它介绍的方法，不仅能让 DevOps 获得最高领导层的支持，而且能改变我们管理技术组织的方式：一方面能提高效率和效益，另一方面也能创造更快乐、更人性化的工作环境，并帮助每个人成为终身学习者。这不仅能帮助每个人实现其个体最高目标，还能帮助组织取得更大的成功。

导言：畅想 DevOps 新世界

想象这样一个世界：产品负责人、开发人员、QA 人员、IT 运维人员和信息安全人员互相帮助、通力合作，整个组织蒸蒸日上。他们朝着共同的目标努力，在快速交付工作成果（比如，每天执行数十、数百甚至数千次代码部署）的同时，实现一流的稳定性、可靠性、可用性与安全性。

在这个世界里，跨职能团队严谨地验证他们的假设：哪些功能最能取悦用户并能推进组织目标。他们不仅关注用户功能的实现，还积极保障工作能流畅、频繁地经过整个价值流，而不会给运维团队、内部或外部客户带来混乱和中断。

与此同时，QA 人员、IT 运维人员和信息安全人员共同投身于减少团队摩擦，打造使开发人员工作更加高效、产出更为出色的工作体系。通过将 QA、IT 运维和信息安全的专业知识融入跨职能团队以及自动化的自助服务工具和平台中，各个团队无须依赖他人，便能在日常工作中利用这些专业知识。

组织通过这种方式建立安全的工作体系，使小团队能够快速、独立地开发、测试和部署代码，并快速、安全、可靠地为客户创造价值。这样，组织便能最大限度地提高开发人员的生产力，打造学习型组织，提高员工满意度，并在市场竞争中获胜。

这就是 DevOps 带来的效果。然而对大多数人来说，这并非他们所处的真实世界。在现实中，我们往往身处一个破碎的工作体系中：业务成果不尽如人意，团队潜力无法得到发挥；开发和 IT 运维彼此对立；测试和信息安全活动总是在项目晚期进行，要纠正问题已为时过晚；几乎所有的关键活动都存在太多手工操作和工作交接，导致人们总是在等待他人工作完成。种种问题导致各项工作的前置时间大大延长，质量问题频出（尤其是生产环境部署方面），对客户和业务造成负面影响。

结果，我们不仅远远达不成目标，整个组织也对 IT 团队的业绩不满意，导致 IT 团队预算削减，IT 团队成员感到沮丧与不满的同时，却又觉得无力改变流程及其结果。[①] 怎么办？我们需要改变工作方式，而 DevOps 则指明了方向。

为更好地理解 DevOps 革命的潜力，让我们回顾一下 20 世纪 80 年代的制造业革命。通过采用精益原则和实践，很多制造业企业大幅增进了生产率，缩减了交货周期，提高了产品质量与客户满意

① 这只是典型 IT 组织中存在的众多问题之一。

度，从而在市场竞争中立于不败之地。

在这场革命之前，工厂订单的平均交货周期为 6 周，按时交货的订单不足 70%。随着精益实践的广泛实施，到 2005 年，平均交货周期已降至 3 周以下，95% 以上的订单都能按时交货。而那些没有实施精益实践的企业则逐渐失去市场份额，有些甚至破产出局。

同样，技术产品和服务的交付标准也在不断提高，过去几十年的标准已经过时。在过去 40 年里，开发和部署战略型业务和功能所需的成本与时间每 10 年就会下降几个数量级。在 20 世纪七八十年代，新功能的开发和部署大多需要 1 ～ 5 年时间，动辄花费数千万美元。到 21 世纪头 10 年，由于技术发展以及敏捷原则和实践的应用，开发新功能所需的时间已经从几年缩短到几个月或几周，然而生产环境部署却仍要花费数周或数月之久，并且总是伴随着灾难性的后果。

到 2010 年，随着 DevOps 的出现，以及硬件、软件和云计算的不断商品化，完成一个新功能（甚至是创办一个新公司）只需几周，生产环境部署只需几小时甚至几分钟。对于具备这种能力的组织来说，部署最终变成了低风险的日常工作，这使得他们能够探索与验证各种业务构想，发掘出对客户和组织最有价值的想法，然后将其转化为功能进行开发，并迅速、安全地部署到生产环境中（见表 0-1）。

表 0-1　更快、更经济、更低风险的软件交付发展趋势

	20 世纪七八十年代	20 世纪 90 年代	21 世纪至今
时代	大型计算机	客户端 / 服务器	商品化和云计算
标志性技术	COBOL、运行在 MVS 上的 DB2 等	C++、Oracle、Solaris 等	Java、MySQL、Red Hat、Ruby on Rails、PHP 等
交付周期	1 ～ 5 年	3 ～ 12 个月	2 ～ 12 周
成本	100 万～ 1 亿美元	10 万～ 1000 万美元	1 万～ 100 万美元
风险级别	整个组织	产品线或部门	产品功能
失败成本	破产，出售公司，大量裁员	业务亏损，首席信息官革职	可忽略不计

（来源：2013 年 11 月，Adrian Cockcroft 在美国加利福尼亚州旧金山 FlowCon 上发表的演讲“Velocity and Volume (or Speed Wins)”）

现在，采用 DevOps 原则和实践的组织，每天都能完成成百上千次的变更部署。在这个以快速切入市场和不懈探索来建立竞争优势的时代，一个组织如果无法复制 DevOps 的能力，则注定会在市场上败给更为敏捷的竞争对手，甚至可能倒闭，就像当年那些未能实施精益原则的制造业企业一样。

如今无论哪个行业，获取客户以及为客户创造价值都依赖技术价值流。通用电气公司首席执行官 Jeffrey Immelt 更简洁地表达了这一观点：“任何没有将软件作为业务核心的行业和公司都将被颠覆。”微软技术院士 Jeffrey Snover 也说过：“旧时代的企业通过移动原子来创造价值，而当代企业则通过移动比特来创造价值。”

这个问题的重要性毋庸置疑——它影响着每一个组织，与行业、组织规模、营利性质无关。技术工作的管理和执行方式，相比以往任何时候都更能预示组织的市场竞争力或生存能力。我们需要适时摈弃过去几十年指导我们获得成功的原则和做法，去采纳截然不同的、新的原则和做法。（见附录 1）

在明确 DevOps 要解决的问题的紧迫性之后，接下来让我们花一些时间详细探讨问题的症结：问题为什么会发生？如果不进行大力干预，问题为什么会日渐恶化？

问题：你的组织一定有亟待改进之处（否则你就不会翻开这本书）

大多数组织都无法在几分钟或几小时内完成生产环境的变更，而是需要几周或几个月的时间。他们更不可能每天在生产环境中部署成百上千个变更，而必须以月度乃至季度为单位进行部署。生产环境部署对他们而言也不是日常活动，服务中断、“救火”、“填坑”都是家常便饭。

这个时代的市场竞争优势建立在快速切入市场、提供高水平服务和不懈探索的能力之上，上述组织显然会在竞争中处于下风，这在很大程度上要归咎于他们无法解决技术组织内部长期存在的根本矛盾。

长期存在的根本矛盾

几乎在每一个 IT 组织中，开发团队和 IT 运维团队之间都存在一种固有冲突。这种冲突会引发恶性循环，导致新产品和新功能的上市速度减缓、质量下降、服务中断增多，而最糟糕的是使技术债务与日俱增。

“技术债务”（technical debt）一词最早由 Ward Cunningham 提出。类似于金融债务，技术债务指的是我们当下的决定引发了一些问题，而这些问题随着时间推移会越来越难以解决，未来可采取的措施也越来越少。即便我们审慎地承担技术债务，也无法避免地要偿还利息。

技术债务产生的原因之一，便是常见于开发团队和 IT 运维团队之间的目标冲突。IT 组织要负责诸多事务，其中包括以下两个必须同时实现的目标。

- 有效应对变化莫测的市场竞争环境；
- 为客户提供稳定、可靠和安全的服务。

通常，开发团队负责应对市场变化，以最快速度将功能或者变更部署到生产环境中；而 IT 运维团队则以为客户提供稳定、可靠和安全的 IT 服务为己任，极力阻拦任何可能危及生产环境的变更。在这种设置之下，开发团队和 IT 运维团队的目标与动力自然是背道而驰的。

作为制造业管理运动的发起人之一，Eliyahu M. Goldratt 博士称这种设置为“长期存在的根本矛盾”——组织对不同部门的考核标准和激励机制不一，阻碍了组织实现其全局目标。[①]

这种矛盾造成了一种恶性循环，阻碍了理想业务成果的实现，不但影响了 IT 组织内部，还会波及外部。无论是在产品团队、开发团队、QA 团队、IT 运维团队还是信息安全团队，这种矛盾常常让技术人员陷入困境，导致软件和服务质量低下、客户体验欠佳，并且团队需要日复一日地通过临时方案、“救火”和“填坑”来挽救颓势。(见附录 2)

恶性循环三幕剧

大多数 IT 从业人员可能都很熟悉 IT 行业的“恶性循环三幕剧”。第一幕始于 IT 运维，他们的目标是保障应用程序和基础设施正常运行，以便组织能够为客户创造价值。日常工作中的许多问题都源于应用程序和基础设施高度复杂、异常脆弱并且文档不全。这就是我们每天都要面对的技术债务和临时方案。我们总是承诺会利用空闲时间解决这些乱七八糟的问题，但这个时刻永远不会到来。

更令人担忧的是，我们最脆弱的部件支撑着最重要的业务系统或者最关键的项目。换言之，最容易发生故障的系统恰恰是最重要的系统，也是大部分紧急变更所围绕的中心——这些变更一旦失败，就会危及最重要的组织承诺，如客户服务可用性、营收目标、客户数据安全、财务报告精确性等。

第二幕始于必须有人对最近未能兑现的承诺做出弥补——可能是产品经理承诺提供更大规模也更大胆的功能来吸引用户，也有可能是业务主管设定了更高的营收目标。然而他们无视技术上的可行性，也未曾审视导致先前的承诺无法兑现的因素，便要求技术组织去兑现新的承诺。

于是，开发团队就这样被委以重任，去交付又一个紧急项目，在这个过程中不可避免要解决新的技术难题，还要利用各种捷径赶上承诺的发布日期，这样就进一步积累了技术债务——当然，我们依然会承诺一有时间就解决由此产生的新问题。

这就为第三幕，也就是最后一幕做好了铺垫。在这一幕中，所有事情都变得更困难一点点——每个人变忙了一点点，工作消耗的时间多了一点点，沟通变慢了一点点，工作积压得多了一点点。工作之间的耦合更加紧密，更小的行动会引发更大的故障，我们更加惧怕和抗拒实施变更。工作需要更多沟通、协调和审批，团队需要花费更多时间等待他们依赖的工作完成，工作质量也持续恶化。车轮转动得越来越慢，要保持转速就必须付出更多努力。(见附录 3)

尽管当局者难以察觉，但如果退后一步来看，这个恶性循环显而易见。你会留意到代码部署的时间越来越长，从几分钟到几小时，再到几天、几周。更糟的是，部署效果越来越差，影响到客户的服务中断也越来越多，需要运维团队进行更多“填坑”和“救火”，这又进一步削弱了他们偿还技术债务的能力。

---

① 制造业领域也存在着类似的长期根本矛盾——既要确保按时发货，又要控制成本。解决这一矛盾的办法参见附录 2。

结果，产品交付周期越来越长，开展的项目越来越少，项目目标也越来越小。此外，每个人获得的工作反馈（尤其是来自客户的反馈）也越来越慢、越来越弱。无论我们如何努力，情况似乎都只会变得更糟——我们再也无法快速应对日新月异的竞争环境，也无法为客户提供稳定可靠的服务。最终，我们被市场所抛弃。

我们一次又一次地看到，整个组织会因其在 IT 方面的失败而失败。正如 Steven J. Spear 在 *The High-Velocity Edge* 一书中指出的，无论破坏是“像慢性病一样缓慢发展”，还是“像猛烈的撞击一般……，其毁灭性都同样彻底”。

恶性循环为何无处不在

十多年来，本书的作者们觉察到这种破坏性的恶性循环发生在无数不同类型和规模的组织中。丰富的案例让我们比以往任何时候都更了解出现这种恶性循环的原因，以及为什么需要用 DevOps 的原则去缓解这种状况。首先，如前所述，每个 IT 组织内都存在彼此对立的两个目标；其次，每家公司都是科技公司，无论他们自己是否能意识到。

正如软件研发高管、DevOps 的早期拥趸 Christopher Little 所说：“每家公司都是科技公司，无论他们认为自己身处哪个行业。银行只是相当于拥有银行资质的 IT 公司而已。[①]”要认清这一事实，可以试想一下，绝大多数投资项目都在某种程度上依赖 IT 技术。俗话说：“基本不存在不牵扯到任何 IT 变更的商业决策。”

在业务和财务方面，项目至关重要，因为它们是组织内部变革的主要机制。项目通常由管理层进行审批、提供预算并承担责任，因此，无论组织处于增长还是萎缩状态，项目都是实现组织目标与愿景的机制。[②]

项目资金通常来自资本投入（如工厂、设备和重大项目，如果预计数年才能收回成本，则支出就资本化了），其中 50% 的投入与技术相关，即便是技术支出最低的“低科技”行业，诸如能源、冶金、资源开采、汽车和建筑行业，亦是如此。换句话说，组织领导者要想实现业务目标，必须进行有效的 IT 管理，这二者间的依赖程度远远超出了他们的想象。[③]

成本：人与经济

长年累月陷于这种恶性循环，尤其是处于开发团队下游的人，他们常常感觉自己被困在一个注

---

① 2013 年，欧洲汇丰银行雇用的软件开发人员数量甚至比谷歌还多。

② 目前，我们暂且不讨论软件应作为“项目”还是“产品”来获取经费。本书稍后将对此进行讨论。

③ Vernon Richardson 博士及其同事发表了这一惊人发现。他们研究了 184 家上市公司向美国证券交易委员会提交的 10-K 年度报表，并将其分为三组：A 组公司存在与 IT 缺陷相关的重大弱点，B 组公司存在重大弱点但与 IT 无关，C 组则是没有重大缺陷的“干净的公司”。A 组公司 CEO 的流动率比 B 组高出 8 倍，而 CFO 的流动率比 C 组高出 4 倍。显然，IT 的重要性可能远超我们的常规认知。

定失败的系统中，而且无力改变结果。伴随这种无力感的是倦怠感，同时还有疲劳、愤世嫉俗，甚至无望乃至绝望的情绪。

许多心理学家都认为，创造出一个让人产生无力感的体系，是人类对同胞做出的极具伤害性的事情之一——我们剥夺了他人掌控劳动成果的能力，甚至催生出一种文化，让人们会因为惧怕惩罚、失败或是危及生计而怯于做正确的事。这种文化是“习得性无助”滋生的温床，使人们不愿或无法采取行动避免将来发生同样问题。

对员工来说，这意味着长时间工作、周末加班、生活质量下降，甚至他们的家人和朋友都会受到影响。发生这种情况时，失去最优秀的人才不足为奇（因为感受到责任或义务而觉得自己不能离开的人除外）。

除了在当前的工作方式中备受煎熬之外，人们原本能创造价值的机会成本更是令人震惊——作者们认为每年错失的价值约为 2.6 万亿美元，在本书撰写时，这相当于世界第六大经济体法国全年的经济总产值。

我们来做一道算术题。IDC 和 Gartner 同时指出，2011 年 IT 支出（硬件、服务及电信）的费用约占全球 GDP 的 5%（即 3.1 万亿美元）。假设其中 50% 被用于现有系统的运维支出，而这 50% 中的三分之一被用于紧急或计划外的工作及返工，则会导致高达 5200 亿美元的浪费。

如果采用 DevOps 能使我们以更卓越的管理和运营消除浪费，并将人力资源投入在那些能创造 5 倍价值（这个比例不算太高）的事情上，我们每年就可以额外创造出 2.6 万亿美元的价值。

DevOps 的准则：总有更好的办法

上一节从无法实现组织目标到对人类同胞造成伤害，描述了长期存在的根本矛盾带来的问题和负面影响。DevOps 能帮助组织解决这些问题，在提高组织绩效的同时，还能实现不同职能角色（如开发、QA、IT 运维、信息安全）的目标，改善人们的境遇。

这个令人振奋且罕见的组合可以解释为什么 DevOps 在很短时间内就激发出这么多人的兴奋和热情，包括技术领导者、工程师以及许多身处软件生态系统中的其他人。

用 DevOps 打破恶性循环

在理想情况下，由开发人员组成的小团队可以独立实现功能开发，在类生产环境中进行验证，并快速、安全、可靠地将代码部署到生产环境中。代码部署是日常的、可预测的活动。部署工作不会在周五午夜开始，再鏖战整个周末来完成，而是在工作日内任意时间，在大家都在办公室时进行，它甚至不会引起客户的注意，除非他们看到了令人满意的新功能和错误修复。在工作日的工作时段部署代码，使得 IT 运维团队几十年来终于能像其他人一样在正常时间工作。

通过在流程的每一个步骤中创建快速反馈回路，每个人都能立即看到他们的行为产生的效果。无论代码变更何时提交到版本控制系统，都会触发类生产环境中的快速自动化测试，持续保证代码和环境按设计运行，并始终处于安全和可部署的状态。

自动化测试能帮助开发人员快速（通常在几分钟内）发现错误，进而更快地修复问题，并真正习得经验教训——如果错误直到6个月后的集成测试中才被发现，开发人员是不可能学到东西的，因为记忆早已不清，因果关系也随之模糊。及时修复问题，技术债务才不会积累。考虑到全局目标高于局部目标，在必要时，要动员整个组织参与问题处理。

对代码和生产环境进行广泛监控，保证问题能被快速发现并纠正，确保一切都按预期运行，这样客户就能从我们创造的软件中获得价值。

在这样的情况下，每个人都感觉富有成效——架构设计保障了小团队能安全地工作，并在架构上与其他团队的工作解耦，这些团队使用自助服务平台（这些平台集成了运维和信息安全的集体经验）来做到这一点。团队不再需要一直等待他人的工作完成，也不再需要应付大量姗姗来迟的紧急返工，而能独立、高效地开展小批量工作，快速、频繁地为客户创造新的价值。

通过**暗发布**（dark launch）[①] 技术，即便是备受瞩目的产品和功能的发布也变得稀松平常。所有功能的代码早在发布日之前就已经投入生产，仅对内部员工和少量真实用户可见，这样我们就可以对功能进行测试和改进，直到达到预期的业务目标。

要让新功能生效，只需修改一个功能开关或配置项即可，而不用熬上几天或几周时间拼命工作。这样一个微小的变更就能让新功能对更多用户可见，并且一旦出现问题就自动回滚。由此，发布活动变得可控、可预测、可逆，并且压力也减轻很多。

除了新功能发布更加顺利之外，各种问题都能在影响规模较小，修复成本、修复难度都较低的早期阶段发现和修复。每修复一个问题，整个组织也从中汲取了经验教训，从而防止问题复发，并能在未来更快地定位和修复类似问题。

此外，每个人都在不断学习，形成一种假设驱动的文化，推崇用科学的方法确保一切都得到充分验证——在对产品开发和流程优化完成探索和评估之前，不进行任何工作。

因为我们珍惜每个人的时间，所以不会花费几年时间打造客户不需要的功能，部署无法运行的代码，或修复并非问题根源的缺陷。

---

① 暗发布也是一种安全的发布策略，但是人们经常混淆暗发布与灰度发布（或金丝雀发布）的概念。暗发布是一种在用户完全无感的情况下，将新功能或变更部署到生产环境中的策略。这种策略通常用于测试新功能在实际环境中的性能和稳定性，而无须让用户知道或与之互动。灰度发布则是一种逐步向用户群推出新功能的策略，通常从小部分用户开始，然后逐渐扩大范围，以监控性能和收集反馈。两者有相似之处，其关键区别在于灰度发布希望用户参与互动并给出反馈，而暗发布则完全对用户隐藏新功能。——译者注

我们设立长期的团队来对实现目标负责。对项目团队而言，开发人员在每次发布后都会被打散重新分配，他们没有机会收到工作反馈。通过保持团队的稳定性，他们才能不断迭代和改进项目，利用经验教训更好地实现目标。这一点同样适用于帮助外部客户解决问题的产品团队，以及帮助内部团队提高生产力、可靠性和安全性的内部平台团队。

我们的文化倡导信任与协作，而不是恐惧，人们会因为承担风险而获得回报，他们能无所畏惧地讨论问题，而非将其掩盖或束之高阁——毕竟，我们必须看得见问题，才能解决问题。

此外，每个人都对自己的工作质量负全责，因此他们会在日常工作中创建自动化测试，并通过同行评审确保问题在影响客户之前就能得到解决。相比凡事都需要领导层审批的流程，这样的流程能有效降低风险，使我们能够快速、可靠、安全地创造价值，甚至可以向挑剔的审计人员证明我们拥有一个高效的内部控制系统。

在出现问题时，我们进行无问责的复盘，这不是为了惩罚任何人，而是为了更好地了解事故起因以及如何进行预防。这个方法强化了学习文化。我们还通过举办内部技术研讨会来提高技能，保证每个人不是在学习知识就是在传授知识。

注重质量意味着我们甚至可以在生产环境中人为注入故障，从而熟悉系统发生故障的方式。我们会进行有计划的演习来模拟大规模故障，在生产环境中随机终止进程和计算服务器，注入网络延迟和其他恶意因素，来不断增强系统的弹性。这种方式除了帮助组织提高弹性之外，还为整个组织创造了学习和改进的契机。

在这个世界里，无论在技术组织中扮演何种角色，每个人都是自己工作的主人。他们坚信自己的工作很重要，并能为组织目标的实现做出有意义的贡献，低压力的工作环境以及组织在市场上的成功足以证明这一切。

DevOps 的业务价值

已有确凿的证据证明 DevOps 的业务价值。从 2013 年到 2016 年，在 Puppet Labs 发布的《DevOps 现状报告》（本书作者 Nicole Forsgren、Jez Humble 和 Gene Kim 参与撰写）中，为了更好地了解组织在 DevOps 转型不同阶段的运行状况和习惯，我们收集了超过 2.5 万名技术从业者的数据。[①]

这份数据揭示的第一个令人惊喜的事实就是，应用 DevOps 实践的高绩效组织在以下方面远超低绩效的同行。

① 《DevOps 现状报告》此后每年都会发布。另外，2013—2018 年报告中的主要发现已汇集成《加速：企业数字化转型的 24 项核心能力》一书。（该书后称《加速》，原版为 *Accelerate: The Science of Lean Software and DevOps: Building and Scaling High Performing Technology Organizations*，中文版由人民邮电出版社于 2022 年出版。详见 https://www.ituring.com.cn/book/2647。——编者注）

- 吞吐量指标
  - 代码和变更的部署频率（高 30 倍）
  - 代码和变更的部署前置时间（快 200 倍）
- 可靠性指标
  - 生产环境部署失败率（低 2/3）
  - 服务平均修复时间（快 24 倍）
- 组织绩效指标
  - 生产力、市场份额和盈利目标（超额完成的可能性高 2 倍）
  - 市值增长（三年内的增长多出 50%）

换句话说，高绩效组织在更加敏捷的同时也更为可靠，这证实了 DevOps 能帮助组织打破长期的根本矛盾。高绩效组织部署代码的频率高出低绩效组织 30 倍，从“提交代码”到“在生产环境中成功运行”的速度比低绩效组织快 200 倍——高绩效组织的前置时间以分钟或小时计算，而低绩效组织的前置时间则以周、月甚至季度计算。

此外，高绩效组织超额完成生产力目标、市场份额目标和盈利目标的可能性是低绩效组织的 2 倍。我们也发现，在上市公司中，高绩效组织在三年内的市值增长要多出 50%。他们的员工工作满意度更高，倦怠程度更低，把组织推荐给朋友的可能性高出 2.2 倍。[①] 高绩效组织在信息安全方面同样表现得更优异。通过将安全目标整合到开发和运维流程的各个阶段，他们在修复安全问题上花费的时间缩短了 50%。

DevOps 有助于提高开发人员生产力

当开发人员数量增加时，沟通、集成和测试的开销反而会导致单个开发人员的生产力显著下降。

Frederick Brook 在他著名的《人月神话》[②] 一书中强调了这一点，他在书中解释道，当项目延期时，增加开发人员不仅会降低单个开发人员的生产力，还会降低整体生产力。

另一方面，DevOps 证明了当我们拥有正确的架构、技术实践和文化规范时，小型的开发团队就能快速、安全、独立地开发、集成、测试并部署变更到生产环境。

正如谷歌前工程总监，现任 eBay 工程副总裁的 Randy Shoup 所说，采用 DevOps 的大型组织“拥有成千上万名开发人员，但小团队依然能受益于他们的架构与实践，拥有如初创企业一般惊人的生产力”。

---

① 结果基于员工净推荐值（eNPS）。这是一项重大发现，因为先前的研究已经证明，“员工参与度较高的公司的营收增长是员工参与度较低的公司的 2.5 倍。从 1997 年到 2011 年，拥有高信任度工作环境的上市公司的股市表现是市场指数的 3 倍”。

② 原版为 *The Mythical Man-Month*，中文版由清华大学出版社、人民邮电出版社等出版，清华大学出版社于 2023 年出版纪念典藏版。——编者注

2015 年《DevOps 现状报告》同时对“每日部署次数”和“人均每日部署次数”进行了调研，在调研前，他们假设高绩效组织的部署次数能够随团队规模扩大而增长，而调研结果恰好证实了这个假设（见图 0-1）。

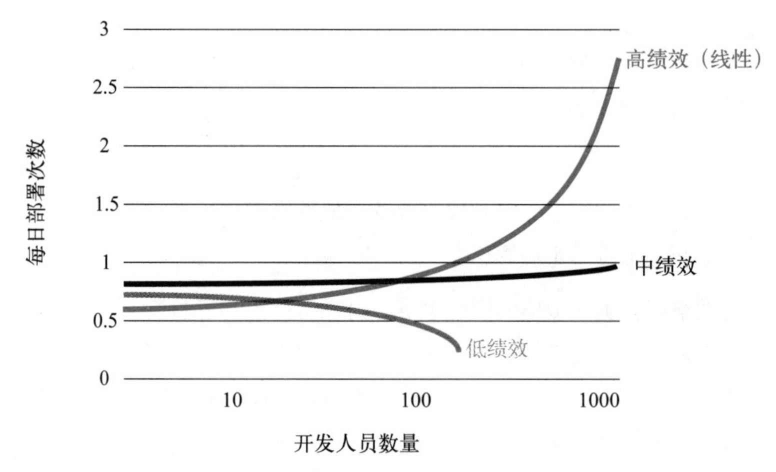

图 0-1 每日部署次数与开发人员数量的关系

（来源：2015 年《DevOps 现状报告》）

图 0-1 展示了当团队规模扩大时，低绩效组织开发人员每日部署次数会降低，中绩效组织保持不变，而高绩效组织则呈线性增长。换句话说，在采用了 DevOps 的组织中，每日部署次数会随着开发人员数量的增加而线性增长，就像谷歌、亚马逊和 Netflix 一样。[①]

解决方案的普适性

Goldratt 博士于 1984 年撰写的《目标：简单而有效的常识管理》[②]（后称《目标》）是精益制造运动中最具影响力的书籍之一。这本书影响了世界各地整整一代工厂经理，它是一本关于工厂经理的小说，故事的主人公必须在 90 天内解决成本和产品交货日期的问题，以避免工厂被迫关闭。

Goldratt 博士在其职业生涯稍晚的时候提到了《目标》的读者来信，来信里经常这样写道：“你显然在我们工厂待过，因为你准确写出了我作为工厂经理的生活……”这些信件传递出的最重要的信息是，人们能够在自己的工作环境中再现书中描述的业绩突破。

由 Gene Kim、Kevin Behr 和 George Spafford 著于 2013 年的《凤凰项目》在很大程度上借鉴了《目标》的写法。这本小说的主人公是一位 IT 经理，他面对着 IT 企业中普遍存在的所有典型问题：项目预算超支、进度滞后，但为了公司存亡不得不将其推向市场。他经历了灾难般的部署，还要面

① 一个更极端的例子是亚马逊。2011 年，亚马逊每天执行约 7000 次部署。到 2015 年，他们每天要执行 13 万次部署。

② 原版为 *The Goal: A Process of Ongoing Improvement*，中文版由上海三联书店、电子工业出版社等出版，电子工业出版社于 2019 年出版典藏版。——编者注

对可用性、安全性和合规性等方面的问题。

最终，他带领团队采用 DevOps 的原则和实践战胜了这些挑战，帮助组织在市场竞争中获胜。此外，小说还展示了 DevOps 实践如何改善团队的工作环境，让员工更多地参与整个过程，从而减轻压力并提高满意度。

与《目标》一样，大量证据表明，《凤凰项目》中描述的问题和解决方案具有普适性。看看亚马逊上的一些书评便知："我发现自己与《凤凰项目》中的人物产生了共鸣……，我在职业生涯中可能遇到过他们中的大多数人。""如果你曾从事 IT、DevOps 或信息安全方面的工作，你一定会感同身受。""我能将《凤凰项目》中的每一个角色与我自己或现实生活中认识的人对应起来……，更不用说那些角色所面临和克服的困难了。"

阅读指南

本书将探讨如何复制《凤凰项目》中描述的转型，并通过大量案例研究介绍其他组织如何应用 DevOps 原则和实践来取得这些成果。

本书旨在提供从启动 DevOps 转型到实现预期成果所必需的理论、原则和实践。这份指南基于过去几十年来优秀的管理理论、对高绩效技术组织的研究、我们帮助组织实现 DevOps 转型所做的工作、验证 DevOps 实践有效性的研究、对相关领域专家的访谈，以及对 DevOps 企业峰会上近百个案例的分析。

本书分为六个部分，围绕"DevOps 三要义[①]"探讨 DevOps 的理论和原则。"DevOps 三要义"是《凤凰项目》中引入的一个基础原理。无论你是在技术价值流（通常包括产品管理、开发、QA、IT 运维和信息安全）中执行具体工作或对工作有影响力的角色，还是业务和市场领导者（大多数技术计划都来源于这个群体），本书都能对你有所裨益。

读者不需要对本书涉及的各个领域或 DevOps、敏捷、ITIL、精益、流程优化有全面的了解，本书会根据需要进行相应介绍和阐释。

本书旨在阐述相关领域核心概念的实用知识，以此为基础引入其他必要内容，来帮助从业人员学习如何与 IT 价值流的每一位参与者通力合作，向着共同目标努力。

对于越来越依赖技术组织来实现目标的业务领导者和干系人来说，本书具有重要的参考价值。

此外，本书也适合组织中不存在书中描述的那些问题（例如部署周期长或部署过程痛苦）的读者。即便是这些幸运读者，也能通过理解 DevOps 原则而受益，尤其是与共同目标、反馈和持续学习相关的原则。

① 在本书第 1 版及《凤凰项目》中，"三要义"译为"三步工作法"。——编者注

第一部分将介绍 DevOps 简史、相关知识体系中几十年来积累的理论基础和关键主题，并概要介绍“DevOps 三要义”：流动、反馈、持续学习与探索。

第二部分介绍如何寻找切入点并启动转型，同时介绍价值流、组织设计原则和模式、组织导入模式和相关案例研究等内容。

第三部分介绍如何通过构建部署流水线（deployment pipeline）的基础来加速流动：实现快速有效的自动化测试，持续集成，持续交付，以及为实现低风险发布进行架构设计。

第四部分讨论如何通过建立有效的生产环境监控发现和解决问题，从而加速和放大反馈，更好地预知问题和实现目标，建立反馈机制以使开发和运维团队能安全地部署变更，将 A/B 测试纳入日常工作，以及创建评审和协调流程来提高工作质量。

第五部分探讨如何通过建立公正的文化，将局部经验转化为全局改进，以及适当预留时间让组织进行学习和改进，来促进持续学习与探索。

最后，第六部分介绍将安全与合规活动恰当地集成到日常工作中的方法：将预防性安全控制纳入共享源代码仓库和服务，将安全性集成到部署流水线，强化监控以更好地进行检测和恢复，保护部署流水线，以及实现变更管理目标。

我们希望通过整理这些实践来促进 DevOps 的导入和应用，提高各项转型举措的成功率，并降低 DevOps 转型的启动难度。

第一部分

DevOps 三要义

本书的第一部分将回顾管理与技术领域的几个重要运动，了解它们如何为 DevOps 的产生奠定基础；将介绍价值流的概念，解释为何 DevOps 是将精益原则应用于技术价值流的产物；最后会探讨 DevOps 三要义——流动、反馈、持续学习与探索。

第一部分包括以下重点内容。

- 流动：让工作更快地经由开发、运维交付给客户。
- 反馈：帮助组织打造更为安全的工作体系。
- 持续学习与探索：让高信任度的文化、科学的组织改进方法、敢于承担风险的工作风格成为日常工作的一部分。

简史

DevOps 及其衍生的技术、架构与文化方面的实践，体现了哲学与管理领域诸多运动的融合。虽然这些原则由不同的组织独立发现，但正如 John Wills（本书作者之一）所言，DevOps 是博采众长的产物，是“开发与运维的大融合”，它展现出人们在思想层面的惊人进步与不可思议的相互关联。如今大家耳熟能详的 DevOps 实践，源自制造业、高可靠性组织、高信任度管理模型，以及其他众多领域几十年来的经验。

DevOps 是将制造业与领导学中最为可信的原则应用于 IT 价值流的产物。它涵盖了精益理论、约束理论、丰田生产体系、弹性工程、学习型组织、安全文化、人因工程等诸多领域的知识。此外，高信任度管理文化、服务型领导、组织变革管理等方法论也为 DevOps 提供了极具价值的参考。

成功实施 DevOps，意味着以更低的成本和开销，实现一流的质量、可靠性、稳定性和安全性，同时让工作可以快速而可靠地在整个技术价值流中流动，贯穿产品管理、开发、QA、IT 运维、信息安全等各个环节。

我们一般认为 DevOps 衍生于精益原则、约束理论和丰田套路，也有很多人将其视为始于 2001 年的敏捷运动的自然延续。

精益运动

价值流图、看板及全员生产维护等技术起源于 20 世纪 80 年代的丰田生产体系。1997 年，精益企业协会开始研究如何将精益原则应用于其他行业，如服务业与医疗行业。

精益的两个核心信条是：生产前置时间（从原材料到成品所花费的时间）是度量产品质量、客户满意度和员工幸福指数的最佳指标，缩短生产前置时间的关键在于保持小批量的生产。

精益原则聚焦于如何通过系统性的思考来为客户创造价值，它包含以下要素：始终坚持目标，拥抱科学思维，建立流动与拉取（而非推动）的协作模式，从源头保证交付质量，以谦逊的方式进行领导，尊重价值流的每一名参与者。

敏捷宣言

2001 年，在一个邀请制的会议上，“轻量级软件开发”领域的 17 位专家联合发表了敏捷宣言。他们希望构建一套价值观与原则，以反映他们更具适应性的方法相较于传统软件开发过程的优势，传统软件开发过程如瀑布式开发、统一软件开发过程（Rational Unified Process）等。

敏捷宣言有一条核心原则，“更频繁地交付可用的软件，交付周期从几周到数月不等，越短越好”。它同样强调了小批量的生产方式——以增量式的发布取代大爆炸式的发布。同时，它强调组建自治的小团队，让人们在高信任度的环境下工作。

通过实施敏捷，很多软件开发组织的生产力与响应能力得以显著提升，敏捷也因此广受好评。有趣的是，正如下面的内容将要讲到的，DevOps 历史上的很多关键事件也发生在敏捷社区或敏捷大会上。

敏捷基础设施与 Velocity 大会

在 2008 年加拿大多伦多的敏捷大会上，Patrick Debois 和 Andrew Shafer 主持了一场研讨会，提倡将敏捷原则应用于基础设施的管理（早期被称为“敏捷系统管理”），而不仅仅针对应用代码，旨在吸引更多志趣相投者。尽管当时与会者寥寥，但他们还是找到了一些志同道合者，包括本书作者之一 John Willis。

持续学习

大约在同一时间，一些学者开始研究系统管理员如何将软件工程的原则应用到工作中以提高绩效。牵头的专家包括来自 IBM 研究院的一个小组，由 Eben Haber 博士、Eser Kandogan 博士和 Paul Maglio 博士领导其中的民族志[①]研究。2007 年到 2009 年，由本书作者之一 Nicole Forsgren 博士领导的行为定量分析进一步拓展了此项研究。Nicole 随后牵头发布了 2014 年到 2019 年的《DevOps 现状报告》，这份行业标准研究聚焦于提高软件交付效率的实践与能力，由 Puppet 和 DORA 联合出版。

尔后，在 2009 年的 Velocity 大会上，John Allspaw 和 Paul Hammond 发表了题为“10 Deploys per Day: Dev and Ops Cooperation at Flickr”的演讲，讲述了如何为开发和运维团队树立共同目标，并通

① 原文为 ethnographies，常见翻译为民族志。在今天，民族志是社会科学各领域的一种常见研究方法，不仅仅在人类学领域用于研究遥远或陌生的文化，还被用于研究社会中的特定社群。——译者注

过持续集成让部署成为日常工作的一部分。根据与会者的描述，现场的每一位听众都认为他们见证了一个具有历史意义的关键事件。

Patrick Debois 对 Allspaw 和 Hammond 分享的内容感到非常兴奋，于是在 2009 年于比利时的根特举办了第一届 DevOpsDays 大会，“DevOps”一词由此诞生。

持续交付

基于持续构建、测试和集成的原则，Jez Humble 和 David Farley 将“持续”这一理念进一步延伸到了持续交付，通过部署流水线确保代码与基础设施始终处于可部署状态，所有提交到主干的代码均可安全地部署到生产环境。他们在 2006 年的敏捷会议上首次分享了这一理念，而 Tim Fitz 也于 2009 年在其题为“Continuous Deployment”的博客文章中独立发表了同一观点。[①]

丰田套路

在《丰田套路：转变我们对领导力与管理的认知》[②]（后称《丰田套路》）一书中，Mike Rother 记录了自己 20 年来对丰田生产体系的理解和提炼。他曾在研究生时代与通用汽车的高层一起参观丰田工厂，之后又参与制作了精益工具箱。但曾有一件事情让他感到困惑：所有应用了精益原则的公司中，为什么没有一家能达到丰田的水平？

他得出的结论是，精益社区未能抓住其中最重要的实践，他称之为“改善套路”。Mike Rother 解释道，每个组织都有各自的日常工作流程，而改善套路要求将改进工作融入其中，因为日常工作才是提高业务成果的关键。设定愿景，制定周期性目标，持续改善日常工作——这样循序渐进的过程才是丰田公司成功的原因。

在第一部分，我们将介绍价值流，探讨如何将精益原则应用于技术价值流，并阐述 DevOps 三要义——流动、反馈、持续学习与探索。

---

① 另外，DevOps 也建立在“基础设施即代码”的实践之上，并对它进行了拓展。该实践由 Mark Burgess 博士、Luke Kanies 和 Adam Jacob 共同提出，以对待应用程序代码的方式对运维工作进行自动化，让现代的软件开发实践可以应用于整个开发价值流。在持续集成（由 Grady Booch 提出，是极限编程的 12 项关键实践之一）、持续交付（由 Jez Humble 和 David Farley 提出）和持续部署（由 Etsy、Wealthfront 和 Eric Ries 在 IMVU 的工作中提出）的基础之上，“基础设施即代码”进一步实现了快速部署。

② 原版为 *Toyota Kata: Managing People for Improvement, Adaptiveness, and Superior Results*，中文版由机械工业出版社出版于 2011 年，并于 2017 年出版珍藏版。——编者注

第 1 章
敏捷、持续交付与 DevOps 三要义

本章将介绍精益制造的基础理论，以及衍生出各种 DevOps 实践的 DevOps 三要义。

我们会侧重于讲述理论与原则，它们源于制造业、高可靠性组织、高信任度管理模型等领域几十年来的经验，并衍生出 DevOps 的各种实践。具体的原则和模式，以及它们在技术价值流中的实际应用，将在本书后续章节中陆续展开。

1.1 制造业价值流

价值流是精益的基本概念之一。我们首先在制造业的场景中对它进行定义，再探讨如何将它应用到 DevOps 和技术价值流中。

在《价值流图：工作可视化和领导力匹配》[①] 一书中，Karen Martin 和 Mike Osterling 将价值流定义为“组织基于客户的需求而执行的一系列有序的交付活动”，或者是“为客户设计、生产和交付产品或服务所需的一系列有序活动，其中包含信息和物料的双重流动”。

在制造业的运营活动中，价值流往往显而易见：它始于客户订单下达、原材料运抵车间之时。为了缩短和预测前置时间，工厂需要持续关注如何让工作平稳流动，如何通过小批量生产、减少在制品（work in process，WIP）数量、杜绝返工来避免缺陷向下游传递，如何针对全局目标持续优化整个系统。

1.2 技术价值流

很多在物理世界中行之有效的加速工作流动的原则与模式，同样适用于技术工作（抑或是所有的知识型工作）。在 DevOps 中，我们通常这样定义技术价值流：将业务构想转化为由技术实现的服务或功能，从而为客户交付价值的必要过程。

---

① 原版为 *Value Stream Mapping: How to Visualize Work and Align Leadership for Organizational Transformation*，中文版由机械工业出版社于 2020 年出版。——编者注

技术价值流的输入是既定的业务目标、概念、创意或者构想，它始于开发团队接受一项工作并将其放入待办事项列表之时。

接下来，采用敏捷开发流程的开发团队会将业务构想转化为一组用户故事和功能说明，然后进行编码实现，再提交代码到版本控制仓库，对整个系统进行集成与测试。

在尽力做到快速交付的同时，团队也必须确保部署工作不会导致混乱和破坏，例如宕机、性能下降、安全性或合规性出现问题等，因为只有服务在生产环境中正常运行，才会真正为客户带来价值。

1.2.1 聚焦部署前置时间

部署前置时间是技术价值流的一部分，也是本书讨论的重点之一。这部分的价值流始于工程师（包括开发、QA、运维、信息安全等各种职能人员）[①] 将一个变更提交到版本控制系统，终于该变更在生产环境成功上线，为客户提供价值并生成有效的反馈和监控信息。

在技术价值流中，第一阶段的主要工作是设计和开发，这与精益产品开发有很多相似之处：工作充满变数，有很强的不确定性，往往需要高度的创造性乃至灵光一现。正因如此，这部分工作的处理时间难以预估。而第二阶段的工作主要是测试、部署和运维，类似于精益制造。相比于前一阶段，我们在这一阶段追求的是工作的可预测性和可重复性，在实现业务目标的同时将变数降到最小（例如，缩短前置时间并使之可以预测，在质量上向零缺陷靠拢）。

相比于在设计 / 开发价值流中完成大批量的工作之后，再进入测试 / 运维价值流（例如采用瀑布式开发模式，使用长生命周期的特性分支等），我们更倾向于让测试、部署和运维工作与设计 / 开发同时进行，实现更快速的流动，获得更高的质量。这种工作方法是否能取得成功，取决于我们是否能保持小批量工作并将质量内建到价值流的每个环节。[②]

1. 定义前置时间与处理时间

在精益社区，前置时间与处理时间 [③]（有时候也被称为任务时间或接触时间）是度量价值流效能的两个常用指标。

前置时间是指需求从提出到完成的时间，而处理时间则从需求进入实际处理过程的时刻开始计算，即不计入工作在队列中等待处理的时间（见图 1-1）。

---

① 下文用工程师这个称谓指代任何参与技术价值流的人员，而不仅仅是开发人员。

② 事实上，像测试驱动开发这样的实践，甚至可以将测试提前到编写业务代码之前。

③ Karen Martin 和 Mike Osterling 指出："我们不使用周期时间（cycle time）这一术语，是为了避免与处理时间（process time）、输出速率（pace of output）、输出频率（frequency of output）等同义词混淆。"基于同样的原因，本书也将使用处理时间一词。

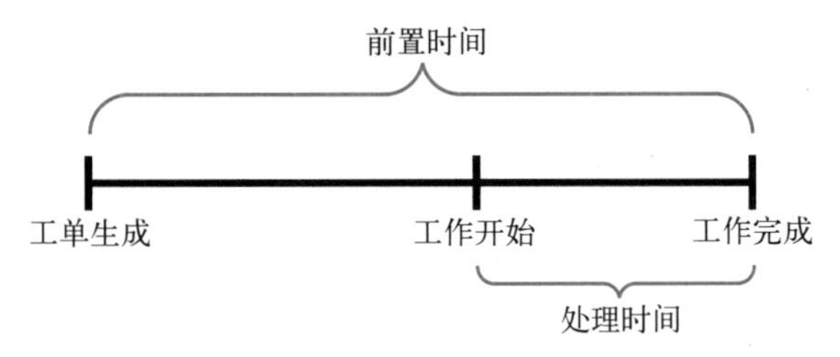

图 1-1　部署工作的前置时间与处理时间

因为前置时间是客户实际等待的时间，所以改进重点应是缩短前置时间而非处理时间。不过，处理时间在前置时间中的占比是十分重要的效率指标——为实现快速流动、缩短前置时间，势必需要缩短工作的排队时间。

2. 常见的情景：长达数月的部署前置时间

花费数月进行生产环境部署并不罕见。在复杂的大型组织中，各个单体系统之间高度耦合，集成测试环境短缺，搭建测试与生产环境极其耗时，极度依赖手工测试，人工审批流程繁缛，导致这种情况尤为突出。在这种情形下，价值流大致如图 1-2 所示。

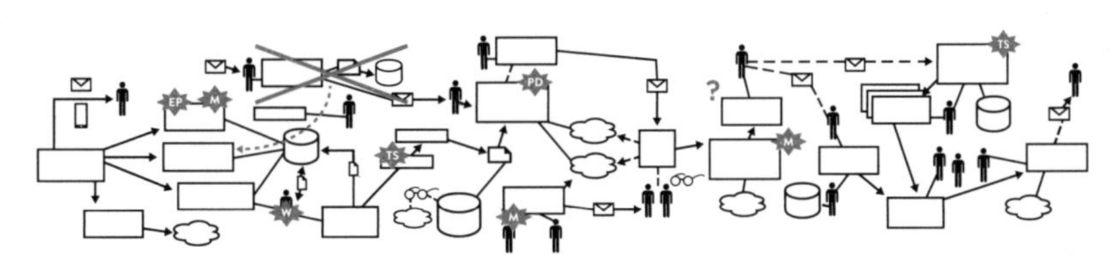

图 1-2　部署前置时间长达三个多月的技术价值流

（来源：2015 年 Damon Edwards 的“DevOps Kaizen”）

部署前置时间长意味着在价值流的各个阶段都需要“填坑侠”的介入。我们很可能在项目结束阶段将开发团队的所有变更合并之后，才发现整个系统根本无法工作，代码甚至无法构建或通过任何测试用例，每定位和修复一个问题都需要花上几天甚至几周。即便最后能勉强过关，交付给客户的成果也不尽如人意。

3. 我们的目标：分钟级的部署前置时间

在 DevOps 的理想状态下，开发人员能持续获得对工作的快速反馈，帮助他们快速、独立地开发、集成和验证代码，并自行或由他人将变更部署到生产环境。

为实现这一目标，我们需要能持续不断地将小规模的代码变更提交到版本控制系统，执行自动化测试和探索性测试，并部署到生产环境。这让大家相信变更能在生产系统中按预期运行，同时还让大家能迅速发现和修复各类问题。

为降低实现上述目标的难度，我们还需要通过模块化、高内聚、低耦合的方式优化系统架构，确保小团队能高度自治地工作，即便出现故障，也能将其控制在小范围内，而不会发展为全局性的崩坏。

以此为前提，部署前置时间可以缩短到分钟级别，即便在最坏的情况下也能控制在小时级别。这样的价值流图如图 1-3 所示。

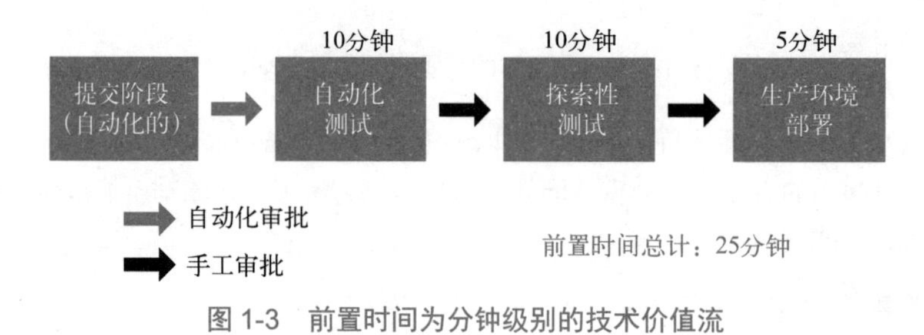

图 1-3　前置时间为分钟级别的技术价值流

1.2.2　关注返工指标——%C/A

除了前置时间和处理时间，技术价值流中的第三个关键指标是完整准确交付比（%C/A）。这个指标反映了价值流中每个环节的产出质量。

Karen Martin 和 Mike Osterling 指出："对于价值流的某一环节，通过询问其下游人员从上游收到的工作中'真正有用'的工作的占比，我们可以度量得到 %C/A。所谓'真正有用'的工作，指的是大家可以在此之上专心继续自己的工作，而不必花时间去对上游输入的信息进行修正、补足或澄清。"

持续学习

用流动指标度量业务价值的交付

在度量价值流端到端的价值时，务必注意尽可能少用代理指标（例如，单纯使用代码行数、部署频率进行度量）。代理指标可以展现局部优化的效果，却无法与业务成果（例如营收）挂钩。

而流动指标则能提供对软件交付端到端的价值的洞察，使得软件产品和技术价值流中的工作变得像生产线上的零部件一般一览无余。在《价值流动：数字化场景下软件研发效能与业务敏捷的关键》[①]（后称《价值流动》）一书中，Mik Kersten 博士定义了这套指标，包括流动速率、流动效率、流动时间、流动负载与流动分布。

---

① 原版为 *Project to Product: How to Survive and Thrive in the Age of Digital Disruption with the Flow Framework*，中文版由清华大学出版社于 2022 年出版。——编者注

- **流动速率**：在一定时间内完成的流动项（例如工作项）的数量，用于衡量价值的交付速率。
- **流动效率**：工作中的流动项所消耗的工作时间与总消耗时间的比值，用于识别效率约束（例如过长的等待时间），帮助团队判断上游是否有工作处于等待状态。
- **流动时间**：某个业务价值单元（例如功能、缺陷、风险或技术债务）在产品的价值流中所花费的总时间，用于评估需求从被提出到产生价值所需时间的长短。
- **流动负载**：价值流中处于活动或等待状态的流动项的数目，即通过清点流动项的数量计算在制品的数量。过高的流动负载会导致流动效率低下、流动速率降低或流动时间延长，显示团队接收到的需求已经超出了其产能上限。
- **流动分布**：每个类型的流动项在价值流中的比例。按需调整不同类型流动项的比例，有助于最大化业务价值的交付量。

1.3 DevOps 三要义：DevOps 的基础原则

《凤凰项目》一书将“DevOps 三要义”视作基础性原则，它衍生出了 DevOps 的各种行为与模式（见图 1-4）。

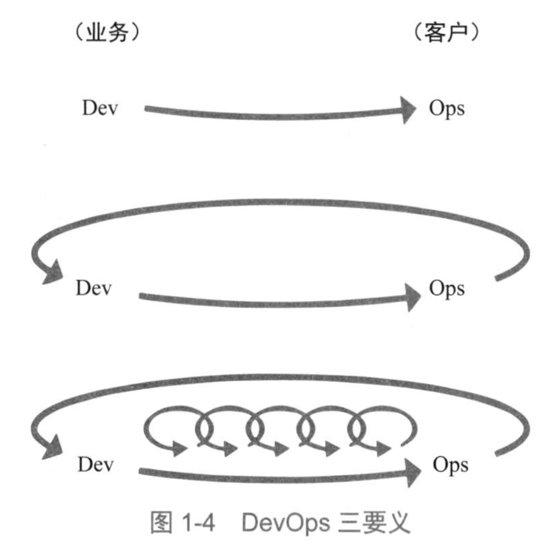

图 1-4 DevOps 三要义

（来源：Gene Kim 于 2012 年 8 月 22 日在 IT Revolution 网站发表的博客文章“The Three Ways: The Principles Underpinning DevOps”）

第一要义，实现工作快速地从左向右流动，即从开发部门到运维部门再到客户流动。为了最大限度地优化流动，我们需要采取多项措施：对工作进行可视化，缩减工作批量大小，缩短工作间隔时间，通过质量内建防止缺陷向下游传递，持续地针对全局目标进行优化。

加快技术价值流的流动可以缩短需求（包括内部需求和客户需求）交付的前置时间，尤其是部署代码到生产环境所需的时间。这种方式可以有效提升工作质量和效率，并能增强组织的创新能力与探索能力。

相关实践包括：持续构建、集成、测试与部署，按需搭建环境，限制在制品数量，以及构建可安全实施变更的系统和组织。

第二要义，在从右到左的各个阶段中，都持续地对工作进行快速反馈。它要求我们通过强化反馈回路来杜绝问题复发，或是使我们能在问题复发时更快地进行定位和修复。这种方式让我们能够从源头把控质量，并把相关知识内嵌到流程之中，从而构建更为安全的工作体系，将灾难性的故障扼杀在摇篮里。

通过及时发现问题、群策群力解决问题直至找到更有效的应对措施，持续缩短和强化反馈回路，这几乎是所有现代流程优化方法的核心理念，它能为组织创造出更多学习与改进的契机。

第三要义，打造高信任度的生机型企业文化，支持活跃、严谨、科学的探索和冒险，促使组织从成功和失败中汲取经验与知识。此外，持续缩短和强化反馈回路也让工作体系的安全性与日俱增，使团队能更好地承担风险进行探索，获得比竞争对手更强的学习能力，进而在市场竞争中胜出。

作为第三要义的一部分，我们的工作体系也需要能充分利用新的知识，将局部经验转化为全局改进，使任何工作都能从整个组织的集体经验与智慧中获益。

持续学习

DevOps 三要义的相关研究

DevOps 三要义绝非纸上谈兵。研究表明，采用这些策略可以为组织和个人带来非凡的成果。

Nicole Forsgren 博士（本书作者之一）曾领导一项为期 6 年的调研，并将研究成果发表在 2014 到 2019 年间的《DevOps 现状报告》和《加速》一书中。研究数据表明，综合应用 DevOps 三要义的能力与实践能产出更好的成果，包括：持续集成、测试、部署和小批量工作（第一要义），快速反馈与监控（第二要义），以及生机型文化（第三要义）。

DevOps 三要义可以帮助团队更快、更好地交付软件，在营收、市场份额与客户满意度上为组织做出更多贡献，从而成为卓越团队。对于这样的团队而言，达成或超越绩效目标并非难事。《DevOps 现状报告》的研究还表明，DevOps 三要义的应用也减少了团队在进行生产环境部署时所遭受的疲惫与痛苦，提升了从业者的幸福感。

案例研究

向着巡航高度爬升：美国航空的 DevOps 之旅（第一部分，2020 年）

美国航空的 DevOps 之旅是基于一系列问题展开的，第一个问题便是：什么是 DevOps？

在 2020 年的伦敦 DevOps 企业峰会上，美国航空执行副总裁兼首席信息官 Maya Leibman 讲道："在起步阶段，我们真的是实实在在地从零开始。"

为了启动转型，团队对 DevOps 进行了调研，最关键的是，大家不再寻找借口停滞不前。DevOps 发展历程中的早期案例大多来自 Netflix 和 Spotify 这类植根于云计算的数字原生企业，这会让大家有意无意低估它们在 DevOps 方面的建树。但随着更多像 Target、Nordstrom 和星巴克这样的传统企业加入 DevOps 运动，美国航空便失去了原地踏步的借口。

美国航空团队从以下方面入手：

(1) 设定具体目标；
(2) 规范工具链；
(3) 聘请外来的教练和导师；
(4) 探索如何将工作自动化；
(5) 进行沉浸式的学习（边做边学）。

这些事情与团队的终极目标息息相关，即"更快地交付价值"。正如 Leibman 所说：

> 业务伙伴每每有新点子，他们都会讲道："噢，这是我们想做的，但 IT 团队却要花费半年甚至一年的时间才能完成。"这些经历让我痛苦不堪。可见这背后的动力其实是"我们怎样才能不拖后腿"。我们相信，有一种更好的工作方式可以帮助我们达成这个目标。

接下来，团队确定了需要度量的指标：

- 部署频率
- 部署时长
- 变更失败率
- 开发周期
- 事故数量
- 平均修复时间（mean time to repair，MTTR）

一方面，通过成功绘制价值流图，团队成员更好地理解了端到端的流程，并迸发出更大的积极性。基于这些成功经验，大家摩拳擦掌地要去挖掘和改善更多问题。另一方面，团队也在 IT 部门开展了沉浸式的学习。

团队在学习和实践 DevOps 方面所获得的初步成功，引出了转型之旅中的第二个重大问题：财务部门是敌还是友？

当前的财务审批流程繁缛冗长，审批周期长达数月。Leibman 说："这个流程存在的目的就是让你放弃。"

这个审批流程是这样的：

- 没有财务部门参与，项目不得获批；
- 项目获批后，不予分配人力资源（也不会考虑从其他项目进行调配）；
- 无论规模大小、风险等级，所有申请都遵循相同的评审力度；
- 即便是公司最高优先级、必须完成的项目申请，也会受到同等力度的评审；
- 项目往往在获批之前就已经完成了。

财务部门对流程问题同样心知肚明，但他们与 IT 部门之间缺乏信任的状况阻碍了流程优化。为帮助财务部门了解资金去向，同时与他们建立信任，IT 团队进行了成本测算的练习，为每个产品都分配了预算，其中也包括运维所需的成本。

在这项工作之后，IT 团队更好地了解了预算的实际投入情况，并有机会审视资金分配是否合理。而财务部门在更清楚地看到预算的使用情况之后，也对资金的有效利用有了更多信心。

预算的透明化为进一步的试验建立起不可或缺的信任前提。财务部门随后为四个产品团队设定了固定的年度预算。产品团队定义好 OKR（objectives and key results，目标与关键成果），并将预算分配到实现 OKR 要完成的重要任务上。这样在预算正式实施之前，产品团队可以对资金的用途和产出做更多验证，而财务部门也能够对资金用途了解得更为透彻。

试验的成功使他们得以新模式推广到所有产品，进而定义出新的拨款模式。"这是对后续转型之旅的巨大助力。"Leibman 说。

随着财务部门加入和新流程落地，第三个问题随之而来：如何知道我们的转型成绩？在达成每一个小成就之后，团队都更想了解转型的整体表现。换言之，他们想知道如何度量自己的表现。

对美国航空的团队而言，DevOps 之旅的第一年侧重投入，包括学习敏捷 /DevOps，关注产品、云计算和安全等。第二年更关注产出，包括度量部署频率和平均修复时间这样的关键指标。在第三年，团队开始关注实际业务成果，而不仅仅是投入和产出（见图 1-5）。Leibman 讲道："我们最终要弄清楚自己真正想做到的事情是什么。"

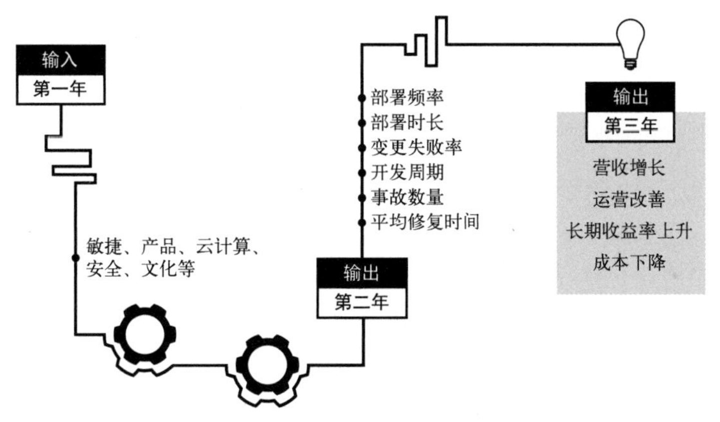

图 1-5　美国航空的 DevOps 转型之旅

（来源：经 Ross Clanton 许可）

大家取得的成果是可观的：营收增长，运营改善，长期收益率上升，成本下降。Leibman 表示：

> 在第一年，团队的目标之一是要求一定比例的成员参与敏捷培训。这的确能算得上是一种投入。在第二年，当大家开始更多地关注产出时，目标就变成了要求一定比例的团队将敏捷成熟度提升到特定水准。到了第三年，敏捷甚至不再是一个目标。大家意识到衡量投入和产出的确很重要，但最终还是需要专注于业务成果本身。

这就引出了第四个问题：什么是产品？为了弄清这个问题，团队亟待拓展产品的定义。这是整个转型之旅中最具挑战性的时刻。大家七嘴八舌，各执己见。最后，团队决定停止争论，把现有的东西写下来，围绕着这些内容组织答案，并在学习过程中加以修正。最终，这引出了第五个问题：这是不是比 DevOps 的范畴大多了？为了回答这个问题，并具体展示一些成功的产品案例，我们将在本书的后续章节中继续介绍美国航空的 DevOps 之旅。

该案例反映了 DevOps 三要义的实际应用：使用价值流图辅助优化流程，选取要度量的成果以建立快速反馈，以及通过沉浸式学习体验打造持续学习与探索的文化。

1.4 小结

本章阐述了价值流和前置时间（制造业和科技领域中度量价值流有效性的关键指标之一）的概念，以及 DevOps 三要义的指导思想。

在下面的几章中，我们将更详细地对 DevOps 三要义进行逐一介绍。第一要义是流动，无论是在制造业还是在信息技术领域，它都聚焦于在价值流中建立快速的工作流动。实现快速流动的具体方法，则会在第三部分进行介绍。

第2章

第一要义：流动

在技术价值流中，工作通常从开发团队流向运维团队，其职能范畴介于业务和客户之间。DevOps 三要义的第一要义，便是让工作能够快速、平滑地从开发团队流向运维团队，快速地为客户交付价值。任何优化举措都要服务于这一全局目标，而不是围绕局部目标展开，比如开发团队的功能完成率和测试问题修复率、运维团队的可用性指标等。

我们可以通过工作可视化、缩减批量大小、内建质量防止缺陷向下游传递等举措增强工作的流动性。加速技术价值流的流动，可以缩短满足内部和外部客户需求的前置时间，进一步提高工作质量，同时让我们能更迅速地对客户和市场需求做出反应，比竞争对手进行更多探索。

我们的目标是缩短部署变更到生产环境的时间，同时提高服务的质量和可靠性。制造业对精益原则的应用方式，可以指导我们在技术价值流中达成上述目标。

2.1 使工作可视化

技术价值流与制造业价值流的一个显著区别在于，技术性的工作看不见也摸不着。不同于生产制造的过程，在技术价值流中，我们很难直观地看到哪里出现了工作阻塞或者积压。而在制造业中，工作的流动往往缓慢且显而易见，因为工作在不同工作中心之间的流转需要实际地移动库存。

然而，技术工作的流转往往只需轻点一下按钮就能完成，比如把工单指派给另一个团队。这个操作如此轻而易举，因此不同团队之间可能会因为信息不完整而将工作踢来踢去，同时现有问题也会一直向下游传递而不被察觉，直到团队无法按时兑现对客户的承诺，或者应用程序在生产环境中出现故障。

因此，为了能识别工作在何处流动顺畅，在何处排队或停滞，我们要尽可能将工作可视化。使用可视化工作板是一个很好的办法，例如建立看板或者冲刺计划板，并通过实体或电子卡片呈现工作内容。在看板上，工作从最左侧开始（一般从待办事项列表中拉取），从一个工作中心拉取到另一个工作中心（每一列表示一个工作中心），在到达最右侧后结束——这一列通常被标识为“完成”或“已交付”（见图 2-1）。

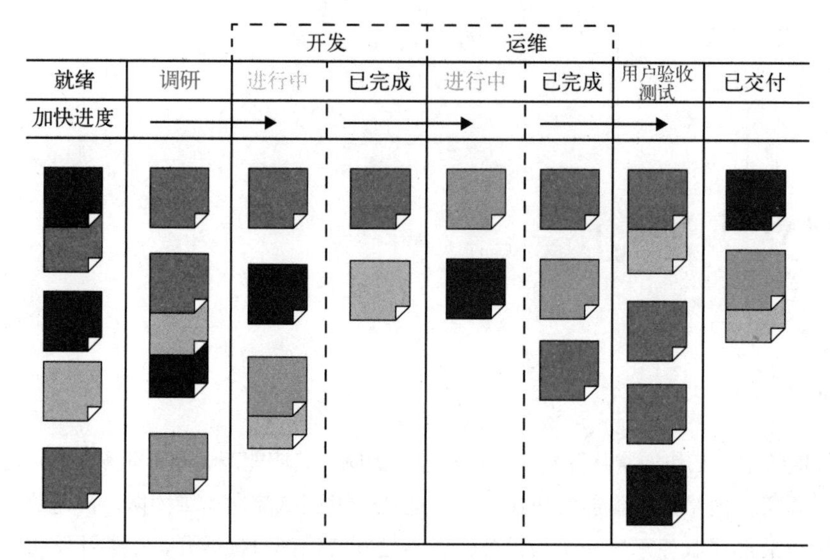

图 2-1　一个横跨需求、开发、测试、预生产、交付的看板示例

（来源：David J. Andersen 和 Dominica DeGrandis，*Kanban for IT Ops*，工作坊培训材料，2012 年）

这种方法不仅能将工作可视化，而且能帮助我们更有效地管理工作，加速从左到右的流动。我们还能从中发现不必要的工作交接，这些交接通常会引发错误或者耽误时间。此外，工作的前置时间可以通过度量卡片从添加至工作板到移入“已交付”这一列的时间来得到。

在理想情况下，看板应该覆盖整个价值流。开发团队完成某项功能的开发，并不代表工作完成。只有当应用程序在生产环境中顺利运行并开始为客户提供价值，即到达看板最右侧时，才算真正完成。

将每个工作中心的工作都放入队列并可视化地展现出来，干系人可以更容易地基于全局目标确定各项工作的优先级。这样，每个工作中心都能采用单任务的处理方式，从优先级最高的工作开始，依次完成所有的工作，从而提高吞吐量。

2.2　限制在制品数量

制造业的日常工作通常由定期生成的生产计划（例如每日、每周的计划）所决定，根据客户订单、交货截止日期、零件库存等条件，确定需要进行的作业。

而在技术行业，计划变动是家常便饭——这个情况对于提供共享服务的团队尤其突出，大家必须同时考量很多干系人的诉求。因此，日常工作的时间都会被“当务之急”所占据，紧急的工作请求从四面八方涌入：工单系统、宕机告警、电子邮件、电话、聊天信息、来自管理层的指示等。

在制造业中，生产中断影响恶劣且代价高昂。在中途开始新的作业，意味着工人们不得不中断当前作业并报废所有半成品。面对如此高昂的代价，大家自然会极其抵触频繁的工作中断。

但打断技术工作者的工作似乎是小事一桩，因为绝大多数人都看不见后果，即便它对生产效率的负面影响可能比制造业更甚。例如，一名工程师同时为多个项目工作，就必须经常切换任务，而每一次任务切换都会让工程师消耗大量精力去重拾当前任务的头绪，并需要切换至新的规则和目标。

研究表明，即便是同时处理多个简单任务，例如排列几何图形，效率也会显著下降。而技术价值流中的工作远比排列几何图形复杂，所以多任务的影响也显然要恶劣得多。

在使用看板管理工作时，我们可以限制多任务，比如通过设置每一列的卡片数量上限，来限制每一列（每个工作中心）的在制品数量。

例如，我们可以为测试设置三张卡片的上限。这意味着当一列中已经有三张卡片时，除非一张卡片已经完成或退回到前一列中（即把卡片左移一列），否则不得添加新的卡片。另外，任何工作都必须有对应的卡片才能开展，以此强化工作可视化的实施。

作为 DevOps 领域的看板专家和《将工作可视化：利用看板优化工作流动，并节约时间》[①] 一书的作者，Dominica DeGrandis 指出："控制队列规模（在制品数量）是非常强大的管理方法，因为它是影响前置时间的核心因素之一——大多数工作在真正完成之前，我们都无法预测要花多长时间。"

通过限制在制品数量，我们还更容易发现工作中的阻碍。[②] 当需要等待他人的输入而无法继续手头的工作时，如果存在对在制品数量的限制，大家就无法开始新的工作，变得无所事事。尽管开始新的工作很诱人（"有事做总比没事做好"），但更好的做法是找出延误的原因并协助解决问题。在这样的情况下，如果把闲置人员安排到其他项目，就又会导致优先级冲突的问题。换句话说，正如《看板方法：科技企业渐进变革成功之道》[③] 一书的作者 David J. Anderson 所言，"停止开始，开始完成"。

2.3 缩减批量大小

保证工作平滑、快速流动的另一个关键点，是以小批量的方式进行工作。在精益革命之前，大批量生产是制造业的常态，当作业设置或作业切换非常耗时或昂贵时尤其如此。比如生产大型汽车车身面板，需要把又大又沉的模具放置在金属冲压机上，这个过程可能要花费好几天时间。鉴于成本如此高昂，人们会一次冲压尽量多的面板，通过加大批量来减少转换。

然而，大批量生产会导致在制品数量激增、变异性[④] 增强，在整个工厂中形成连锁反应，最后的结果是前置时间变长、质量变差——如果发现一个车身面板有问题，整个批次都得报废。

---

① 原版为 *Making Work Visible: Exposing Time Theft to Optimize Work & Flow*，中文版由电子工业出版社于 2021 年出版。——编者注

② 大野耐一认为，就像降低河流水位可以露出阻碍河水流动的石头一般，限制在制品数量可以揭示所有阻碍工作快速流动的问题。

③ 原版为 *Kanban: Successful Evolutionary Change for Your Technology Business*，中文版由华中科技大学出版社于 2013 年出版。——编者注

④ 指某一流程或程序的预期结果与实际结果之间的差异性。——译者注

精益理论中有一个非常重要的经验：为了缩短前置时间、提高交付质量，应该持续不断减小批量。理论上，最小的批量是单件流[①]，即一次只处理一个单元。

James P. Womack 和 Daniel T. Jones 在《精益思想》[②]一书中，通过一个简单的邮寄宣传册的模拟，展现了大批量和小批量之间的巨大差异。

假设我们要邮寄 10 本宣传册，每一本都需要经过以下 4 道工序：折叠，放入信封，给信封封口，贴上邮票。

大批量策略（即"大规模生产"）的方法是，依次对所有的宣传册完成一道工序之后，再进入下一道工序。也就是说，先折好全部 10 张纸，然后依次将每张纸放入信封，再依次将所有信封封口，最后统一贴上邮票。

而在小批量策略（即"单件流"）中，在完成一本宣传册的所有工序之后，再开始处理下一本。换句话说，我们把一本宣传册的纸折好、放入信封、封口、贴上邮票之后，再对下一本重复这个过程。

使用大批量策略和小批量策略的差异巨大。假设每个步骤需要花费 10 秒钟，在采用大批量策略的情况下，到第一本宣传册完成需要 310 秒。

更糟糕的是，假设我们在进行第三步的封口工序时发现第一步的折叠有问题——在大批量策略之下，这个问题在工作开始 200 秒之后才会被发现，同时全部 10 本宣传册都要对前两道工序进行返工。

相比之下，在小批量策略中，完成第一本宣传册只需要 40 秒，比大批量策略快近 8 倍。而且，如果第一步出了差错，我们只需要在当前批次中的那本宣传册上进行返工。使用小批量生产，在制品数量更少，前置时间更短，错误检测更快，返工也更少（见图 2-2）。

大批量策略

小批量策略

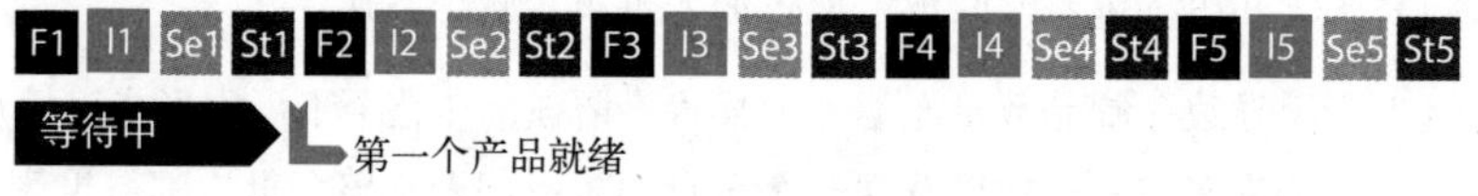

图 2-2　两种策略下邮寄宣传册模拟

注：F 表示折叠，I 表示放入信封，Se 表示封口，St 表示粘贴邮票。

（来源：Stefan Luyten 的文章"Single Piece Flow"，2014 年 8 月 8 日）

① 也被称为"大小为 1 的批量"（batch size of one）或"1 × 1 流"（1x1 flow），这些术语都是指代批量大小和在制品数量同时限制为 1 的情形。

② 原版为 *Lean Thinking: Banish Waste and Create Wealth in Your Corporation*，中文版由商务印书馆、机械工业出版社等出版，机械工业出版社于 2015 年出版白金版。——编者注

类似于制造活动，大批量策略在技术价值流中同样会引发负面结果。不妨想象一下，我们制订了一个年度软件发布计划，要将开发团队一整年的代码一次性部署到生产环境。

与制造业一样，这种大批量的发布会使得在制品数量激增，大规模扰乱下游工作中心，最后导致流动受阻、质量遭损。这和制造业的经验类似，即对生产环境的变更越大，引发的问题就越难进行诊断和修复，补救时间也越长。

Eric Ries 在 Startup Lessons Learned 网站的博文中指出：

> 在软件开发或 DevOps 流程中，批量大小是工作内容在不同阶段之间移动的单位数量。对软件而言，最直观的批量大小是代码改动量。工程师每次提交代码，都相当于是把一定量的工作加入到一个批量当中。控制代码批量大小的技术手段很多，从持续部署要求的极小批量，到相对传统的基于分支的开发。在后一种模式中，多个开发人员在各自的分支上开发数周或数月之后，再统一进行批量集成。

在技术价值流中，单件流可以通过持续部署实现，每一个提交到版本控制系统的变更都会被集成、测试并部署到生产环境。本书第四部分将详细介绍这一实践的具体方法。

2.4 减少工作交接

在技术价值流中，如果把版本控制系统里的代码部署到生产环境需要执行成百上千项操作，那么部署前置时间长达数月也就不足为奇。事实上，代码在价值流中的流转需要多个部门的协同工作，涵盖功能测试、集成测试、环境搭建、服务器配置、存储管理、网络配置、负载均衡和信息安全等各项任务。每一次工作交接都需要进行大量沟通——请求、委派、通知、协调，而且经常涉及安排优先级、排期、解决冲突、测试与验证等。这些工作可能还需要使用好几个不同的工单或项目管理系统，撰写技术规范，通过会议、电子邮件或电话进行沟通，同时还可能涉及文件共享服务、FTP 服务器和维基页面的使用。

当我们的工作依赖某个共享资源（例如集中式运维团队）时，上述每个环节都可能出现排队，从而导致工作等待。这类请求的前置时间通常很长，以至于大家都需要不断沟通和争取优先处理己方的需求，以便能够在指定时间内完成工作。

即便在最好的情况下，每次交接也不可避免会丢失一部分知识或信息。如果一项工作的交接次数足够多，到最后它要解决的问题或者要实现的组织目标可能会完全丢失。例如，服务器管理员可能会收到一个创建用户账号的工单，却不知道这些账号要用于什么应用或服务，为什么要创建，是否依赖他人的工作，或者这件事是不是已经有人做过了。

为了减少此类问题的出现，我们需要努力减少工作交接的次数。要么能自动化执行绝大部分工作，要么通过构建自助平台与调整组织结构，让团队能够自助地完成构建、测试和部署工作，无须依赖他人就能独立地向客户交付价值。减少工作等待和非增值时间，能够增强价值流的流动性（见附录 4）。

2.5 持续识别并改进约束

为了缩短前置时间、提高吞吐量，我们要不断识别价值流的约束并提高其产能。Goldratt 博士在 *Beyond the Goal: Theory of Constraints* 一书中指出："任何价值流都有一个流动方向，约束有且只有一个；任何不针对该约束的改进都是无谓的。"① 我们改进约束之前的某个工作中心，只会让工作更快地在约束处堆积。

反之，对位于约束之后的某个工作中心进行改进，则会导致该工作中心一直处于"饥饿"状态，因为工作被积压在了上游的约束处。为了解决上述问题，Goldratt 博士定义了"五个关键步骤"：

(1) 识别系统中存在哪些约束；
(2) 考虑如何最大限度地利用系统的约束；
(3) 组织中的所有其他活动都服从于第 (2) 步提出的各种措施；
(4) 针对该约束完成改进；
(5) 回到第 (1) 步，持续进行改善，也务必要杜绝因惰性造成的系统约束。

在典型的 DevOps 转型中，为了将部署前置时间从以月度或季度为单位缩短到分钟级别，我们要依次改进下列约束。

- **环境搭建**：如果总是要花上数周或者数月准备生产或测试环境，按需部署就无法实现。应对措施是使团队能完全自助地按需完成环境搭建。
- **代码部署**：如果每一次部署都需要花费数周乃至数月（例如，一次部署涉及逾 300 名工程师和多达 1300 个容易出错的手工步骤），按需部署就无法实现。应对措施是尽可能地将部署自动化，直到完全覆盖所有步骤，从而让任何开发人员都能自助完成部署。
- **测试准备和执行**：如果每一次生产环境部署都需要两周时间搭建测试环境、准备测试数据集，再花上四周时间执行手工回归测试，按需部署就无法实现。应对措施是实现测试自动化，让部署更加安全；同时让测试支持并发执行，从而确保测试活动能跟上代码开发的速度。
- **过度耦合的架构**：架构过度耦合，意味着每一次变更都需要工程师去参加大量评审委员会的会议以获得许可，那么按需部署就无法实现。应对措施是让架构更加松耦合，让变更更加安全、自主，从而提高开发人员生产力。

在上述约束被攻克后，接下来要改进的约束很可能是开发团队或产品负责人。因为我们的目标是让小团队能够独立、快速、可靠地进行开发、测试、向客户交付价值，所以这些环节是约束集中所在。对于高绩效的组织而言，无论他们的工程师是何种职能，是开发、测试、运维还是信息安全，

① 意思是每一次只应该识别并且针对一个约束进行改进，它是造成流动受阻的最大因素。——译者注

其目标都是帮助组织实现开发人员生产力的最大化。

当约束落到开发阶段之后，我们将只受限于有多少精良的业务构想，以及能否开发出必要的代码让真实客户去验证它们。

以上约束在 DevOps 转型过程中相当普遍，我们将在本书后续内容中介绍在真实的价值流中识别它们的方法，如价值流图与度量等。

2.6　消除价值流中的浪费和困境

丰田生产体系的先驱之一新乡重夫认为，浪费是对业务存续的最大威胁。精益对浪费的常用定义是“对超出客户需求和买单意愿的材料或资源的使用”。新乡重夫同时指出了制造业中存在的七种主要浪费：库存、过量生产、额外工序、运输、等待、移动和缺陷。

当代精益理念认为，“消除浪费”具有贬义和反人性的意味；实际上，我们的目标是通过持续学习去消除日常工作中的困境和“苦役”，从而更好地服务于组织目标。在本书中，“浪费”均指其当代版本的含义，因为它与 DevOps 的理念更为相符。

Mary Poppendieck 和 Tom Poppendieck 在 *Implementing Lean Software Development: From Concept to Cash* 一书中指出，软件开发活动中任何对客户造成延误的事物，都应被视作浪费和困境，比如那些即便忽略也毫不影响结果的活动。他们在书中列出了以下七种浪费和困境。

- **半成品**：价值流中任何未完成的工作（例如，未评审的需求文档或变更单）和排队中的工作（例如，等待质量审核、服务器配置工单完成）。随着时间推移，未完成的工作会逐渐失去价值直至被废弃。
- **额外工序**：流程中对客户而言不增加价值的额外工作。例如，下游工作中心不会使用到的文档，不提供额外价值的评审或审批。额外工序不仅增加了工作量，也延长了前置时间。
- **冗余功能**：在服务中，组织或客户不需要的那些功能（例如所谓“镀金”[①]）。它们只是为测试和管理工作带来了额外的复杂性和工作量。
- **任务切换**：当人们同时在多个项目和价值流上工作时，他们需要在不同工作之间来回切换，并要厘清工作之间的依赖关系，这同样把额外的工作量和时间开销带进了价值流。
- **等待**：工作之间相互竞争资源导致的延迟。它延长了周期时间，阻碍客户及时收获价值。
- **移动**：信息或资料在工作中心之间流转所消耗的工作量。当人们需要经常沟通，却又不在同一地点工作时，就会产生移动浪费。工作交接也会产生移动浪费，并且常常需要额外的沟通来澄清含混的信息。
- **缺陷**：信息、材料或产品中错误、缺失或不清晰的部分造成的浪费。解决这些问题需要付出额外的工作。从缺陷产生到发现之间的时间越长，解决的难度就越大。

① 比喻在项目或服务中添加超出实际需求的、花哨但无用的功能。——译者注

此外，Damon Edwards 还指出了另外两种浪费。

- **非标准或手工的操作**：任何依赖他人的非标准或手工进行的工作，如使用无法重复构建的服务器、测试环境和配置。在理想情况下，任何可能自动化的手工工作都应该自动化、自助化并可按需执行。当然，一些特定类型的手工工作始终不可避免。
- **"填坑侠"**：为了实现组织目标，个人和团队被迫做出不合理的行为，这甚至可能成为他们日常工作的一部分（例如，凌晨 2 点出现生产环境问题，每次软件发布需要创建上百个工单，等等）。

我们的目标是将这些需要"填坑侠"挺身而出的浪费和困境进行可视化，并系统性地进行改进，减轻或消除这些浪费和困境，从而实现快速流动。

案例研究

医疗行业中改善流动性和改进约束的实践（2021 年）

以下医疗行业的案例，证明了 DevOps 和约束管理的理论不只适用于软件开发或生产制造，而几乎能应用于任何情境。Chris Strear 博士有 19 年急诊医生的工作经验，他在 2021 年 DevOps 企业峰会上分享了自己通过优化流动提升诊疗效率的案例。

> 2007 年左右，我们医院一度陷入困境，在病人流转方面遭遇了令人难以置信的困难。因为床位短缺，本应立即住院的病人需要在急诊科滞留几小时甚至几天。
>
> 医院人满为患，病人的流转极其不畅，导致急诊科月均有 60 小时处于救护车分流的状态。这意味着我们每月有 60 小时无法为社区的危重病人提供急诊治疗。有一个月的分流时间甚至超过了 200 小时。
>
> 情况逐渐恶化，以致我们开始流失护理人员。这里的工作异常艰辛，于是他们纷纷选择离职。我们只能依靠临时护士、护士招聘机构或旅行护士来填补人员空缺。在很多情况下，这些护士都没有足够的经验应对紧急环境中的工作。上班和照顾病人成为一件危险的事情，坏事似乎可能随时发生。
>
> 院长意识到了问题的严重性，便着手组建了流动改善委员会，而我有幸加入其中。
>
> 这一举措带来了巨大的改变。在一年内，救护车分流的情况基本被消灭，从每月 60 小时下降到每月 45 分钟。病人的住院时间得到了更好的保障。我们缩短了病人在急诊科花费的时间，同时基本上不再有病人因在急诊科候诊过久而不得不离开的情况。上述成果是在医院的工作量、救护车流量和入院人数都创纪录的情况下达成的。

转变令人惊喜。病人得到了更好的护理，照顾病人的工作更安全也更轻松了。更棒的是，我们停止了雇用临时护士，急诊科所有的护士都是具有当地从业资格的专职急诊护士。事实上，我们的急诊科成了波特兰/温哥华地区急诊护士们最向往的工作场所。

说实话，我此前从未参与过如此令人惊喜的事情，至今也不曾再有。我们为数以万计的病人提供了更好的护理，同时也提升了医院里数百名医护人员的工作幸福感。

他们是如何实现这一转变的呢？此前有人给Chris推荐了Goldratt的《目标》一书。书中的约束管理理论对他本人以及他解决医院流动困境的方法产生了深刻影响。

很多人问我，改变到底在哪。我也没有完整的答案，但我看到了一些趋势和一些重复出现的模式。领导者们对流动的重视不能停留在口头上，而要落到实处，付诸行动。但他们中的很多人并没有这样做。

他们要做的是为变革创造条件。医院领导并不需要每天实际地施行变革工作，但是需要确保变革的施行者们具备开展工作的条件。试想，如果一个护士长每天要跟进15个项目，参加15个会议，而领导这时候走过来说："流动性很重要。"于是乎这位繁忙的护士长手头又多出了第16个项目，还不得不去参加第16个会议。领导这样做并没有真正传达出这件事情的重要性，而是让下属觉得这不过是在优先事项列表的尾巴上加上第16项而已。

当然，不是所有的管理人员都有空投入这第16个项目中。因此，领导者需要明确什么是真正重要的，哪些可以暂时搁置，哪些可以退而求其次，然后主动为大家减轻工作负担，以便大家能开展新的工作。这不仅使得从事具体改进工作的人更高效，更是一种非常真诚、具体、可感知的表达方式，告诉大家这个新的改善流动的项目是当前最重要的任务。

你必须打破思考的局限性。你要关注整个医院系统的流动，不是住院部的流动，也不是急诊科的流动。因为孤立地看，部门之间存在"利益冲突"。把病人从急诊科转移到住院部，意味着住院部要承担更多工作。同一件事情所产生的结果对医院不同部门是不一样的。

当大家讨论如何使流动更好，如果有人说"不"，一定不能到此为止。我一次又一次地听到："我们不能做这件事，因为这不是我们的工作方式。"这很荒谬，否定没有问题，但必须同时提供一个新思路。而如果所有在场的人中只有我提出了一个不算好的主意，那它就成了眼下最好的那个，也是我们要尝试的那个。

领导者务必要正确地评价、衡量事物，并周到地给予奖励。我这么说是什么意思呢？是这样，医院里对某个部门管理者进行评价时，往往只关注其部门本身的运行情况，奖励也是相对应的。而人们的行为会受到评价与奖励的影响。因此，如果改善急诊科的流动对病人和整个医院是正确的选择，那么，尽管这意味着负担被转移到另一个部门并可能影响他们的评价，也是可以接受的。如果整个医院的流动能得到改善，谁还会去关心单个部门的流动呢？

确保你所度量的东西与你的总体目标相称。确保人们得到了应有的奖励，而不会为改善流动而受到不公平的惩罚。你需要对医院系统进行整体性的思考，而不仅仅针对单个部门。

最后，具体的工作方法同样可能成为约束。请牢记它们都是人为制定的规则，而不是什么物理学的自然法则，很多阻力都来自惧怕改变行事方式所带来的不确定性。

人们常常会因为没有按习惯的方式去做一件事，就觉得无法成功。但这是人为编造的借口。病人的身体如何对治疗做出反应属于自然规律，无法人为控制。但是如何安顿、照顾或者转移病人，都是我们人为制定并延续下来的，都是可以协商并改变的。

该案例具体阐述了如何使用 Goldratt 的约束理论和五个关键步骤识别和改进约束，从而改善流动。该医疗系统改善病人流动的案例表明，Goldratt 的理论可以应用于任何情境，而不仅仅是制造业或软件开发。

2.7 小结

提升技术价值流的流动性对 DevOps 的实施至关重要。为此，我们需要将工作可视化，限制在制品数量，减小批量，减少工作交接，持续识别与改进约束，以及消除日常工作中的困境。

本书第三部分将详细介绍在 DevOps 价值流中实现快速流动的具体实践。在下一章中，我们将介绍第二要义：反馈。

第 3 章

第二要义：反馈

DevOps 三要义中的第一要义是让工作能够在价值流中从左到右快速流动，而第二要义则是让价值流从右到左所有阶段的工作都能快速、持续地获得反馈。我们的目标是打造一个安全且有弹性的工作体系。这一点对于复杂系统中的工作尤为重要，像工人遭受工伤，乃至核反应堆堆芯熔毁等灾难性事件，往往都源于一些小差错。

技术价值流里的工作基本都发生在复杂系统中，引发灾难性后果的高风险如影随形。与制造业类似，我们通常在重大故障发生之后才发现问题，例如生产环境大规模宕机、安全漏洞导致客户数据失窃等。

在整个价值流和组织中建立起快速、频繁、高质量的信息流动，包括反馈回路和前馈回路，我们可以打造出更为安全的工作体系，在规模较小、修复成本与难度较低的阶段就能发现问题并加以补救，从而避免灾难性事件，同时将从中获得的知识用于改进整个组织。我们应该把故障和事故视作宝贵的学习机会，而不是借机对他人进行指责和惩罚。为了实现上述目标，我们首先来探讨复杂系统的特点，以及如何才能让它变得更加安全。

3.1 在复杂系统中安全地工作

复杂系统的核心特征之一是，一个人很难掌握系统的全貌，理解内部组件之间是如何衔接的。复杂系统的组件之间通常紧耦合且高度互联，所以不能依据单个组件的行为去解释系统级别的行为。

在研究美国三英里岛核泄漏事故的过程中，Charles Perrow 博士发现，没有人能做到完全理解反应堆在各种情况下的行为，也无法准确预测可能发生的故障。当反应堆的某个组件发生故障时，很难将其与其他组件进行隔离，这样故障便会以不可预测的方式迅速通过“最脆弱的链路”进行级联传播。

作为安全文化中一些关键要素的编撰者之一，Sidney Dekker 博士总结了复杂系统的另一特征：同样的事情做两次，结果不一定相同。因此，虽然静态检查清单和最佳实践有一定作用，但仍然不足以防止灾难发生（见附录 5）。

复杂系统出现故障无法避免，因此无论是在制造业还是技术行业，我们都必须设计一个安全的工作体系，让员工能没有顾忌地开展工作，确保在灾难性后果（例如员工工伤、产品缺陷、负面的客户影响等）发生之前就能快速检测到问题。

Steven Spear 博士在其哈佛商学院的博士论文中剖析了丰田生产体系的机制。他认为设计出绝对安全的系统并不现实，但是通过采取以下 4 项措施，我们可以让复杂系统中的工作更加安全。①

- 妥善管理复杂的工作，暴露设计和操作中存在的问题；
- 群策群力地解决问题，快速积累新的知识；
- 将局部积累的新经验推广到整个组织；
- 领导者持续培养具有上述才能的人。

要在复杂系统中安全地工作，上述4种能力缺一不可。接下来我们将探讨前两种能力及其重要性，了解在其他领域如何实现这些能力，以及如何将它们应用在技术价值流中。后两种能力将在第 4 章描述。

3.2 及时发现问题

在一个安全的工作体系中，我们要不断对设计和假设进行验证，目标是尽早、尽快、尽可能经济、从尽可能多的渠道增强工作体系中的信息流动，并尽量使问题保持清晰的因果关系。我们能排除的假设越多，就越能快速发现和解决问题，从而提升自身的弹性、敏捷度及学习与创新的能力。

要做到这一点，我们需要在工作体系中建立反馈回路和前馈回路。Peter Senge 博士在《第五项修炼：学习型组织的艺术与实践》②（后称《第五项修炼》）一书中阐述道，反馈回路是学习型组织和系统思维的重要组成部分。反馈回路和前馈回路能加强或抵消系统内各个部分的相互作用。

在制造业中，缺乏有效的反馈往往会导致重大的质量和安全问题。一个有据可查的案例是，通用汽车公司位于美国弗里蒙特的工厂既没有有效的步骤来检测装配过程中的问题，也没有明确的步骤来说明如何处置问题，结果发生了各种意外状况，如发动机被装反，汽车缺少方向盘或轮胎，还有汽车因为无法发动而被迫从装配流水线上下线。

相较之下，在高绩效的制造业生产运营中，高质量的信息快速、频繁地在整个价值流中流动——度量和监控每道工序的操作，任何缺陷或严重偏差都会被迅速发现和处置。这是保障质量、安全及持续学习与改进的基础。

---

① Spear 博士对他的工作进行了拓展，来解释其他组织如何长期保持成功，例如丰田供应商网络、美国铝业公司和美国海军的核动力推进计划。

② 原版为 *The Fifth Discipline: The Art & Practice of the Learning Organization*，中文版由东方出版社、中信出版社等出版，中信出版社于 2018 年出版系列珍藏版。——编者注

在技术价值流中，缺乏快速反馈也通常会导致业务成果不尽如人意。例如使用瀑布式开发过程的软件项目，仅代码开发就可能持续一整年，而在进入测试阶段之前，甚至在发布给客户之前，开发人员都无法获得任何质量上的反馈。在反馈如此稀缺且滞后的情况下，业务目标很难达到预期。

因此，我们要在技术价值流的每个阶段（包括产品管理、开发、QA、信息安全和运维），在任何有工作进行的地方，实现快速的反馈回路和前馈回路，包括创建自动化的构建、集成和测试流程，帮助我们尽早发现可能导致服务无法正常部署或运行的代码变更。

我们还要对系统进行全方位监控，监测系统的各个组件在测试和生产环境中的运行状况，在第一时间发现不符合预期的行为。监控系统还能度量我们是否偏离了预期目标。在理想情况下，如果将监控结果辐射到整个价值流，我们就能观察到自身行为对系统的其他部分造成了何种影响。

反馈回路不仅能够帮助我们快速发现和修复问题，还能告诉我们如何防止问题复发。这样不仅提高了工作体系的质量与安全性，还为整个组织积累了知识和经验。

正如 Pivotal 软件公司的工程副总裁、《探索吧！深入理解探索式软件测试》[①] 一书的作者 Elisabeth Hendrickson 所说："在我负责质量工程时，我把自己的工作描述为'建立反馈回路'。反馈至关重要，因为它为我们的工作提供了向导。我们必须不断验证工作是否实现了设计意图，设计意图是否吻合客户需求。测试活动只是反馈的形式之一。"

持续学习

反馈类型和周期时间

在 2015 年 DevOps 企业峰会上，Elisabeth Hendrickson 介绍了软件开发活动中 6 种不同类型的反馈。

- **开发人员测试**：作为开发人员，我写出的代码是否符合我的意图？
- **持续集成与持续测试**：作为开发人员，我新写的代码是否在符合意图的同时没有破坏现有代码的逻辑？
- **探索性测试**：代码变动是否导致了不符合预期的结果？
- **验收性测试**：交付的功能是否符合业务期许？
- **干系人的反馈**：团队的目标和方向是否准确？
- **客户 / 用户反馈**：客户 / 用户是否喜欢我们创建的产品或服务？

① 原版为 *Explore It!: Reduce Risk and Increase Confidence with Exploratory Testing*，中文版由机械工业出版社于 2014 年出版。——编者注

获取反馈所需要的时间因反馈类型而异。如图 3-1 所示，以一组圆表示，能看到开发人员在自己的开发环境中获取反馈的速度最快（本地测试、测试驱动开发等），而来自价值流末端的客户 / 用户的反馈则最慢。

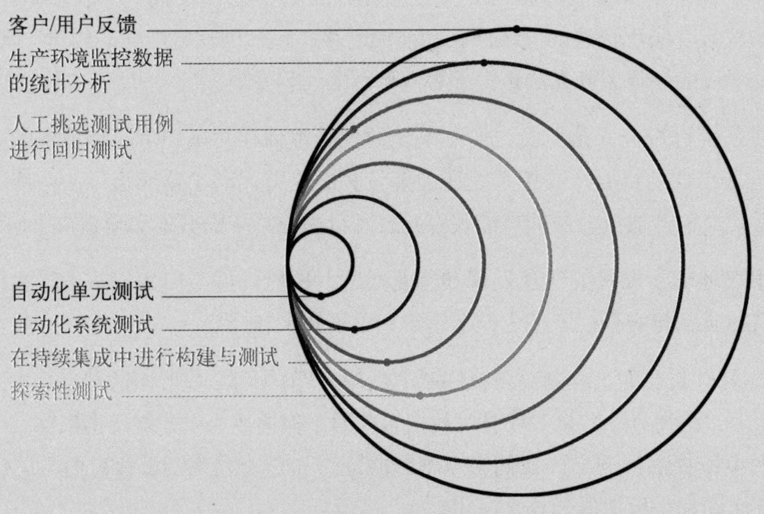

图 3-1　各类反馈的周期时间

（来源：Elisabeth Hendrickson 的演讲，由 DevOps 企业峰会发布在 Youtube，视频标题为"DOES15—Elisabeth Hendrickson—Its All About Feedback"，2015 年 11 月 6 日）

3.3　群策群力，攻克难题

仅仅能探测到意外发生显然不够。当问题发生时，我们必须调动一切必要资源，群策群力地去解决问题。

根据 Spear 博士的观点，群策群力的目的是及时遏制问题蔓延，定位问题并加以处置，以避免复发。他讲道："在这个过程中，大家能积累更为深入的关于系统的知识。在问题发生早期通常会有不可避免的懵懂阶段，这个阶段正好可以用来进行学习和积累。"

贯彻这一原则的典范是丰田的**安灯绳**。在丰田工厂里，每个工作中心上方都有一条绳索，每个工人和经理都接受过培训，在发生问题时就会拉动绳索[①]，例如，零件有缺陷或出现短缺，或者某个工序超出文档规定的时长。

安灯绳被拉下时，团队领导会第一时间得到通知并立即着手解决问题。如果问题不能在规定时

① 丰田的部分工厂已经转而使用安灯按钮。

间（例如55秒）内解决，就会停掉整条生产线，以便动员整个组织来协助解决问题，直到成功找到应对措施。

不是绕过问题或者用“等我们有空再来修复”搪塞，而是立刻群策群力去解决问题，这与前述通用汽车弗里蒙特工厂的做法截然相反。

群策群力具有以下几点必要性。

- 防止问题向下游蔓延，否则修复问题的成本和工作量都会呈指数级上升，同时还会积累技术债务；
- 防止工作中心启动新的工作，因为这很可能会在系统中引发新的错误；
- 如果不解决眼下的问题，工作中心可能在下一次操作中（例如55秒后）再次遇到这个问题，同时修复成本也会上升（见附录6）。

这种全民动员的工作方式似乎与常规的管理实践相悖，因为我们有意让一个局部性的问题扰乱全局的运作。然而，这种方式创造了学习的机会。对复杂系统而言，防止关键信息因记忆模糊或者环境变化而丢失尤为重要。在复杂系统中，许多问题都源自人员、流程、产品、地点和环境之间出乎意料、有悖寻常的相互作用。随着时间推移，要准确重现问题发生时的情况不大现实。

正如Spear博士所指出，全民动员是“实时的问题识别、定位和处理（在制造业通常称为对策或纠正措施）的规律性循环的一部分。这就是休哈特循环（即PDCA循环）——计划（plan）、执行（do）、检查（check）、改进（act），由爱德华兹·戴明博士加以推广并获得了迅猛发展”。

只有尽早以全民动员的方式解决规模尚小的问题，我们才能将灾难扼杀在摇篮里。换句话说，当核反应堆堆芯熔毁时，已经回天乏术。

为了在技术价值流中实现快速反馈，我们必须建立等效于安灯绳和全民响应的机制。这也要求我们的文化允许乃至鼓励员工在发生问题时毫无顾忌地拉下安灯绳，无论是针对生产环境事故，还是在价值流更早期阶段的错误（比如，一个代码变更导致持续构建或测试流程失败）。

当安灯绳被拉下后，我们将一拥而上、群策群力地解决问题，并且在问题解决之前停止开展新的工作。[①] 这为价值流中的每个人（尤其是导致系统故障的人）提供了快速反馈，使我们能够迅速定位和隔离问题，防止出现更加复杂的状况而导致问题的因果关联更加模糊。

持续集成和部署可以实现技术价值流的“单件流”，在现有问题修复之前停止开展新的工作是其必要条件。所有通过持续构建和集成测试的代码变更都会被部署到生产环境，而任何导致测试失败的代码变更则都会让我们拉下安灯绳，让大家聚集起来解决问题。

---

① 令人惊讶的是，当安灯绳被拉下的次数变少时，工厂经理会适当降低阈值来增加拉下的次数，以便创造更多学习和改进的机会，并捕捉更为微弱的故障信号。

案例研究

Excella 的安灯绳实验（2018 年）

Excella 是一家 IT 咨询公司。在 2019 年的 DevOps 企业峰会上，来自 Excella 的 Scrum Master（Scrum 专家）Zack Ayers，与资深开发工程师 Joshua Cohen 一同分享了安灯绳实验如何帮助他们缩短周期时间、改善协作，并打造出心理安全度更高的文化氛围。

在一次团队回顾中，Excella 留意到任务的周期时间出现了上升势头，团队中出现了被 Joshua Cohen 称为“就快做完了”的现象（almost dones）。他指出：“在站会上，开发人员会更新前一天功能开发的进展。他们会说：‘我这边进展很顺利，就快做完了。’到下一次站会时，他们会说：‘我遇到了一些问题，不过已经解决了，剩下的就是再做一些测试。我就快做完了。’”

这种“就快做完了”的情况发生得过于频繁，于是团队决定就此进行改善。大家发现团队成员只会在特定时间提出问题，比如在站会期间。团队希望能够改变这一做法，在问题出现时立刻一起解决，而不是等到第二天的站会。

团队决定尝试安灯绳的思路。他们定下两条核心规则：（1）当绳子被拉下时，每个人都要停止手头的工作去帮忙解决问题；（2）团队成员在遇到困难或需要团队协助时，就可以拉下绳子。

团队编写了一个 Slack 聊天机器人作为“绳子”。每当有人在 Slack 里发送了“andon”（“安灯”），机器人就会自动回应“@here”（“在这儿”），提醒 Slack 中的所有团队成员。不仅如此，团队还在 Slack 中创建了一个“当……发生时则……”（if/this/then/that）的自动化集成，用来点亮旋转警示灯或者闪光串灯，甚至能让一个充气的“管子人”（tube man）① 在办公室里扭来扭去。

团队选取以下几个关键指标评估实验效果：周期时间是否缩短，团队协作是否增加，是否不再用“就快做完了”描述问题的进展。

2018 年实验伊始，周期时间徘徊在 3 天上下。采用安灯绳几周后，周期时间略有下降。又过了几周，他们停止使用安灯绳，结果周期时间蹿升到近 11 天，创下历史新高。

团队回顾了实验中发生的情况。大家发现，拉绳子确实很有趣，但大家还是会因怯于求助或不想打扰队友，未能充分利用这个机制。

① 也被称为“空中舞者”“空气舞者”“充气人”，是由连接在风扇上的织物管段组成的充气棍状物。当风扇通过它吹气时，管子便会开始甩动，呈现扭来扭去舞动的样子。——译者注

为了改善这种情况，团队修改了拉动安灯绳的规则：不要一遇到困难就拉下绳子，而是在解决问题过程中需要征求团队意见时做这件事。规则修改之后，安灯绳的拉动次数大幅上升，周期时间也相应缩短（见图 3-2）。

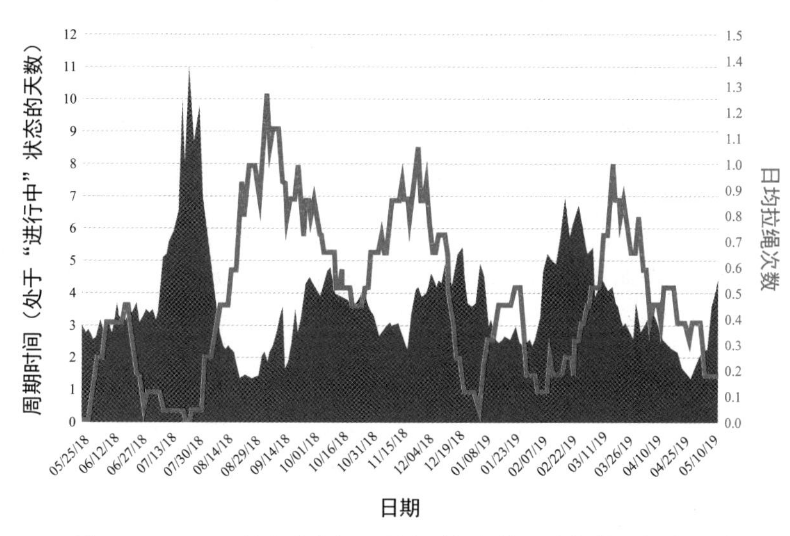

图 3-2 Excella 的实验数据：周期时间与拉下安灯绳次数的关系

（来源：Zach Ayers 和 Joshua Cohen 在 2019 年美国拉斯维加斯的 DevOps 企业峰会上题为“Andon Cords in Development Teams—Driving Continuous Learning”的演讲）

每当安灯绳的拉动次数下降，团队就会想办法激励这个行为以保持拉动次数，从而进一步缩短周期时间。通过持续迭代，团队将这个实验转变为日常实践，并最终将它推广到整个产品部门，让每个人都使用“安灯：红色警报”报告重大问题。

在周期时间得到优化的同时，团队还发现安灯绳可以提升心理安全感。成员们能更多地发声，并产生了更多有创造性的解决方案。

正如 Excella 公司首席技术和创新官、联合创始人 Jeff Gallimore 所说：

> 我们在实验中得到了一个颠覆常识的反直觉经验：对于开发人员和工程师，你不应该打断他们的工作，因为这会损害他们的生产力。然而，来自安灯绳的打断，恰恰帮助我们改善了团队的流动，提高了生产力。

这个案例凸显了在局部问题演变成全局问题之前，全民动员带来的神奇功效，同时展现了如何创造性地使用安灯绳系统缩短周期时间、改善协作。

3.4 从源头保障质量

我们应对意外和事故的方式会不经意地让不安全的工作体系长期存续。在复杂系统中，更多的检查项目和审批流程只会让故障更为频发。决策者离待审批的工作越远，审批流程的有效性就越低。在决策质量变低的同时，决策的周期时间也会变长，因此进一步减弱了因果关系的反馈强度，以及我们从成功和失败中学习的能力。①

即便在规模较小、复杂度较低的系统中也存在这种情况。反馈缺乏清晰度和时效性，会导致在“谁应该做什么”和“实际是谁在做什么”之间出现巨大差异，进而让自上而下的官僚式、命令式的体系逐渐失去效用。

《精益企业：高效能组织如何规模化创新》②（后称《精益企业》）一书列举了若干无效的质量管控的例子，包括：

- 需求方让另一个团队去手工执行烦琐易错的任务，而实际上需求方很容易自行将这些任务自动化并按需执行；
- 让远离相关实际工作的大忙人进行批复，迫使他们在没有充分了解工作内容或潜在影响的情况下做出决定，或者仅仅例行公事盖章批准；
- 撰写大量细节存疑的文档，而文档在完成之后不久就会过时；
- 将大批量的工作一口气推给相关团队和特别委员会，然后等待审批和处理结果。

我们需要价值流的每一个参与者在日常工作中，在自己可控的范围内寻找和修复问题。只有这样，我们才能把质量和安全的责任与决策落到实处，而不是依赖身在高位的主管人员的批复。

要通过同行评审来评审变更，确保变更可以按设计运行。要尽可能地自动化执行通常由测试或安全部门执行的质量检查，而不需要开发人员提交测试申请。这样他们就能快速验证代码，乃至在通过测试之后能直接将代码变更部署到生产环境。

这种方式让质量真正成为每个人的责任，而不是由某个部门承担。信息安全不再仅仅是信息安全团队的工作，正如服务可用性也不再仅仅是运维部门的工作一样。

让开发人员为系统的质量负起责任，不仅可以改进业务成果，还可以促进学习。这对开发人员尤其重要，因为他们通常是离客户最远的团队。正如 Gary Gruver 所观察到的：“当有人因为开发人

---

① 18 世纪的英国政府便是一个极其低效的、自上而下的官僚式、命令式系统的例子。当时，美国佐治亚州仍然是英国的殖民地。英国政府远在数千公里之外，且对当地的土壤特质、岩石、地形、水源和其他条件缺乏第一手资料，但却试图规划佐治亚州的整个农业经济。不出意料地，佐治亚州沦为英国在北美的 13 个殖民地中最为萧条和人口最少的一个。

② 原版为 *Lean Enterprise: How High Performance Organizations Innovate at Scale*，中文版由人民邮电出版社于2016年出版。详见 https://www.ituring.com.cn/book/1544。——编者注

员在 6 个月前犯下的错误而对他们咆哮时，开发人员其实学不到任何东西。这就是为什么反馈要尽可能快，要以分钟为单位，而不是以月为单位。”

3.5　为下游工作中心优化

20 世纪 80 年代的可制造性设计（design for manufacturability）原则，旨在改进零件设计和工艺流程，以便能够以最低的成本、最好的质量和最快的速度制造出成品。例如，将零件设计为非对称形式以防止装反，将螺丝紧固件设计成无法被过度拧紧的构造。它与常规设计方法截然不同——常规方法关注外部客户，却忽略了内部干系人（如生产线上的工人）的诉求。

精益原则要求设计必须同时考虑两类客户：外部客户（最有可能为我们提供的服务付费的人）和内部客户（紧随我们在下游接手和处理工作的人）。根据精益原则，最重要的客户是邻近的下游客户。因此要为他们优化我们的工作，要怀着同理心去理解他们的问题，从而更准确地识别阻碍价值流快速平滑流动的设计问题。

在技术价值流中，我们通过对运维活动进行设计优化，为下游工作中心的工作提供便利，将运维关注的非功能性需求（例如架构、性能、稳定性、可测试性、可配置性和安全性）放在与用户功能同等重要的地位。我们用这种方式形成一套成文的非功能性需求规范，并积极地将它应用到每一个服务中，从源头保障质量。

3.6　小结

为技术价值流建立快速反馈机制，对质量、可靠性和安全性至关重要。为此，我们要做到及时发现问题，群策群力解决问题并积累新的知识，从源头保障质量，并不断为方便下游工作中心的工作进行优化。

本书第四部分将介绍在 DevOps 价值流中实现快速流动的具体方法。在下一章，我们将介绍第三要义：持续学习与探索。

第 4 章

第三要义：持续学习与探索

DevOps 三要义的第一要义建立了从左到右的工作流，第二要义建立了从右到左快速、持续的反馈，第三要义则侧重于打造持续学习与探索的文化，促进个体知识的不断积累，进而转化为团队和组织的共同财富。

在具有系统性质量和安全问题的制造业生产活动中，工作通常是被严格定义和执行的。比如，在第 3 章提及的通用汽车弗里蒙特工厂里，工人们基本没有机会在日常工作中进行改进或者应用学习到的经验，向管理层提出改进建议也基本不会得到任何回应。

这种环境里往往还弥漫着恐惧和不信任的文化氛围。工人会因犯错而受罚，提出建议或指出问题则会被视为“告密”或者“闹事”行为。当生产出现问题时，领导层会极力压制与之相关的学习与改进活动，甚至对这类行为进行惩罚，导致质量和安全问题长期存在。

相反，高绩效的制造业组织则要求并积极倡导学习。它们的工作体系是动态发展的，工作是有一定灵活度的，工人可以在日常工作中探索新的改进方法，并通过严格规范的工序和文档进行落实。

同样，在技术价值流中，我们的目标是打造高信任度的文化：强调终身学习，善于在日常工作中合理承担风险来获得进步；科学地进行流程改进和产品研发，从成功和失败中积累经验，摒弃糟粕，弘扬精华。此外，通过将局部经验快速转化为全局改进，整个组织能从单个领域成功实施的新技术、新实践中受益。

持续学习

持续学习与探索不仅能改进工作体系，还能打造一个鼓舞人心、让人值得为之付出的工作场所，使大家对在这里与人共事感到兴奋。

《DevOps 现状报告》的研究成果证实了这一点。践行第三要义的组织的员工推荐朋友加入自己的团队或组织的意愿，是一般组织员工的 2.2 倍，前者的工作满意度更高，倦怠度更低。

麦肯锡的研究也指出，文化因素，包括心理安全、协作和持续改进，对提高开发人员生产力、提升组织价值发挥着关键作用。

我们会预留时间对日常工作进行改进，进一步保障和促进学习；持续向系统施加压力，有力推动持续改进；在可控的前提下，我们甚至可以在生产环境里模拟或者注入真实故障，以此提升系统的弹性。

我们要建立持续而动态的学习机制，帮助团队迅捷自如地适应不断变化的环境，从而帮助组织在市场竞争中脱颖而出。

4.1　建立学习型组织，打造安全文化

在复杂系统中工作，没有人能精准预测某个行为的结果。因此，即便我们未雨绸缪、小心行事，日常工作中依然难免发生意外乃至灾难性的事故。

当事故波及客户时，我们要努力追根溯源。然而事故往往被归结为人为错误，管理层会对造成问题的人进行“点名、责备和羞辱”[①]，并明里暗里表示将施以惩罚。最后，管理层引入更多繁缛的流程和审批环节来防止错误再次发生。这种情况屡见不鲜。

Sidney Dekker 博士定义了安全文化的一些关键要素，并创造了“公正文化”一词。他写道：“对故障和事故不公平的处理会阻碍安全调查，令从事安全方面关键工作的人对安全问题感到恐惧而非警觉，使组织变得更加官僚而非更加谨慎，会助长封锁信息、逃避责任和自我保护的不良风气。”

这些问题对技术价值流的影响尤其突出——我们的工作基本上都在复杂系统中进行，而管理层对故障和事故的不当反应会催生恐惧的文化，导致无人敢于报告问题和潜在故障，使得问题一直被隐瞒，直到灾难性事故发生。

作为研究安全和绩效在组织文化中的重要性的鼻祖，Ron Westrum 博士注意到，在医疗机构中，患者的安全高度依赖机构本身的“生机型”文化。他定义了三种类型的文化（见表 4-1）。[②]

- **病态型**：病态型组织的特点是组织中存在大量恐惧和威胁。人们往往出于人际关系与利益纠葛的因素选择隐瞒或粉饰真相而保全自身。在这种组织中，故障经常被掩盖。
- **官僚型**：官僚型组织的特点是规则和流程僵化，各个部门通常“各扫门前雪”。组织通过一套评判体系恩威并施地处置故障。

① “点名、责备和羞辱”（name, blame, shame）模式是 Sidney Dekker 博士所批判的**烂苹果理论**（bad apple theory）的一部分，在他的 *The Field Guide to Understanding Human Error* 一书中有深入的探讨。

② 在播客 The Idealcast 上 Gene Kim 主持的访谈中，Westrum 博士对生机型文化有更深入的阐述。

- **生机型**：生机型组织的特点是积极探寻和分享信息，使组织能更好地履行使命。价值流中的每个人共同承担责任，对故障进行积极反思，并对根本原因进行调查。

表 4-1 Westrum 组织类型学模型：组织如何处理信息

病 态 型	官 僚 型	生 机 型
隐瞒信息	忽略信息	积极探寻信息
消灭信使	忽视信使	培养信使
逃避责任	各自担责	共担责任
阻碍团队间的沟通	容忍团队间的沟通	鼓励团队间的沟通
隐瞒事故	组织是公平且宽容的	彻查事故
压制新想法	新想法会造成麻烦	接纳新想法

（来源：Ron Westrum, “A typology of organisation culture”, *BMJ Quality & Safety* 13, no. 2 (2004), doi:10.1136/qshc.2003.009522.）

正如 Westrum 博士对医疗机构的观察，在技术价值流中，高信任度的生机型文化对软件交付和组织绩效同样有着积极作用。

在技术价值流中，我们要打造安全的工作体系，为生机型文化奠定基础。当发生事故时，我们要做的不是将其归咎于人为错误，而是要关注如何改善系统设计以防止事故再次发生。

例如，我们可以在每次事故发生后进行无问责的复盘（也称为回顾性调查），透彻地理解事故发生的原因，并就优化系统的最佳措施达成一致，以尽力避免问题复发，同时也能更快定位和修复问题。

通过这样的方式，我们得以打造学习型组织。Etsy 公司的工程师 Bethany Macri 主导开发了故障复盘工具 Morgue，他讲道：“停止指责，便能消除恐惧；消除恐惧，能让彼此坦诚；而坦诚能有效地帮助我们预防故障发生。”

Spear 博士指出，停止指责并重视打造学习型组织，可以使“组织在自我诊断和自我优化方面更进一步，并能熟练地定位和修复问题”。

Peter Senge 博士归纳了学习型组织的诸多特质。他在《第五项修炼》中写道，这些特质有助于实现客户价值，保证交付质量，揭示事故真相，打造善于竞争、充满活力、高度忠诚的队伍。

4.2 将日常工作的改进制度化

在许多组织中，团队往往不具备改进现有流程的能力或意愿。他们没有被赋予相应的能力或权限去探索如何改进，更不用说基于探索结果去优化流程了。这会导致团队持续被眼前的问题折磨，痛苦与日俱增。Mike Rother 在《丰田套路》一书中指出，不做改进并不意味着流程会一成不变——混乱与无序会让流程问题随时间推移而持续恶化。

在技术价值流中，当我们依赖各种临时方案去应付问题而不是进行彻底修复，问题就会越来越多，技术债务也同样会积压。到最后，大家能做的就是日复一日地用临时方案去避免灾难发生，而没有任何富余时间去从事真正有价值的工作。这就是为什么 *Lean IT* 的作者 Mike Orzen 说："比日常工作更重要的是改进日常工作。"

我们需要明确预留时间用于改进日常工作，包括偿还技术债务，修复缺陷，对代码和运行环境进行优化和重构。我们可以在每个迭代中预留时间，或者安排**改进闪电战**（kaizen blitzes），让工程师自行组织团队去解决他们感兴趣的问题。

通过采取以上措施，每个人都可以在日常工作中，在自己可控的范围内不断寻找和修复问题。在解决了反复出现并长期（几个月乃至几年）困扰团队的问题之后，团队便可以着手去处理系统中其他的潜在问题。对潜在问题及早进行定位和处置，不仅可以降低解决问题的难度和成本，并且能减小系统承担的风险。

以美国铝业公司（Alcoa）改进工作场所的安全性为例。作为一家铝制造商，该公司在 1987 年营收达 78 亿美元。铝的生产需要极端高温高压的环境，并需要使用具有腐蚀性的化学品。美国铝业公司 1987 年的安全记录令人咋舌，9 万名员工中每年有 2% 的人遭受工伤，这意味着平均每天就有 7 人。在 Paul O'Neill 接手首席执行官时，他的首要目标便是实现员工、承包商和访客的零工伤。

O'Neill 要求所有的工伤事故都必须在 24 小时内通报——这不是为了责罚，而是为了确保能及时总结经验教训，有效提升工作场所的安全度。这项举措使美国铝业公司在 10 年内将工伤率降低了 95%。

随着工伤率降低，公司便能腾出精力去关注那些较小的问题和潜在的风险——不仅是工伤事故，有任何潜在险情都会第一时间通知 O'Neill。[①] 通过这种方式，美国铝业公司在随后的 20 年间持续改善工作场所的安全性，让安全记录在业内始终保持领先地位。

正如 Spear 博士所写：

> 美国铝业公司不再对自身面临的困境、麻烦和障碍敷衍了事。整个组织逐渐摒弃了应付、"救火"和凑合的传统做法，积极谋求对流程和产品的持续改进，在调查问题和寻求改进的过程中，将事故本身所反映出的问题转化为新的认知。

在减少安全事故的同时，这种方式也帮助公司在市场上获得了更大的竞争优势。

类似地，在技术价值流中，更安全的工作体系也有助于我们定位和解决更多潜在问题。例如，我们一开始可能只针对影响客户的事故进行无追责的事后调查。随着时间推移，我们也可以用同样的方式来处理危害较小的事故和险情，及早解决潜在问题。

---

① Paul O'Neill 在工作场所安全建设方面所表现出来的领导者的责任感、信念和热忱令人赞叹，且极具启示意义。

4.3 将局部经验转化为全局改进

当我们在局部获得了学习成果，我们应该借助某种机制将成果分享给整个组织，让更多人从中受益。换句话说，当某个团队或个人获取了专业知识或经验时，我们的目标是将隐性的知识（即难于以书面或口头方式进行传授的知识）转化为显性的、成文的知识，从而帮助其他人汲取这些专业知识并通过实践掌握。这样，其他人需要完成类似工作时，可以借鉴组织积累的集体经验。

将局部经验转化为全局改进的一个突出案例，是美国海军核动力推进计划（也被称为海军反应堆，简称 NR）。它在超过 5700 个反应堆年的运行时间内，未发生过任何与反应堆相关的伤亡或核泄漏事故。

NR 以恪守流程和工作规范闻名，任何偏离程序或违反正常操作的事件，哪怕只是极其轻微的故障，都需要进行报告，以便积累经验。他们根据这些经验持续优化流程和系统的设计。

这样一来，从 5700 多个反应堆年积累下来的集体知识和经验，能极大地帮助到第一次出海的新船员和他们的长官。同样令人印象深刻的是，新人们也会将在海上收获的经验贡献到集体知识中，帮助以后的船员安全执行任务。

在技术价值流中，我们也应当使用类似机制来建立全局知识库。比如将事故报告变成可供搜索的知识库，供大家在解决类似问题的时候参考；比如创建组织级别的源代码仓库存放共享的代码、库和配置文件，使集体智慧唾手可得。这些机制都有助于将个体的专业知识转化为集体智慧，造福更多组织成员。

4.4 在日常工作中注入弹性模式

在制造业中，低绩效的组织为了避免生产中断，会想尽办法设置各种缓冲。换句话说，他们扩大了库存，也增加了浪费。例如，为了降低工作中心闲置的风险（由原材料迟到、库存报废等原因导致），管理者可能会在每个工作中心增加库存。然而，这种库存缓冲也增加了在制品数量，正如我们在前文讨论过的，这会引发各种不良后果。

类似地，为了降低由机器故障导致的工作中心停工的风险，管理者可能会通过购买更多设备、雇用更多人手甚至扩大厂房来提高产能。这些措施都会增加成本。

相较之下，高绩效的组织则在改善日常运营、持续引入张力提高生产效率的同时，增强生产体系的弹性，获得同样乃至更好的成果。

我们来看另一个经典案例——日本爱信精机株式会社（丰田的顶级供应商之一）的一家坐垫工厂对提升弹性的探索。假设他们有两条生产线，每条生产线每天能生产 100 个单位的产品。在淡季他们只用一条生产线进行生产，探索提高产能和改进工艺流程的方法。如果这条生产线超载停工，他们还有另外一条生产线可以继续生产。

通过在日常工作中不懈探索，工厂无须增加设备或人员就能持续提升产能。组织保持紧张和变化状态，进而从相应的改进活动中探索出新模式，利用这些新模式，不仅能提高生产效率，还能增强生产体系的弹性。知名作者、风险分析师 Nassim Nicholas Taleb 博士将这种通过增加压力来增强弹性的方法称为**抗脆弱性**（antifragility）。

在技术价值流中，我们也可以通过持续缩短部署前置时间、提高测试覆盖率、加速测试执行，甚至在必要时重新设计架构等方法，为系统注入类似的张力，提高开发人员的生产效率，增强系统的弹性。

另外，我们还可以设置**演习日**（game day）对大规模故障进行演练。比如关闭整个数据中心，或者在生产环境中注入更大规模的故障（如著名的 Netflix Chaos Monkey，即混沌猴子，它能随机杀死生产环境中的进程和服务器），以验证系统的可靠性是否符合预期。

4.5　领导层强化与巩固学习文化

在传统管理模式下，领导层负责制定目标，分配资源，建立合理的激励机制，同时还要为组织奠定情绪基调①。简而言之，领导层通过“做正确的决定”领导团队。

然而事实表明，组织的成功并不在于领导层事无巨细地为每件事情做出正确决策，而在于其为团队创造良好条件，帮助他们在日常工作中有所建树。换句话说，实现远大目标，要靠领导层与员工相互依存与共同努力。

Gemba Walks 的作者 Jim Womack 讲道，领导层和一线员工是互补的工作关系，必须相互尊重。他认为，这种关系不可或缺，要解决问题，两者缺一不可——领导层不会从事一线工作，而一线工作是解决具体问题的必要条件；在一线工作的员工又往往缺乏全局视野或者必要的权力，很难在他们工作领域之外做出改变。②

领导者必须强调学习和解决问题的套路的价值。Mike Rother 在他所谓的**教练套路**（coaching kata）中规范了这些方法。当我们明确描述真正的目标时，目标本身就要体现科学的方法，如美国铝业公司的“保持零事故”，或爱信精机的“一年之内吞吐量翻番”。

在战略目标的指导下，管理层制定迭代式的短期目标，然后层层下达，在价值流或工作中心的级别设定目标条件（例如，“在未来两周内将前置时间缩短 10%”），实际落地执行，以实现短期目标。

这些目标条件构成了科学探索的框架：清晰地描述要解决的问题、对解决方案所做的假设、论

① “情绪基调”原文为 emotional tone，大意指一个组织所表现出来的“情绪”特性，例如积极的或者愤怒的，等等。——译者注

② 由于其他人缺乏足够的洞察和权力，因此需要由领导层在更高层面负责流程的设计和运作。

证假设的方法、对论证结果的解读，以及如何将经验用于下一轮探索。

领导者可以提出以下问题启发从事探索的员工。

- 你在上一步做了什么？结果如何？
- 你从中学到了什么？
- 离当前的目标条件有多远？
- 下一个目标条件是什么？
- 当前工作有什么障碍？
- 你计划下一步做什么？
- 你期望的结果是什么？
- 我们什么时候可以检查结果是否符合假设？

领导者帮助一线员工在日常工作中发现问题、解决问题，这实际上就是丰田生产体系、学习型组织、改善套路和高可靠性组织的核心方法。Mike Rother 认为："丰田之所以是丰田，正是由这种薪火相传的独特行为准则所定义的。"

在技术价值流中，科学的迭代式探索方法不但能用于改进内部流程，也能指导我们探索产品，确保能真正为内部和外部客户带去价值。

案例研究

贝尔实验室的故事（1925 年）

作为近百年来持续创新与成功的象征，贝尔实验室的历史跨越了有声电影与特艺彩色（Technicolor）、晶体管、UNIX 系统、电子开关系统的发展。贝尔实验室获得了 9 项诺贝尔奖和 4 项图灵奖，其创新概念带来的伟大发明造福了全人类。在这些伟大创举的背后，是一种什么样的文化让创新突破在贝尔实验室无处不在？

贝尔实验室创立于 1925 年，最初的目标是整合贝尔系统相关的研究活动。除了在电信系统领域建树颇丰，贝尔实验室在其他领域也非常活跃。正是在这样的氛围中，沃特·休哈特在这里开创了统计控制的概念，并与爱德华兹·戴明合作，提出了 PDCA 循环（计划、执行、检查、改进）。这项工作后来成为丰田生产体系的基础。

在《贝尔实验室与美国革新大时代》[①] 一书中，Jon Gertner 谈到了 Mervin Kelly 对"创意科技研究所"的构想：在那里，一个有多学科、多技能背景的团队可以自由协作和探索，

① 原版为 *The Idea Factory: Bell Labs and the Great Age of American Innovation*，中文版由中信出版社于 2016 年出版。——编者注

任何突破性的贡献都将归功于整个团队而非个人。

这与**场域天才**（scenius）[①] 的概念相吻合，该术语是由先锋作曲家 Brian Eno 创造的。Gene Kim 经常提到它，Mik Kersten 博士也在他的著作《价值流动》以及博文“Project to Product: From Stories to Scenius”中进行了探讨。正如 Eno 所言：“场域天才代表了整个文化场景的智慧和直觉。它是天才这一概念的群体呈现形式。”

Gertner 说道，贝尔实验室的研究人员和工程师非常清楚组织的终极目标是将新知识转化为新事物，换句话说，是将创新转化为对社会有真实价值的事物。提倡不断挑战现状、发起变革，是贝尔实验室得以持续成功的文化基础。

其中一个重要内核是，不要惧怕失败。正如 Kelly 所说：“创造一个新的大众技术总是伴随风险。因此只有在一个能接纳失败的环境中，大家才能追求真正具有突破性的目标。”

甚至像混沌猴子和 SRE（site reliability engineer，站点可靠性工程师）模型这些近年来涌现出的新概念，也源自贝尔实验室在电信系统加固方面的工作成果。在这项工作中，他们将对系统的破坏性测试引入常规测试环节，从而实现了“5 个 9”（99.999%）的可用性；对恢复操作进行了自动化，从而确保了系统的鲁棒性。

因此，我们如今讨论的一些方法，包括多技能团队的协作、持续改进、保障心理安全、构建集体智慧等，它们早已植根于贝尔实验室的 DNA 中。今天很多人可能并不知道哪家公司发明了晶体管，或哪家公司让动画片里的彩虹变得多彩灿烂，但驱动这些创新的理念在近一个世纪后仍然影响着我们的世界。

贝尔实验室的“场域天才”的一个突出特点是，他们致力于打造一种文化，促进团队在垂直和水平领域全方位合作，从而产生伟大的发现。

4.6 小结

DevOps 三要义中的第三要义阐述了为何要重视打造学习型组织，如何让各职能部门建立高度信任并跨越边界进行协作，接受复杂系统中总会出现故障的事实，并鼓励对问题进行公开探讨，以打造安全的工作体系。它同时要求将日常工作的改进制度化，将局部经验转化为让整个组织受益的全局改进，以及不断为日常工作注入张力。

① scenius 由 scene（场景）和 genius（天才）两个单词合成而来，这个词代表着在特定的场景里出现的集体才能或天才的现象（而不是由基因决定的个体的天才）。——译者注

尽管培养持续学习与探索的文化是第三要义涵盖的内容，但它也与第一要义和第二要义密不可分。换句话说，要增强流动、加速反馈，需要一个迭代式的、科学的方法，包括设定目标条件、提出设想方案、设计和进行实验、评估结果。第三要义不仅能让组织获得更好的绩效，还能提升组织的弹性和适应能力。

第一部分总结

本书的第一部分回顾了促进 DevOps 形成与发展的几个重要运动，探讨了在组织中成功实施 DevOps 的三个要义：流动、反馈、持续学习与探索。在第二部分，我们将探讨如何在组织中启动 DevOps 转型。

第二部分
从哪里开始

如何在组织中找到 DevOps 转型的切入点？谁需要参与其中？如何组建转型团队？如何保障团队全情投入并最大化成功的机会？这些都是我们要在第二部分回答的问题。

接下来的章节将探讨开启 DevOps 转型的过程。首先是评估组织的价值流，找到合适的切入点，然后制定转型策略以组建专职的转型团队，针对具体的目标进行改进，并最终在整个组织中推广转型。对于转型所涉及的各个价值流环节，要理解其中各项工作的开展方式，制定出最有利于实现转型目标的组织设计策略和组织原型。

第二部分包括以下重点内容。

- 选择合适的价值流作为切入点；
- 理解候选价值流中当前的工作；
- 参考康威定律设计组织结构和系统架构；
- 让价值流中各职能团队更有效地进行合作，达成以市场为导向的业务成果；
- 保护团队，赋能团队。

任何转型在起步阶段都充满不确定性——我们规划的是一段通往理想终点的旅程，但几乎所有的中间过程都是未知的。接下来的这些章节旨在展示思考过程，从而为你的决策提供指导，介绍行之有效的转型措施，并通过案例研究加以诠释。

第 5 章

选择合适的价值流切入

对于 DevOps 转型，应该谨慎地选择合适的价值流进行切入。选择的结果不仅决定了转型的难度，也决定了转型的参与者；它将影响到如何组建团队参与转型，以及如何最有效地帮助团队及其成员进行转型。

2009 年以运营总监身份领导 Esty 进行 DevOps 转型的 Michael Rembetsy 指出了转型中的另一大挑战："必须谨慎选择转型项目。当转型陷入困境时，我们不会有太多机会进行调整，因此必须谨慎选择并悉心保护那些最能改善组织现状的转型项目。"

接下来，让我们看看 Nordstrom 如何在 2013 年开始他们的 DevOps 转型之旅。Nordstrom 的电子商务和门店系统技术副总裁 Courtney Kissler，在 2014 年和 2015 年的 DevOps 企业峰会上先后两次分享了他们的故事。

Nordstrom 成立于 1901 年，作为领先的时尚零售商，致力于为客户提供最佳的购物体验。公司在 2015 年的营收达到 135 亿美元。

Nordstrom 的 DevOps 之旅始于 2011 年的一次年度董事会会议。会议上讨论的战略议题之一是增加线上渠道营收的紧迫性。董事会在研究了 Blockbuster、Borders 和 Barnes & Noble 遭遇的困境之后，意识到如果传统零售商无法打造有竞争力的电子商务能力，后果将非常严重——失去市场地位，甚至倒闭。[①]

当时，作为系统交付及销售技术的高级总监，Courtney Kissler 负责技术部门的大部分工作，包括店内系统和在线电子商务网站。Kissler 说：

> 在 2011 年时，Nordstrom 的技术部门非常重视成本优化——将大量技术工作外包，按年度规划新版本，采用瀑布式的开发模式，每个版本都包含了大量的新功能。尽管我们在 97% 的情况下都能完成进度、预算和业务目标，但随着公司在成本优化之外开始追求速度优化，现行模式已经无法帮助公司实现未来 5 年的业务战略目标。

① 有人将这些传统零售巨头组织称为"垂死挣扎的杀手 B"。（这里提到的传统零售巨头的名字均以"B"开头，并都曾一度在市场上风光无限，故有此称谓。——译者注）

Nordstrom 的技术管理团队首先需要决定从哪里启动 DevOps 转型。他们不希望转型活动引发整个系统的动荡，因此打算将重点放在若干具体的业务领域进行试错和学习。他们的目标是在小范围内快速取得转型成果，向大家证明相关实践可以推广到整个组织。但是如何实现这一目标，仍是一个未知数。

最终他们选择从以下三个领域切入：面向客户的移动应用程序、店内餐厅系统，以及数字化资产。考虑到这几个领域均有业务目标尚未完成，相关人员更有意愿尝试新的工作方式。以下是前两个领域的转型故事。

Nordstrom 团队的移动应用程序开局非常惨淡，Kissler 在峰会上提道："客户对这个产品非常失望，从它在苹果应用商店上线以来，我们收到的几乎是清一色的负面评价。"更糟糕的是，现有架构和流程的局限导致一年只能发布两次更新。换句话讲，大大小小的修复都得让客户等上好几个月。

第一个目标便是实现快速或按需发布，加速产品迭代，快速响应客户反馈。为此他们组建了一个专门的产品团队负责支持移动应用程序，帮助移动应用团队实现独立的产品开发、测试和交付，消除团队与 Nordstrom 内部大量其他团队之间的工作依赖。

此外，移动应用团队将规划从一年一次改为持续进行，从而能够根据客户需求构建一份独立安排优先级的待办事项列表，避免同时支持多个产品而导致的优先级冲突。

在接下来的一年里，团队不再设置独立的测试阶段，而是将它纳入每个人的日常工作中。① 随着团队每月交付的功能数量翻番、缺陷数量减半，转型初见成效。

第二个转型领域是店内餐厅 Café Bistro 的支持系统。与移动应用程序的价值流强调缩短交付周期、提高开发效率不同，餐厅系统的业务诉求是降低成本和提高质量。2013 年，Nordstrom 团队为了实施 11 项"餐厅创新概念"，对店内应用系统进行了一系列变更，其间引发多次事故，对顾客造成了负面影响。雪上加霜的是，2014 年还有 44 个"创新概念"有待实施，数量是前一年的 4 倍之多。

Kissler 说道："一位业务主管建议我们将团队规模扩大两倍来处理这些新需求，但我认为当务之急是改善当前的工作方式，而不是投入更多人力。"

Kissler 的团队甄别出有问题的领域（如工作受理流程、部署流程）进行重点改进，将代码部署的前置时间缩短了 60%，同时将生产环境的事故数量降低了 60% 至 90%。

这些成果使大家相信 DevOps 的原则和实践适用于不同的价值流。同时，因为在转型工作上取得的成绩，Kissler 在 2014 年晋升为电子商务和门店系统技术副总裁。

Kissler 在 2015 年的演讲中提道，为了帮助销售部门和面向客户的技术部门实现业务目标，"我们需要提高每一条技术价值流的效率，而不仅仅是少数几个试点领域。由此，管理层制定了一个全

---

① 在项目末期依赖所谓的稳定阶段或加固阶段来解决质量问题，往往效果很差，因为这意味着日常工作中没能及时发现和解决问题，而这些遗留下来的问题可能会像滚雪球一般变成更严重的问题。

局目标，该目标要求将所有面向客户的服务的上线周期时间缩短 20%”。

Kissler 补充道：“这是一个巨大的挑战，因为我们当下仍然有很多问题亟待解决——各个团队对处理时间和周期时间的度量没有统一，指标也没有可视化。我们的第一个目标，就是帮助所有团队度量并可视化地呈现他们的工作，同时探索如何在一次次迭代中逐渐缩短处理时间。”她最后总结道：

> 笼统地说，我们相信价值流图、单件流、持续交付和微服务这些技术可以帮助我们达成愿景。尽管仍处于学习过程中，但我们相信团队正朝着正确的方向前进，每位成员也都感受到了来自最高管理层的支持。

本章接下来将介绍几种模型，帮助我们复制 Nordstrom 团队在选择价值流时的思考过程。我们将从多个方面评估候选的价值流，包括是选择**绿地**（greenfield）项目还是**棕地**（brownfield）项目，选择交互型系统还是记录型系统。我们还将权衡转型的风险与收益，并评估来自转型合作团队的阻力。

5.1　绿地项目与棕地项目

软件服务或产品通常被分为绿地项目和棕地项目两类。这两个术语源于城市规划和建设项目。绿地项目是指在未开发的土地上进行建设的项目；而棕地项目指的是在工业用地上进行开发的项目，这些土地有可能遭受过有毒物质或污染物的侵蚀。在城市发展中，受诸多因素影响，绿地项目比棕地项目更容易实施——无须拆除现有建筑，也无须清除有毒物质。

在技术领域，绿地项目用于指代全新的软件项目，它一般处于规划或实施阶段的早期，应用程序和基础设施都可以从零开始构建，没有太多限制。在绿地项目中启动 DevOps 转型可能相对容易，特别是在项目预算和人员都能按时到位的情况下。此外，由于是从零开始，我们也无须过多担忧现存代码、架构、流程和团队带来的阻碍。

绿地 DevOps 项目通常是试点型项目，例如用于验证公有云或私有云方案的可行性，或者尝试自动化部署及相关工具，等等。美国国家仪器公司（National Instruments）2009 年发布的托管式 LabVIEW 产品就是这样一个例子。作为一家有 30 年历史的公司，美国国家仪器当时有 5000 名员工，年度营收达 10 亿美元。

为了迅速将该产品推向市场，美国国家仪器组建了一个新团队，该团队在运作中可以不遵循现有 IT 流程，以便探索如何更好地使用公有云。团队的初始成员包括一名应用架构师、一名系统架构师、两名开发人员、一名系统自动化开发人员、一名运维负责人和两名海外运维人员。借助 DevOps 实践，团队交付托管式 LabVIEW 这个新产品所花费的时间，比公司常规产品缩短了一半。

棕地 DevOps 项目则截然不同，作为服务客户长达几年乃至几十年的产品或服务，它们往往背负着大量的技术债务，例如缺乏自动化测试，或运行在已经无人维护的平台上，等等。在上文 Nordstrom 的案例中，他们的店内餐厅系统和电子商务系统都属于棕地项目。

尽管很多人认为 DevOps 主要面向绿地项目，但借助 DevOps 成功转型的棕地项目也屡见不鲜。事实上，在 2014 年 DevOps 企业峰会上分享的转型案例中，棕地项目占比超过了 60%。在这些案例中，DevOps 转型成功弥补了企业交付能力和客户需求之间的巨大差距，进而创造出了巨大的业务价值。

事实上，《DevOps 现状报告》的研究表明，影响交付能力的主要因素并非应用程序的年龄乃至其使用的技术，而是当前或者经过重新设计后的架构的可测试性和可部署性。

棕地项目的维护团队可能会非常乐于尝试 DevOps，尤其是当大家都认为传统方法不足以实现目标，而改进又迫在眉睫时。①

棕地项目的转型可能会面临巨大的障碍和问题，尤其是在缺乏自动化测试或者架构紧耦合的情况下，各个小团队将很难独立进行开发、测试和部署。本书各个章节都会讨论如何解决这些问题。

以下是几个棕地项目成功转型的案例。

- 美国航空（2020 年）：DevOps 实践也可以应用于遗留的 COTS（commercial off-the-shelf，商用现成）产品。美国航空的客户忠诚度产品运行在 Seibel 上。他们将 Seibel 迁移至混合云，并为自己的客户忠诚度产品构建了 CI/CD 流水线，实现了基础设施和业务交付端到端的自动化。完成迁移之后，团队能更频繁地进行部署，在短短几个月内就完成了 50 多次自动化部署；此外，服务的网络响应速度快了一倍，云计算的成本也降低了 32%。更重要的是，这一举措改变了业务团队和 IT 团队之间的对话方式：以往业务团队要苦等 IT 团队完成变更，而如今在部署频率和成功率大幅提升之后，团队能够更频繁、更平滑地部署，甚至可以快于业务验收速度。现在，产品团队正在与业务团队和 IT 团队合作，研究如何优化端到端的流程，进一步提高部署频率。
- CSG 国际（2013 年）：2013 年，CSG 国际的营收达到 7.47 亿美元，员工数量超过 3500 名。CSG 国际通过 9 万多名客服人员，向 5000 多万使用视频、语音和数据服务的客户提供账单业务和客户关怀服务，总交易次数超过 60 亿，每月打印和邮寄的纸质账单超过 7000 万份。票据打印系统是公司主要业务之一，也是转型初期的重点改进对象。该系统涉及一个用 COBOL 编写的大型计算机应用程序和 20 个相关技术平台。在转型过程中，他们实现了类生产环境的每日部署，并将发布频率从每年 2 次提高到每年 4 次。通过这些改进措施，应用程序的可靠性得到了显著提升，代码部署的前置时间也从两周缩短为不到一天。
- Etsy（2009 年）：2009 年，Etsy 仅有 35 名员工，年度营收为 8700 万美元。在“勉强撑过节假日零售高峰期”之后，他们开始进行彻底的组织转型，最终成为杰出的 DevOps 组织之一，也为 2015 年的成功上市奠定了基础。
- 惠普 LaserJet（2007 年）：惠普（HP）通过实施自动化测试和持续集成缩短了反馈时间，让开发人员能够快速验证指令代码是否有效。完整案例见第 11 章。

① 那些潜在商业利益最大的服务都是棕地系统，这不足为奇，毕竟，这些系统或拥有大量的既有客户，或能创造大量营收，是业务最为依赖的系统。

案例研究

Kessel Run：空中加油系统的棕地项目转型（2020年）

Kessel Run是美国空军的一个内部组织，其目标是解决传统的国防IT无法有效应对的业务难题。这个名字来源于汉·索洛[①]著名的走私路线，用于形容他们的工作——将新的工作方式“走私”（引入）到美国国防部。该组织是一个小型联盟，验证现代软件开发的实践、流程和原则。无论现状如何糟糕，他们都能始终专注于完成任务。

2010年左右，在美国国防部上班，就好像坐着时光机回到了1974年，整个工作环境没有任何数字化的痕迹，也见不到聊天软件和谷歌文档这类常用协作工具。就像Kessel Run平台主管Adam Furtado说的：“上个班仿佛穿越回过去，这样可不对。”

谷歌执行主席Eric Schmidt也曾在2020年9月向美国国会举证说：“美国国防部的软件开发方式违反了现代软件产品开发的每一条规则。”

这类问题并非美国国防部独有。根据美国数字服务部的数据，美国政府94%的联邦IT项目进度滞后或超出预算，其中甚至还有40%的项目从未交付。

眼看着阿迪达斯和沃尔玛等公司转型为软件公司，Kessel Run也想将美国空军“软件化”。因此，他们把注意力转移到当下最关键的业务目标上：对空中作战中心（Air Operation Center）进行现代化改造。

美国空军的空中作战中心分布在全球各地，允许相关作战人员实地制定战略，筹划与执行空中作战。由于基础设施陈旧，几十年以来，这些工作都是由特定人员到特定建筑物里的特定地点，在特定硬件上访问特定数据来完成的。这些作战中心里唯一能升级的软件就是Microsoft Office。

Adam Furtado说：“说出来你也许不信，我们在最近一次搜索中发现，某个空中作战中心的服务器上存放了280万个Excel和PowerPoint文件。”

盖尔定律（Gall’s law）指出，如果你想构建一个有效运作的复杂系统，要从实现简单系统开始，然后逐步改进。Kessel Run就是这样做的：基于绞杀者模式（strangler fig pattern，也被称为封装策略，encasement strategy，详见第13章），在保证整个系统正常运作的前提下，针对22个物理地点现有的软件和硬件，渐进式、迭代式地实施更现代化的软件系统和流程。

Kessel Run从空中加油这个具体流程开启了转型过程。该流程需要大量的协调工作，以确保加油机能在正确的时间和飞行高度，使用正确的设备为正确的飞机加油。这需要好

① 汉·索洛（Han Solo）是《星球大战》系列电影中的虚构人物，是一名职业走私者和飞行员，也是著名的反抗军英雄之一。——译者注

几名飞行员日复一日地使用色卡、Excel 宏和大量的数据输入进行规划。考虑到这项工作由人工完成，当前的运作方式已经非常高效，但依然受限于人的脑力，一旦情况有任何变化，就很难快速应对。

Kessel Run 找到一个外部团队帮助他们，通过采用 DevOps 原则、极限编程（extreme programming，XP）和平衡的团队模式，对这项工作进行了数字化改造。一个初步的最小可行产品（minimally viable product，MVP）在短短几周内就诞生了。这个早期产品已经能够创造出可观的价值——每天能减少一个机组执飞，单日能节省 21.4 万美元的燃料费用。

在 30 次产品迭代之后，这个产品每天能减少两个机组执飞，节约的成本翻了一倍，每月能节省 1300 万美元的燃料费用，同时将从事规划的工作人员数量削减了一半。

该案例不仅展示了一次成功的 DevOps 转型，也很好地诠释了棕地项目的转型实践。Kessel Run 成功降低了空中加油系统的复杂度，提高了其可靠性和稳定性，帮助美国空军更快、更安全地进行行动与应对变化。

5.2 兼顾记录型系统和交互型系统

由 Gartner 公司所推广的双模 IT 概念，涵盖了企业中运行的各种典型 IT 服务。双模 IT 包含记录型系统，即类似于 ERP 的系统（如 MRP 系统、人力资源系统、财务报表系统），其交易和数据的正确性至关重要；以及面向客户或员工的交互型系统，如电子商务系统和生产力工具。

记录型系统通常不会频繁进行变更，此外还需要满足监管和合规性的要求（如美国 SOX 法案）。Gartner 将这类系统称为“1 型”，它们侧重于“做得正确”。

交互型系统的变更频率则要高得多，因为它需要建立快速的反馈回路，帮助团队探索满足客户需求的最佳方式。Gartner 将这类系统称为“2 型”，它们侧重于“做得快速”。

这种一分为二的分类方式也许能带来些许便利，然而 DevOps 的实践却能消除“做得正确”和“做得快速”之间长期的固有矛盾。《DevOps 现状报告》6 年的数据显示，高绩效组织能够兼顾更高的生产力和更高的可靠性。

此外，由于系统之间高度依赖，对任意系统执行变更的难度取决于最难变更的那个系统，而它往往都是记录型系统。

CSG 国际的产品开发副总裁 Scott Prugh 说道：“我们不认可双模 IT 的概念，因为我们认为每一名客户都应该同时享受到交付速度和交付质量。这意味着无论是针对有 30 年历史的大型计算机应用程序、Java 应用程序还是移动应用程序，团队都必须追求技术卓越。”

因此，在改进棕地系统时，我们不仅要努力降低它的复杂性，提高可靠性和稳定性，而且还要让它运行得更快、更安全，更容易进行变更。即使只是为绿地交互型系统增加新功能，也往往会给它所依赖的棕地记录型系统带去可靠性的问题。如果下游系统能够更安全地进行变更，那么整个组织就能更快、更安全地实现其业务目标。

5.3 从最具同理心和创新精神的团队开始

在组织中，不同团队或个人对创新的态度可能截然不同。在《跨越鸿沟：颠覆性产品营销指南》[①]（后称《跨越鸿沟》）一书中，Geoffrey A. Moore 首次以技术采用曲线描述了这一现象。在创新者和早期采用者两个群体之外寻找其他支持者所面临的困境，就是所谓的“鸿沟”（见图 5-1）。

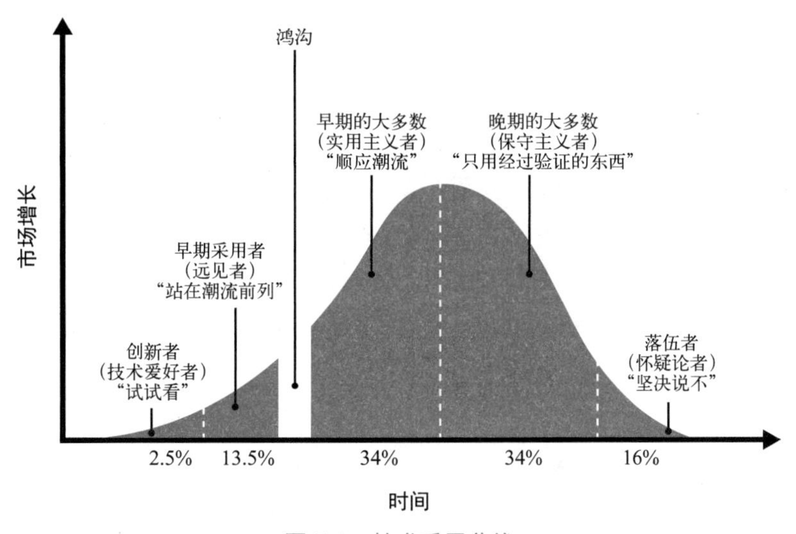

图 5-1　技术采用曲线

（来源：Moore 和 McKenna，《跨越鸿沟》）

创新者和早期采用者往往能很快接受新想法，而其他态度保守的人则会有所抵触（包括早期的大多数、晚期的大多数和落伍者）。我们的目标是找到那些相信 DevOps 原则和实践，并且有意愿、有能力对自身流程进行改良和创新的团队。在理想情况下，这些团队将成为 DevOps 转型的坚实拥趸。

不要花太多时间去改变保守群体，尤其是在早期阶段。相反，要集中精力与愿意冒险的团队一起创造成功，并由此建立群众基础（这个过程将在下一节进一步讨论）。即便得到了最高管理层的行政支持，也要避免采用大爆炸的工作方式（即遍地开花地启动转型），而是集中精力在组织中的某几

① 原版为 *Crossing the Chasm: Marketing and Selling Disruptive Products to Mainstream Customers*，中文版（原书第 3 版）由机械工业出版社于 2022 年出版。——编者注

个领域，确保转型举措能够成功，再逐步扩展开来。[①]

5.4 在组织中推广 DevOps 转型

无论如何开始转型，我们都要尽早展示和积极宣传转型成果。将大的改进目标分解成渐进式的小步骤，这不仅能加快改进速度，还能帮助我们尽早发现价值流选择上的错误，并迅速回退进行重试，再基于新的经验做出不同的决定。

局部的成功能帮助我们取得扩大 DevOps 转型的权力。我们要有条不紊地提升转型活动的可信度、影响力和支持度。以下三点整理自麻省理工学院管理学教授 Roberto Fernandez 博士的课程，它们描述了变革者建立和扩大其同盟和群众基础的理想过程。

- **发现创新者和早期应用者**：在早期，我们要把重点放在那些真正有意愿转型的团队上——这些人是我们的同路人，是第一批自愿开启 DevOps 转型的人。如果这些人在组织内备受尊敬，对其他人有很大的影响力，就能让我们的转型举措更为可信。
- **赢得沉默的大多数，产生群聚效应**：在下一阶段，我们要将 DevOps 实践推广到更多的团队和价值流，建立更稳固的群众基础。一些团队与我们志同道合，即便他们不是最有影响力的团队，我们依然要帮助他们成功转型，从而扩大群众基础，创造“从众效应”（bandwagon effect），进一步增强我们的影响力。务必避开可能危及转型的斗争。
- **识别“钉子户”**：“钉子户”是高调、有影响力的反对者，他们最有可能抵制（甚至破坏）转型。一般来说，只有在赢得大多数人的支持、取得足够多的转型成果之后，我们才会考虑如何应对这个群体。

将 DevOps 推广到整个组织绝非易事，它可能会给个人、部门甚至整个组织带来风险。但正如荷兰国际集团（ING）首席信息官 Ron van Kemenade（他帮助集团转型为令人钦佩的技术公司之一）所说：“领导变革需要勇气，特别是在企业的工作环境中，人们会惧怕变革并与你对抗。但是，如果从小事做起，就没有什么可担心的。任何领导者都需要有足够的胆识带领团队在可控范围内冒险前行。”

→ 案例研究

在整个企业中推广 DevOps 转型：美国航空的 DevOps 之旅（第二部分，2020 年）

我们在美国航空 DevOps 转型案例的第一部分（见 1.3 节）中已经了解到，他们的转型之旅长达数年。到第三年，他们已经认识到 DevOps 转型涉及的绝不仅仅是 IT 领域，它实际上是一种业务转型。

① 大爆炸式的、自上而下的转型也不是不可能，一个成功的案例就是 PayPal 于 2012 年在技术副总裁 Kirsten Wolberg 领导下进行的敏捷转型。然而，与任何可持续的成功转型一样，这需要得到最高管理层的支持，而且要不懈地、持续地推进转型以达成目标。

美国航空下一阶段的挑战是在整个组织中推广新的工作方式，进一步促进和深化转型与学习成果。Ross Clanton 受邀担任首席架构师和常务董事，帮助他们更上一层楼。

为了在整个组织中推动转型，美国航空专注于两点：为什么要转型（建立竞争优势）和如何转型（业务和 IT 团队紧密协作让业务价值最大化）。

美国航空制定了基于以下四个关键点的转型策略，来拓宽 IT 部门设立的“更快地交付价值”的愿景（见图 5-2）。

- **交付卓越**：更好的工作方法（工作实践，产品思维）；
- **运营卓越**：更好的组织结构（产品分类法，拨款模式，运营模式，优先级设置）；
- **人才卓越**：不断成长的人才和不断改善的文化（包括在领导力上的不断演进）；
- **技术卓越**：现代化（基础设施和基础技术，自动化，迁移上云，等等）。

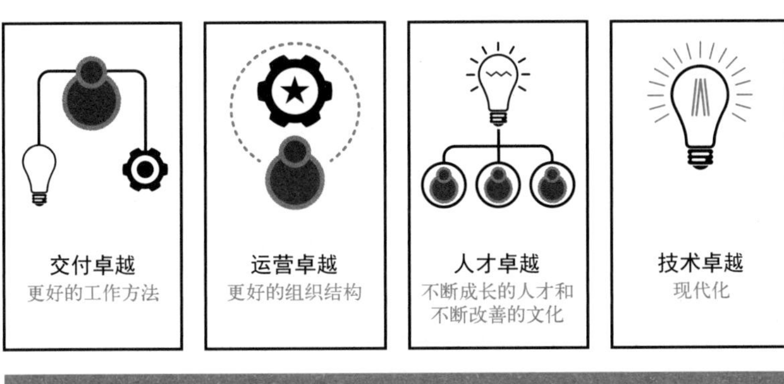

图 5-2　美国航空的交付转型

（来源：Maya Leibman 与 Ross Clanton 在 2020 年拉斯维加斯线上 DevOps 企业峰会上题为“DevOps: Approaching Cruising Altitude”的演讲）

确定转型推广战略之后，必须要专注于在整个企业中推广新的文化，这样才能将转型持续向前推动。

正如 Clanton 在 2020 年 DevOps 企业峰会的演讲中所援引的彼得·德鲁克的金句：“文化可以把战略当早餐一样吃掉。”[①]

为了推广文化，他们专注于以下三个要素。

- **激情**：团队要专注于成就客户、精益求精，拥抱失败并从中成长；

① 原文为“Culture eats strategy for breakfast”。这句话的意思是说组织文化的力量非常强大，可以影响乃至决定战略的成败。就像人们吃早餐一样，文化会在每天的工作中自然地影响员工的行为、思想和决策，甚至比管理层的指令更有影响力。如果组织文化和战略不协调，那么即使战略看起来很好，也可能因为文化的阻碍而无法实现。——译者注

- **无私**：实施跨越组织边界的协作，分享知识和代码，进行内部开源，鼓励发声，成就他人；
- **责任心**：无惧困难，对结果负责，“怎么做”和“做什么”同样重要。

Clanton 说道，通过聚焦以上三个文化要素，每个团队都“在被赋能之后，不遗余力地去赋能其他团队”。2020 年起，为了让团队在全球性的变局中也能获得成功、取得业绩，公司开始专注于践行以下价值观。

- 脚踏实地胜过纸上谈兵；
- 齐心协力胜过孤军奋战；
- 目标明确胜过无的放矢；
- 赋能他人胜过事必躬亲（设定目标并赋予团队足够的权力去实现目标）；
- （通过最小可行产品进行）快速验证而非苛求完美；
- 携手共进而非循规蹈矩（打破组织壁垒进行合作）；
- 专注于完成而不是开始（限制在制品数量并专注于最重要的任务）。

相比于不经协商就把需求扔给他人的规划模式，美国航空将来自业务、IT、设计等部门的干系人组成一个团队共同进行规划。领导层明确定义目标，团队自行决策如何达成这些目标：将目标分解为一系列的小型任务并集中精力完成（而不是随意创建和开始新的任务），用小步快跑的方式快速地、增量式地交付价值。

为了实现这些转变，领导层也需要改变工作方式。通过转型为团队的服务者，领导层能帮助团队扫清交付的障碍。他们不再参加进度会，而是参加总结会（或演示会）了解团队正在做什么，并适时提供指导。

美国航空还意识到，为了转变领导层的思路，让每个人都从敏捷/DevOps 的角度思考、交流和行动，他们需要新的沟通话术表。表 5-1 展示了其中一些帮助他们转变对话方式的例子。

表 5-1　美国航空的新沟通话术表

旧　话　术	新　话　术
我想要一个弹窗来引导用户下载移动应用程序	脆弱的应用程序容易出现故障
我们的竞争对手做了什么？	我们的客户看重什么？
这个项目什么时候能做完？	我们什么时候能看到成果？
问题在哪？	我们从中学习到了什么？我有什么可以帮忙？
我想要一个全新的网站	要试验这个新想法，我们接下来要怎么做？

（来源：Maya Leibman 与 Ross Clanton 在 2020 年拉斯维加斯线上 DevOps 企业峰会上题为“DevOps: Approaching Cruising Altitude”的演讲）

正如美国航空首席执行官 Doug Parker 所说：

> ……转型让我们更高效，让我们能更快完成项目，让交付的项目更符合用户的需求……它已经对美国航空的项目管理方式产生了巨大影响。
>
> 我最自豪的是，转型的拥护者不再只是 IT 部门，业务部门的主管们也开始积极拥抱转型。在亲眼见证了工作效率的巨大提升之后，他们主动将转型的理念传播到公司的每个角落，为转型带来了巨大的正面影响。

通过专注于“为什么”和“怎么做”，以及改变术语来统一思想，美国航空在扩大转型的过程中赢得了沉默的大多数，并产生了群聚效应。

案例研究

英国税务及海关总署如何通过超大规模 PaaS 拯救经济于水火（2020 年）

英国税务及海关总署（Her Majesty's Revenue and Customs[①]，HMRC），是英国政府的税务征管机构。2020 年，HMRC 向英国公民和企业发放了数千亿英镑的资金，这次史无前例的财政补贴一揽子政策为全英国大约 25% 的劳动力提供了公共资金支持。HMRC 顶着巨大的压力和不确定性，仅用了四周时间就交付了政策实施所需的技术平台。

HMRC 要克服的困难不仅仅是时间紧迫。HMRC 的敏捷交付主管 Ben Conrad 在 2021 年欧洲 DevOps 企业峰会上分享道：“我们预计将有数以百万计的用户使用服务，但无法知道确切数字。因此我们的服务必须让所有人都能使用，而且在启动后的数小时内就能把总计高达数十亿的资金打到用户的银行账户，在支付款项前，还需要进行检查以确保交易安全。”

HMRC 成功完成了任务。所有的服务都按时推出，其中大多数比预期提前了一到两周，并且没有出现任何问题，用户满意度高达 94%。HMRC 从最不受欢迎的政府部门一跃成为人们信赖的求助对象。

在令人印象深刻的成果背后，是 HMRC 对一些关键流程的改进和对成熟的数字化平台的使用。该平台在过去 7 年中不断演进，给予了团队快速构建与交付超大规模数字化服务的能力。

① 现名 His Majesty's Revenue and Customs。——编者注

HMRC 的 MDTP（multichannel digital tax platform，多渠道数字税务平台），集合了各种必要的技术基础设施，帮助开发团队向互联网用户提供内容。对于 HMRC 的内部业务部门来说，只需要一个小型的跨职能团队，在平台上构建一个或一组微服务，就能向公众提供在线的税收服务。通过向平台租户提供一整套开发和运行高质量数字化产品所需的通用组件，MDTP 显著降低了构建数字化服务的难度和复杂度。

MDTP 是英国政府最大的数字化平台，同时也是英国的大型数字化平台之一，它承载了约 1200 个微服务。这些微服务由 2000 多人参与构建，他们被拆分成 70 个团队，分布在 8 个不同的工作地点（尽管自 2020 年 3 月以来，这些团队都是 100% 远程工作），每天要进行 100 次左右的生产环境部署。

“团队使用敏捷方法，用轻量化的方式进行管理，并能在自己认为合适的时间自行发布变更。” Equal Experts 公司的技术交付经理 Matt Hyatt 说道，“在我们的平台上发布变更只需要几秒钟就能完成，因此产品和服务的新功能都能快速地呈现到用户面前。”

平台成功的关键在于对三个核心事项的持续关注：文化、工具和实践。MDTP 的目标是能轻而易举地增加新的团队、构建服务和快速交付，并始终围绕着这一目标演进。在 MDTP 之上，一个跨职能团队能迅速运转起来，并能使用通用的工具去设计、开发和运维一个面向公众的新服务。

MDTP 为数字化团队提供了代码托管，并提供自动化流水线以支持代码的构建、不同环境下的测试和生产环境的发布，让团队能快速获得用户的反馈。平台的通用监控工具提供了自动化的仪表板和告警机制以监控服务状态，使团队对服务运行状况了如指掌。平台还提供协作工具帮助团队内部和团队之间进行沟通，使远程和面对面的协作都能保持高效。团队只需要最低限度的配置或手工干预，就能即时获得这些公共服务。团队从琐事中解放出来后，便能够完全专注于解决业务问题。

考虑到每天有 2000 多人在进行变更，有些人可能一天就要执行好几次变更，如果不加以管控，情况将会非常混乱。为了避免这类事情的发生，MDTP 使用了**约束平台**（opinionatecl platform，也被称为铺路平台或护栏）的概念。举例来说，新的微服务必须使用 Scala 和 Play 框架进行编写，服务的数据持久化必须使用 MongoDB，通用的操作（比如上传文件）必须使用一个现有的公共平台服务实现。从本质上看，平台本身就已经融入了一些基本的治理规则。对团队而言，严格遵守平台规约的好处便是可以极快地交付服务。

好处不止于此。平台上可以使用的技术是受限的，这让平台的支持工作也变得简单，同时还有效杜绝了“重复造轮子”的行为。

“平台提供的公共服务和可复用组件可以适配所有服务，这也便于人员切换到不同的服务上工作。事实上，把服务移交到新的团队时，也完全不必担心技能方面的问题。”Hyatt 说。

MDTP 另一个突出特点是，将基础设施方面的工作集中抽离出来，让数字化团队只需要关注应用程序本身。“服务开发团队虽然无权直接访问 AWS（亚马逊 Web 服务）的资源，但他们仍然可以通过 Kibana 和 Grafana 等工具监控基础设施的状态。”Hyatt 补充道。

重要的是，平台用户可以根据自身需求，对约束平台的相关规约自助进行修改。“一个服务在平台上从创建、开发到部署，自始至终都不需要平台团队的直接参与。”Hyatt 说。

MDTP 在英国财政补贴一揽子政策的快速落地中发挥了重要作用，但这也并非故事的全部。为了达成目标，团队仍然付出了艰巨的努力。团队的决策能力、对流程的快速调整同样起到了重要作用。

Hyatt 说：“要快速交付一个系统，最重要的是让工程师们‘只管去做就好’。”进行适度的管理，遵循既有的最佳实践，限定使用成熟的工具——这一套组合拳意味着 HMRC 团队不会因为新技术或安全相关的问题，去承受交付延期的风险。

由于时间紧迫，团队也调整了组织结构和沟通机制。每个数字化服务团队都配备了一名平台工程师，安全地精简了现有流程，帮助各个团队及早消除风险并优化协作，尤其是新的基础设施组件申请和协助性能测试方面的工作。在 Slack 这样的协作工具的帮助下，大家也能非常容易地找到核心服务的开发人员。在这个 2000 多人的数字化开发社区中，任何问题都能找到快速的解决渠道，而不用单单依赖平台团队的力量。

一线团队和业务领导能够根据状况迅速且一致地做出调整，并在服务上线后回归原有的工作模式，这充分展现了 HMRC 成熟的 DevOps 文化。

HMRC 的案例展现了在大型组织中使用 PaaS（platform as a service，平台即服务）的巨大收益。

5.5　小结

管理学大师彼得·德鲁克说过：“小鱼在小池塘里学会成为一条大鱼。”审慎选择 DevOps 转型的切入点和切入方式，使我们能够在不损害整个组织的前提下，在试点领域进行探索、学习并创造价值。通过这种方式，我们能够在组织中建立起稳固的群众基础，取得推广 DevOps 转型的机会，从而获得更多支持者的认可与感激。

第 6 章

理解、可视化和运用价值流

在确定了要进行 DevOps 转型的价值流之后，接下来就要充分理解向客户交付价值是如何进行的：有哪些工作？由谁执行？有哪些措施可以改善价值流的流动？

6.1 通过绘制价值流图改进工作

在第 5 章里，我们讲述了 Courtney Kissler 和她的团队在 Nordstrom 引领的 DevOps 转型案例。多年的实践告诉他们，启动价值流改进的有效方法之一，就是组织研讨会，邀请主要的干系人共同绘制价值流图（本章之后的内容会描述具体过程），帮助团队梳理出创造价值的所有步骤。

Kissler 最爱用下面这个案例来说明价值流图能提供极具价值乃至意料之外的见解。当时，在 Nordstrom 内部有一个 COBOL 编写的大型计算机应用程序，为美妆部门所有的楼层和店面经理提供业务支持。店面经理通过这个应用程序为店内的各种产品注册新的销售人员，跟踪销售提成，为供应商提供返点，等等。Kissler 团队的目标是缩短这个应用程序漫长的业务处理时间。她讲道：

> 我对这个应用程序非常熟悉，因为我在职业生涯早期，就为它的技术团队提供过支持。所以我很清楚，近 10 年来每次年度规划会议上，大家都要就是否将它迁出大型计算机的运行环境进行一番讨论。当然，和大多数组织一样，即便管理层给予了充分支持，我们也从未实际着手过迁移工作。
>
> 我的团队打算通过绘制价值流图来判断该 COBOL 应用程序是否真的是问题所在，或者还有什么更大的问题亟待解决。于是我们举办了一次研讨会，召集了所有服务内部客户的干系人，包括业务伙伴、大型计算机团队、共享服务团队，等等。
>
> 我们发现，在门店经理提交“产品线分配”的请求表单时，系统会要求输入员工编号，而他们却并没有这个信息，所以要么留空，要么填上“我不知道”之类的内容。更糟糕的是，为了填写表单，门店经理必须离开店面到后台办公室的电脑前进行操作，极不便利，而时间就这样被浪费在往来的过程中。

持续学习

渐进式工作

有一点非常重要，那就是我们要渐进式地改进工作。随着更加深入地理解了价值流的整体情况以及真正的约束在哪里，团队可以做出更有针对性的改进——不少改进工作的成本要比原先想象的低得多，也有效得多。即便未来COBOL的运行环境最终成为约束，大家决定进行迁移，团队也能够采取明智的、有针对性的步骤，进一步加速价值交付。

在研讨会期间，与会者尝试了若干改进方案，包括删除表单中的员工编号字段，让另一个部门在下游环节中获得该信息。在门店经理的协助下，这些改进方案让处理时间缩短了4天。随后，团队用iPad应用程序取代了PC应用程序，让门店经理无须离开店面就能提交信息，处理时间进一步缩短到只需几秒钟。

Kissler自豪地说：

> 改进效果令人惊喜，于是再也没有人提把应用程序迁出大型计算机的事情了。此外，其他部门的业务主管知道这件事之后，纷纷表示希望和我们探讨如何在他们的部门中开展试验。业务团队和技术团队的每个人都对这个结果感到兴奋不已，因为他们实实在在地解决了真正的业务问题。更重要的是，大家在这个过程中获得了成长。

6.2 确定价值流的参与团队

Nordstrom的案例表明，无论价值流复杂程度如何，组织内不存在单个人能掌握为客户创造价值要做的每一项工作，尤其当工作是由组织结构、地理位置和考核机制迥异的多个团队共同完成时。

因此，在选定应用程序或服务作为DevOps转型的试点之后，我们必须要确定价值流的所有参与者——他们是共同为目标客户创造价值的人。一般来说，包括以下成员。

- **产品负责人**：作为业务方的代表，负责定义服务需要实现的功能。
- **开发团队**：负责开发服务的功能。
- **QA团队**：为开发团队提供反馈，确保系统功能符合预期。
- **IT运维/SRE团队**：负责维护生产环境，确保服务水平达标。
- **信息安全团队**：负责保障系统和数据的安全。
- **发布经理**：负责对发布流程和生产环境部署进行管理和协调。
- **技术主管或价值流经理**：根据精益理论的定义，负责“从始至终地保障整个价值流的产出能够满足或超出客户（和组织）的期望”。

6.3 通过绘制价值流图展现工作

在确定了价值流的参与者之后，下一步是具体了解工作的开展方式，以价值流图的形式进行记录。在价值流中，工作一般始于产品负责人确定客户需求或者业务构思；然后，由开发团队接手工作，编码实现相关功能，并将代码提交到版本控制系统；随后，开发团队在类生产环境里对功能进行集成、测试；最后部署到生产环境中，（在理想状况下）为客户创造价值。

在许多传统的组织中，这样的价值流往往包含了成百上千个步骤，有数百人参与。绘制如此复杂的价值流图可能需要好几天的时间，因此我们可以举办一个为期数天的研讨会，召集所有关键成员，让他们停下手头的工作专心参加。

研讨会的目的不是弄清楚每一个步骤和所有细枝末节，而是充分挖掘价值流中阻碍快速流动、增加前置时间、降低可靠性的环节。在理想状况下，与会者应该是有权力改变价值流中自己所负责部分的人。[①]

Rundeck 公司联合创始人 Damon Edwards 指出：

> 根据我的经验，绘制价值流图总是让人大开眼界。这通常是很多人第一次了解到，为了向客户交付价值，需要做多少工作、“填多少坑”。这可能是运维团队第一次发现，如果开发人员无法访问正确配置的环境，他们需要付出更多辛勤劳动去完成代码部署。这可能是开发团队第一次看到，在他们将一个功能标记为“完成”之后，测试团队和运维团队还要花费很多的时间，进行大量的“填坑”工作，才能将代码部署到生产环境中。

我们要结合价值流参与团队整理的全面信息，重点调研以下环节。

- 导致工作等待数周甚至数月的环节，例如准备类生产环境、变更审批流程或安全评审流程等；
- 引发或者处理重大返工的环节。

在价值流的初次梳理中，我们只需要绘制高层次流程的模块。即便是复杂的价值流，小组也通常可以在数小时内完成一个包含 5 到 15 个流程模块的价值流图（见图 6-1）。每个流程模块都应该包含工作项的前置时间和处理时间，以及由下游消费者进行度量的 %C/A。[②]

我们可以使用价值流图中的指标指导改进工作。在 Nordstrom 的案例中，他们关注的是门店经理提交请求表单时，由于缺少员工编号信息导致的低 %C/A。其他的例子有：针对为开发团队准备测试环境的工作，要关注前置时间较长或 %C/A 较低的情况；针对软件版本发布活动，要关注发布前执行与通过回归测试前置时间较长的问题。

---

① 这使得限制细节性的研讨变得更为重要，因为每名与会者的时间都非常宝贵。

② 相反，也有很多使用了工具却未能改变任何自身行为的例子。例如，一个组织声称使用了敏捷规划工具，却将其配置为瀑布式流程，这无非是延续现状罢了。

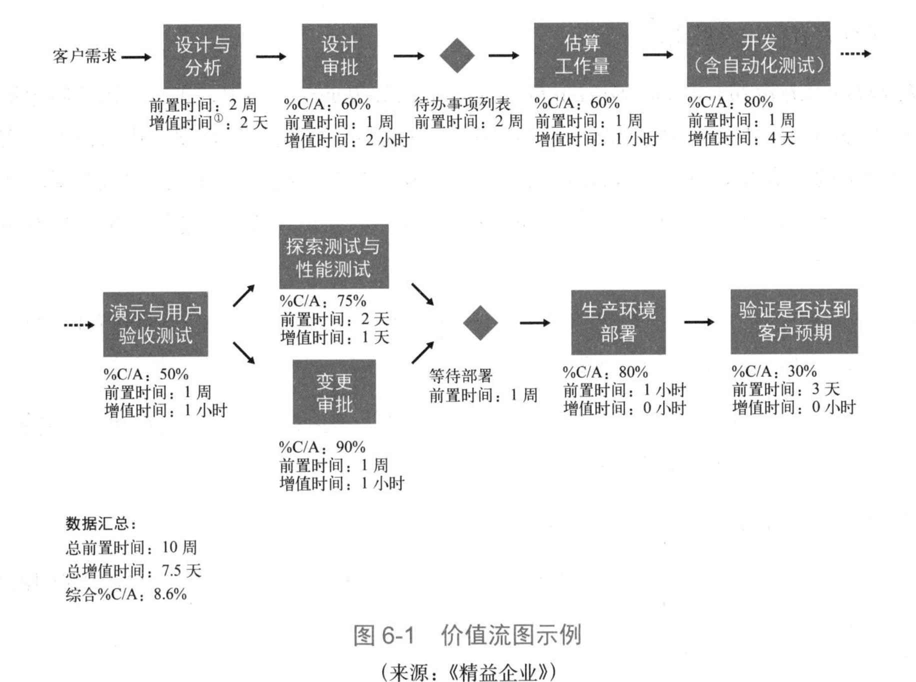

图 6-1 价值流图示例

（来源：《精益企业》）

一旦确定了要改进的指标，我们就应该更进一步地进行观察和度量，以便更好地理解问题，进而绘制出理想的新价值流图，作为在未来某个时间（通常是 3 ～ 12 个月后）要达到的改进目标。

领导层需要帮助团队确定改进目标，并指导团队就假设和对策集思广益，探索各种假设，分析结果，证实或者证伪某个假设。通过不断重复和迭代，团队可以将新的知识和经验应用于下一次探索活动。

6.4 组建专职转型团队

DevOps 转型面临的固有挑战之一，是不可避免地会与当前的业务运作发生冲突。一方面，这是组织成功发展的必然结果。任何一个成功运作多年（几年、几十年甚至几个世纪）的组织都自有一套成熟的机制来延续使之取得成功的实践，例如产品开发、订单管理和供应链运营等。

另一方面，组织还会采取各种措施保护和延续现有的运作流程，包括专业化、注重效率和可重复性、通过官僚化体系执行审批流程、保持一致性等。而其中官僚化体系的复原能力尤其突出，它天生就善于在不利条件下存续——即便去除半数的官僚人员，组织仍然能照常运转。

虽然这样有利于维持现状，但为了适应市场形势的变化，我们往往需要改变工作方式。改变带来的颠覆性与创新性的举措，必然导致转型工作与当下负责日常运作、维持内部官僚化体系的群体

① 在某些情况下，处理时间也被称为增值时间。——译者注

发生冲突，而且后者往往会胜出。

在 *The Other Side of Innovation: Solving the Execution Challenge* 一书中，来自美国达特茅斯学院塔克商学院的 Vijay Govindarajan 博士和 Chris Trimble 博士描述了如何打破日常运作的惯性，实现颠覆性创新。书中记载了诸多案例，包括 Allstate 如何成功开发和销售以客户为导向的汽车保险产品，华尔街日报如何打造出盈利的数字出版业务，Timberland 如何开发出突破性的越野跑鞋，以及宝马如何研发出第一辆电动汽车。

Govindarajan 博士和 Trimble 博士基于他们的研究成果得出论断：组织需要组建专职的转型团队，并使之独立于负责日常运作的部门。他们称前者为“专职团队”，称后者为“执行引擎”。

最重要的是，专职团队应该负责实现一个定义明确的、可度量的、系统级的目标（例如，“将从代码提交到成功部署上线的部署前置时间缩短 50%”）。

为达到设置专职团队的目的，需要采取以下措施。

- 为 DevOps 转型工作分配专职人员（而不是“继续你当前的工作，但要花 20% 的时间做 DevOps 转型的事情”）；
- 选择具备多个领域技能的通才作为团队成员；
- 选择与组织中的重点部门保持长期良好关系的人作为团队成员；
- 如果可能的话，为转型团队提供一个独立的物理或虚拟空间（如专门的聊天频道），让团队尽可能多地进行内部沟通，同时也与其他部门保持适当距离。

如果可行的话，要将转型团队从条条框框中解放出来，就像美国国家仪器所做的那样（见第 5 章）。毕竟，既定流程是一种组织记忆，而专职的转型团队要做的是建立新的流程，获得新的知识，从而得到我们期望的结果，创造新的组织记忆。

组建专职转型团队不仅有利于团队本身，对“执行引擎”也有好处。这样一个独立团队能有更多空间去探索新的实践，其他部门就可以避免探索过程中所必然伴随的各种风险。

6.4.1 目标一致

对于任何改进措施来说，最重要的一点，是设定一个可度量的、有明确时间期限（6 个月到 2 年）的目标。为了达成目标，需要付出相当大的努力。但目标也不能设定得脱离实际、无法实现。同时，达成目标要能为整个组织和客户创造出显著的价值。

目标和时间表需要与管理层商定，并将其告知组织中的每一个人。另外，还应该限制同时开展的改进计划数量，避免对组织和管理层造成过重的变革压力。以下是一些改进目标的例子。

- 将用于产品支持和计划外工作的预算削减 50%；

- 确保有 95% 的变更从代码提交到发布能在一周内完成；
- 确保发布工作可以在常规工作时间段内进行，并且不会造成服务中断；
- 将所有必需的信息安全检查集成到部署流水线中，以满足合规性要求。

一旦明确了总体目标，团队就应该以固定的节奏推进工作。就像产品开发工作一样，转型工作也应该以迭代、增量的方式进行，一般每 2 到 4 周进行一次迭代。团队应该为每一次迭代制定一组小目标，并完成它们以创造价值，朝着长期目标切实前进。在每次迭代结束时，团队需要检查进度，并为下一次迭代设定新的目标。

6.4.2 保持小跨度的改进计划

在任何 DevOps 转型项目中，我们都需要保持较小的计划跨度，就像在创业公司做产品或客户开发一样，要努力在几周（最多几个月）内让转型措施产生可度量的改进结果或可以指导改进的数据。

通过保持较小的计划跨度和较短的迭代时间，我们可以做到以下几点。

- 灵活地调整优先级或重新进行规划；
- 缩短转型工作从实施到生效的延迟时间，强化反馈回路，让新的行为方式更容易固化下来——改进措施取得成功有利于获得更多的转型投入；
- 更快地从当前迭代中总结学习，从而更快地将经验应用于下一次迭代；
- 更轻松省力地获得改进；
- 对日常工作更快地实现有意义的差异化改进；
- 降低项目在取得成果之前被叫停的风险。

6.4.3 为非功能性需求和偿还技术债务预留 20% 的时间

合理安排改进工作的优先级，是流程改进工作中的一个常见问题。毕竟，亟待改进的组织往往都挤不出时间改进。对于技术组织而言，技术债务的存在更是让时间捉襟见肘。

背负沉重的金融债务的组织往往只能偿还利息而无力偿还本金，并可能会陷入连利息都无法偿还的境地。同样，如果一个组织从不偿还技术债务，他们最终会发现每天应付老的问题就已经疲于奔命，根本不可能开展任何新的工作。换句话说，他们只是在为自己欠下的技术债务偿还利息而已。

因此，我们要积极地管理技术债务，要确保至少将 20% 的开发和运维时间投入重构、自动化、架构优化和非功能性需求之中（见图 6-2）。这些非功能性需求有时候也被统称为“ilities”[①]，如可维护性、可管理性、可扩展性、可靠性、可测试性、可部署性和安全性，等等。

① 后半句出现的那些术语的英文单词多数都以“ility”结尾。——译者注

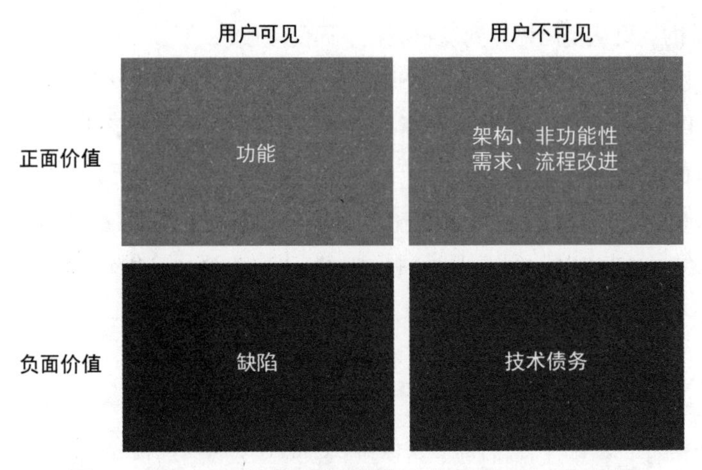

图 6-2 将 20% 的时间用于创造用户不可见的正面价值
（来源：Software Engineering Daily 播客于 2015 年 11 月 17 日播出的
“Machine Learning and Technical Debt with D. Sculley”）

eBay 在 20 世纪 90 年代末经历了一次死里逃生，在这之后，曾任 eBay 产品与设计高级副总裁的 Marty Cagan 在他那本产品设计和管理领域的开创性著作《启示录：打造用户喜爱的产品》[①] 中，总结出了以下经验。

> 产品负责人和开发团队之间的协定是这样的：产品负责人将团队 20% 的资源分配给开发团队，让他们根据需求自行安排，例如重写、重新设计或重构代码库中有问题的部分，或者进行任何他们认为必要的工作，以免他们有一天对整个团队说：“我们现在得停下来重写全部代码。”如果情况已经非常糟糕，你可能需要投入 30% 甚至更多的资源。然而，如果有团队认为在投入远低于 20% 的情况下就能应付技术债务，我会为他们感到担忧。

Cagan 指出，如果组织不愿意支付这“20% 的税”，技术债务就会持续积压，直到组织不得不投入全部时间进行偿还。终究有一天，服务会变得脆弱不堪，所有工程师都会被困在解决可靠性问题和临时方案导致的问题里，让功能的交付完全停滞下来。

投入 20% 的时间，开发和运维人员就可以为困扰日常工作的问题找到长久有效的对策，确保技术债务不会阻碍我们快速、安全地进行开发和运维活动，在缓解技术债务压力的同时，也可以有效地降低员工的倦怠程度。

① 原版为 *Inspired: How to Create Products Customers Love*，中文版由华中科技大学出版社于 2011 年出版。——编者注

案例研究

LinkedIn 的“反转行动”（2011 年）

LinkedIn 的“反转行动”（Operation InVersion）是一个有趣的案例，它展现了为何要把偿还技术债务作为日常工作的一部分。在 2011 年成功上市 6 个月后，LinkedIn 依然在部署的问题上苦苦挣扎，于是他们启动了“反转行动”，在随后的 2 个月内暂停了所有新功能的开发工作，对计算环境、部署和架构进行全面改造。

LinkedIn 创立于 2003 年，旨在帮助用户“通过建立社交网络找到更好的就业机会”。在上线后的第一周，LinkedIn 的会员数量就达到了 2700；一年后，会员超过了 100 万人，进入指数级的增长。到 2015 年 11 月，LinkedIn 已经拥有了超过 3.5 亿名会员，用户每秒产生数万次请求，后台系统相应每秒要处理数百万次的查询。

起初，LinkedIn 主要运行在自研的应用程序 Leo 上。它是一个单体的 Java 应用程序，通过 servlet 呈现网页，通过 JDBC 连接到多个后台的 Oracle 数据库获取数据。在早年，为了应对流量的不断攀升，两个关键的服务从 Leo 中解耦出来：一个是在内存中处理会员人际关系图查询的服务，另一个是在前一个服务的基础上构建的会员搜索功能。

到 2010 年，已经有近百个新服务在 Leo 之外运行，承载了大多数新开发的功能。但 Leo 本身还是每两周才能部署一次。

LinkedIn 的高级工程经理 Josh Clemm 说，到 2010 年，Leo 的问题日渐严重。尽管他们通过增加内存和 CPU 对 Leo 进行了纵向扩展，“然而在生产环境中，Leo 还是会经常崩溃，排查和修复故障都很困难，也很难发布新代码……很显然，我们得‘干掉 Leo’，并把它拆解成多个小型的无状态服务”。

2013 年，美国彭博社的记者 Ashlee Vance 这样写道：“当 LinkedIn 试图同时发布一堆新功能时，网站就会崩溃成一个烂摊子，逼着工程师加班到深夜解决问题。”

到了 2011 年秋天，当深夜已经不再属于成年礼或者联谊活动，而属于加班时，问题变得让人无法忍受。LinkedIn 的一批顶级工程师，包括在上市前三个月加入公司的工程副总裁 Kevin Scott，决定完全停下新功能的开发，将整个部门投入到网站核心基础设施的修复工作中去。这项工作被命名为“反转行动”。

Scott 发起“反转行动”的目的，是将其作为“一种文化宣言注入到团队的工程文化中。在 LinkedIn 的计算架构完成改造之前，不会发布任何新功能，这是公司和工程团队必须要做的”。

Scott 也谈到了不利的一面："上市以后，全世界都盯着我们，我们却告知管理层在接下来的两个月里，所有的工程师都将专注投入到'反转行动'中，不会发布任何新功能。这的确是一件很吓人的事情。"

Vance 描述了"反转行动"的巨大成果：

> LinkedIn 创建了一整套软件和工具协助网站开发工作。工程师们不再需要等待数周才能将新服务发布到 LinkedIn 的主站点上。他们开发完新服务之后，由一系列的自动化检查测试代码与现有功能是否能正确交互，如果一切顺利，服务就会直接发布到 LinkedIn。如今，工程团队每天会对网站进行三次重要升级。

当工作体系更加安全，工程团队便不再需要频繁地挑灯夜战，并且能将更多精力用于开发富有创意的新功能。

正如 Josh Clemm 在他关于 LinkedIn 规模化的文章中所写的：

> 规模化可以从很多维度进行度量，包括从组织层面。"反转行动"使整个工程部门都专注于改善工具、部署、基础设施和提高开发人员的生产力。它成功地实现了我们所需要的工程敏捷性，从而让我们今天能够规模化地构建新产品。在 2010 年，我们就已经有超过 150 个独立的服务在运行。到今天（2015 年），这个数字超过了 750。

Kevin Scott 说道：

> 无论是工程师个人还是技术团队，大家的目标都是帮助公司在竞争中获胜。作为工程团队的领导者，你最好能从 CEO 的视角看问题，理解公司、业务、市场、竞争环境需要什么，并将你的理解应用到团队的工作中，帮助公司在竞争中胜出。

通过偿还近 10 年来累积的技术债务，"反转行动"提高了稳定性和安全性，为公司的下一阶段发展奠定了基础。然而，暂停在上市时向市场承诺的所有功能的开发，用两个月的时间全面投入到非功能性需求的工作上，这样的代价也相当高昂。因此，只有通过在日常工作中发现和修复问题，我们才能有效管理技术债务，避免"背水一战"的情况发生。

该案例很好地体现了，通过偿还技术债务可以创造出一个更为稳定和安全的工作环境。当不再疲于应付日常工作中层出不穷的问题时，团队便能够重新专注于交付新功能来满足客户的需求。

6.4.4 提高工作的可视化程度

为了明确我们是否正在朝着目标前进，组织中的每个人都必须了解当前的工作状态。工作状态可视化的办法有很多，但最重要的是确保信息的时效性，同时不断思考和调整度量指标，呈现当前进度与目标的真实距离。

下一节会探讨一些模式，其有助于实现跨团队、跨职能的可视性和一致性。

6.5 使用工具强化预期行为

Christopher Little 是一名软件行业的高管，也是 DevOps 早期拥趸之一。他指出："人类学家将工具描述为一种文化产物。在人类学会使用火之后，任何对于文化的讨论都不应绕开工具。"同样，在 DevOps 价值流中，我们要使用工具对文化进行强化，并加速实现行为上的转变。

使用工具的其中一个目的，是确保开发和运维团队不仅拥有共同的目标，还能共享待办事项列表，最好是将其存放在一个公共的工作管理系统中，并使用统一的术语。这样，我们就能全局性地为工作分配优先级。

通过这种方式，可以让开发和运维团队共享工作队列，而不是使用不同的工具进行追踪（例如，开发团队使用 Jira，而运维团队使用 ServiceNow）。这样做有一个显著的好处，当生产环境事故与开发工作在同一个地方展示，事故发生时，大家就非常清楚需要临时搁置其他工作去一同处理事故，这一点在使用看板时尤其明显。

让开发和运维团队共享工具的另一个好处是，每个人都能从全局出发为改进项目安排优先级，选择对组织最有价值，或者可以最大限度偿还技术债务的工作。在发现技术债务时，如果不能立即解决，就把它添加到待办事项列表中去。我们可以利用"为非功能性需求预留的 20% 的时间"修复这些优先级最高的待解决问题。

我们还可以通过聊天室，如 IRC 频道、HipChat、Campfire、Slack、Flowdock 和 Openfire 来强化共同目标。人们在聊天室里可以快速共享信息（而不是填写什么表单，然后按规定走流程），还能按需邀请他人加入聊天，聊天记录会被自动保存，以备日后在复盘会议中使用。

当我们建立起一种机制，让团队成员互相帮助，乃至向团队之外的人提供帮助时，会产生惊人的变化——获取信息或者获得工作上的帮助所需要的时间从几天缩短到几分钟。同时，由于所有资讯都被记录下来，我们以后甚至不需要向他人求助，只需要搜索聊天记录即可。

然而，聊天室创造出的快速沟通环境也有缺点。正如 Rally Software 公司的创始人兼首席技术官 Ryan Martens 所看到的："在聊天室里，如果有人在几分钟内没有得到答案，那么他完全可能再次提问，直到得到他想要的信息。"这种对即时响应的期许会带来一些负面结果——持续不断的打断和提问会妨碍他人的正常工作。因此，团队可以决定是否使用更加结构化和异步的工具处理一些特定类型的请求。

6.6 小结

在本章中，我们探讨了如何确定价值流的参与团队，如何通过绘制价值流图梳理出向客户交付价值的所有工作。价值流图不仅能帮助我们理解当前状况（包括存在问题的环节的前置时间和 %C/A 等指标），还能指导我们如何制定改进目标。

基于这些工作，我们可以组建专职的转型团队进行快速迭代，探索如何提升效能；同时要确保预留足够的时间进行改进，修复已知问题、架构缺陷及非功能性需求方面的问题。Nordstrom 和 LinkedIn 的案例表明，通过在价值流中发现问题并偿还技术债务，前置时间能有效缩短，质量能获得显著改善。

第 7 章

参照康威定律设计组织结构与系统架构

在前面几章，我们探讨了如何选择合适的价值流作为 DevOps 转型的切入点，如何通过建立共同的目标和实践，帮助专职的转型团队对交付客户价值的方法进行优化。

在本章中，我们将探讨如何组织团队才能最好地实现价值流的目标。毕竟，团队的组织方式会影响团队的工作方式。

1968 年，Melvin Conway 博士与一个外包研究机构做了一个著名的实验。他们委派了 8 个人开发一款 COBOL 编译器和一款 Algol 编译器。他观察到，“在对工作难度和时间完成初步评估后，其中 5 个人被分配到 COBOL 编译器项目上，3 个人被分配到 Algol 编译器项目上。结果，这款 COBOL 编译器有 5 个执行阶段，Algol 编译器则有 3 个”。此后，Conway 博士提出了著名的康威定律（Conway’s law）：“系统的设计受限于组织自身的沟通结构。组织的规模越大，灵活性就越差，这种现象也就越明显。”

《大教堂与集市》[①] 一书的作者 Eric S. Raymond 在他的“新黑客词典”（Jargon File）中精心总结出了简化版的康威定律：“软件的架构和软件开发团队的组织结构是一致的。通俗而言，即‘让 4 个团队协同开发一款编译器的话，它最后一定会有 4 个执行阶段’。”这也是如今流传更为广泛的康威定律的版本。

换句话说，软件开发团队的组织方式对软件架构及其业务成果有着巨大影响。为了使开发团队能快速将工作交付到运维团队，同时保障质量和客户满意度，我们必须依照康威定律组织团队和安排工作。而违反康威定律则会妨碍团队安全独立地工作，导致团队紧耦合，所有工作都互相依赖、互相等待，即便是很小的变更都有可能导致全局性、灾难性的后果。

Etsy 的 Sprouter 技术案例，体现了违反康威定律如何阻碍组织目标的实现，遵循康威定律又如何推动组织目标的实现。Etsy 的 DevOps 之旅开始于 2009 年，其技术团队是 DevOps 的早期践行者和倡导者。Etsy 在 2014 年的营收接近 2 亿美元，并于 2015 年成功上市。

---

① 原版为 *The Cathedral and the Bazaar: Musings on Linux and Open Source by an Accidental Revolutionary*，中文版由机械工业出版社于 2014 年出版。——编者注

Sprouter 诞生于 2007 年，它将人、流程和技术连接起来，但产生了较多的负面影响。Sprouter 是 stored procedure router（存储过程路由）的简称，其设计初衷是辅助开发人员和数据库团队的工作。Etsy 高级工程师 Ross Snyder 在 Surge 2011 的演讲中提道："开发团队在应用程序中编写 PHP 代码，DBA（database administrator，数据库管理员）在 PostgreSQL 中编写 SQL 语句。Sprouter 的设计目标是让双方各司其职，只通过 Sprouter 进行协作。"

Sprouter 处于前端的 PHP 应用程序和后端的 PostgreSQL 数据库之间，通过集中控制对数据库的访问，对应用层隐藏了数据库的实现细节。可问题是，对业务逻辑的任何修改都会导致开发人员和数据库团队之间出现重大摩擦。

Snyder 提道："对于网站的任何一个新功能，Sprouter 都会要求 DBA 编写一个新的存储过程。因此，开发人员添加任何新的功能都需要 DBA 的协助，但前提是走完大量烦琐的流程。"

换句话说，由于对 DBA 团队存在依赖，开发人员必须与 DBA 团队进行沟通和协调，为相关依赖事项妥善安排优先级，这自然导致了长时间排队的工作、无穷无尽的会议、漫长的前置时间等各种不好的后果。Sprouter 的存在致使开发团队和 DBA 团队之间形成了紧耦合的依赖关系，从而阻碍了开发人员独立地进行开发、测试和部署上线。

数据库存储过程同样与 Sprouter 紧耦合，修改存储过程时也需要相应地修改 Sprouter。这让 Sprouter 逐渐成为一个巨大的单点故障。Snyder 解释说，极高的耦合度让多方必须保持高度同步，最后导致每一次部署都会造成短暂的宕机。

与 Sprouter 有关的问题及最终的解决方案都可以用康威定律解释。一开始，Etsy 的开发团队和 DBA 团队分别负责服务的应用逻辑层和存储过程层，两个团队在系统的两个不同层面上工作，这与康威定律的理论一致。

Sprouter 的初衷是让两个团队都更加轻松，结果却背道而驰——业务规则变化所涉及的变更不再是两层，而是三层（应用逻辑层、存储过程层及 Sprouter 本身）。在三个团队之间进行协调和安排工作优先级极为烦琐，导致前置时间极大延长，同时引发了可靠性的问题，这一点在 2019 年《DevOps 现状报告》中得到了证实。

2009 年春天，Chad Dickerson 加入 Esty 担任首席技术官一职，他的加入是 Snyder 所说的"Etsy 伟大的文化转型"的一步。Dickerson 切实推动了很多事情，包括投入大量资源提升网站稳定性，允许开发人员自行完成生产环境部署，以及启动长达两年的弃用 Sprouter 的过程。

为了消除对 Sprouter 的依赖，团队决定将所有的业务逻辑从数据库层迁移到应用层。他们组建了一个小团队，编写了一个 PHP 的 ORM（object-relational mapping，对象关系映射）[①] 层，让前端开

① ORM 有很多特性，它对数据库进行了抽象，使开发人员能够像操作编程语言的对象一样对数据库进行查询和数据操作。流行的 ORM 包括 Java 的 Hibernate，Python 的 SQLAlchemy，以及 Ruby on Rails 的 ActiveRecord。

发人员能够直接调用数据库，将变更业务逻辑所涉及的团队数量从 3 个减为 1 个。

Snyder 说："我们开始在新功能的开发中使用 ORM，并逐渐将使用 Sprouter 的部分迁移过去。尽管大家一直抱怨 Sprouter，它实际上却被广泛使用，在生产环境中无处不在，因此我们花了两年时间才将全部功能从 Sprouter 中迁移出来。"

通过移除 Sprouter，Etsy 还解决了变更业务逻辑时多个团队的协调问题，减少了交接次数，并大大提高了生产环境部署的速度和成功率，增强了网站的稳定性。此外，由于各个小团队可以独立进行开发和部署，而不依赖于另一个团队对系统其他部分进行的变更，开发人员的生产力也得到了显著提高。

2011 年初，Sprouter 终于被从 Esty 的生产环境和版本控制系统中完全移除。Snyder 如释重负地说："哇，这感觉太棒了！"[①]

Snyder 和 Etsy 的经历表明，组织结构能决定工作方式并影响到工作成果。在本章接下来的内容中，我们将探讨违反康威定律如何对价值流产生负面影响，以及如何参照康威定律组织团队来获得收益。

7.1 组织原型

职能型、**市场型**和**矩阵型**是决策科学领域三种主要的组织结构类型，我们在利用康威定律设计 DevOps 价值流及对应的组织结构时可以参考。Roberto Fernandez 博士对它们的定义如下。

- **职能型组织**注重对专业技能、劳动分工或成本进行优化。这类组织对专业技能进行集中管理，有助于促进职业和技能发展；另外，其组织结构中通常有很多层级。这一直是运维部门的主流组织方式（例如，将服务器管理员、网络管理员、数据库管理员划分到单独的小组中）。
- **市场型组织**注重快速响应客户需求。这些组织往往采用扁平化结构，由多个跨职能的部门构成（如营销部门、工程部门等）。在这样的结构中，整个组织往往存在职能冗余的情况。许多实施 DevOps 的卓越组织都以这样的方式运作。在极端的例子中，例如在亚马逊或 Netflix，每个服务团队都要同时负责功能交付和服务支持。[②]
- **矩阵型组织**试图将职能型和市场型的组织结构结合起来。然而，正如许多在矩阵型组织中工作或从事管理的人所看到的，这往往导致组织结构非常复杂，一名员工往往需要向两个甚至更多的经理汇报。矩阵型组织有时候既实现不了职能型结构的目标，也实现不了市场型结构的目标。[③]

---

① Esty 在转型过程中弃用了很多开发环节和生产环境中使用的技术，Sprouter 只是其中之一。

② 然而，正如后面要讲的那样，像 Etsy 和 GitHub 这样卓越的组织却是以职能为导向的。

③ 关于矩阵型组织如何有效运转的更多信息，请查阅 DevOps 企业论坛的论文单行本 *Making Matrixed Organizations Successful with DevOps: Tactics for Transformation in a Less Than Optimal Organization*，你可以在 IT Revolution 网站的 Resource 页面下载。

在了解了上述三种组织结构类型之后，让我们进一步探讨为何过度地以职能为导向（尤其在运维部门），会像康威定律所预测的那样，对技术价值流造成负面影响。

7.2 过度以职能为导向的危害（“成本优化”）

传统的 IT 运维组织往往按照职能定位组织团队，常见做法是将数据库管理员、网络管理员、服务器管理员划分到不同小组。这种组织方式会让前置时间明显变长，尤其是在大型部署这样的复杂活动中，我们不得不为多个小组创建对应的工单并协调工作交接，这会导致每个步骤的工作都要排长队。

执行工作的人鲜有机会看到或理解自己的工作与价值流目标之间的关联（例如，“我之所以要配置这些服务器，是因为别人让我这样做”），这阻碍了员工发挥创造性和主观能动性，从而让问题进一步恶化。

如果每个运维职能团队都要服务于多个价值流（即多个开发团队），进而导致时间冲突，问题会雪上加霜。为了确保开发团队及时完成工作，运维团队往往不得不将问题向上反映到管理层，从经理、总监一直到某个高管，再由这位决策者根据组织的全局目标而不是职能部门的局部目标安排工作优先级。随后，这个决定再逐级下达到每个职能团队，由他们去调整各自的工作优先级，但这样的调整反过来又会拖累其他团队。当每个团队都想快马加鞭地工作时，结果却是每个项目都只能缓慢推进。

除了漫长的排队和前置时间，这种情况还会导致交接不畅、大量返工、质量问题、产生约束及延期等。这样的僵局阻碍了组织实现重要的目标，而这些目标通常远比降低成本重要。[①]

同样，职能型组织在集中式的 QA 部门和信息安全部门中也很常见，在软件发布活动不太频繁时，这些团队还能运作良好（或者至少够用）。然而，随着开发团队数量、部署和发布频率的增长，大多数职能型组织很难交出令人满意的答卷，尤其是那些依靠手工执行工作的团队。接下来让我们看看市场型组织是如何运作的。

7.3 组建市场型团队（“速度优化”）

广义上讲，为了实现 DevOps 的目标，我们不仅要降低职能导向（“成本优化”）的负面影响，而且要利用市场导向（“速度优化”）保障各个小团队都能安全、独立地工作，从而快速地为客户交付价值。

---

① Adrian Cockcroft 说：“对于那些五年 IT 外包合同即将到期的公司来说，时间仿佛凝固了，他们在技术突飞猛进的时代中停滞不前。”换句话说，IT 外包是一种战术，通过合同规定的固定价格来控制并逐年削减成本。然而，它往往导致组织无法应对不断变化的业务和技术需求。

在极端情况下，市场型团队并不单单负责功能开发，还要负责服务的整个生命周期内的全部工作，包括测试、安全、部署和运维等。每个团队都要兼顾多项职能且能独立运作——独立地设计和开展用户试验，构建和交付新功能，在生产环境中部署和运行服务，不依赖其他团队进行缺陷修复——从而加快行动步伐。亚马逊和 Netflix 正是采用了这种模式，而亚马逊认为这是他们在快速增长的同时还能保持行动迅速的一个重要因素。

不要为了实现以市场为导向而进行自上而下的大规模重组，因为这往往会导致组织中出现大量混乱、恐惧和瘫痪。相反，可以将工程师及其专业技能（例如运维、QA、信息安全）融入每个服务团队[①]中，或者组建一个平台团队，为各个服务团队提供一个自动化的技术平台，让他们可以在测试环境和生产环境中自助完成服务的测试、部署、监控和管理等工作。这使得每个服务团队都能够独立地向客户交付价值，而不必向 IT 运维、QA 或信息安全团队提交工单来获得工作上的支持（见图 7-1）。行业研究也佐证了这种方式的有效性：DORA 在 2018 年和 2019 年发布的《DevOps 现状报告》中指出，通过将数据库变更管理、QA 和信息安全等职能性工作整合到软件交付流程中，团队在速度和稳定性方面能有非常出色的表现。

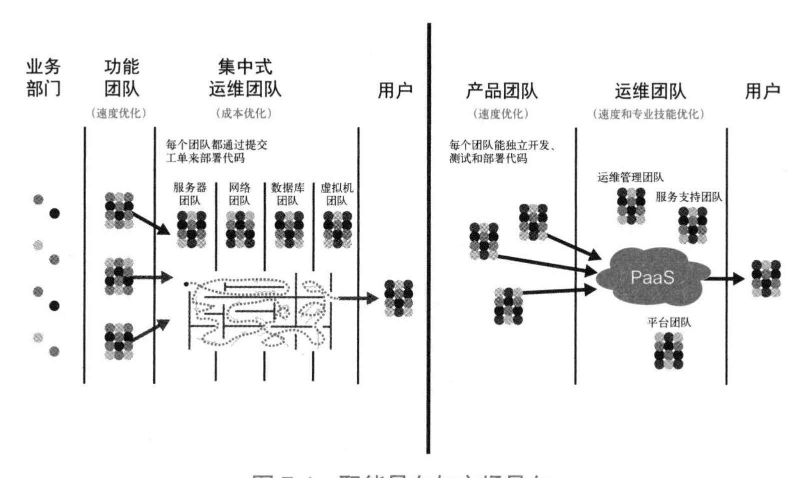

图 7-1　职能导向与市场导向

左图：职能导向——所有的工作流经集中式的 IT 运维团队。
右图：市场导向——所有的产品团队都能在生产环境中自助部署松耦合的组件。
（来源：《精益企业》原书 Kindle 版）

7.4　让职能型组织高效运转

虽然我们在前一节中建议组建市场型团队，但值得一提的是，以职能为导向也能打造出高效的组织。跨职能和市场型的团队是实现快速流动和可靠性的一种方式，但并非唯一途径。无论价值流

① 在本书中，我们将交替使用服务团队、功能团队、产品团队、开发团队和交付团队这些词，它们都指代通过开发、测试和保护代码来向客户交付价值的团队。

的参与者在组织中处于何种位置，只要每个人都能将实现客户和组织的成果视为共同目标，以职能为导向也能实现期望中的 DevOps 成果。

这些组织的共同之处是拥有高信任度的文化，所有部门都能有效协作，所有工作的优先级都是透明的，并且有足够的灵活度来确保高优先级的工作能快速完成。这在某种程度上是依靠自动化的自助服务平台实现的，它保障了产品质量。

在 20 世纪 80 年代的精益制造运动中，许多研究人员都对丰田以职能为导向的组织方式倍感困惑，因为这与最佳实践所倡导的市场型跨职能团队相悖。他们甚至将这个现象命名为“丰田第二悖论”。

Mike Rother 在《丰田套路》中解释道：

> 重组看似诱人，但它无法帮助一个组织获得持续的改进和适应性。起决定性作用的并非组织形式，而是人们行动和反应的方式。丰田成功的根源不在于其组织结构，而在于其对员工能力和习惯的培养。事实上，让很多人都感到惊讶的是，丰田大体上是由传统的职能部门所构成的。

所以，我们接下来将重点探讨如何培养员工的能力和习惯。

7.5 将测试、运维和信息安全纳入日常工作

高绩效组织的成员拥有一个共同的认知——质量、可用性和安全性并非个别部门的职责，而是每个人日常工作的一部分。这意味着，一天中最紧要的工作可以是开发或部署一个面向客户的新功能，或是处理一个严重等级最高的生产环境事故；也可以是评审同事的代码，为生产服务器安装紧急的安全补丁，或是做一些优化性的工作来帮助团队提升效率。

在谈到开发团队与运维团队如何共享目标时，Ticketmaster 的首席技术官 Jody Mulkey 分享了他的思考：“近 25 年来我都用美式橄榄球比喻 Dev 和 Ops 的工作方式。Ops 是防守组，阻止对方得分；而 Dev 是进攻组，尽力赢取分数。有一天，我突然意识到这个比喻很不恰当，因为他们从来不会在同一时间上场比赛，他们甚至不属于同一个团队！”

他继续说道：“我现在使用的比喻是，Ops 是进攻内锋，而 Dev 是‘技巧’位置[①]（如四分卫和外接手）。Dev 的工作是持球推进，而 Ops 确保 Dev 有足够时间正确地执行战术。”

Facebook 的一个经典案例表明，共同的痛点可以强化团队的共同目标。2009 年，飞速增长的 Facebook 在代码部署上遭遇了重大问题。尽管不是所有问题都会影响客户，但团队却一直处于无休止的“救火”和加班中。生产工程总监 Pedro Canahuati 描述了这样一次会议：大量运维工程师在会议现场，有人提议除了正在处理故障的人之外，其余人都合上笔记本电脑，可现场没有一个人能做到。

① 原文为“skill” positions，指在球场上相比于身体素质更看重才华与经验的位置，他们是球队主要的得分手或进攻武器。——译者注

为了提高部署质量，Facebook 采取的最有效的一项措施就是让所有工程师、工程经理和架构师加入轮值，实际运维他们自己构建的服务。这种方式让服务构建者直观感受到自己上游的架构决策和编码工作产生的结果，以及其对下游工作产生巨大的积极影响。

7.6　让团队成员都成为通才

对于职能型运维组织，极端的组织形式是：技术专家根据专业领域被严格分配到不同部门，比如网络管理员、存储管理员等。部门的过度专业化会导致**孤岛化**，用 Spear 博士的话来说，这样的部门“就像一个主权国家在运作”。任何复杂的运维活动都必须在不同的基础设施团队之间多次交接和排队，导致前置时间大大延长（例如，网络变更都必须由网络部门实施）。

随着我们依赖的技术日益增多，在每个技术领域我们都需要足够专业和精深的工程师。然而，我们并不希望这些专家故步自封，只能在价值流的特定领域做出贡献。

一种对策是鼓励并帮助每个团队成员成为通才（见表 7-1）。我们要为工程师提供学习各种必备技能的机会，让他们有能力构建和运行自己负责的系统，同时还能定期在不同职能岗位间轮岗。如今大家常用“全栈工程师”这个术语描述（有时用来反讽）熟悉或至少大致理解整个应用栈（例如应用程序代码、数据库、操作系统、网络和云计算）的通才。

表 7-1　专家、通才与 E 型人才[①]

I 型人才（专家）	T 型人才（通才）	E 型人才
精通某一领域	精通某一领域	精通若干领域
对其他领域所知甚少	拥有诸多领域的技能	有诸多领域的实践经验，执行能力强，能持续创新
很快遇到瓶颈	能够突破瓶颈	潜力无限
对下游的浪费和影响不敏感	对下游的浪费和影响敏感	—
抵制变化，难以变通	拥抱变化，积极变通	—

（来源：Scott Prugh 的“Continuous Delivery”一文，Scaled Agile Framework 网站，2013 年 2 月 14 日）

Scott Prugh 写道，利用一次转型的机会，CSG 国际将构建和运行产品所需的大部分资源都整合进了一个团队，包括需求分析、架构、开发、测试和运维等不同角色。他说：“通过交叉培训和培养工程技能，通才能比专家完成更多工作；另一方面，通才的存在也缩短了排队和等待时间，从而整体改善了工作的流动性。”

这种做法与传统的人才招聘方式相悖，但正如 Prugh 所说，这是非常值得的。“传统的经理往往

① 所谓“E 型人才”，源自 experience、expertise、exploration、execution 这四个以 e 开头的单词，指在经验、专业能力、探索能力、执行能力四个方面都表现突出的人才。表中“I 型人才（专家）”指有良好的技能深度，但缺乏技能广度的人才，就像字母 I 的形态，长而窄。“T 型人才（通才）”则如字母 T，兼具技能深度与广度。——译者注

会反对聘用通才型工程师，觉得成本太高，‘聘用一个通才型运维工程师的钱都能拿来聘用两个服务器管理员了’。”然而，更高效的流动所产生的业务价值是巨大的。此外，Prugh 也指出，“交叉培训有益于员工的职业发展，也让每个人的工作都变得更加有趣”。

如果只看重员工现有的技能或当下的表现，而不考虑他们获取新技能的能力，我们（往往无意之中）就陷入了 Carol Dweck 博士所说的那种思维定式——将人们的智慧与能力视作不可改变的“禀赋”。

相反，我们要鼓励员工学习，帮助他们克服学习焦虑、获得相关技能，确保他们有明确的职业规划，等等，通过这种方式培养工程师队伍的成长型思维——毕竟，学习型组织需要的是有学习意愿的人。鼓励每个员工积极学习并为其提供培训和支持，为现有团队成员的个人发展持续投入，这是打造杰出团队最可持续、成本最低的方式。

正如迪士尼的系统工程总监 Jason Cox 所说：“运维组织必须要改变招聘方式，找到那些‘好奇、勇敢而坦率’的人，他们不仅能够成为通才，还能促进变革……，我们希望促进积极的变革，避免业务停滞不前，从而迈向未来。”我们将在下一节探讨对于团队的投资模式如何影响团队的工作成果。

7.7 投资服务与产品，而非项目

实现高绩效的另一个方法是组建稳定的服务团队并持续提供资金，支持他们执行自己的战略和路线图。这些团队应该有专属的工程师去兑现对内部和外部客户的具体承诺，包括功能、用户故事和任务等。

传统模式则截然不同，开发和测试团队被分配到某个项目中，一旦项目完成或资金耗尽，这些人员就会被重新分配到另一个项目中。这导致了很多不尽如人意的结果，包括开发人员无法看到他们的决策所带来的长期效果（这也是一种反馈形式），以及拨款模式只看重和覆盖软件生命周期的早期阶段——而不幸的是，对成功的产品或服务而言，这是成本最低的阶段。①

基于产品的拨款模式看重的是实现组织和客户的目标，包括营收、客户生命周期价值（customer lifetime value，CLV）、客户采用率等，在理想状况下，投入（例如精力、时间、代码行数等）越低越好。这与项目的度量指标（例如项目是否在既定的预算、时间和范围内完成）形成了鲜明对比。

7.8 依照康威定律设定团队边界

随着组织的发展，如何保持人员、团队的有效沟通与协调成为主要挑战之一，因此建立并维持共同目标和相互信任变得尤为重要。随着越来越多的团队采用新的工作模式，协作的重要性也更加凸显。现如今，采用 100% 远程、混合式或分布式的方式开展工作的团队比比皆是，团队成员需要跨

---

① 正如 Roche Bros. Supermarkets 的信息技术副总裁 John Lauderbach 所调侃的那样：“每一个新的应用程序都像是一只免费领养的小狗，要命的不是前期的成本……，而是持续性的维护和支持。”

越办公室办公或居家办公的物理界限、时区界限甚至是合同界限（当工作由外包团队执行时）进行协作。如果沟通必须要通过工单或者变更请求来进行，那么协作就会进一步受阻。[①]

正如我们在本章开头 Etsy Sprouter 的案例中看到的，团队组织方式不合理会产生不良后果，这就是康威定律的副作用。不合理的组织方式包括按职能划分团队（例如将开发人员和测试人员安置在不同的办公地点，或测试人员完全外包），以及按架构层次拆分团队（例如应用开发团队、数据库团队等）。

在不合理的团队组织方式下，各个团队之间需要进行大量的沟通和协调，但仍然会导致大量的返工、对需求理解的分歧、低效的交接及人员的闲置等。

在理想状态下，软件架构应该保障每个小团队都能与其他团队充分解耦，独立运作，避免过多或无谓的沟通与协调。

7.9　创建松耦合的架构，保证生产力和安全

在紧耦合的软件架构中，微小的变更也可能导致大规模的故障。因此，负责某一组件的开发人员必须与负责系统其他相关组件的开发人员不断进行协调，包括走各种复杂、官僚化的变更管理流程。

此外，为了对整个系统进行测试，需要对成百上千个开发人员提交的变更进行集成，而这些变更可能又依赖于几十、几百甚至上千个互相连接的系统。集成测试环境稀缺，还往往需要几周时间进行部署和配置。这不仅导致变更前置时间极其漫长（通常以周或月为单位），还使得开发人员生产力低下，部署质量欠佳。

相比之下，当软件架构能够支持小团队独立、快速、安全地进行开发、测试和部署，我们就能提高和保障开发人员的生产力，同时改善部署质量。20 世纪 90 年代提出的**面向服务架构**（service-oriented architecture，SOA）就具备这样的特征：系统由一组具有**限界上下文**（bounded context）的松耦合的服务组成，其中每个服务都能独立地进行测试和部署。[②]

松耦合的架构意味着在生产环境中可以独立地更新某个服务，无须更新它所依赖的服务。服务之间必须解耦，服务也要与共享数据库解耦（多个服务可以共享同一个数据库服务，但不能共享任何数据库模式）。

Eric J. Evans 在《领域驱动设计：软件核心复杂性应对之道》[③] 一书中提出了限界上下文的概念。

---

① 在本书第 1 版发行时，远程或混合式的工作模式还不常见。然而在过去几年里，在技术进步、常态更迭及疫情影响下，人们发现远程或混合式的工作模式不仅可行而且高效。基于这样的转变，我们修改了本段相关表述。

② 建立在 SOA 原则之上的“微服务”同样具备这些特征，“云原生 12 要素”（12-factor app）便是其中一个广为人知的现代 Web 服务架构模式。

③ 原版为 *Domain-Driven Design: Tackling Complexity in the Heart of Software*，中文版由清华大学出版社、人民邮电出版社等出版，人民邮电出版社于 2016 年出版修订版。——编者注

其思路是，开发人员能理解单个服务的代码并进行更新，而无须理解相关服务的内部实现。服务之间严格通过 API 进行交互，因此无须共享数据结构、数据库模式或数据的其他内部表示形式。限界上下文能确保服务切分清晰，接口定义明确，也让测试更加容易进行。

Google App Engine 前工程总监 Randy Shoup 指出："像谷歌和亚马逊这样采用面向服务架构的组织，都拥有卓绝的灵活性和可扩展性。即便这些组织拥有数以万计的开发人员，小团队仍然可以实现惊人的生产力。"

7.10 保持小规模团队（"两张比萨"原则）

康威定律能指导我们根据期望的沟通模式设定团队边界，同时也倡导缩小团队规模，减少跨团队的沟通，并保持团队业务领域小而有界。

2002 年，亚马逊在单体应用转型的过程中采用了"两张比萨"原则来保持团队的小型化，即两张比萨应该足够喂饱整个团队，这样的团队通常由 5 ～ 10 人组成。

限制团队规模有以下 4 个重要作用。

- 确保团队对他们负责的系统有清晰且一致的理解。当团队变大时，如果要让所有人都了解状况，沟通量也会成倍增加。
- 限制正在开发的产品或服务的增长率。通过限制团队的规模来制约系统的演进速度，这有助于让团队更好地对系统保持一致的理解。
- 分散权力并实现自治。每个"两张比萨"团队都尽可能自主运作，由团队负责人与管理层商定团队的关键业务指标（又称适应度函数），并将其作为团队的整体评价标准。然后由团队自主行动去最大限度地实现指标。①
- 领导"两张比萨"团队是让员工习得领导经验的一种方式。在这样的环境中，即便失败也不会导致灾难性的后果。亚马逊战略的一个关键要素，便是将"两张比萨"团队的组织结构与面向服务的架构方法有机地结合起来。

亚马逊首席技术官 Werner Vogels 在 2005 年向 *Baseline* 杂志的 Larry Dignan 解释了这种组织结构的优势。Dignan 随后写道：

> 小团队行动迅速……并且不会被所谓的行政琐事所困扰……每个团队全面负责自己分配到的业务……负责确定工作范围、设计、构建与实现，并且要监控服务是否能持续运行。这样一来，程序员和架构师就可以通过定期会议和非正式谈话，从使用他们的代码或应用程序的业务人员那里直接获得反馈。

① "高度一致，松散耦合"，是 Netflix 企业文化的 7 个核心价值观之一。

持续学习

在《高效能团队模式：支持软件快速交付的组织架构》①（后称《高效能团队模式》）一书中，Matthew Skelton 和 Manuel Pais 探讨了如何通过优化团队和组织的结构来改进软件交付过程。这本书体现了本章的一个重要主题：好的团队设计能优化软件交付，而好的软件交付过程又能让团队更加高效。

Skelton 和 Pais 还强调了以下几点团队最佳实践。

- **信任和沟通的建立需要时间**。考虑到团队至少需要磨合 3 个月才能开始高效运作，建议保持团队持续运作 1 年以上。
- **恰到好处的团队规模**。8 人是一个理想的数字，这与亚马逊的“两张比萨”团队近似，而上限是 150 人（邓巴数②）。
- **沟通（可能）是昂贵的**。团队内部沟通是有益的；然而，当团队对其他团队有需求或受其制约时，就会引起工作排队、任务环境切换并产生额外开销。

书中还概述了团队的 4 种类型，并基于组织形式、认知负荷、互动模式探讨了不同团队类型的优劣。

- **流动式团队**：端到端负责一条完整价值流的团队，类似于市场型团队。
- **平台团队**：负责为流动式团队构建和维护可复用的技术（如基础设施或内容管理）。这个团队往往来自第三方组织。
- **赋能团队**：由专家组成，专门帮助其他团队进行改进，卓越中心（Center of Excellence，COE）是其中一种形式。
- **复杂子系统团队**：基于专业知识，负责系统的一个复杂子系统的开发和维护。
- **其他**：书中还涵盖了其他团队类型，如 SRE 和服务体验团队等。

另外一个关于组织结构可以极大提高生产力的案例，是 Target 公司的“API 启用”项目。

---

① 原版为 *Team Topologies: Organizing Business and Technology Teams for Fast Flow*，中文版由电子工业出版社于 2021 年出版。——编者注

② 邓巴数指的是一个人能够保持稳定社会关系的最大人数（150），由英国人类学家罗宾·邓巴在 20 世纪 90 年代提出。（作者认为可将邓巴数作为团队规模上限。——编者注）

案例研究

Target 的“API 启用”项目（2015 年）

作为美国第六大零售商，Target 每年在技术上的投资超过 10 亿美元。Target 的前开发总监 Heather Mickman 描述了公司 DevOps 之旅的开端：“在过去那些糟糕的日子里，我们一度需要 10 个团队协作配置一台服务器。当出现问题时，我们通常会停止变更以防止问题恶化，然而这只会让情况变得更糟。”

除了在搭建环境和执行部署等相关工作上遭遇巨大困难，开发团队在获取必要的数据时也同样困难重重。正如 Mickman 所说：

> 我们大部分的核心数据，如库存、定价和门店信息，都被锁定在遗留系统和大型计算机系统中——这就是问题所在。同一个数据往往有多个来源，它们由不同团队管理，有着不同的数据结构和业务优先级，这种数据不一致的问题在电子商务和实体店系统之间尤其突出。
>
> 一个新的开发团队要为客户构建应用，需要花费 3 ~ 6 个月的时间与现有系统进行集成，来获取他们需要的数据。更糟糕的是，由于整个系统高度耦合，其中存在很多点对点的集成，团队还需要 3 ~ 6 个月的时间进行手工测试，确保新的集成不会影响关键业务。这样的复杂度需要许多项目经理进行协调和交接，才能管理与 20 ~ 30 个团队的协作及团队间的依赖关系。这意味着开发人员的时间都浪费在排队等候上，而这些时间原本可以用于完成任务、交付成果。

在当前的记录系统中检索和创建数据的时间如此冗长，已经严重危及重要业务目标，比如整合 Target 旗下实体店和电子商务网站的供应链运营，从而同时支持配送商品到门店或者客户家中。这个目标超出了供应链系统原有的设计范畴，原有设计只考虑了将商品从供应商配送到分销中心和门店。

为了解决数据问题，Mickman 在 2012 年领导“API 启用”团队来帮助开发团队“在几天而非几个月内交付新功能”。他们希望 Target 内部的工程团队都能够便捷地存取他们所需的数据，例如产品或门店信息，包括营业时间、地理位置、店内是否有星巴克等。

时间限制在构建“API 启用”团队中发挥了很大作用。Mickman 解释道：

> 因为要求在几天而不是几个月内完成交付，所以我需要一个能够实际胜任工作的团队，而不是把工作交给外包商——团队需要具有一流工程技能的人，而不是只知道如何管理合同的人。为了确保工作不再排队，团队必须负责全栈，这意味着同时要接管运维工作……，我们引入了许多新工具来支持持续集成和持续交付。

此外，系统一旦成功上线，必然会以极高的速度增长，因此我们引入了更多新工具，如 Cassandra 数据库和 Kafka 消息代理。我们申请引入新工具时，被告知不行，但我们还是这样做了，因为我们确实需要这些工具。

在接下来的两年里，“API 启用”团队交付了 53 项新的业务功能，包括门店配送、礼品登记，以及与 Instacart 和 Pinterest 的集成。正如 Mickman 所言：“正是由于我们为 Pinterest 提供了 API，与他们的合作突然就变得非常简单。”

2014 年，“API 启用”团队每月提供超过 15 亿次的 API 调用。到 2015 年，这个数字已经增长到每月 170 亿次，包括 90 个不同的 API。团队每周进行 80 次例行部署来保持服务能力。

这些改变为 Target 带来了巨大的商业利益：线上销售在 2014 年圣诞节前后增长了 42%，在随后的第二季度又增长了 32%。仅 2015 年“黑色星期五”一个周末，到店自提订单数就超过 28 万。他们计划在 2015 年内，将 1800 家门店中支持数字化交易的门店数量从 100 家增加到 450 家。

“‘API 启用’团队展现了一个充满激情的变革者团队能够做到什么，”Mickman 说，“它帮助我们为下一阶段在整个技术组织中推广 DevOps 打下了基础。”

该案例涵盖的内容颇多，但它集中体现出在康威定律之下，软件架构是如何与团队规模和组织形式互相影响的。

7.11 小结

通过 Etsy 和 Target 的案例，我们看到设计良好的软件架构和组织结构可以极大改善工作成果。组织错误地应用康威定律，会带来不良后果，破坏安全性和敏捷性；而正确地应用康威定律，开发人员就可以安全而独立地进行开发、测试、部署，最终向客户交付价值。

第 8 章

将运维融入日常开发工作

我们的目标是实现以用户为导向的成果，让小团队能快速、独立地为客户交付价值。对于集中式的职能型运维团队而言，实现这个目标是有挑战的，因为运维团队需要满足众多开发团队提出的各种迥异的需求，这就导致运维工作需要较长的前置时间，优先级也需要反复调整，部署质量同样不尽如人意。

将运维能力更好地整合到开发团队，我们能够创造更多以市场为导向的业务成果，同时能提高开发与运维的效率和生产力。本章将探讨实现这一目标的各种方法，包括组织层面和日常工作层面。这些方法能帮助运维人员显著提高组织内部各个开发团队的生产力，同时还能提升协作能力，获得更好的业务成果。

大鱼游戏（Big Fish Games）是美国一家开发与运营了几百款移动端游戏和数千款 PC 端游戏的公司，2013 年营收超过 2.66 亿美元。公司的 IT 运维副总裁 Paul Farrall 负责管理集中式的运维团队，支持多个相对独立的业务部门。

每个业务部门都有自己的开发团队，技术选择也大相径庭。这些团队需要部署新功能时，不得不竞争稀缺的运维人力资源。与此同时，不可靠的测试和集成环境，极端烦琐的发布流程，都是大家需要过的难关。

Farrall 认为，解决这个问题最好的办法是将运维能力融入开发团队。他说道：

> 当开发团队在测试或部署方面遇到问题时，他们需要的不仅仅是技术或环境，还有帮助和指导。起初，我们将运维工程师和架构师融入每个开发团队中，但没有足够的运维工程师照顾这么多团队。于是我们采用了所谓的“运维联络人模式”，用更少的人去帮助更多的团队。

Farrall 定义了两类运维联络人：业务关系经理和专职发布工程师。业务关系经理与产品经理、业务线负责人、项目经理、开发经理和开发人员一起工作。一方面，他们非常熟悉产品团队的业务目标和产品路线，可以将产品负责人的声音传达给运维团队；另一方面，他们也能帮助产品团队梳理运维工作并妥善安排优先级。

类似地，专职发布工程师非常熟悉产品开发和 QA 相关的问题，从而帮助产品经理从运维团队获取支持以实现业务目标。他们熟知开发人员和 QA 人员对运维的典型需求，并能亲自实施这些工作。当时机合适时，他们会邀请专业领域的技术运维工程师（如数据库管理员、信息安全工程师、存储工程师、网络工程师），共同确定运维部门应该优先构建哪些自助服务工具。

借助这种方式，Farrall 成功帮助开发团队提高了生产力，并更好地实现了业务目标。此外，他还根据运维工作的全局约束，帮助各个团队妥善安排工作优先级，降低项目交付过程中的风险，从而提高项目的整体效率。

Farrall 指出，上述措施显著改善了开发团队与运维团队的工作关系，也有效提升了代码发布的速度。他总结道："运维联络人模式使我们能够将 IT 运维的专业知识融入开发和产品团队中，而无须增加新的人员。"

大鱼游戏的 DevOps 转型展现了集中式的运维团队如何取得以市场为导向的成果。以下是三项通用策略。

- 构建自助服务功能，帮助开发人员提高生产力；
- 将运维工程师融入服务团队；
- 当融入运维工程师的方式不可行时，可采用运维联络人模式。

持续学习

正如 Matthew Skelton 和 Manuel Pais 在《高效能团队模式》中概述的那样，大鱼游戏的运维团队兼具平台团队和赋能团队的职能，我们在上一章中也有总结。

一个单一的平台团队为整个组织提供基础设施功能，为市场型团队的工作提供支持；运维联络人则作为赋能团队的角色来帮助产品团队。

此外，运维工程师同样可以加入日常开发工作的各项例行活动，包括每日站会、计划会议和回顾会议。我们会在本章后续介绍。

8.1　构建共享服务，提升开发人员生产力

运维团队要取得以市场为导向的成果，方法之一是构建一套集中式的平台和工具服务，让开发团队可以通过使用平台和服务来提高生产力，例如搭建类生产环境、部署流水线、自动化测试工具、生产环境监控面板等。[1] 这种方法能让开发团队将更多时间用于为客户开发功能，而不必耗费过多精

① 本书将交替使用"平台""共享服务""工具链"这些术语。

力获取功能在生产环境中运行所需的基础设施。

运维团队提供的平台和服务（在理想情况下）应该是自动化的，并可以按需使用，而不需要开发人员提交工单等待运维团队手工处理。这样可以确保运维团队不会成为瓶颈（例如“我们已经收到了您的需求，手工配置这些测试环境需要 6 周时间”）。[①]

这种方式使得产品团队在及时获取所需资源的同时，降低了沟通和协调成本。正如 Damon Edwards 所说：“如果没有自助式运维平台，云计算不过是昂贵的主机托管服务 2.0。”

在绝大多数情况下，我们都不会强制要求内部团队使用这些平台和服务——平台团队必须用出色的服务去赢得内部客户，有时甚至还要同外部供应商竞争。通过在内部建立有效的市场竞争机制，我们能确保自己打造的平台和服务是最易用也是最有吸引力的（阻力最小的路径）。

例如，我们可以创建这样一个平台：提供一个共享的版本控制系统，内置安全方面的库；提供一个能自动运行代码质量和安全扫描工具的部署流水线，支持将应用程序部署到配有监控工具的生产环境中。在理想情况下，这个平台能让开发团队的工作更加轻松，让他们觉得使用这个平台是将应用程序部署上线最简单、最安全、最可靠的方式。

在平台中融入 QA、运维、信息安全等全体人员的集体经验，我们能让整个工作体系更为安全。平台不仅能提高开发人员的生产力，也能使产品团队轻松执行一些通用任务，例如自动化测试，以及信息安全合规性方面的流程等。

平台与工具的创建和维护是真正的产品开发——平台客户不是外部客户，而是内部开发团队。如同打造好的产品，打造出人见人爱的平台绝非偶然。如果对客户缺乏关注，内部平台团队打造出的工具很可能会令客户厌恶并迅速放弃，转而去寻找其他内部平台团队或者外部供应商提供的替代品。

Netflix 的工程工具总监 Dianne Marsh 说，她的团队宗旨是，“以支持工程团队的创新与速度为要。我们不为这些团队构建、打包或部署任何产品，也不管理他们的配置。我们构建工具实现自助服务。大家可以依赖我们的工具，但不能依赖我们的劳力”。

平台团队通常还提供其他服务帮助客户学习他们的技术，或者从其他技术进行迁移，甚至还提供辅导与咨询，以此提升组织内部的实践水平。平台提供的共享服务同时也能促进标准化，使工程师即便需要在不同团队之间切换，也能够迅速进入工作状态。比方说，如果各个产品团队选择了不同的工具链，工程师就不得不学习一套全新的技术来完成新团队的工作，这样的情况会导致虽然短期内满足了团队目标，但忽略了长期的全局目标。

一些组织会要求团队只能使用经过批准的工具，但我们可以尝试对少数团队解除限制，比如 DevOps 转型团队，从而探索、发现能进一步提升团队效率的工具。

---

① Ernest Mueller 说：“在 Bazaarvoice，平台团队接受的是来自其他团队对平台的需求，而不是去完成本属于其他团队的工作。”

内部共享服务团队应该不断发掘在组织内部被广泛采用的工具链，并判断哪些工具值得通过集中式的平台服务大家。一般来说，拓展一个业已良好运作的工具的使用范围，比从零开始构建这些功能更容易成功。[①]

8.2 将运维工程师融入服务团队

要取得更多以市场为导向的业务成果，另一种方式是在产品团队中融入运维工程师，使其能自给自足，减少对集中式运维团队的依赖。这些产品团队甚至能做到完全自行负责服务的交付和运维。

运维工程师融入产品团队后，他们工作的优先级将受到产品团队的目标，而不再是运维团队的内部事宜驱动。这种做法让运维工程师与内部和外部客户的联系更加紧密。此外，产品团队通常也有雇用运维工程师的专项预算，不过面试与聘用的决策可能仍由集中式运维团队完成，以保障招聘工作连贯、运维工程师素质过关。

迪士尼系统工程总监 Jason Cox 说道：

> 迪士尼内部很多业务部门都将运维人员（系统工程师）融入产品团队、开发团队、测试团队乃至信息安全团队。这完全改变了我们的工作方式。运维工程师创造出的工具和能力改变了大家的工作方式甚至是思维方式。在传统的运维模式中，运维团队只是负责驾驶别人建造的火车。但在现代运维工程中，运维团队不仅需要参与建造火车，还要参与建造供火车行驶的桥梁。

新的大型开发项目可以在起步阶段就将运维工程师融入产品团队，参与产品功能和构建方式的决策，影响产品架构和内部与外部的技术选择，帮助团队在内部平台上构建新功能，甚至是产生新的运维能力。

产品发布到生产环境后，运维工程师可以帮助开发团队承担运维工作。他们将参加开发团队的例行活动，如计划会议、每日站会、新功能演示会议。随着产品团队对运维知识和能力的需求降低，运维工程师就可以转移至不同的项目，以同样的方式全程参与新的产品和产品团队的工作。

这种模式有一个重要的优势：开发和运维工程师结对工作，对产品团队的运维知识、技能的交叉培训极其有效。它同时还促进运维知识向自动化代码转化，使运维知识更可靠，并得到广泛复用。

8.3 为服务团队指派运维联络人

鉴于各种因素（如成本、资源短缺），我们可能无法为每个产品团队配备运维工程师。但是，通过为每个产品团队指派一名运维联络人，我们可以获得近似收益。

---

① 毕竟，在设计系统时过早考虑复用，不仅代价高昂，更是许多企业架构失败的常见原因。

在 Etsy，这种模式被称为"指派运维"。集中式运维团队依然管理所有的环境（包括生产环境和非生产环境）以确保一致性，指派的运维联络人需要通过产品团队理解以下内容。

- 新产品的功能是什么，为什么要开发这个新产品；
- 新产品的可运维性、可扩展性和可监测性如何（强烈建议用图表说明）；
- 如何通过监控和指标收集，来确认功能的运行状态；
- 是否与已有架构和模式存在差异，以及为什么存在差异；
- 是否对基础设施有额外需求，产品的使用情况如何影响基础设施的容量；
- 功能的发布计划。

此外，与融入运维工程师的模式一样，运维联络人也需要参加产品团队的每日站会，将产品团队的需求整合到运维团队的规划中，并要能执行必要任务。在发生资源竞争或者优先级冲突时，由运维联络人负责问题的升级与推进。这种方式使得我们能够更全面地考虑组织性目标，评估与处理资源或者时间的冲突。

相较于融入运维工程师，指派运维联络人能够支持更多产品团队。我们的目标是确保运维不会成为产品团队的瓶颈。如果发现运维联络人的工作量过大，阻碍了产品团队实现业务目标，那么就需要减少每名联络人所支持的团队数量，或者临时性地将运维工程师融入特定的产品团队中。

8.4 邀请运维工程师参加开发团队的例行活动

在融入运维工程师或指派运维联络人之后，可以邀请他们参加开发团队的例行活动。本节的目标是帮助运维工程师和其他非开发人员更好地了解开发团队的文化，并积极参与规划活动和日常工作的方方面面。这样，运维团队能更好地给产品团队传授运维知识，在开发工作早期阶段就产生积极影响。接下来的几个小节将描述敏捷开发团队采用的标准例行活动，以及运维工程师如何参与其中。这并不意味着敏捷开发实践是先决条件——运维工程师的目标是明确开发团队的例行活动，并融入其中，为开发团队添砖加瓦。[①]

正如 Ernest Mueller 观察到的："基于我们在解决运维痛点与融入开发团队方面的成功经验，我认为，让运维团队采用相同的敏捷开发实践的例行活动，可以大大改善 DevOps 的实施成果。"

---

① 然而，如果发现整个开发团队只是成天坐在办公桌前，从不互相交谈，我们可能要用其他方式来吸引他们，比如请吃午饭、成立读书俱乐部、轮流做午餐会分享，或者通过交谈去发掘每个人面临的最大问题是什么，这样我们就能帮助他们找到改进的办法。

8.4.1 邀请运维工程师参加每日站会

每日站会是 Scrum 方法论[①] 推崇的开发团队例行活动之一（对于远程团队来说，不需要真的站着开会），这是一个速战速决的会议，团队的所有成员聚在一起，每个人都要分享以下三件事：昨天做了什么，今天要做什么，遇到了什么困难。

每日站会的目的是让整个团队共享信息，让大家了解进行中的和即将完成的工作。信息分享能让团队成员了解哪些任务遇到了困难，然后互相帮助解决问题，从而推进工作。另外，有团队负责人在场，工作优先级和资源冲突方面的问题也能迅速得到解决。

由于这些信息在开发团队内部通常是分散的，运维工程师参加开发团队的每日站会，就能让运维团队了解开发团队的各项活动，从而更好地进行规划和准备。比如说，当了解到开发团队计划在两周内推出一个重要的功能时，运维团队就可以提前准备人力和资源，更好地支持发布活动。

通过告知开发团队哪些工作需要更多协作或准备（例如创建更多的监控项或自动化脚本），运维团队能更好地帮助开发团队解决眼下的问题（例如对数据库而不是代码进行调优来提高性能），或者未来可能遭遇的问题（例如搭建更多的集成测试环境来执行性能测试）。

8.4.2 邀请运维工程师参加回顾会议

回顾会议是敏捷方法中另一个被广泛采用的例行活动。在每个开发周期结束时，团队通过回顾会议探讨哪些方面成功，哪些方面需要改进，以及如何将成功经验和改进计划纳入之后的迭代或项目中。团队可以提出改进建议，回顾上一次迭代的试验结果。这是组织学习和制定对策的主要机制之一，回顾会议中讨论出的新工作应该立即实施或添加到团队的待办事项列表中去。

参加项目团队的回顾会议也能让运维工程师从中受益。而且，当上一次迭代有部署或者发布活动时，运维团队应该向大家汇报结果，总结经验教训，并为产品团队提供反馈，帮助团队改进未来工作的规划和执行方式，提高工作质量。以下是运维工程师在回顾会议上提供反馈的一些例子。

- “两周前，我们发现了一个监控盲点，并就如何修复这个盲点达成一致。该盲点已经被修复。上周二发生了一次事故，在客户受到影响之前，我们就迅速发现并处置完毕了。”
- “上周的部署是一年多以来最困难和耗时最长的一次。我有一些改进想法与大家分享。”
- “上周的促销活动比预期要困难得多，我们不应该再策划类似的促销活动了。这里有一些其他的方案，我们可以尝试，看看是否能帮助我们完成业务目标。”
- “我们在上一次部署中遇到的最大问题，是防火墙规则多达数千行，导致变更极其困难且风险颇高。我们需要重新设计网络流量管控的实现方式。”

---

① Scrum 是一种敏捷开发方法论，是“一种灵活、完整的产品开发策略，将开发团队作为一个整体来实现共同目标”。Ken Schwaber 和 Mike Beedle 在 *Agile Software Development with Scrum* 一书中首次详尽地描述了 Scrum 方法论。本书使用“敏捷开发”或“迭代开发”囊括敏捷和 Scrum 这类特殊的方法论所采用的各种技术。

运维团队的反馈能帮助产品团队更好地认识和理解他们的决策对下游的影响。当产生负面影响时，我们必须做出必要的改变，防止未来出现类似状况。运维团队的反馈也有助于发现更多的问题和缺陷，甚至是更大的、亟待解决的架构问题。

在项目团队回顾会议上产生的额外工作都属于改进性质的工作，比如缺陷修复、重构、将手工操作自动化等。产品经理和项目经理可能会优先考虑客户功能的交付，而推迟改进工作或降低其优先级。但是，我们必须提醒大家，改进日常工作比日常工作本身更重要，所有团队都必须专门预留时间进行改进（例如，为改进工作预留 20% 的时间，每周安排一天或每月安排一周，等等）。如果不这样做，团队的生产必定会在其自身技术债务和流程债务的重压下逐渐停滞。

8.4.3 使用共享的看板展示相关运维工作

通常，开发团队会使用项目板或看板展示工作，不过鲜有在看板上展示相关运维工作情况的。为了在生产环境中成功运行应用程序、真正为客户创造价值，这些运维工作不可或缺。如果不展示在看板上，大家就不会关注必要的运维工作，除非出现紧急情况导致交付延期或生产环境宕机。

运维是产品价值流的一部分，我们应当把与产品交付相关的运维工作呈现在共享的看板上，让团队能够更清楚地看到发布代码到生产环境所需的所有工作，并跟踪与产品支持相关的运维工作。此外，它能让团队看到哪些运维工作受阻、哪些需要升级，进而凸显出需要改进的环节。

看板是工作可视化的理想工具，而可视化是团队正确认知运维工作并将其整合到相关价值流的关键。当我们能很好地做到这一点时，无论组织结构如何，我们都能取得以市场为导向的成果。

案例研究

全英房屋抵押贷款协会：拥抱更好的工作方式（2020 年）

英国的全英房屋抵押贷款协会（Nationwide Building Society，以下简称 Nationwide）是世界上最大的房屋贷款协会，拥有 1600 万会员。2020 年，Nationwide 的首席运营官 Patrick Eltridge 和转型任务负责人 Janet Chapman 在伦敦的线上 DevOps 企业峰会上分享了他们持续改进工作方式的案例。

作为一个历史悠久的大型组织，Nationwide 面临着一系列挑战。正如 Eltridge 所说，他们处在一个“高速流动和激烈竞争的环境中”。

像许多组织一样，他们的转型之旅始于 IT 部门，主要围绕 IT 交付的变革和敏捷实践的应用展开，但收效有限。

Chapman 说：“我们的交付质量和可靠性都不错，但交付速度比较慢。因此我们要能够更快速地交付，这样不仅能用产品和服务质量，也能用交付速度打动会员。”

2020 年，Jonathan Smart（*Sooner Safer Happier* 一书的作者）带领德勤的团队帮助 Nationwide 进行组织结构调整，通过强化敏捷与 DevOps 实践，将其从一个职能型组织转型为一个以会员需求为导向的组织。其中一个关键变化便是将运营和变革活动整合到长期性多技能团队中，他们称之为“面向会员任务的运营模式”（Member Mission Operating Model）。

大型组织的工作方式都是经过多年演进形成的，人员按照专业划分部门，工作在不同部门之间传递，每一个环节都需要排队。

“当前，抵押贷款申请被分解并分配到各个职能团队，由他们完成各自所属的工作，再由每一部分的结果合并生成整体结果，然后检查是否存在问题，最后修正不符合会员需求的结果。”Eltridge 解释道，“提高绩效或降低成本的手段无非是提高单个专家团队的效率或削减人员，而并未跨越团队边界，端到端地优化工作流动。”

为了优化流动，Nationwide 简化了会员提出需求的方式。然后，他们把所有必要的人员和工具集中到一个团队来实现需求。团队成员能看到所有必要的工作，并能通过安全、可控和可持续的方式重新组织这些工作，让工作的流动路径更加顺畅，交付也得到优化。遇到瓶颈时，团队会增加人手或改变流程，而不是首先考虑增加排队机制。从孤立的职能团队转变为长期性多技能团队，Nationwide 大大提升了生产力与生产质量，风险和成本也随之下降（见图 8-1）。

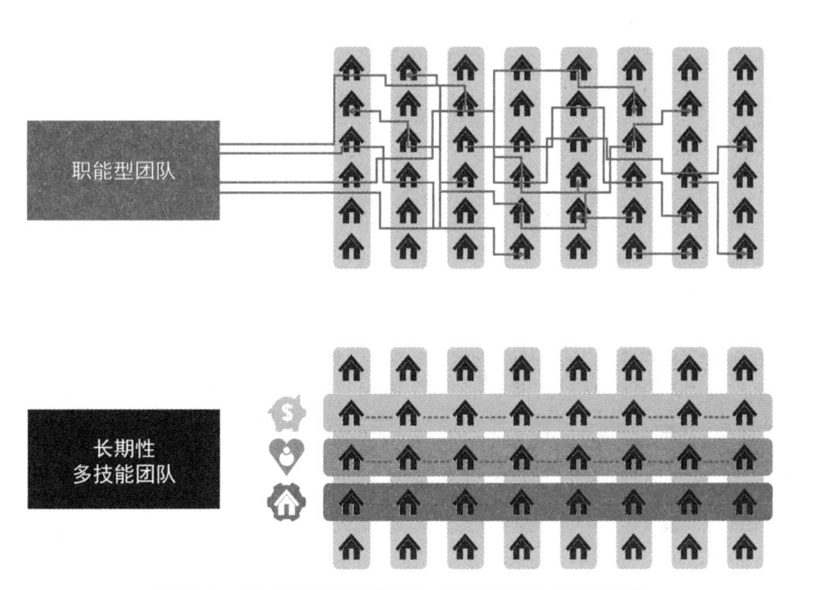

图 8-1　孤立的职能型团队和长期性多技能团队

（来源：Janet Chapman 和 Patrick Eltridge 在 2020 年伦敦线上 DevOps 企业峰会题为“On A Mission: Nationwide Building Society”的演讲）

疫情给了 Nationwide 一个尝试新工作方式的独特机会。2020 年后，随着英国进入封控状态，Nationwide 的各个呼叫中心因员工缺勤而被来电迅速淹没。因此他们需要让联络中心的员工能够在家工作，同时也要让分中心的员工接听电话以缓解压力。这项举措 Nationwide 已经讨论了很多年，但 9 个月的时间成本以及逾 1000 万英镑的费用使得它迟迟未能落地。

减少呼叫中心的话务量迫在眉睫，Nationwide 将所有必要的人员聚集在一张“虚拟桌子”周围，研究如何让接线员能够在家工作。该团队仅用了 4 天时间就完成了这项工作。

接下来，他们开始研究将呼叫转移到分中心网络的可行性。由于分中心网络无法按法规要求对通话进行录音，他们只能先转移不需要提供监管录音的呼叫，稍稍缓解了形势。在漫长的征程中，这一小步改进同样花了 4 天左右的时间完成。到了周末，录音问题也解决了——又一个 4 天。

Eltridge 说道：“事后我问团队：‘我们走了多少弯路？违反了多少政策？需要堵上多少安全漏洞？’他们看着我说：‘都没有。把这件事做好所需要的专家都有了，我们坚持以正确的方式完成了这些工作。我们恪守政策，保证方案安全无虞。’”

“当所有人都能在最重要的任务上保持一致时，大家才能真正团结起来快速解决问题。从本质上讲，这就是任务对我们的意义所在。”Eltridge 说。

Nationwide 正在将原有的职能型团队重组到多个长期性多技能的任务团队中，也相应调整了价值流。此外，他们也在改进治理和财务管理，以支持团队进行独立决策，并持续提供资金支持。将运营和变革活动整合到长期性团队中后，他们得以持续改进工作。他们还应用系统思维识别和消除流动中的**失败需求**（failure demand）[①]。

“我认为敏捷是手段，DevOps 是目标。这项工作仍在进行中，我们有意识地让问题与机遇交织在一起，而没有遵循任何模板化的方法。”Eltridge 解释道，“对大家来说，最重要的是参与到这个学习新知与摈弃旧习的过程中，并且能经常得到指导，而不是由某个集中式的专家团队把答案直接喂给他们。”

除了将开发与运维结合到一起，Nationwide 还重新组织了团队，从职能型团队转变为长期性多技能团队，让每个团队都具备向客户交付价值的必需技能。这说明了打破孤岛可以让行动更为迅速。

① 失败需求是一个以客户为中心的概念。从客户的角度看待服务或流程时，我们可以将其分为价值需求（value demand）与失败需求。前者能准确提供客户想要的东西，提升客户体验和忠诚度；而后者却不能提供客户价值，只会增加不必要的成本，让客户失望，所以需要尽力消除。——译者注

8.5　小结

本章探讨了如何将运维融入日常开发工作，以及如何让运维团队更好地了解开发团队的工作。我们探讨了达成目标的三种普遍策略：构建共享服务以提升开发人员的生产力；将运维工程师融入服务团队；在运维工程师人手不足的情况下，为服务团队指派运维联络人。最后，我们描述了运维工程师如何通过参与开发团队的例行活动融入团队，包括参加每日站会、回顾会议等。

第二部分总结

本书的第二部分探讨了 DevOps 转型的各个方面，包括切入点的选择，架构与组织结构的关系，如何组织团队，等等。我们还探讨了如何将运维融入服务团队的规划活动和日常工作。

在第三部分，我们将探讨如何通过具体的技术实践来实现流动，让工作从开发快速向运维流动，同时避免对下游造成混乱和干扰。

第三部分

“第一要义：流动”的具体实践

在第三部分，我们的目标是确立技术实践和架构，以实现并维持从开发到运维的工作快速流动，同时又不给生产环境或客户造成混乱和中断。这就意味着我们需要降低在生产环境中部署和发布变更的风险。我们将通过实施一套被称为持续交付的技术实践来实现这一目标。

持续交付包括：为自动化部署流水线奠定基础，确保有自动化测试持续验证服务处于可部署状态，要求开发人员每天将代码集成到主干中，并构建我们的环境和代码，最终实现低风险发布。

第三部分包括以下重点内容。

- 为部署流水线奠定基础；
- 实现快速可靠的自动化测试；
- 启用并实践持续集成和测试；
- 通过自动化和适当的架构降低发布风险。

这些实践可以缩短获取类生产环境的前置时间，实现持续测试，对每个人的工作给出快速反馈，让小团队能够安全、独立地开发、测试并将代码部署到生产环境，使生产环境部署和发布成为日常工作的一部分。

此外，将 QA 和运维的目标整合到每个人的日常工作中，可以减少“救火”任务和机械劳动，降低工作难度，同时提高人们的工作效率，增加工作的乐趣。我们不仅改善了结果，也使组织更能响应变化，实现在市场竞争中获胜的使命。

第 9 章

为部署流水线奠定基础

为了创建从开发到运维的快速、可靠的流程，我们需要在价值流的每个阶段都使用类生产环境。此外，这些环境必须以自动化的方式进行创建，最好是使用版本控制系统中的脚本和配置信息按需、自助创建，不需要运维人员手工干预。我们的目标是确保我们能够根据版本控制系统中的内容重新创建整个生产环境。

运行在类生产环境中的应用程序，其实际表现如何，往往需将其部署到生产环境才能一探究竟。但若在此时才发现问题，通常为时已晚，很难避免对客户造成不良影响。下文是一个应用程序与生产环境不匹配导致各种问题的案例。该案例的主角是澳大利亚的一家大型电信公司，该公司在 2009 年耗资 2 亿美元实施了企业数据仓库项目，Em Campbell-Pretty 作为该项目的总经理和业务负责人，肩负着依托企业数据仓库实现战略目标的重任。

Em Campbell-Pretty 在 2014 年 DevOps 企业峰会的演讲中提道：

> 当时有 10 个工作流在并行推进。这 10 个工作流全都采用瀑布式开发流程，并且进度都严重滞后。只有一个工作流按时进入了用户验收测试（user acceptance test，UAT）阶段，然后又用了 6 个月才完成，其结果也远远不及业务预期。该部门在这个项目上的糟糕表现，成了他们进行敏捷转型的主要催化剂。

然而，将近 1 年时间的敏捷转型却收效甚微，仍未达到预期的业务结果。

后来，Em Campbell-Pretty 组织了一次项目复盘并反思道：“回顾上个版本，我们可以做些什么来让我们的生产力翻倍呢？”

整个项目过程中，曾有人抱怨“缺乏业务参与”。然而，在项目复盘会议上，“提升环境的可用性”却是关注度最高的问题。事后分析表明，开发团队需要准备好环境之后才能开展工作，而这通常需要等待长达 8 周的时间。

他们成立了一个集成构建团队，负责“在过程中保证质量，而不是事后再检查质量”。该团队最初由数据库管理员和自动化专家组成，他们负责将环境搭建过程自动化。很快，该团队发现：在开发和测试环境中，只有 50% 的代码与生产环境中运行的代码保持一致。这一发现让当时的项目团队颇为震惊。

Em Campbell-Pretty 提道："我们忽然意识到为什么每次在新环境里部署代码都会遇到那么多问题。这是因为，虽然我们在各个环境中不停地修复各种问题，但这些变更并没有记录到版本控制系统中。"

后来，该团队仔细地对不同环境中所做的变更进行了逆向工程，并将这些变更全部提交到版本控制系统。此外，他们还对环境创建过程进行了自动化，以便能够反复、正确地搭建环境。

Em Campbell-Pretty 向大家介绍项目成果时指出："获取正确可用环境的等待时间从 8 周缩短到了 1 天。这一关键变化，使我们的交付周期、交付成本、缺陷数量等指标都达到了预期。"

这个案例表现出很多问题，但归根结底，都是环境不一致和未按规范将变更同步到版本控制系统引起的。

本章接下来将讨论如何按需搭建环境，如何让价值流中的每个成员都使用版本控制系统，如何使重建基础设施比修复更容易，以及如何确保开发人员在软件开发生命周期的每个阶段都可以在类生产环境中运行代码。

9.1 按需搭建开发、测试和生产环境

从本章开头的企业数据仓库案例可以看出，软件发布时之所以"漏洞百出"，其中一个主要原因是测试和验证的滞后性，即我们只有在软件发布过程中，才能首次看到应用程序在具有实际负载和生产数据集的类生产环境中表现如何。①

在很多情况下，开发团队可能在项目前期就已经申请过测试环境了。然而，由于运维团队交付测试环境的周期较长，开发团队无法及时获得环境来进行测试。更糟糕的是，测试环境经常配置错误或与生产环境差异很大，以至于即使在部署前进行了测试，在生产环境中仍然会遇到很多问题。

在这个环节，我们希望开发人员可以按需自助创建工作站，并在工作站上运行类生产环境。这样一来，开发人员在类生产环境中运行和测试代码就成了日常工作的一部分，他们能够及时、持续地获得质量反馈。

相比仅仅用文档或维基页面去记录生产环境的规范，我们可以建立一种通用的机制，来搭建所有的环境，如开发环境、测试环境和生产环境。通过这个机制，任何人都可在几分钟内搭建好类生产环境，无须提交工单，更无须等待好几周。②

---

① 这里的环境是指应用栈中除应用本身之外的所有内容，包括数据库、操作系统、网络、虚拟化，以及相关的所有配置信息。

② 开发人员通常都希望测试自己的代码，因此他们经常会尽可能地获取测试环境。有些开发人员会重复使用旧的测试环境（有时是几年前的），或者请有经验的人帮忙找一个测试环境。但他们通常不会询问测试环境的来源，因为很可能是其他人用在其他什么地方的一台服务器被挪用了。

为此，我们需要清晰地定义环境，并将其构建过程自动化。这些环境必须稳定、安全且处于低风险状态，这也是组织集体智慧的体现。为获得所需环境，我们把环境搭建过程自动化，而不是编写文档或仅靠记忆。

相比让运维人员手工构建和配置环境，我们可以利用自动化来完成以下操作。

- 复制虚拟化环境，例如使用 VMware 虚拟机镜像，执行 Vagrant 脚本，以及在 EC2 中启动 Amazon Machine Image（AMI）文件；
- 构建基于“裸机”的自动化环境搭建流程，例如使用 PXE 方式通过引导镜像进行环境安装；
- 使用“基础设施即代码”的配置管理工具，例如 Puppet、Chef、Ansible、Salt、CFEngine 等；
- 使用操作系统自动化配置工具，例如 Solaris JumpStart、Red Hat Kickstart、Debian preseed 等；
- 使用一组虚拟镜像或容器，例如 Docker 和 Kubernetes，来搭建环境；
- 在公有云（例如 AWS、Google App Engine 和 Microsoft Azure）、私有云（例如使用基于 Kubernetes 的技术栈）或其他 PaaS 平台（例如 OpenStack 和 Cloud Foundry）上搭建新环境。

由于提前对环境的各个方面进行了仔细的定义，我们不仅能够快速创建新环境，还能确保环境的稳定性、可靠性、一致性和安全性，这对每个人都大有裨益。

快速创建新环境的能力使得运维人员受益匪浅，因为环境搭建的自动化不仅保证了一致性，同时减少了烦琐、容易出错的手工操作。此外，开发人员也可以在其工作站上复制生产环境的必要部分来构建、运行和测试代码。通过这种方式，开发人员可以在项目早期发现和解决许多问题，而不必等到集成测试阶段或在生产环境中才开始解决问题。

通过为开发人员提供完全可控的环境，开发人员能够在与生产服务和其他共享资源安全隔离的情况下，快速地重现、定位和修复缺陷。同时，开发人员可以尝试对环境以及创建环境的基础架构代码（例如配置管理脚本）进行更改，进一步在开发团队和运维团队之间进行信息共享。①

9.2 使用统一的代码仓库

在前文中，我们实现了开发、测试和生产环境的按需创建。接下来，我们的任务是确保软件系统的各个部分都能统一进行配置和管理，并使用版本控制进行维护。

多年来，使用版本控制系统已成为个人开发者和开发团队必备的操作。② 它可以用于管理代码和项目文档等文件的更改，例如源代码和资源文件等。通过提交或修订的方式，我们可以记录每次更

---

① 我们最好在集成测试之前发现问题，以便及时反馈给开发人员。如果无法做到这一点，很可能说明架构存在问题。将可测试性作为系统设计的目标，使开发人员使用非集成式虚拟环境在个人工作站上尽可能多地发现缺陷，是架构能够支持快速工作流和快速反馈的关键。

② CDC 6600 上的 UPDATE（1969 年）很可能是第一个版本控制系统。后来陆续出现了 SCCS（1972 年）、VMS 上的 CMS（1978 年）、RCS（1982 年）等系统。

改，并存储它们的元数据，例如更改人和更改时间。这使得我们可以比较、合并和恢复以前的修订版本，并支持将生产环境中的对象回退到之前的某个版本，从而降低操作风险。

当开发人员将应用程序的所有源文件和配置文件都纳入版本控制系统后，就形成了一个精确体现系统预期状态的代码仓库。此外，因为向客户交付价值时需同时交付代码及其运行环境，所以还需把与环境相关的配置代码也纳入版本控制系统。换句话说，版本控制系统面向价值流中的所有人，包括 QA 人员、运维人员、信息安全人员及开发人员。通过将所有相关信息纳入版本控制系统，我们能够可重复、可靠地重新生成软件系统的所有组件，包括应用程序、生产环境以及所有的非生产环境。

为确保即使发生灾难性事故，我们也能够可重复且符合预期（理想情况下还要快速）地恢复生产环境，须将以下资源也纳入版本控制系统。

- 所有应用程序代码和依赖项，例如库、静态内容等；
- 用于创建数据库模式的脚本、应用的参考数据等；
- 上一节提到的所有用于环境搭建的工具和工件，例如 VMware 或 AMI、Puppet、Chef、Ansible 脚本；
- 构建容器所使用的文件，例如 Docker、Rocket 和 Kubernetes 的定义或配置文件；
- 所有配套的自动化测试和手工测试脚本；
- 所有支持代码打包、部署、数据库迁移和环境配置的脚本；
- 所有项目交付件，例如需求文档、部署规程、版本说明等；
- 所有云平台配置文件，例如 AWS CloudFormation 模板、Microsoft Azure Stack DSC 文件和 OpenStack HEAT 文件；
- 任何其他脚本或配置信息，用于创建支持多个服务的基础设施，例如企业服务总线、数据库管理系统、DNS 区域文件、防火墙配置规则和其他网络设备。①

我们可能会针对不同类型的对象和服务使用多个仓库，并为它们打上标记或标签，与我们的源代码一起管理。例如，我们可能会使用制品仓库（如 Nexus、Artifactory）来存储大型虚拟机镜像、ISO 文件及编译好的二进制文件等。另外，我们也可以将它们存储在块存储（如 Amazon S3 存储桶）中，或将 Docker 镜像存放在 Docker 镜像仓库。在构建时，我们会为这些对象创建并存储加密哈希，并在部署时验证哈希值，以确保对象的完整性未被破坏。

仅仅重现生产环境在过去某个时间点的状态是不够的，我们还需要能够重现整个非生产环境和构建过程。为此，我们需要将构建过程所依赖的所有内容，包括工具（例如编译器和测试工具）以及它们所依赖的环境，都纳入版本控制系统。②

① 可以看出，版本控制系统在一定程度上满足了 ITIL 所定义的最终媒体库（definitive media library，DML）和配置管理数据库（configuration management database，CMDB）的需求，它记录了重复创建生产环境所需的一切。

② 在下面的环节中，我们还将把所有基础设施都纳入版本控制系统，例如自动化测试套件，以及用于持续集成和持续部署的流水线基础设施。

研究表明了版本控制的重要性。Nicole Forsgren 博士等人在 2014 至 2019 年的《DevOps 现状报告》中指出，将所有生产工件都纳入版本控制，是预测软件交付绩效和组织绩效的更高指标。

这些发现表明，版本控制在软件开发过程中扮演着至关重要的角色。当所有应用程序和环境的变更都记录在版本控制系统中，我们不仅可以快速查看可能导致问题的所有变更，还可以轻松回滚到先前已知的运行状态，从而更快地从故障中恢复。

但是，相比于对代码进行版本控制，为什么对环境进行版本控制能更好地预测软件交付，更有助于提升组织绩效呢？

这是因为在几乎所有情况下，环境中的可配置设置都比代码中的多出好几个数量级。因此，环境最需要进行版本控制。①

此外，版本控制还为开发人员、QA 人员、信息安全人员和运维人员提供了一个沟通和协作的平台。他们可以看到彼此的更改，提高了协同工作的可见性和信任度（见附录 7）。当然，为了实现这一点，所有团队必须使用同一个版本控制系统。

9.3 简化基础设施的重建

当我们掌握了按需快速重建应用程序和环境的技能，一旦遇到问题，我们可以快速进行重建，而无须花费时间进行修复。尽管采用这种做法的几乎都是大型互联网公司（即使用超过 1000 台服务器的公司），但即使在生产环境中只有 1 台服务器，我们也应该采用这种做法。

Bill Baker 是微软的一名资深工程师。他曾有一番妙语，称过去我们像对待宠物一样对待服务器，“我们给它们起名字，并在它们生病时悉心照料。而现在，我们对待服务器更像对待牲畜，给它们编号，在它们生病时就把它们干掉”。

通过可重复创建环境的工具，我们可以增加更多服务器来实现水平扩容，同时避免当不可再现的基础设施发生灾难性故障后必须恢复服务的痛苦，这类灾难性故障通常是由多年来无记录的手工变更引发的。

为确保环境的一致性，无论是配置变更还是打补丁、升级等任何生产环境的变更，都需要在我们的生产环境、非生产环境及任何新创建的环境中进行复制。

我们需要采取一种变更方式，以确保所有的变更都可以自动复制到所有环境中，并且所有的变更都被记录在版本控制中，而不用手工登录服务器进行变更。

对于配置，根据其不同的生命周期，我们可以依靠自动化配置系统（如 Puppet、Chef、Ansible、

---

① 曾为 ERP 系统（如 SAP、Oracle Financials 等）执行过代码迁移的人，可能都经历过这种情况：代码迁移很少因编程错误失败，而开发环境和测试环境（或测试环境和生产环境）之间的某些差异，更容易导致迁移失败。

Salt、Bosh 等）来保证其一致性，也可使用服务网格或配置管理服务（如 Istio、AWS Systems Manager Parameter Store 等）传播这类运行配置，或者通过自动化构建机制创建新的虚拟机或容器并将其部署到生产环境，然后销毁或移除旧的实例。[①]

其中第三种模式被称为**不可变基础设施**（immutable infrastructure），即生产环境不再允许任何手工变更。唯一能够进行生产环境变更的方式，就是先将变更记录在版本控制系统中，然后从头开始构建代码和环境。这样可以避免生产环境出现差异。

为有效控制生产环境中的配置变化，我们可以通过禁用生产服务器的远程登录[②]或定期替换生产实例，来及时清除手工触发的变更。这样能鼓励团队成员养成良好的版本控制习惯，确保生产环境中的任何变更都得以记录和管理。这些措施可以系统性地减少基础设施偏离我们可掌控的良好状态的情况，例如出现配置漂移、不稳定的工件、做摆设的组件、雪花服务器等。

另外，我们须保持非生产环境的最新状态，让开发人员在最新的环境中进行开发。虽然开发人员会因为担心环境更新破坏现有功能而想继续在旧环境中开发，但是频繁更新环境有助于在生命周期的早期发现问题。[③] 根据 2020 年 GitHub Octoverse 报告的研究，保持软件最新是保护代码库的最佳方式。

案例研究

酒店公司如何通过容器技术实现年收入 300 亿美元（2020 年）

Dwayne Holmes 曾就职于一家大型酒店公司并担任 DevSecOps 和企业平台的高级总监。他和团队将该公司所有产生收入的系统进行容器化，这些系统共支持每年超过 300 亿美元的收入。

Dwayne 最初来自金融行业，并致力于寻找更多的自动化方式来提高生产力。在参加一次有关 Ruby on Rails 的本地聚会时，Dwayne 偶然了解到了容器技术，当时他就断定：容器就是他要寻找的提高业务价值和生产力的解决方案。

容器具备三大特点：基础架构抽象化（类似于“拨号原则”——使用者无须知道其工作原理，就像拨打电话一样方便），专业化（运维人员可以创建容器，供开发人员反复使用），以及自动化（容器可以反复构建，一切都能正常工作）。

随着对容器的了解愈发深入，Dwayne 对容器技术也愈发爱不释手。最终他决定离开舒适的职位，加入这家准备全力推广容器技术的大型酒店公司。

---

① 在 Netflix，AWS 虚拟机实例的平均寿命是 24 天，其中 60% 还不到 1 周。

② 或者仅在紧急情况下允许远程登录，同时确保控制台的日志能通过电子邮件自动发送给运维团队。

③ 整个应用栈和环境都可以固化到容器中，这也可以简化整个部署流水线。

他的团队由三名开发人员和三名基础设施专家组成，他们将研究决定采用革命还是进化的方式来彻底改变企业的工作方式。

在 2020 年的 DevOps 企业峰会上，Dwayne 分享道，尽管容器化转型不易，但最终项目还是获得了成功。

对于 Dwayne 和酒店公司来说，容器化转型是必然方向。容器技术具有云端可移植性、可扩展性及内置健康检查等特点。他们可以测试延迟与 CPU 之间的关系，证书也不再内置于应用程序中或由开发人员管理。此外，他们现在能够专注于断路器设计，他们实现了 APM 内置，以及操作零信任理念。而由于容器瘦身方法和边车（Sidecar）的使用，容器的镜像也非常小。

在酒店公司任职期间，Dwayne 和他的团队为多个服务提供商的 3000 多名开发人员提供支持。2016 年，微服务和容器已经开始在生产环境中运行。2017 年，容器处理了 10 亿美元的交易额，90% 的新应用程序都在容器中运行，同时，他们在生产环境中运行了 Kubernetes。到 2018 年，他们成为营收排名前五的生产环境 Kubernetes 集群之一。截至 2020 年，他们每天进行数千次构建和部署，并在五个云服务提供商的云服务中运行 Kubernetes。

容器已经迅速成为一种使用基础设施的新方法，让重建和复用比修复更加容易。这种方法能够加速业务价值的交付，提高开发人员的生产力。

9.4　代码运行在类生产环境中才算“开发完成”

现在，我们可以根据需要随时创建环境，并将所有内容都纳入版本控制。接下来，我们的目标是确保这些环境在日常开发工作中得到充分利用。在项目结束或首次生产环境部署之前，我们需要验证应用程序在类生产环境中是否能够按预期运行。

现代软件开发通常采用“小步快跑”的迭代方式，而非瀑布模型下的“一步到位”。通常情况下，部署周期越长，部署结果越不理想。例如，在 Scrum 方法论中，Sprint 是一个有时间限制的开发周期，最长不超过一个月，通常更短。在这个周期内，我们需完成开发工作并产出“可工作和可交付的代码”。

我们的目标是确保在整个项目期间，开发和 QA 团队能够频繁地将代码与类生产环境进行集成[①]，以便及时地发现和解决问题。为此，我们重新定义了“开发完成”这一概念，它不仅意味着正确的

① “集成”一词在开发和运维场景中有着不同的含义。在开发场景中，集成通常指代码集成，即将多个代码分支合并到版本控制的主干；而在持续交付和 DevOps 场景中，集成测试则指在类生产环境或集成测试环境中对应用程序进行测试。

代码功能，还意味着在每个开发周期结束时（或更频繁），产生已集成的、通过测试的、可工作的、潜在可交付的代码，并在类生产环境中完成演示。

换句话说，只有当代码能够在类生产环境中成功构建、部署并按预期运行时，我们才会认为开发工作已经完成。最好在远早于一个 Sprint 结束前，就使用具有类生产负载和类生产数据集的环境进行测试，以确保功能的稳定性。这样可以避免"应用程序在开发人员的笔记本电脑上可以正常运行，在生产环境中却会出现问题"的情况。

让开发人员在类生产环境中编写、测试和运行代码，可以使代码与环境集成的大部分工作在日常工作中完成，而不需要等到发布时才做。在第一个开发周期结束时，代码和环境应该已进行多次集成，应用程序也应被证明能在类生产环境中正确运行，最好的情况是所有步骤都已自动化，无须手工调整。

于是，到项目结束时，我们已在类生产环境中成功部署和运行几百甚至上千次代码了，因此有理由相信大部分生产环境部署的问题都已经发现和解决。

理想情况下，我们应在非生产环境中使用与生产环境相同的工具，如监控、日志和部署工具，以帮助我们熟悉和积累经验，从而在实际部署和运行代码时更加顺畅地进行问题诊断和修复。

让开发团队和运维团队共同掌握代码和环境的相互作用方式，并尽早频繁地实施代码部署，可以显著降低生产环境的部署风险。这样也可以避免在项目末期才发现操作和安全缺陷及架构问题，从而更好地控制项目风险。

9.5 小结

创建从开发到运维的快速流程，要求流程中的每个人都能按需获取类生产环境。让开发人员在项目早期就能够使用类生产环境，可以大大降低生产环境出现问题的风险。这一实践也证明了高效的运维能够提高开发效率。我们要求开发人员必须在类生产环境中运行其代码，并把该要求作为"开发完成"的必要条件。

另外，我们通过将所有生产工件纳入版本控制，建立了一个"单一可信源"。这样我们就可以使用相同的开发实践，快速、可重复、有记录地重建整个生产环境，从而使得运维工作更加高效。我们将重心放在基础设施的重建而非修复上，这样不仅可以更加轻松、快速地解决问题，而且有利于提升团队产能。这些实践为全面的测试自动化奠定了基础，我们将在下一章对这一点进行深入讨论。

第 10 章

实现快速可靠的自动化测试

如前文所述，我们已经创建了从开发到运维的快速流程。如今，开发和测试人员在日常工作中，都会使用类生产环境来集成和运行已经验收通过的功能，并将所有变更都提交到版本控制系统。然而，如果等所有的开发工作完成之后，才由 QA 人员通过专门的测试来发现和修复问题，那么结果往往不尽如人意。此外，如果测试的频率较低（比如一年只测几次），那么开发人员在前期引入的代码错误，可能要好几个月之后才能发现。到那时，由于时间久远，追根溯源会比较困难，开发人员需要花费更多的时间和精力来解决“历史遗留问题”，这也会大大削弱我们从错误中学习并防患于未然的能力。

持续学习

更高的可观测性是否可以减少测试需求

随着分布式系统的广泛应用，许多组织都在生产系统中增加了对可观测性的投入。这让一些人以为，更高的可观测性可以减少软件部署之前的测试需求。实际上，这是一个误解：即便有先进设备和工具的保驾护航，生产环境一旦出现故障，处理起来依然成本高昂且难以调试。因此，由于分布式系统的复杂性，在部署之前对各个服务模块进行正确性测试反而变得更加重要。

自动化测试解决了另一个重要且棘手的问题。Gary Gruver 指出：“如果没有自动化测试，我们编写的代码越多，测试代码所花费的时间和金钱就越多。在大多数情况下，这对任何技术组织而言，都不是一种可持续发展的商业模式。”

虽然谷歌现在很重视大规模自动化测试，过去却并非如此。2005 年，Mike Bland 加入谷歌。当时 Google 主页上的部署困难重重，GWS（Google Web Server）团队更是步履维艰。

正如 Mike Bland 所说：

> GWS 团队在 21 世纪初便陷入了困境：Web 服务器运行着处理 Google 主页和其他许多网页请求的 C++ 应用程序，这使得对其进行更改成为一件极其困难的事情。尽管当时 Google 主页的重要性和影响力都不容小觑，但是在 GWS 团队工作并非一件美差。GWS 团队经常成为各个团队开发各种搜索功能的中台，而这些团队又经常独立进行代码开发。这给 GWS 团队带来诸多难题：构建和测试的时间太长，代码不经测试便提交到生产环境，以及代码提交量大、更新频率低，导致与其他团队提交的变更发生冲突，等等。

上述问题导致的后果也非常严重：搜索结果可能会出错，响应速度有时慢到令人发指。这不仅会造成收入损失，还会破坏客户的信任。

此外，Mike Bland 也提到了这些情况对开发人员的影响："恐惧成了心灵杀手。团队新人由于不了解整个系统，在修改代码时战战兢兢；而团队老手由于太了解这个系统，在修改代码时亦如履薄冰。"① 当时有很多人都想解决这个问题，Mike Bland 就是其中之一。

GWS 团队负责人 Bharat Mediratta 认为，上述问题可以通过自动化测试来解决。正如 Mike Bland 所说：

> 他们制定了一个原则：任何变更提交给 GWS 团队之前，必须先通过自动化测试。他们搭建了持续构建系统，并严格确保每一次构建都顺利通过。他们对测试覆盖率进行监控，并逐步提升测试覆盖级别。他们编写了测试规范指南，并督促团队内外相关人员照章执行。

这些措施所取得的成果令人欣慰。Mike Bland 提道：

> GWS 团队很快成为公司效能最高的团队，他们每周都会整合来自不同团队的大量变更，同时保持着轻快的发布节奏。得益于良好的测试覆盖率和代码健康度，团队新成员能够快速为这个复杂系统做出有益的贡献。最终，他们这一系列改革措施使得 Google 的首页功能迅速扩展，在一个节奏飞快和竞争激烈的技术环境中蓬勃发展。

然而，在谷歌这样规模庞大且发展迅速的公司，GWS 只是一个小型团队，他们希望将这些实践推广到整个公司。因此，测试小组（testing grouplet）应运而生。这是一个由工程师组成的非正式团队，致力于提升整个公司的自动化测试实践水平。在随后的五年中，他们逐步把这种自动化测试文化推广到了谷歌所有部门。②

---

① Bland 表示，在谷歌，拥有如此众多有才华的开发人员的后果之一是，产生了"冒充者综合征"（也称"骗子综合征"），这是心理学家非正式地描述那些无法内化自己成就的人的一个术语。维基百科指出："尽管外部证据足以说明他们是胜任的，但是表现出这种综合征的人仍然坚信自己是个骗子，不配拥有成功，即便成功，也都是因为运气、天时，或建立在欺骗他人的基础之上，而不是因为真正的能力。"

② 他们制订培训计划，在卫生间张贴《厕试周刊》（*Testing on the Toilet*），建立测试认证的路线图和认证计划，并组织了多次"修复日"（即改进闪电战）活动。这些举措帮助他们改善了其自动化测试流程，并取得了像 GWS 团队一样的丰硕成果。

正如 Rachel Potvin 和 Josh Levenberg 所说，谷歌的系统已经可以做到每天自动测试来自数千名开发人员的数千次提交。

> 谷歌有一套自动化测试基础设施，几乎每次有变更提交到代码仓库时，都会重新构建所有相关的依赖项。如果变更导致大范围构建中断，系统就会自动进行回滚。为了尽可能减小不良代码带来的麻烦，谷歌还建设了高度可定制的“预提交”基础设施，用于将变更添加到代码仓库之前对其进行自动化测试和分析。该基础设施针对所有变更都会进行一系列的全局预提交分析，代码所有者也可以自定义设置分析策略，让其在指定的代码仓库目录上运行。

谷歌开发者基础设施组的工程师 Eran Messeri 指出：“大规模故障偶有发生，我们会收到大量即时消息，工程师也会找上门来求助。当部署流水线出现问题时，我们需要立即修复，否则会阻碍开发人员提交代码。因此，我们希望可以轻松地对代码进行回滚。”

谷歌的系统之所以能够成功运行，得益于其工程专业化和高度信任的文化。这种文化相信每个人都想把工作做好，并且具备快速发现和纠正问题的能力。Eran Messeri 解释道：

> 谷歌没有强制的规定和惩罚措施，比如“如果你把十几个项目的生产环境都弄坏了，你必须在 10 分钟内把环境修复”。相反，团队之间都相互尊重，并且每个人都很默契地尽力保障部署流水线的正常运行。因为大家都知道，今天可能我不小心弄坏了你的项目，明天你也可能会弄坏我的项目。

上述团队在谷歌的优秀实践，使谷歌成为全球研发效能领先的技术组织之一。到 2016 年，得益于谷歌的自动化测试和持续集成实践，已有 4000 多个小型团队可以同时开发、集成、测试和部署他们的代码到生产环境，在协同工作的同时保持着高效能。谷歌的大部分代码都放在一个包含数十亿文件的共享代码仓库中，不断进行构建和集成。仅在 2014 年，谷歌的代码仓库每周就约有 1500 万行代码变更，涉及约 25 万个文件。关于他们的代码基础设施，还有一些令人印象深刻的统计数据（截至 2016 年），包括：

- 每天 4 万次代码提交（其中工程师提交约 1.6 万次，自动化系统提交约 2.4 万次）；
- 每天 5 万次构建（在工作日可能超过 9 万次）；
- 12 万个自动化测试套件；
- 每天运行 7500 万个测试用例；
- 谷歌版本控制系统中 99% 以上的文件对所有全职谷歌工程师可见；
- 代码仓库包含约 10 亿个文件，以及大约 3500 万个历史提交记录；
- 代码仓库包含约 20 亿行代码，分布在 900 万个独立的源代码文件中，数据量约 86TB。

虽然并非每个组织都应该追求与谷歌相同级别的测试自动化水平，但每个组织都有可能从测试自动化实践中获益。本章接下来将介绍与测试自动化相关的持续集成[①]实践。

10.1 持续构建、测试和集成代码与环境

我们的目标是在产品初期就保证质量，让开发人员将自动化测试作为日常工作的一部分。这样可以创建一个快速的反馈循环，帮助开发人员在最少的约束条件（如时间、资源等）下及早发现问题并快速修复。

在这个环节，我们会创建自动化测试套件，通过构建部署流水线，将代码和环境的集成及测试从周期性活动变成持续性活动。每当有新的变更提交到版本控制系统，该流水线将自动对代码和环境进行构建和测试，如图 10-1 所示。

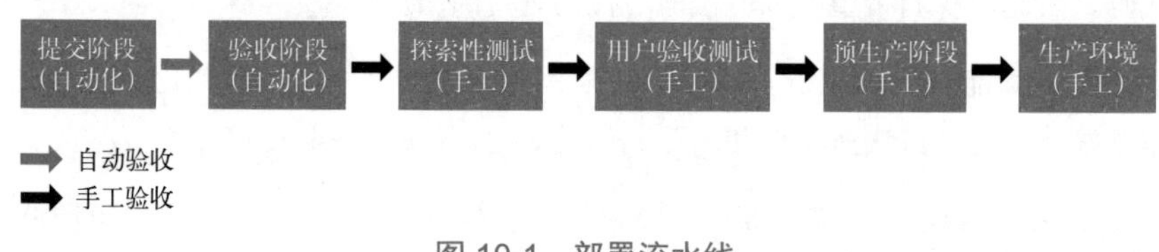

图 10-1 部署流水线

（来源：《持续交付》）

“部署流水线”的概念最早由 Jez Humble 和 David Farley 在他们合著的《持续交付》一书中提出，其作用是确保所有提交到版本控制系统的代码都能在类生产环境进行自动构建和测试。这样一来，我们就可以在引入变更时立即发现构建、测试或集成错误，并立即进行修复。如果运用得当，持续集成可使我们的代码始终处于可部署和可交付状态。为了实现上述目标，我们须在专用环境中创建自动化构建和测试流程。这一做法至关重要，原因如下。

- 构建和测试流程可以持续运行，不依赖工程师的个人习惯；
- 构建和测试流程分离，能够帮助我们掌握代码构建、打包、运行和测试所需的所有依赖项（避免“应用程序在开发人员的笔记本电脑上可以正常运行，在生产环境中却会出现问题”的情况）；可以将应用程序打包，以便将代码和配置重复安装到不同的环境（例如在 Linux 上使用 RPM、yum、npm，在 Windows 上使用 OneGet，或使用特定框架的打包格式，如 Java 的 EAR 和 WAR 格式、Ruby 的 gems 格式等）；
- 可以将应用程序打包成可部署的容器（例如 Docker、rkt、LXD、AMI），而不是安装包；
- 可以通过一致且可复用的方式（例如从环境中删除编译器、关闭调试标志等）来构建更接近真实环境的类生产环境。

---

① 开发过程中的持续集成（CI）通常是指将多个代码分支持续集成到主干，并确保它们都能通过单元测试。然而，在持续交付和 DevOps 中，持续集成还要求在类生产环境中运行，并且通过集成测试和验收测试。Jez Humble 和 David Farley 为了避免歧义，将后者称为 CI+。本书提到的持续集成都是指 CI+ 实践。

每次代码变更之后，部署流水线都会验证代码是否成功集成到类生产环境。测试人员在验收测试和可用性测试期间，也可以运行部署流水线并查看运行结果。并且，部署流水线也支持自动化性能测试和安全验证。

此外，部署流水线还将用于创建自助式构建，以供用户验收测试、集成测试和安全性测试使用。随着部署流水线不断改进，它还将用于从版本控制到代码部署的全流程管理。

目前存在各种各样的部署流水线工具，其中很多已经开源（例如 Jenkins、GoCD、Concourse、Bamboo、Microsoft Team Foundation Server、TeamCity、Gitlab CI，以及一些基于云的解决方案，例如 CircleCI 和 Travis CI）。[①] 部署流水线的起始是提交阶段。这个阶段会进行代码构建和软件打包，运行自动化单元测试，并进行静态代码分析、代码重复性检查、测试覆盖率分析及代码风格检查等其他验证活动。[②] 如果一切顺利，就会进入验收阶段。该阶段会自动将提交阶段构建的软件包部署到类生产环境，并运行自动化验收测试。[③]

代码变更纳入版本控制系统之后，我们希望代码只打包一次，以便在整个部署流水线中使用相同的软件包来部署代码。这样可以保证集成测试环境、类生产环境及生产环境中代码的一致性，从而减少由于不同阶段使用不同的工具或配置而导致的错误。(例如，如果在不同阶段使用了不同的编译器、编译器标志、库版本或配置，可能会导致难以定位的下游错误。)

部署流水线的作用是为价值流中的每个成员，尤其是开发人员，尽可能地提供快速反馈，帮助他们及时识别可能会影响部署的变更，包括与代码、环境、自动化测试甚至部署流水线基础设施（例如 Jenkins 的设置）相关的任何变更。

因此，对于软件开发过程而言，部署流水线基础设施和版本控制系统同等重要。部署流水线还存储了每份代码的构建历史，包括某次构建执行过哪些测试，部署到了哪个环境，以及测试结果如何。结合版本控制系统中的历史信息，可以快速找到导致部署流水线故障的原因和可能的修复方法。这些信息还有助于满足审计与合规要求，因为“证据”会自动在日常工作中生成。

现在我们已经有了一套可用的部署流水线基础设施，此外，还须进行持续集成实践，这需要以下三个方面的配合。

- 一套全面可靠的自动化测试，用于验证软件是否处于可部署状态；

---

① 如果在部署流水线中使用容器技术，而且采用微服务架构，就能构建不可变的部署包。开发人员在其个人工作站上使用和生产环境相同的容器环境，组装和运行服务的所有组件，构建和运行更多的测试，而不只是在测试服务器上做这些工作，这样做可以提供更快的工作反馈。

② 我们甚至可以在将代码变更提交到版本控制系统之前，就运行这些工具（例如使用预提交 hook）。我们还可以在开发人员的集成开发环境（IDE）中运行这些工具，从而创建更快的反馈循环。

③ 我们还可以使用容器，如 Docker，作为打包机制。容器可以实现“一次编写，随处运行”。这些容器镜像的创建是构建流程的一部分，它们可以在任何环境中快速地部署和运行。因为所有环境运行同一个容器镜像，所以容器能够帮助我们构建一致的部署包。

- 一种当验证测试失败时，可以“停掉整条生产线”的文化；
- 开发人员在主干上开发，并小批量提交变更，而不是在长期存在的特性分支上开发。

下一节将详细介绍为何需要快速可靠的自动化测试以及如何进行构建。

10.2 构建快速可靠的自动化测试套件

前文中我们搭建了自动化测试基础设施来验证我们是否拥有**绿色构建**（green build，即版本控制系统中的内容都处于可构建和可部署状态）。那么为何如此强调持续集成和持续测试的必要性呢？回答这个问题之前，可以先想象一下：如果仅定期执行这些操作（例如只执行夜间构建），将会发生什么？

假设我们有一个由 10 名开发人员组成的团队，他们每天都会将代码提交到版本控制系统，其间某名开发人员的代码变更导致夜间构建和测试失败。当第二天发现构建不再处于“绿色”状态时，开发团队可能需要几分钟甚至几小时来找出是哪个变更导致了问题，是谁引入了这个变更，以及如何修复这个问题。

更糟糕的是，如果上述问题并不是由代码变更引起的，而是测试环境的问题（例如某个配置不正确），那么单元测试还是会通过，这可能导致开发团队误以为问题已经修复，但在夜间构建时，集成测试仍然失败。

如果当天又有 10 多个变更提交到版本控制系统，每个变更都有可能会引入一些错误，导致自动化测试失败，这进一步增加了问题定位和修复难度。

总之，反馈不及时或周期太长会对开发团队造成严重影响，尤其是规模较大的团队。当每天有数十、数百甚至数千名开发人员将代码变更提交到版本控制系统时，问题变得更加严重。结果就是我们的构建和自动化测试经常出现问题，甚至有些开发人员不再将代码变更提交到版本控制系统（“反正构建和测试总是出现问题，又何必自找麻烦呢？”）。相反，他们会等到项目结束时再集成代码，进而导致一些不良后果，包括大批量和大规模的代码集成、生产环境部署遇到问题等。①

为了避免这种情况，每当有新的变更提交到版本控制系统，就需要在构建和测试环境中运行快速的自动化测试。通过这种方式，我们可以像谷歌的 GWS 团队那样，立刻发现和解决所有集成问题。这样，我们每次需要集成的改动量就很小，并且能保证代码始终处于可部署状态。

通常，自动化测试从快到慢分为如下几类。

- **单元测试**：通常用于独立测试单个方法、类或函数。单元测试的目的是确保代码按照设计正常运行。由于诸多原因，例如需要保持测试的速度和无状态性，单元测试通常会对数据库和

① 正是这个问题推动了持续集成实践的发展。

其他外部依赖进行打桩（stub out）处理（例如，通过修改函数来返回静态预定义值，而不是调用真实的数据库）。[①]

- **验收测试**：通常用于测试整个应用程序。验收测试的目的是确保各个功能模块按照设计正常运行（例如，符合用户故事的业务验收标准，API 能正确调用），同时检查是否引入了回归错误（即有没有破坏以前正常的功能）。Jez Humble 和 David Farley 认为单元测试和验收测试的区别在于，“单元测试的目的是证明应用程序的某一部分符合程序员的预期……验收测试的目的则是证明应用程序能满足客户的预期，而不仅仅是符合程序员的预期”。构建的版本通过单元测试后，部署流水线就会对其进行验收测试。通过验收测试的构建版本通常都可用于手工测试（例如，探索性测试、用户界面测试等）和集成测试。
- **集成测试**：集成测试的目的是保证应用程序能够与实际生产环境中的其他应用和服务进行交互，而不是调用模拟的接口。正如 Humble 和 Farley 所说：“系统集成测试（system integration test，SIT）的大部分工作是部署应用程序的一个又一个新版本，直到它们能够正常协作。在这种情况下，冒烟测试（smoke test）通常是指针对整个应用程序进行的一组精选的验收测试。”只有通过单元测试和验收测试的构建版本才能执行集成测试。由于集成测试通常比较脆弱（容易出错），我们应尽量减少集成测试用例的个数，并尽可能在单元测试和验收测试阶段发现问题。因此，能够使用虚拟或模拟的远程服务进行验收测试，成为一项重要的架构要求。

尽管我们前面已经对“开发完成”这一概念重新进行了定义，但是面对项目交期压力时，开发人员仍然可能会暂停在日常工作中编写单元测试。为此，我们需要对测试覆盖率（关于类的数量、代码行数、排列组合等指标的函数）进行度量和可视化，测试覆盖率低于一定水平时（例如，类的单元测试覆盖率不足 80%），甚至可能无法通过我们的验证测试套件。[②]

Martin Fowler 指出：

> 通常，一个 10 分钟的构建（和测试过程）是完全合理的……我们首先进行编译，然后模拟一套数据库，在本地运行单元测试。本地单元测试运行得很快，原则上可以在 10 分钟内完成。然而，涉及更大范围的交互的 bug，尤其是涉及真实数据库的问题，则很难通过单元测试发现。第二阶段要运行的验收测试则不同，验收测试会访问真实的数据库，并涉及很多端到端的交互行为，可能需要运行几小时才能完成。

10.3 在自动化测试阶段尽早发现问题

自动化测试套件的主要目标是尽早在测试阶段发现问题。这也是为何我们会先运行速度较快的自动化测试（例如单元测试），然后运行速度较慢的自动化测试（例如验收测试和集成测试）。这些

---

① 包括 stub、mock 和服务虚拟化在内的很多架构和测试技术，都可用于解决在测试时需要来自外部集成点的输入这个问题。这对验收测试和集成测试更加重要，它们依赖外部状态的情形会更多。

② 只有当团队已经重视自动化测试之后，才能这样做——开发人员和管理人员很容易在这类指标上进行博弈。

测试都会先于手工测试运行。

换句话说，我们应尽可能使用速度最快的测试来发现问题。如果大部分问题在验收测试和集成测试阶段才能发现，那么开发人员获得反馈的速度要比在单元测试阶段慢上好几个数量级。加之集成测试使用的环境通常比较稀缺且配置复杂，一次只能由一个团队使用，因此进一步延缓了反馈的时间。

此外，集成测试阶段发现的问题，不仅难以复现，进行修复验证也十分困难（即便开发人员编写了修复补丁，也需要等待 4 小时左右才能知道集成测试是否通过）。

因此，每当在验收测试或集成测试阶段发现问题，我们就应该编写相应的单元测试，以便能够更快、更早、以性价比更高的方式来发现问题。Martin Fowler 提出了“理想的测试金字塔”概念，在这个金字塔结构中，我们能够通过单元测试来发现大部分的问题（见图 10-2）。相比之下，许多测试项目却把大部分时间和精力投入手工测试和集成测试。

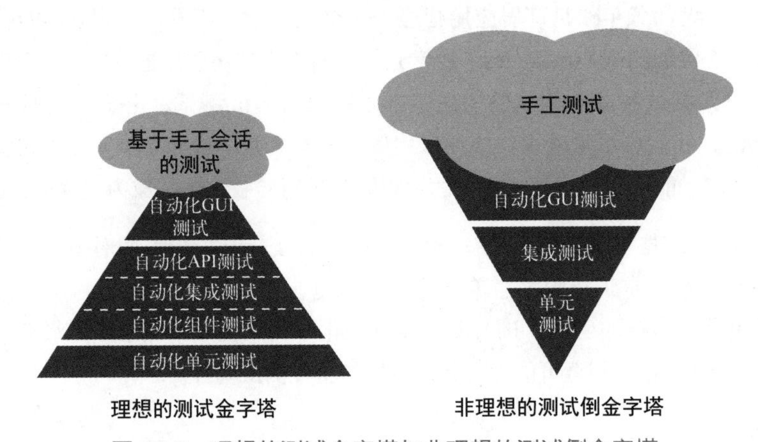

图 10-2 理想的测试金字塔与非理想的测试倒金字塔

（来源：Martin Fowler 的“TestPyramid”一文，详见 Martin Fowler 的个人网站）

如果我们发现编写和维护单元测试或验收测试过于困难且耗时费力，很可能是因为我们的架构过于耦合，即各个模块之间没有明确的边界和分工。在这种情况下，我们需要创建一个更加松耦合的系统，以便独立地对各个模块进行测试，而无须依赖集成环境。即使对于最复杂的应用程序，也能设计出只需几分钟就可以运行完成的验收测试套件。

10.3.1 确保测试快速运行

我们希望测试能够快速运行，因此需要设计并行测试，这可能会用到多台服务器。同时，我们希望并行运行不同类型的测试（见图 10-3）。例如，当某个构建版本通过验收测试之后，我们希望可以同时进行性能测试和安全测试。在构建版本通过所有的自动化测试之前，我们可以选择进行手工的探索性测试。这样可以加快反馈速度，但也有可能最终导致在失败的构建版本上运行手工测试。

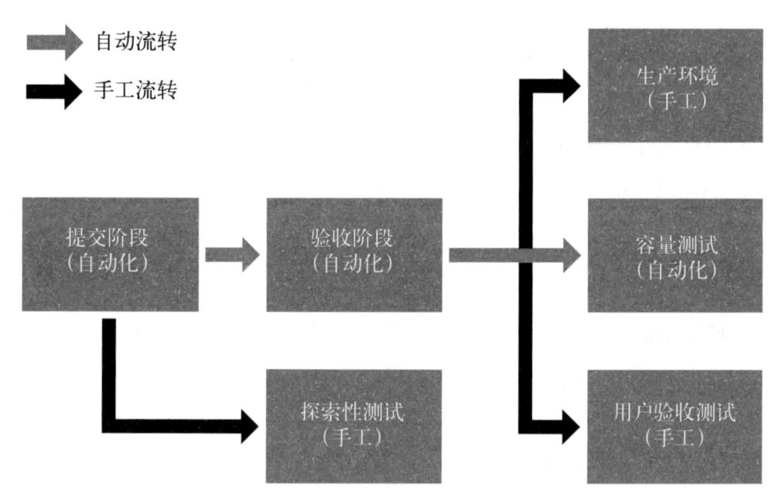

图 10-3　并行运行自动化测试和手工测试

（来源：《持续交付》原书 Kindle 版）

对于已经通过所有自动化测试的构建版本，我们会将其用于探索性测试，以及其他形式的手工测试或资源密集型测试（如性能测试）。我们希望尽可能频繁地进行这些测试，无论是持续进行还是按计划进行。

任何测试人员（包括所有的开发人员）都应该使用通过了所有自动化测试的最新构建版本，而不是等开发人员将某个版本打上可测试的标签。这样可以保证测试工作尽早开展。

10.3.2　测试驱动开发

要确保自动化测试的可靠性，有效的方法之一，是使用测试驱动开发（test-driven development，TDD）和验收测试驱动开发（acceptance test-driven development，ATDD）等技术，在日常工作中编写自动化测试，即在对系统做任何变更之前，首先编写一个自动化测试来验证预期的行为，并确保测试执行失败，然后编写或修改代码来实现所需的功能，重新运行测试并确保测试通过。

这种技术由 Kent Beck 于 20 世纪 90 年代末在“极限编程”方法论中提出，包括以下三个步骤。

- 确保测试失败。“为想要添加的功能编写测试用例”，提交更改。
- 确保测试通过。“编写功能代码，直到测试通过”，提交更改。
- 进行“新旧代码重构与结构优化”，确保测试通过，再次提交更改。

这些自动化测试套件与我们的代码一起被提交到版本控制，为系统提供了一套可用且最新的规范。如果开发人员想了解如何使用系统，可以查看测试套件，找到调用系统 API 的示例。①

① Nachi Nagappan、E. Michael Maximilien 和 Laurie Williams（分别来自美国的微软研究院、IBM 阿尔马登实验室和北卡罗来纳州立大学）曾经做过一项研究，研究表明，使用 TDD 的团队与不使用 TDD 的团队相比，虽然多花 15% ～ 35% 的时间，但代码的缺陷密度能降低 60% ～ 90%。

10.3.3 尽可能将手工测试自动化

我们的目标是通过自动化测试套件尽量发现代码错误，减少对手工测试的依赖。Elisabeth Hendrickson 于 2013 年在 Flowcon 大会上的演讲“On the Care and Feeding of Feedback Cycles”中指出：“测试可以自动化，但保障代码质量的过程不可以。将本可以自动化的测试任务交由人工执行是对人力资源的浪费。”

通过将测试自动化，所有测试人员（包括开发人员）便可以专注于那些无法被自动化的高价值活动，例如探索性测试和改进测试流程。

然而，仅将所有手工测试自动化，可能会产生不良后果。我们不希望自动化测试不可靠或出现误报（即功能代码本身正确，却因为一些问题没有通过测试，比如由于性能不佳导致超时、启动状态不受控制，或者因使用了数据库模拟或共享测试环境导致状态不符合预期）。

不可靠的测试会产生误报，这会带来诸多问题：浪费开发人员的宝贵时间（例如，迫使开发人员重新进行测试，以检查是否真的存在问题），增加整体运行和测试分析的工作量。此外，本来已压力很大的开发人员，为了能够专心编写代码，不得不忽视测试结果，甚至关闭自动化测试。

这会进一步造成恶性循环：问题发现得越晚，解决难度就越大，客户得到的结果也就越糟糕，这反过来又给整个价值流带来压力。

为了解决这个问题，执行少量可靠的自动化测试，往往优于执行大量手工测试或不可靠的自动化测试。因此，我们把重心放在将验证业务目标的测试自动化。如果放弃某个测试会导致生产缺陷，我们应将其重新加入手工测试套件，但最终的目标还是将其自动化。

正如美国梅西百货网站的前质量工程、发布工程和运营副总裁 Gary Gruver 所说：“作为大型零售电子商务网站，我们从每 10 天运行 1300 个手工测试，减少到每次代码提交只运行 10 个自动化测试。运行值得信赖的少数测试要比运行不可靠的测试更为有效。随着时间的推移，我们将这个测试套件逐渐扩展，目前已经有数十万个自动化测试。”

换言之，我们从少量可靠的自动化测试开始，逐步增加测试的数量，进而能够迅速检测到系统中的任何变化，确保系统保持可部署状态。

持续学习

有些人可能认为，在为期两周的迭代中同时开发功能和编写自动化测试是不太可能的。但是，Java Champion（Java 冠军程序员）和测试自动化专家 Angie Jones 指出，如果没有自动化测试，那些只专注于功能交付而忽视测试自动化的团队将面临风险，并将逐渐积累技术债务。

Angie Jones 提出了三种策略，帮助团队在迭代过程中同时实现功能开发和测试自动化。

- **合作共进**：通过与业务、测试和开发人员紧密合作，确保自动化测试覆盖应该覆盖的内容，并让其他人同时参与贡献。
- **适当的自动化策略**：采用混合方法帮助团队全面考虑测试覆盖范围，利用 API 和巧妙设计来覆盖各种测试场景。
- **逐步完善**：从满足当前需求开始构建。随着新功能的不断增加，采用测试驱动开发框架逐步增加测试，借此使自己同时具备测试人员和开发人员的思维方式，进而编写更易于测试的代码。

10.3.4 在测试套件中集成性能测试

在很多情况下，我们会发现应用在集成测试中或部署到生产环境后性能表现不佳。性能问题往往很难及时发现，直到事态已经无可挽回（例如数据库表缺少索引等）。而且，许多问题很难解决，特别是当这些问题是由我们所做的架构决策或网络、数据库、存储及其他系统的限制所引起时。

我们的目标是在部署流水线中编写并运行自动化性能测试，从而验证整个应用栈（包括代码、数据库、存储、网络、虚拟化等）的性能，尽早发现问题，并以最低的成本和最快的速度进行修复。

通过深入了解应用程序和环境在类生产负载下的表现，我们可以更好地进行容量规划并发现以下情况。

- 数据库查询时间呈非线性增长（例如，由于忘记创建数据库索引，页面加载时间从 100 毫秒增加到 30 秒）。
- 代码变更导致数据库调用次数、存储用量或网络流量增加 10 倍。

如果有可以并行运行的验收测试，我们可以将其作为性能测试的基础。例如，假设我们运营一个电子商务网站，并将“搜索”和“结账”作为两个重要的操作，要求其在负载下具备良好的性能。为了测试这一点，我们可以同时运行数千个并行的搜索验收测试和数千个并行的结账测试。

由于运行性能测试需要大量的计算和 I/O 资源，构建性能测试环境往往比构建应用程序的生产环境更加复杂。因此，可能需要在项目开始时就构建性能测试环境，并及早正确地分配所需资源。为了能够尽早发现性能问题，我们应记录性能测试结果，并与之前的结果进行对比分析。例如，如果性能数据相对前一次运行结果偏差超过 2%，我们可能会判定性能测试失败。

10.3.5 在测试套件中集成非功能性需求测试

除了验证代码能够按照设计正常运行并且能够在类生产负载下发挥作用之外，我们还需验证系统的其他各项属性。这些通常被称为非功能性需求，包括可用性、可扩展性、容量、安全性等。

许多非功能性需求可以通过正确配置环境来实现，因此我们还需构建自动化测试，来验证环境是否已经正确构建和配置。例如，我们希望确保以下内容的一致性和正确性，许多非功能性需求（如安全性、性能、可用性）都依赖于此。

- 使用的应用程序、数据库、软件库等；
- 语言解释器、编译器等；
- 操作系统（如启用审计日志等）；
- 所有依赖项。

当我们使用“基础设施即代码”的配置管理工具（如 Terraform、Puppet、Chef、Ansible、Salt、Bosh）时，我们可以使用与测试代码相同的测试框架来验证环境的配置和运行是否正确（如将环境测试编码为 Cucumber 或 Gherkin 测试）。我们还应在自动化测试中运行安全加固检查（如 Serverspec），以确保配置的安全性和正确性。

我们可以通过自动化测试随时验证构建是否成功，以及是否处于可部署状态。接下来，我们需要建立一个安灯绳机制，以便在部署流水线执行失败时，我们能够采取一切必要措施使其恢复到绿色构建状态。

10.4 在部署流水线失败时拉下安灯绳

当部署流水线执行成功时，我们就可以信心十足地将代码变更部署到生产环境，并能得到预期的结果。

为了保持部署流水线处于绿色状态，我们需创建一个虚拟的安灯绳，类似于丰田生产体系中的物理安灯绳装置。一旦有人提交的变更导致构建或自动化测试失败，新的变更将无法提交，直到问题得到解决。如果有人在解决问题时需要帮助，他们可以放心求助并能得到支持。

当部署流水线执行失败时，我们至少需要通知整个团队，以便任何人都可以修复问题或回滚提交。我们甚至可以配置版本控制系统，防止进一步的代码提交，直到部署流水线的第一阶段（即构建和单元测试）恢复到绿色状态。如果问题源于自动化测试的误报，就应该重写或删除有问题的测试。[①] 团队的每个成员都应该有权限进行回滚操作，以使部署流水线恢复到绿色状态。

关于将部署流水线恢复到绿色状态的重要性，Google App Engine 的前工程总监 Randy Shoup 曾这样说道：

> 我们将团队目标置于个人目标之上——帮助别人推进工作的同时，也是在帮助整个团队。无论是帮助他人解决构建或自动化测试问题，还是进行代码评审（code review），我们

① 如果并不是所有人都了解回滚代码的流程，那么可以采取**结对回滚**的对策，以更好地记录回滚操作。

都积极提供支持。当然，我们也知道，当我们需要帮助时，他们也会给予同样的支持。在这个团队中，没有过多的形式和政策，大家都知道我们的工作不仅仅是“编写代码”，而是“运营一个服务”。因此，我们将所有与可靠性和扩展性相关的质量问题都视为优先级最高的“必须解决”的问题。这样可以确保我们不会走“回头路”。

当部署流水线的后续阶段（如验收测试或性能测试）运行失败时，我们不应停滞不前，而应该让值班的开发人员和测试人员立即着手解决这些问题。他们还应编写在部署流水线早期阶段执行的新测试，来发现未来可能出现的回归问题。例如，如果我们在验收测试中发现了缺陷，我们就应编写单元测试。同样，如果在探索性测试中发现了缺陷，就应编写相应的单元测试或验收测试。

为了增强自动化测试失败的可见性，我们应设计直观可见的指示器，以便构建或自动化测试失败时，整个团队都能看到。很多团队在墙上安装了灯光装置，用于显示当前的构建状态。此外，还有一些其他有趣的形式，包括熔岩灯、语音样本、歌曲、警报器、交通信号灯等。

从某个角度来说，建立这样的机制比创建构建和准备测试服务器更具挑战性，因为它需要改变人的行为和激励机制。而这些改变正是持续集成和持续交付所需要的，下文会对此展开详细探讨。

为何需要拉下安灯绳

如果不拉下安灯绳，也不立即解决部署流水线的问题，就会导致应用和环境更难恢复到可部署状态。可以想象下面几种情况。

- 有人提交的代码导致了构建或自动化测试失败，但无人修复。
- 其他人在已经失败的构建版本上又提交了一份代码变更，该变更同样未通过自动化测试。但无人注意到这些有助于发现新缺陷的测试结果，更不用说去修复这些缺陷了。
- 现有的测试不可靠，因此我们很难编写新的测试用例。（连当前的测试都不能通过，又何必多此一举？）

如果出现上述情况，任何环境的部署都会变得不可靠。这就和没有进行自动化测试或采用瀑布模型一样，大多数问题在生产环境才能发现。这种恶性循环带来的必然结果是，我们回到了原点，陷入一个不可预测的“稳定阶段”。在这个阶段，我们的团队需花费数周甚至数月的时间，全力以赴来解决问题，努力确保所有测试通过。但由于时间紧迫，我们可能会走一些“捷径”，导致技术债务与日俱增。[①]

① 这就是常说的**瀑布式 Scrum 反模式**（water-Scrum-fall anti-pattern）：表面上采用敏捷开发实践，但实际上，所有测试和缺陷修复仍然在项目快结束时才进行。

持续学习

有数据表明，自动化测试对于开发工作至关重要。DORA 2019 年发布的《DevOps 现状报告》指出，采用自动化测试的团队可以更好地实现持续集成。在自动化测试方面进行明智的投资可以提高我们的持续集成水平。该报告指出，当自动化测试在组织的多个团队中广泛应用时，它将成为一个重要的推 动因素，对卓越绩效产生积极的影响。

自动化测试的关键要素包括以下方面。

- **可靠性**：如果测试失败，则表明确实存在缺陷；而当测试通过时，开发人员就可以对代码在生产环境中成功运行充满信心。
- **一致性**：每次有代码提交都应触发一系列的测试，为开发人员提供反馈。
- **快速且可复现**：测试应在 10 分钟或更短的时间内完成，以便开发人员快速重现和修复在个人环境中出现的问题。
- **全员参与**：测试不仅仅是测试人员的责任。测试驱动开发可以获得最佳结果。

此外，研究还表明探索性测试和手工测试的重要性。DORA 2018 年发布的《DevOps 现状报告》指出，在软件交付周期中贯穿测试，可促进持续交付和卓越绩效。除了自动化测试之外，还包括以下方面。

- 持续检查和改进测试套件，以更好地发现缺陷并控制复杂性和成本；
- 允许测试人员在整个软件开发和交付过程中与开发人员一起工作；
- 在交付过程中进行探索性测试、可用性测试和验收测试等手工测试活动。

10.5 小结

本章我们讲述了如何创建一套全面的自动化测试，用来确保构建始终处于绿色的可部署状态。我们将测试套件和测试活动集成到了部署流水线，并建立了文化规范，要求无论谁的代码变更导致自动化测试失败，大家都要竭尽全力将系统恢复到绿色状态。

这种方式为持续集成奠定了基础，使得许多小型团队能够独立且安全地开发、测试、部署代码到生产环境，从而为客户提供价值。

第 11 章

实现持续集成

上一章我们介绍了一套完整的自动化测试方案，旨在确保开发人员能够迅速了解其工作质量。随着开发人员数量和版本控制中分支数量的增加，自动化测试变得愈加重要。

版本控制系统中分支的创建，主要是为了让开发人员能够在软件系统的不同部分并行开发，避免某个开发人员提交的变更导致主干（有时也称为主分支或主线）不稳定，或将错误引入主干。[①]

但是，开发人员在自己分支上开发的时间越长，将变更合并到主干就越困难。实际上，随着分支数量和每个分支中变更数量的增加，整合这些变更的难度将呈指数级增加。

为使系统重新达到可部署状态，我们需要执行大量的重复工作来解决集成问题，这些工作包括：通过手工合并来解决变更冲突；合并问题导致自动化测试或手工测试失败时，需要多名开发人员来协同解决。在传统的开发模式下，代码集成工作通常在项目结束时才进行，而且所需时间往往超出计划，最终导致我们不得不为了按时发布而牺牲部分质量。

这也导致了另一个恶性循环：由于代码合并困难，我们往往会降低合并的频率，这使得未来的合并变得更加困难。持续集成的设计初衷，就是通过将代码合并到主干作为每个人日常工作的一部分来解决这一问题。

Gary Gruver 曾在惠普担任 LaserJet 固件部门的工程总监，负责惠普的扫描仪、打印机和多功能设备的固件开发工作。他的经历生动展示了持续集成所能解决的问题范围之广。

LaserJet 固件部门由 400 名开发人员组成，分布在美国、巴西和印度。尽管团队规模很大，他们的工作却一直进展缓慢。长久以来，他们总是无法按照业务需求快速交付新功能。

Gary Gruver 这样说道："市场部给我们提出了无数创意，希望给客户带来惊喜，而我们只能告诉他们：'请从这些想法中挑出两个你希望在接下来 6 ～ 12 个月内实现的。'"

---

① 在版本控制中，分支（branching）有很多种使用方式，但通常用于区分隔离团队成员的不同工作，体现为通过发布、晋级、任务、组件、技术平台等。

该团队一年只能发布两个固件版本，其中大部分时间都用于支持新产品的代码移植。据 Gary Gruver 评估，他们只有 5% 的时间用于开发新功能，其余时间都花在偿还技术债务相关的工作上，例如管理多个代码分支和手工测试。具体情况如下。

- 20% 的时间用于制订详细的项目规划（团队的生产力低，交付时间长，这些被错误地归咎于工作量评估得不准确，所以他们被要求进行更详细的评估）；
- 25% 的时间用于代码移植，所有代码都维护在不同的代码分支上；
- 10% 的时间用于集成各个开发人员分支上的代码；
- 15% 的时间用于进行手工测试。

Gary Gruver 和团队制定了一个目标，希望通过以下方式，将投入在创新和新功能开发上的时间增加 10 倍。

- 采用持续集成和基于主干的开发方式；
- 在测试自动化上投入更多资源；
- 开发一个硬件模拟器，用于在虚拟平台上运行测试；
- 在开发人员的工作站上复现失败的测试；
- 设计新的架构，使用统一的构建和发布方式，支持所有打印机产品。

在此之前，每条产品线都需要一条新的代码分支，每个型号的功能在构建的时候定义。[①] 新的架构统一了代码库，基于其主干构建出来的单一固件版本可以支持 LaserJet 设备的所有型号，打印机的所有功能通过在运行时读取一个 XML 配置文件来设定。

在采用主干开发方式 4 年后，该团队的代码库可以支持惠普的 24 条 LaserJet 产品线。Gary Gruver 承认，基于主干的开发方式需要工程师转换思维方式。工程师以前认为基于主干的开发方式不可行，而一旦采用了这种方式，他们就再也不想回到以前的方式了。多年来，有些工程师离开了惠普，他们会打电话告诉 Gary Gruver，他们新公司的开发方式是多么落后，向他倾诉在没有持续集成反馈的情况下，保证开发效率和代码质量是多么困难。

然而，基于主干的开发方式需要更有效的自动化测试。Gary Gruver 说：“如果没有自动化测试，持续集成只会产生一大堆无法正确编译或运行的垃圾代码。”

起初，一个完整的手工测试周期为 6 周。为了使所有固件版本都能实现自动化测试，他们在打印机模拟器上进行了大量的投入，并且用 6 周的时间搭建了一个测试服务器集群。随后的几年，他们有 2000 多个打印机模拟器，运行在 6 个机架的服务器上，通过部署流水线来加载固件的构建版本。他们的持续集成系统会在主干上运行完整的自动化单元测试、验收测试和集成测试，就像上一章所描述的那样。此外，他们还建立了一种文化，只要有开发人员破坏了部署流水线，所有工作都会立即停止，以确保开发人员能够快速将系统恢复到正常状态。

---

① 编译标志（#define 和 #ifdef）用于根据复印机是否存在、支持的纸张大小等来启用 / 禁用代码执行。

自动化测试提供了快速的反馈，使开发人员能够迅速确认他们所提交的代码是否正常工作。单元测试可以在开发人员的工作站上运行，并且可以在几分钟内完成。针对每次代码提交，系统会运行三个级别的自动化测试。这些测试不仅会在每次提交后立即执行，而且会每 2 小时或 4 小时执行一次。此外，还会每 24 小时运行一次全面的回归测试。在这个过程中，他们取得了如下成果。

- 从每天执行一次构建开始，最终实现了每天执行 10 ~ 15 次构建；
- 从由一名构建负责人进行每天约 20 次提交，变为由各个开发人员进行每天总共超过 100 次提交，开发人员每天能够变更或新增 7.5 万 ~ 10 万行代码；
- 将回归测试时间从 6 周缩短到 1 天。

在采用持续集成之前，仅仅创建一个绿色构建版本，就需要好几天，这样的效能是无法想象的。持续集成所带来的商业利益是惊人的。

- 开发人员用于创新和编写新功能的时间从 5% 增加到 40%；
- 总体开发成本降低了约 40%；
- 处于开发状态的项目数量增加了约 140%；
- 每个项目的开发成本减少了 78%。

Gary Gruver 的经验表明，在全面使用版本控制之后，持续集成成为实现价值流中工作快速流动的关键实践之一，它使得许多开发团队能够独立进行开发、测试和价值交付。然而，持续集成仍然是一个备受争议的实践。

本章接下来将介绍实现持续集成所需的各种实践，以及如何应对常见的争议。

11.1　小批量开发 vs 大批量合并

如前几章所说，当我们将变更提交到版本控制，导致部署流水线运行失败时，我们就会群策群力地解决问题，力求尽快将部署流水线恢复到正常状态。

然而，如果开发人员长时间在自己的分支（也称“特性分支”）上工作，只是偶尔将代码合并到主干，那么他们的每一次合并都会为主干引入大批量的变更，这会造成严重的问题。正如惠普 LaserJet 固件部门的案例，为了保持代码的可发布状态，上述情况必然会导致大量的混乱和返工。

Jeff Atwood 是 Stack Overflow 网站的创始人和 Coding Horror 博客的作者。他指出，尽管存在许多分支策略，但它们都可以被归类到以下范畴。

- **将个人效能最大化**：项目中的每个人都在自己的分支上工作，互不干扰。然而，合并却成了一场噩梦。协作变得相当困难，每个人都不得不谨小慎微地合并代码，即便是整个系统里最小的部分也是如此。

- **将团队效能最大化**：所有人都在同一个共享区域工作。没有分支，只有一条很长且连续的主干。代码的提交过程很简单，但每次提交都可能会破坏整个项目，甚至导致所有进展停滞不前。

Jeff Atwood 的说法很有道理，更准确地说，随着分支数量的增加，成功合并分支所需的努力也呈指数级增加。这不仅带来“合并噩梦”，带来重复工作，而且造成部署流水线反馈不及时。例如，针对软件整体系统的性能测试不再持续进行，而只在开发后期才进行。

此外，随着代码生产速度的提高和开发人员的增加，任何一次变更都可能会影响到其他人。如果部署流水线失败，受影响的开发人员数量也会增加。

大批量合并带来的另一个影响是，合并难度越大，开发人员就越不可能也不愿意改进和重构代码，因为重构往往会给其他人带来额外的工作量。这种情况下，我们更加不愿意修改代码库中存在依赖关系的代码，而这恰恰可能是我们获得最高回报的地方。

这正是 Ward Cunningham，世界上第一个维基系统的开发者，最初对技术债务的描述：“当我们不再主动地对代码库进行重构，随着时间的推移，它会变得更难修改和维护，新功能的增加速度也会因此而下降。”

持续集成和基于主干的开发实践，其主要目的就是解决这些问题，从而在提高个人效能的基础之上提高团队效能。下一节我们将更加详细地介绍基于主干的开发实践。

11.2 基于主干的开发实践

对于大批量合并问题，我们的对策是实施持续集成和基于主干的开发实践，即所有开发人员每天至少向主干提交一次代码。这样能够将批量大小缩减为开发团队每日的工作量。开发人员提交得越频繁，每次提交的代码量就越小，距离理想的单件流状态也就越近。

频繁地向主干提交代码，意味着我们可以对整个软件系统运行所有自动化测试，并在某个变更破坏或干扰了其他开发人员的工作时立即收到告警。由于可以及时发现合并问题，我们能够更快地进行修复。

我们甚至可以对部署流水线进行配置，用来拒绝任何导致系统无法部署的提交（例如代码变更或环境变更）。这种方法被称为**门控提交**（gated commits），即在提交到主干之前，部署流水线会先确认所提交的变更能够成功合并和正常构建，并通过所有自动化测试。如果不能满足条件，开发人员会收到通知，进而及时进行修正，而不会对价值流中的其他人造成影响。

每天都要提交代码这一规定，也迫使我们进一步将工作进行分解，同时保持主干处于可发布状态。版本控制成为团队之间重要的沟通机制——每个人都对系统有了更全面的理解，清楚了部署流水线的状态，并且能够在出现问题时相互协助，从而实现更高的质量和更快的部署交付速度。

通过实施这些实践，我们现在可以调整“开发完成”的定义（调整部分以粗体表示）：“每个开发周期结束时，我们的目标是获得已经集成、经过测试、可运行且可交付的代码。这些代码将在类生产环境中进行演示，**从主干一键创建，并通过自动化测试进行验证。**”

遵循上述调整后的“开发完成”定义，有助于我们进一步提高代码的可测试性和可部署性。通过保持代码处于可部署状态，我们能够避免在项目结束阶段才进行独立测试，以及避免陷入前文提到的无法预测的“稳定阶段”。

案例研究

Bazaarvoice 的持续集成实践（2012 年）

Ernest Mueller 曾帮助美国国家仪器实施了 DevOps 转型，后来又在 2012 年帮助 Bazaarvoice 改善了开发和发布流程。Bazaarvoice 为数千家零售商（如百思买、耐克和沃尔玛）提供“顾客生成内容”服务，例如对产品进行评价和评分等。

当时，Bazaarvoice 的年收益为 1.2 亿美元，正准备进行 IPO。[①] 其收益主要来自 Bazaarvoice Conversations 应用。这是一个庞大的 Java 应用，由近 500 万行代码构成（有些代码写于 2006 年），涉及 1.5 万个文件。该应用运行在 4 个数据中心和多个云服务商提供的 1200 台服务器上。

在转向敏捷开发，并把开发周期缩短到两周之后，Bazaarvoice 极度渴望提高发布频率，以摆脱目前每 10 周发布一次的现状。开发人员也开始逐步将庞大的单体应用程序解耦，将其拆分为微服务。

2012 年 1 月，Bazaarvoice 首次尝试每两周进行一次发布。Ernest Mueller 指出：“刚开始并不顺利，我们的客户提交了 44 个生产事故工单。管理层的意见基本上就是‘不能再这样下去了’。”

不久之后，Ernest Mueller 接管了发布流程，他的目标是在不影响客户的前提下，实现每两周发布一次的计划。其业务目标包括更快的 A/B 测试（后面的章节会讲到），以及加快新功能进入生产环境的速度。Ernest Mueller 找出了以下三个核心问题。

- 由于缺乏测试自动化，导致为期两周的开发周期内，测试力度不够，不足以预防大规模故障；
- 版本控制系统的分支策略允许开发人员在生产发布之前继续提交新代码；
- 运行微服务的团队也在进行独立的发布，导致整体进行发布时经常出现问题。

① Bazaarvoice 由于准备 IPO 而推迟了产品发布（IPO 很成功）。

Ernest Mueller 认为，如果要将单体应用 Conversations 的部署过程稳定下来，就需要进行持续集成。在随后的 6 周里，开发人员停止了功能开发，转向自动化测试套件的编写，包括使用 JUnit 进行单元测试和使用 Selenium 进行回归测试，以及在 TeamCity 上建立了一个部署流水线。Ernest Mueller 说道："持续运行这些测试为变更代码提供了一定的安全保障。最重要的是，我们可以立即发现哪位开发人员在哪里出了问题，而不用等部署到生产环境之后才发现。"

此外，他们还使用了主干 / 分支发布模型，每两周新建一个专用的发布分支。除非有紧急情况，否则不允许在该分支上提交新的变更。任何变更都需要通过审批流程，在内部的维基系统中按变更单或按团队进行审批。该分支在完成 QA 流程后，方可进入生产环境。这些改进对发布的可预测性和质量产生了巨大的影响。

- 2012 年 1 月的发布：44 个客户事件（刚开始进行持续集成）。
- 2012 年 3 月 6 日的发布：发布延迟 5 天，5 个客户事件。
- 2012 年 3 月 22 日的发布：准时发布，1 个客户事件。
- 2012 年 4 月 5 日的发布：准时发布，0 客户事件。

Ernest Mueller 进一步介绍了他们的成功之道：

> 我们成功地做到了每两周发布一次，接着是每周发布一次，这几乎不需要工程团队做任何改变。由于发布时间很有规律，我们只需在日历上把发布次数翻倍，然后根据日历时间发布即可。
>
> 发布几乎成了例行公事。我们的客户服务和营销团队因此对自己的流程做出了重大调整，例如调整每周向客户发送邮件的时间表，以确保客户了解即将到来的功能变更。
>
> 我们随后开始向下一个目标迈进，最终将测试时间从 3 个多小时缩短到 1 小时以内，同时把环境数量从 4 个减少为 3 个（开发环境、测试环境和生产环境，取消了非生产环境），并全面采用持续交付模式，实现了快速的一键部署。

通过系统地识别和解决三个核心问题，该案例生动地展示了一些实践方法的重要性，比如通过功能冻结（本案例中用于进行自动化测试）和基于主干的开发，能够实现小批量发布并缩短发布周期。

持续学习

研究显示，持续集成可有效帮助开发团队获得快速反馈，实现持续交付和良好的绩效。2014 年至 2019 年的《DevOps 现状报告》数据也有力支撑了本章提到的观点。

基于主干的开发可能是本书中最具争议的实践方法。然而，2016 年和 2017 年的《DevOps 现状报告》的数据表明：如果遵循以下实践，基于主干的开发可以带来更高的产能、更高的稳定性和更高的可用性。

- 应用的代码仓库中仅保留 3 个或更少的活跃分支；
- 把分支合并到主干的频率至少为平均每天一次；
- 不需要进行代码冻结或经历集成阶段。

持续集成和基于主干的开发，其优势不仅仅体现在软件交付能力上。DORA 的研究表明，它还有助于提高工作满意度，降低工作倦怠率。

11.3　小结

本章我们讨论了自动化能力和行为实践，这些能够让我们快速而频繁地发布“开发完成”的代码。我们已经确立了在主干上进行开发且每天至少提交一次代码的文化准则，这些实践和准则使我们能够接纳来自几名乃至数百名开发人员的代码。我们能够随时发布代码，无须进行代码冻结或经历漫长的集成阶段。

尽管一开始说服开发人员可能有些困难，但他们一旦看到了这些益处，很可能会成为终身信奉者，正如惠普 LaserJet 和 Bazaarvoice 的案例所展示的那样。持续集成的实践为接下来的自动化部署流程和低风险发布打下了基础。

第 12 章

自动化和低风险的发布

Chuck Rossi 曾在 Facebook 担任了 10 年的发布工程总监，负责监管日常的代码推送。他在 2012 年这样描述 Facebook 的发布流程：

> 大约下午 1 点开始，我就会进入“运维模式”，与团队一起将当天要发布到 Facebook 网站的变更准备就绪。这个过程常让我感到紧张，因为这非常依赖团队成员的判断和过往经验。我们尽力照顾到每个参与发布的成员，并对他们的变更积极进行测试。

将代码推送到生产环境之前，所有提交变更的开发人员必须在他们的 IRC 聊天频道上签到。没有签到的开发人员，其变更会自动从部署包中移除。Chuck Rossi 继续说道：“如果进展顺利，我们的测试仪表盘和金丝雀发布测试[①]显示为绿色，我们会按下那个红色的发布按钮，然后整个 Facebook 网站服务器集群都会更新代码。在 20 分钟内，新的代码会部署到成千上万台服务器上。这对正在使用网站的用户几乎没有任何影响。”[②]

不久之后，Chuck Rossi 就把代码发布频率提高了一倍，变成每天两次。他解释说，第二次发布的目的，是让那些不在美国西海岸的工程师能够“像公司的其他工程师一样进行快速发布和交付”，这也给所有的开发人员提供了第二次机会，来推送代码和发布功能（见图 12-1）。

---

① 金丝雀发布测试是指将软件部署到少量的生产服务器上，用真实的客户流量来测试，以保证软件不会出现严重问题。

② Facebook 的前端代码库最初是用 PHP 编写的。为了提高网站的性能，Facebook 的开发人员在 2010 年使用内部开发的 HipHop 编译器，把 PHP 代码转换成了 C++ 代码，然后进一步编译为 1.5GB 的可执行文件。随后，开发人员使用点对点传输工具 BitTorrent 把这个可执行文件复制到所有生产服务器上，这个复制操作可以在 15 分钟内完成。

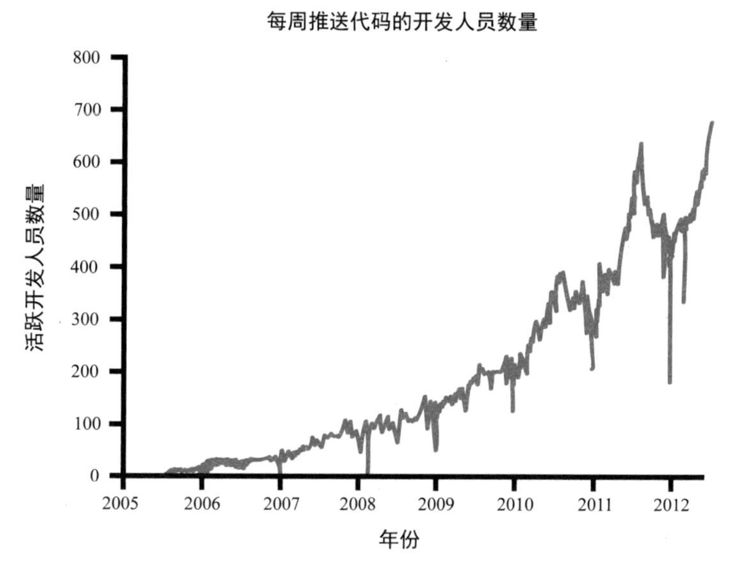

图 12-1　Facebook 每周参与代码部署的开发人员数量

（来源：Chuck Rossi 的文章“Ship early and ship twice as often”）

Kent Beck 是极限编程方法论的提出者，也是测试驱动开发的主要倡导者，同时还在 Facebook 担任技术教练的角色。他在 Facebook 主页上发布的一篇文章中，对 Facebook 的代码发布策略做了进一步的说明。

> Chuck Rossi 发现，Facebook 在每次部署时似乎只能处理固定数量的变更。如果要处理更多变更，就需要增加部署次数。因此在过去的五年里，Facebook 的部署节奏稳步提升，PHP 代码的部署频率从每周一次提高到每天一次，最后到每天三次；移动应用的部署周期也从六周逐渐缩短到四周，最终缩短到每两周一次。这些改进离不开发布工程团队的努力推动。

通过采用持续集成和低风险的代码部署流程，Facebook 把代码部署变成了每个人日常工作的一部分，从而保障了开发人员的高效率。这要求代码部署必须自动化、可重复和可预测。然而，在本书前几章所介绍的实践中，尽管我们已经对代码和环境进行了集成测试，但我们很少对生产环境进行频繁部署。这是因为部署通常是手工进行的，耗时、烦琐且容易出错，并且开发团队和运维团队通常还需要进行大量烦琐且不可靠的工作交接。

由于手工部署的过程极其痛苦，因此我们倾向于减少部署次数，而这又会导致恶性循环：由于向生产环境的部署不断推迟，因此等待部署的代码和生产环境中的代码之间的差异越来越大，这使得与变更相关的意外风险和解决难度也随之增大。

本章我们通过减小生产环境部署的阻力，使运维团队或开发团队能够频繁、轻松地进行部署。为此，我们需要对部署流水线进行扩展。

除了在类生产环境中持续集成代码，我们还会按需（一键发布）或以自动化的方式（即构建和测试通过以后，直接进行自动化部署），将已通过自动化测试和验证流程的构建版本发布到生产环境中。

由于本章会介绍多种实践方法，因此我们提供了丰富的脚注，其中包含许多示例和额外的信息，以便更好地阐述本章提到的概念。

12.1 部署流程自动化

若要取得 Facebook 那样的部署成果，我们需要一个自动化机制将代码部署到生产环境。如果现有的部署流程已使用多年，我们需要完整记录流程中的所有步骤，例如通过价值流映射的方法，通过研讨会或在线文档（比如维基页面）把完整部署流程逐步整理好。

将部署流程完整记录下来之后，接下来的目标便是尽可能对手工步骤进行简化和自动化，例如：

- 将代码打包成便于部署的格式；
- 创建预配置的虚拟机镜像或容器；
- 将中间件的部署和配置自动化；
- 将软件包或文件复制到生产服务器上；
- 重启服务器、应用程序或服务；
- 基于模板生成配置文件；
- 通过运行自动化冒烟测试，确保系统能够正常运行且配置正确；
- 运行测试程序；
- 将数据库迁移工作脚本化和自动化。

如果条件允许，我们会重新设计流程，并去除一些步骤，特别是那些耗时的步骤。除此之外，我们还希望缩短交付时间，尽可能减少交接次数，从而减小出错和知识流失的概率。

让开发人员专注于部署流程的优化和自动化，可以显著改善部署流程，例如确保小型应用配置变更不再需要重新部署应用或新的环境。然而，这需要开发团队与运维团队密切合作，确保共同创建的工具和流程可以在后续正常使用，而不是避开运维团队或“重复造轮子”。

大多数具有持续集成和测试功能的工具，也具有扩展部署流水线的能力。通常在生产验收测试完成之后，这些工具可以将验证过的构建版本发布到生产环境中。（这类工具包括 CircleCI、Jenkins Build Pipeline 插件、GoCD、Microsoft Visual Studio Team Services 和 Pivotal Concourse。）

部署流水线的要求如下。

- **在不同的环境采用相同的部署方式**：在不同环境（例如开发环境、测试环境和生产环境）使用相同的部署机制，可以提高生产环境部署的成功率，因为它们已经在流水线中成功执行了很多次。

- **对部署进行冒烟测试**：在部署过程中，我们应该测试相关的支撑系统（例如数据库、消息总线、外部服务）是否能正常访问，并通过执行针对核心功能的少量测试来确保系统按照设计运行。其中任何一个测试失败，都意味着部署失败。
- **确保环境的一致性**：在前面的步骤中，我们创建了一键搭建环境的过程，使得开发环境、测试环境和生产环境具有共同的搭建机制。我们接下来必须确保这些环境持续保持同步。

当然，一旦部署流程出现问题，就要拉下安灯绳，并且群策群力地解决问题，就像应对部署流水线前期出现的问题一样。

案例研究

CSG 的每日部署（2013 年）

CSG 是北美最大的一家基于 SaaS 的客户关怀和计费服务提供商，拥有超过 6500 万名用户，其技术栈涵盖从 Java 编程语言到大型计算机系统的各种技术和平台。CSG 首席架构师兼开发副总裁 Scott Prugh，带领团队致力于提高软件发布的可预测性和可靠性。为了实现这一目标，他们将发布频率从每年两次提高到每年四次（将部署周期从 28 周缩短为 14 周）。

尽管开发团队每天都在使用持续集成将代码部署到测试环境，但生产发布工作却由运维团队负责。Scott Prugh 说道：

> 开发团队可以在低风险的测试环境中每天（甚至更频繁地）进行“发布演练”，不断完善他们的流程和工具。而运维团队则很少有“演练”的机会，每年只有两次。更糟糕的是，他们“演练”的对象是高风险的生产环境，这些环境通常与非生产环境存在很大差异，有着不同的限制条件——生产环境有许多重要组件和设备，如安全设备、防火墙、负载均衡器和存储区域网（storage area network，SAN），而这些在开发环境中是没有的。

为了解决这个问题，他们成立了一个共享运维团队（shared operations team，SOT），负责管理所有环境（开发环境、测试环境和生产环境）。SOT 每天在开发环境和测试环境中进行部署，并且每 14 周进行一次生产环境的部署和发布。由于 SOT 每天都在进行部署，所以一旦有问题没有及时修复，问题就会在第二天再次出现。这促使他们将烦琐或容易出错的手工步骤自动化，并修复可能再次发生的问题。由于在生产发布之前进行了近百次部署，因此大部分问题都在前期发现和解决了。

此举也引出了一些以前只有运维团队才会遇到，但实际需要价值流中所有成员参与解决的问题。通过每天进行部署，可以快速知晓哪些做法可行，哪些不可行。

此外，SOT 还致力于保持所有环境的一致性，包括安全访问权限的约束和负载均衡器。

Scott Prugh 写道："我们尽力保持非生产环境与生产环境的一致性，并尽可能模拟生产环境的限制。及早接触生产级别的环境，有助于改善架构设计，使架构设计对于这些有各种约束条件的环境来说更加友好。这种方法也让每个人都能从中获得更多的经验和智慧。

Scott Prugh 还指出：

> 我们经历过很多次数据库模式的变更，要么是交给 DBA 团队"自己解决"，要么在不切实际的小数据集上执行自动化测试（即"几百 MB vs 几百 GB"），这导致了一些生产环境故障。按照以前的工作方式，这会演变成一个团队间互相推诿的闹剧。
>
> 后来，我们建立了一个开发和部署流程，通过对开发人员进行交叉培训，以及使数据库模式变更自动化并且每天执行，来减少对 DBA 的依赖。我们还使用脱敏的客户数据进行了真实的负载测试，并且尽量每天执行迁移。通过这种方式，在处理真实的流量之前，我们已经"身经百战"了。[①]

他们取得的成果也令人眼前一亮：通过每天进行部署并将生产发布频率翻倍，生产事故数量减少了 91%，平均修复时间减少了 80%，而服务在生产环境中以"完全无须人工干预"的状态运行所需的部署前置时间，从 14 天缩短到 1 天（见图 12-2）。

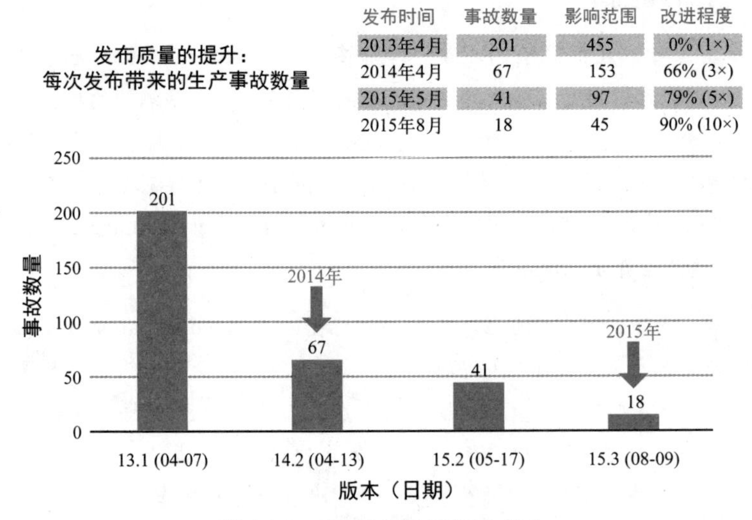

图 12-2　CSG 的每日部署成果

（来源：YouTube 视频"DOES15 - Scott Prugh & Erica Morrison—Conway & Taylor Meet the Strangler (v2.0)"，发布者 DevOps Enterprise Summit，2015 年 11 月 6 日）

① 在实践中，CSG 发现，无论交由开发团队还是运维团队管理，SOT 都能取得成功，前提是为 SOT 配备合适的人员，并且团队成员齐心协力地朝目标迈进。

Scott Prugh 称，部署工作变得井然有序，第一天结束时，运维团队竟然玩起了电子游戏。除了使开发团队和运维团队的部署工作更加顺利之外，在半数情况下，客户收获价值的时间也缩短了一半。

该案例表明，频繁的部署对于开发人员、QA 人员、运维人员及客户都有积极的影响。同时，通过频繁的部署能够更早地发现问题，激励团队更快地进行修复，从而加快代码交付速度，确保代码质量。

12.1.1 实现自动化的自助部署

耐克公司运维自动化总监 Tim Tischler 曾这样描述他们那个年代开发人员的普遍经历："作为开发人员，我职业生涯中最有满足感的事情，莫过于编写完代码，点击部署按钮，通过监控指标看到代码能够在生产环境中正常运行，而如果出现问题，我能够自己修复。"

开发人员自主将代码部署到生产环境的能力，在过去的 10 年中有所减弱，部分原因是控制和监督的需求，也可能是受安全性和合规性要求所驱动。这使得他们不能快速看到开发的新功能令客户满意，也不能不求助运维部门就直接修复问题。

取而代之的常见做法，是由运维团队进行代码部署，这也是一种常见的职责分离的划分方式，旨在降低生产中断和造假的风险。根据职责分离的原则，没有人可以对整个软件交付过程拥有完全的控制权。然而，DORA 的研究表明，我们可以通过代码评审来实现职责分离，并显著提高软件交付的效率。通过这种方式，每次代码变更都需要另一名开发人员进行评审。

此外，如果结合自动化测试套件，在提交变更之前必须通过测试，这样会更加有效。所有的部署都通过自动化系统进行自助式处理。关于自动化系统的要求，将在下一小节进行描述。

如果开发团队和运维团队拥有共同的目标，并且部署结果透明，责任明确、可追溯，那么由谁执行部署操作，其实都无关紧要。事实上，我们甚至可以让其他角色，如测试人员或项目经理，在特定的环境中进行部署，以便能够快速完成他们自己的工作。例如，可以让他们在测试环境或用户验收测试环境中进行配置和部署，用于演示产品功能。

为了提高工作效率，我们需要一个可以由开发人员或运维人员来执行的代码发布流程，而且最好不需要任何手工操作或是交接流程。这涉及以下几个步骤。

- **构建**：我们的部署流水线必须能够从版本控制系统中生成软件包，并且这些软件包可以部署到任何环境，包括生产环境。

- **测试**：任何人都应该能够在他们的工作站或我们的测试系统上运行自动化测试套件中的任何测试。
- **部署**：任何人都应该能够将这些软件包部署到任何他们具有访问权限的环境，并通过运行同样存储在版本控制中的脚本来执行部署。

12.1.2 将代码部署集成到部署流水线

代码部署流程自动化之后，我们就可以将其集成到部署流水线。因此，自动化部署必须具备以下能力。

- 确保持续集成阶段构建的软件包可以部署到生产环境。
- 直观展示生产环境的就绪情况。
- 提供一键式和自助式的发布机制，以便将合适的代码包部署到生产环境。
- 自动记录重要信息，方便后续审计与合规管理，包括在哪些机器上运行了什么命令、由谁授权、结果如何。同时记录所有部署的二进制文件的哈希值，以及所有配置信息和脚本所使用的源代码控制版本。
- 通过冒烟测试来验证系统是否正常运行，以及数据库连接字符串等配置是否正确。
- 为部署人员提供快速反馈，以便他们迅速掌握部署情况（例如，部署是否成功，应用程序在生产环境中是否按预期运行，等等）。

我们的目标是实现快速部署——不必等上数小时才能知道代码是否部署成功，也不用再花几小时进行代码修复和重新提交。运用 Docker 等技术，即使是最复杂的部署也可以在几秒钟或几分钟内完成。

DORA 2019 年的《DevOps 现状报告》中的数据显示，高效率的执行者可以按需部署，其部署前置时间以分钟或小时计，而低效率的执行者，其部署前置时间则以月计。多年来，许多部署统计数据显示，部署效率有所改善。Puppet Labs 在 2014 年的《DevOps 现状报告》中指出，高绩效团队通常在一小时至一天内完成代码部署，而最低绩效团队的部署前置时间长达六个月或更长，这也与本书第 1 版中提到的情况相符（见图 12-3）。

构建上述能力可以实现一键式代码部署，通过部署流水线将代码和环境变更一起安全、快速地发布到生产环境。

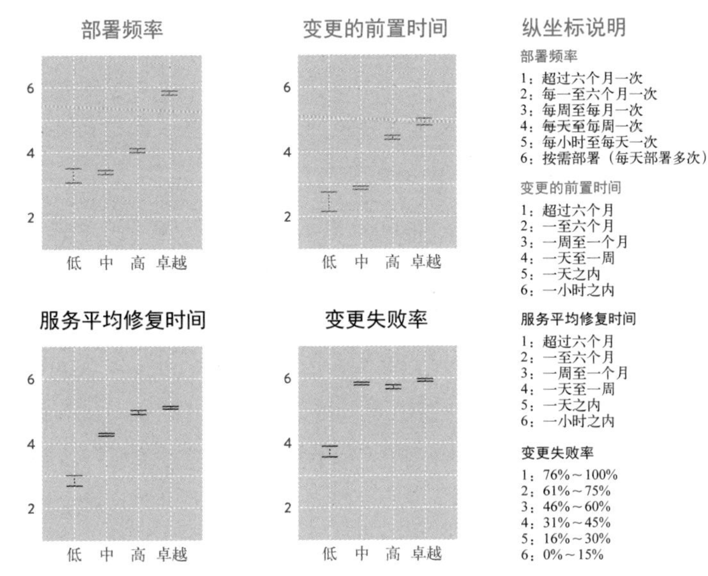

图 12-3　高绩效团队有着更快的部署速度和更短的平均修复时间（2019 年）[①]

（来源：2019 年《DevOps 现状报告》）

案例研究

Etsy 持续部署案例：开发者自助部署（2014 年）

与 Facebook 让发布工程师来管理部署活动的方式不同，在 Etsy，任何想要执行部署的人员都能直接部署，包括开发人员、运维人员和信息安全人员。Etsy 的部署流程非常安全且标准，新入职的工程师上班第一天就能够进行生产环境部署，甚至 Etsy 的董事会成员以及不熟悉相关操作的人都可以执行部署。

正如 Etsy 的测试架构师 Noah Sussman 所说："在一个普通的工作日早上 8 点左右，大约有 15 个人开始排队，他们都期望在下班前完成多达 25 个变更集的部署。"

需要部署代码的工程师首先要进入一个聊天室，把自己的工作加入部署队列，观察正在进行的部署活动，看看还有谁在队列中。同时他会广播自己的进展，并在需要时向其他工程师寻求帮助。轮到某位工程师部署时，他会在聊天室收到通知。

Etsy 的目标是通过尽可能减少步骤和繁文缛节，使生产环境部署变得简单和安全。实际上，开发人员在提交代码之前，通常会在他们的工作站上运行 4500 个单元测试，这一过程花费不到 1 分钟的时间。同时，所有对外部系统（如数据库）的调用都已被模拟。

① 我们在第 2 版对指标数据进行了更新，新的数据可以更准确地反映过去五年的经验。

将代码变更提交到版本控制的主干之后，有超过 7000 个自动化主干测试会立即在持续集成服务器上运行。Noah Sussman 说道：“经过反复试错，我们已经可以把测试时间控制在大约 11 分钟以内。这样，即使在部署过程中出现问题需要修复，我们也还有时间重新运行测试，整体不会超过 20 分钟的限制。”

如果按顺序运行所有的测试，Noah Sussman 表示：“运行 7000 个主干测试需要大约半小时。因此，我们将这些测试分成几个子集，并将它们分发到我们 Jenkins CI 集群中的 10 台机器上。通过将测试套件拆分，并行执行多个测试，我们可以按照预期在 11 分钟内完成任务。”

接下来要进行的是冒烟测试，这是系统级别的测试，使用 curl 来执行 PHPUnit 的测试用例。随后进行功能测试，在真实的服务器上运行端到端的 GUI 驱动测试。这个服务器可以是 QA 环境或者非生产环境（大家亲切地称之为“princess”，即“公主”）。实际上，princess 环境是从生产环境中回收的生产服务器，能保证测试环境和生产环境完全一致。

轮到工程师部署代码时，Erik Kastner 说道：“首先要打开 deployinator（一个内部开发工具，见图 12-4）部署控制台，接着点击按钮将其部署到 QA 环境，然后部署到 princess 环境。一切准备就绪之后，点击“PROD!!!”按钮，代码随之就会上线，IRC 聊天频道中的每个人都会知道是谁推送了什么代码。部署完成之后，会返回一个显示部署前后差异的链接。即便是不在 IRC 上的人，也会收到一封包含相同信息的电子邮件。”

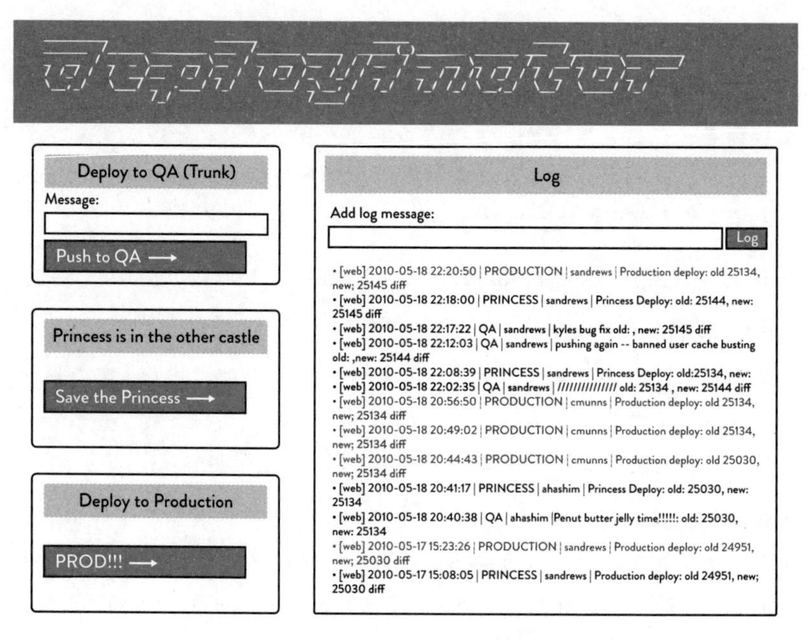

图 12-4 Etsy 的 deployinator 部署控制台

（来源：Erik Kastner 在 Esty 网站 Code as Craft 版块中的文章“Quantum of Deployment”，2010 年 5 月 20 日）

2009 年，Etsy 的部署流程还曾让公司员工“望而却步”，到了 2011 年，部署已成为常规操作，每天会执行 25 ~ 50 次。这帮助工程师迅速将代码推到生产环境，更快地向客户交付价值。

通过将大部分的部署流程自动化并且进行广泛的自动化测试，可以建立一个方便高效的自助式部署流程，进而减轻团队压力，增强团队信心。

12.2 部署与发布解耦

在传统的软件项目发布模式下，软件的发布日期由营销发布计划决定。在发布日期前夕，我们将已完成（或即将完成）的软件代码部署到生产环境。第二天早上，我们向全世界宣布新功能上线，并开始接受订单，向客户提供新的功能，等等。

然而，事情往往并不按计划进行。我们可能会遇到未经测试甚至未曾考虑的生产负载，导致我们的服务在客户手中和团队内部遭遇严重故障。更糟糕的是，恢复服务可能需要痛苦的回滚过程或同样具有风险的修复操作，即直接在生产环境中进行变更。这对操作者来说，可能会是一次令人沮丧的经历。当一切都恢复正常以后，所有人才能松一口气，然后庆幸不用经常向生产环境部署和发布代码。

但我们知道，为保证工作流的顺畅与快捷，我们需要更加频繁地进行部署，而不是减少部署次数。为了实现这一目标，我们需要将生产环境部署与新功能发布进行解耦。实际上，部署和发布这两个术语经常被混用。但它们是两个不同的行为，有着截然不同的目的。

- 部署是将特定版本的软件安装到指定的环境中（例如将代码部署到集成测试环境或生产环境）。具体来说，部署可能涉及向用户交付新功能，也可能不涉及。
- 发布是将某个功能（或一组功能）提供给所有客户或一部分客户使用（例如，先给 5% 的客户开放该功能）。我们的代码和环境设计应满足以下要求：先部署程序新版本，再适时发布它，此时就无须更新程序了。[①]

换句话说，如果混淆了部署和发布，我们就很难界定到底由谁来对结果负责。而将这两个动作解耦，可以使开发和运维能够更好地进行快速而频繁的部署，同时让产品负责人对发布结果负责（即确保构建和发布该功能所需的时间和人力投入是值得的）。

本书所介绍的实践可以确保我们在功能开发过程中进行快速而频繁的生产环境部署，从而降低部署失败的风险和影响。剩下的风险是发布风险，即已发布的功能是否能够满足客户需求并达到业务目标。

---

① 可以用美军的“沙漠盾牌”行动做一个形象的比喻。从 1990 年 8 月 7 日开始，美军在 4 个多月内将成千上万的人员和物资安全地部署到了海湾地区。

如果部署周期过长，就会限制向市场发布新功能的频率；反之，如果能够做到按需部署，那么何时向客户发布新功能，就成了业务和市场决策，而非技术决策。通常有以下两种发布模式（这两种模式也可以结合使用）。

- **基于部署环境的发布模式**：有两个或更多的部署环境，但只有一个环境接收实际的客户流量（例如，通过配置负载均衡进行流量切换）。新的代码部署到非生产环境中，然后把生产流量切换到这个环境进行发布。这种发布模式非常强大，因为通常不需要修改或只需要对应用进行很少的修改。这种发布模式包括**蓝绿部署**（blue-green deployment）、**金丝雀发布**（canary release）和**集群免疫系统**（cluster immune system）。这些模式将在后续章节进行讨论。
- **基于应用程序的发布模式**：对应用程序进行修改，通过细微的配置变更，选择性地发布和开放特定的应用功能。例如，可以通过功能开关逐渐开放新功能——先开放给开发团队成员，再开放给所有内部员工，然后开放给 1% 的客户；或者在确认功能完全符合预期后，直接向所有客户发布。这就是所谓的暗发布模式，即在实际发布之前，将所有要发布的功能在生产环境中分阶段进行测试，并与实际流量一起进行测试。例如，我们会在实际发布之前用生产流量进行几周的隐式测试，以此来暴露问题并在实际发布之前修复它们。

12.2.1 基于部署环境的发布模式

将部署和发布解耦极大地改变了我们的工作方式。我们无须再为了降低可能对用户造成的负面影响而在深夜或周末进行部署。相反，我们可以在正常的工作时间开展这些工作，运维人员也能像其他人一样正常下班了。

本小节重点介绍基于部署环境的发布模式，这种模式不需要对应用代码进行任何修改。我们使用多套环境来进行部署，但只用一套环境来处理真实的用户流量。通过这种方式，我们可以显著降低生产发布相关风险，并缩短部署前置时间。

1. 蓝绿部署模式

上文提到的蓝绿部署、金丝雀发布和集群免疫系统中，最简单的就是蓝绿部署。在蓝绿部署模式下，我们会有两套生产环境——蓝色环境和绿色环境，每次只有一套环境处理客户流量（见图 12-5）。

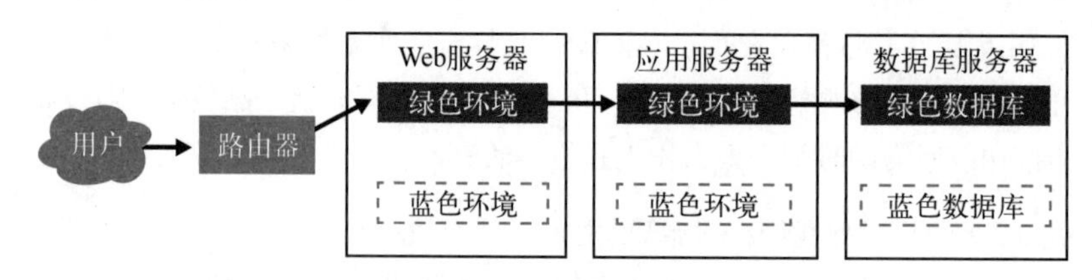

图 12-5 蓝绿部署模式

（来源：《持续交付》）

在发布新版本时，我们先将代码部署到非在线环境，以便在不影响用户使用体验的前提下进行测试。在确保一切按计划进行后，我们再把用户流量切换到蓝色环境进行发布操作。这样，蓝色环境就成了生产环境，而绿色环境则成了非生产环境。如果需要回滚，我们可以将用户流量再切回绿色环境。①

蓝绿部署模式简单易行，并且非常适用于现有系统的改造。它还有许多益处，例如使团队能够在正常的工作时间进行部署，并且可以在非高峰时段进行简单的切换操作（如更改路由设置、更改符号链接等）。这将极大地改善部署团队的工作环境。

2. 处理数据库变更

一套生产环境中同时存在两个应用版本会带来一些问题，特别是当它们依赖同一个数据库时。如果部署操作涉及更改数据库模式或者添加、修改、删除数据库表或列，数据库将无法同时支持应用的两个版本。针对这个问题，有以下两种常见的解决方法。

- **创建两个数据库（蓝色数据库和绿色数据库）**：每个应用版本（蓝色表示旧版本，绿色表示新版本）都有自己的数据库。在发布过程中，我们将蓝色数据库设置为只读模式，对其进行备份，然后恢复到绿色数据库，最后将流量切换到绿色环境。这种模式的问题在于，如果需要回滚到蓝色版本，需要手工迁移事务，否则可能会丢失某些事务。
- **将数据库变更与应用变更解耦**：与支持两个版本的数据库不同，我们可以通过以下方法将数据库变更与应用变更解耦：首先，我们只对数据库进行增量变更，而不对现有数据库对象进行修改。其次，应用对哪个数据库版本将被用于生产环境不做假设。这种思维方式与对待数据库的传统方式有很大不同（通常我们在处理数据库时会避免重复存储数据）。IMVU 等公司在 2009 年前后采用了这个方法，每天能够进行 50 次部署，其中有些部署涉及数据库的变更。②

① 可以使用不同的技术来实现蓝绿部署模式，包括：配置多个 Apache 或 NGINX Web 服务器，让它们监听不同的物理或虚拟网卡；在 Windows IIS 服务器上，将多个虚拟根目录绑定到不同的网络端口上；让系统的每个版本使用不同的目录，并用符号链接来设置哪一个是在线的（例如 Ruby on Rails 的 Capistrano）；同时运行服务或中间件的多个版本，使每个实例监听不同的网络端口；使用两个数据中心，在二者之间切换流量，而不是仅仅将它们当作热备和温备的灾备中心使用（通过轮换使用两个环境，也能始终确保灾难恢复流程按照期望工作）；还可以使用公有云上不同的可用区。

② 这个模式也经常被称为“扩展与收缩模式”。Timothy Fitz 曾说：“我们不去改变数据库对象，如已有的列或表，而是先通过添加新对象使数据库扩展，然后通过删除旧对象使数据库收缩。”此外，有越来越多的技术支持数据库的虚拟化、版本控制、打标签和回滚，例如 Redgate、Delphix、DBMaestro 和 Datical，还有 DBDeploy 等开源工具能使数据库变更操作更安全、更快速。

案例研究

Dixons Retail：蓝绿部署在 POS 系统中的应用（2008 年）

Dan Terhorst-North（技术组织变革顾问）和 Dave Farley（《持续交付》作者之一）曾共同参与过英国大型零售商 Dixons Retail 的一个项目，该项目涉及数千个 POS（point of sale，销售点）系统，分布在数百家零售商店中，服务多个不同的客户品牌。尽管蓝绿部署通常与在线 Web 服务相关，但 Dan North 和 David Farley 采用这种模式大大降低了 POS 升级过程中的风险，缩短了业务切换时间。

通常，升级 POS 系统是一个庞大的瀑布式项目：POS 客户端和中央服务器会同步升级，这需要很长的停机时间（通常是整个周末）以及大量的网络带宽，从而将新的客户端软件推送到所有零售店。一旦升级过程出现差池，可能会对商店的运营造成巨大影响。

对于 POS 升级，网络带宽不足以同时升级所有的 POS 系统，这使得传统的升级方式不再可行。为了解决这个问题，他们采用了蓝绿部署策略，并创建了两个生产版本的中央服务器软件，从而能够同时支持旧版本和新版本的 POS 客户端。

在计划进行 POS 升级的前几周，他们通过缓慢的网络连接向零售商店发送新版本 POS 客户端安装程序，同时将新版本对应的后台服务器端软件也部署到系统中，并配置为非活动状态。与此同时，旧版本继续正常运行。

当所有的 POS 客户端都准备好升级（升级版的客户端和服务器已成功通过测试，并且新版本已经部署到所有客户端）后，由门店经理来决定何时发布新版本。

根据各自的业务需求，希望立即使用新功能的门店经理可以选择立即升级，其他门店经理则可以选择稍后再升级。对于门店经理来说，这种方式要比让 IT 部门替他们选择升级时间好得多。

本案例表明，DevOps 模式可以普遍应用于不同的技术领域。虽然其应用方式往往出人意料，但都能取得显著的成果。

3. 金丝雀发布模式和集群免疫系统发布模式

蓝绿发布模式实现起来比较简单，可以显著提高软件发布的安全性。此模式还有一些变体，能够通过自动化的方式进一步提高安全性和部署速度，但同时可能会增加一些复杂性。

金丝雀发布模式先向少量用户发布新版本，经验证没有问题后，再逐步扩大发布范围。“金丝雀发布”一词源自煤矿工人把笼养的金丝雀带入矿井的传统。矿工通过金丝雀来了解矿井中一氧化碳的浓度，如果一氧化碳浓度过高，金丝雀就会中毒，矿工就会立刻撤离。

在金丝雀发布模式下，我们会在发布过程中监控每个环境中的软件运行情况。如果出现问题，我们会进行回滚操作；如果没有问题，我们会继续下一个环境的部署。[①] 图 12-6 展示了 Facebook 创建的用于支持这种发布模式的环境组。

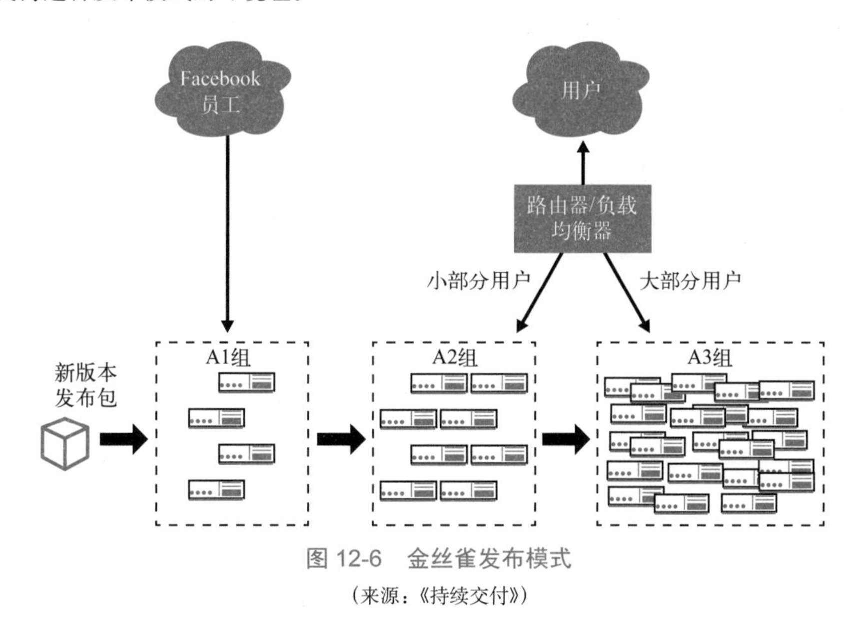

图 12-6 金丝雀发布模式

（来源：《持续交付》）

- A1 组：仅向内部员工提供服务的生产服务器。
- A2 组：仅向一小部分客户提供服务的生产服务器，当满足特定的验收标准时进行部署（自动化部署或手工部署均可）。
- A3 组：其余的生产服务器，当 A2 集群中运行的软件满足一定的验收标准时进行部署。

集群免疫系统通过将生产监控系统与发布流程相结合，并在生产系统的某些业务指标偏离预设范围时自动回滚代码，进一步扩展了金丝雀发布模式。例如，当新用户的转化率比历史均值降低 15% ~ 20% 时，系统会自动回滚代码。

这种安全机制有两个显著的优势。首先，可以避免自动化测试难以发现的缺陷，例如网页变更（CSS 变更）导致的某些关键页面元素不可见。其次，可以缩短排查和解决变更引起的性能下降问题所需的时间。[②]

---

① 注意，金丝雀发布模式要求在生产环境中同时运行软件的多个版本。但是，由于每在生产环境中增加一个版本，就会增加额外的复杂性，因此应当使版本数量最小化。要做到这一点，可能会用到前文描述的数据库的“扩展与收缩模式”。

② Etsy 在其 Feature API 库中提供了这个功能。这个功能也被 Netflix 采用。

12.2.2 基于应用程序的发布模式

上一小节我们介绍了基于部署环境的发布模式。它的特点是使用多套环境并在其间切换流量，从而实现部署与发布的解耦，这在基础架构层面上完全可行。

本小节将介绍基于应用程序的发布模式。这种模式可以在我们的代码中实现，使我们能够更加灵活、安全地向客户发布新功能。由于基于应用程序的发布模式是在应用程序中实现的，因此需要开发团队的参与。

1. 使用功能开关

基于应用程序的发布模式主要是通过功能开关（也称功能标志）来实现的。借助功能开关，我们无须向生产环境部署应用程序的不同版本，就能选择性地启用和禁用功能。功能开关还可以控制哪些功能对特定用户群体（如内部员工、客户群体等）可见和可用。

功能开关将应用程序逻辑或用户界面元素封装在条件语句的不同条件分支中，并根据保存在某处的配置信息来启用或禁用某个功能。这可以简单地使用应用程序配置文件（如 JSON、XML 文件）实现，也可以通过目录服务甚至是专门管理功能开关的 Web 服务来实现。[①]

功能开关还可以实现以下目标。

- **方便回滚**：在生产环境中，如果某个功能出现问题或服务中断，我们可以通过调整功能开关的设置快速、安全地禁用该功能。特别是在部署频率较低的情况下，关闭某一功能通常比回滚整个发布要容易得多。
- **优雅地对性能“降级”**：当服务遇到高负载时，我们通常需要对系统进行扩容，否则可能会导致服务在生产环境中不可用。通过使用功能开关，我们可以在一定程度上降低服务的质量，即通过服务“降级”来增加服务的用户数量（例如，减少某个功能的用户访问数量，禁用 CPU 密集型功能，等等）。
- **借助面向服务的架构提高灵活性**：如果某个功能依赖尚未开发完成的另一个服务，我们仍然可以将该功能部署到生产环境，然后用功能开关把它先隐藏起来。当其所依赖的服务上线后，再把功能开关打开。同样，当我们依赖的某个服务发生故障时，也可以关闭该功能。这样可以避免调用下游服务，同时保持应用程序的其他部分正常运行。
- **进行 A/B 测试**：产品团队可以使用当下流行的功能开关框架（如 LaunchDarkly、Split 和 Optimizely）进行实验，测试新功能对业务指标的影响。通过这种方式，我们能够验证新功能与我们所关注的业务结果之间的因果关系。这是一种非常强大的工具，能够以科学、基于假设的方式进行产品开发（本书后续将进行详细介绍）。

---

① Facebook 的 Gatekeeper 就是这样的服务。它是 Facebook 开发的内部服务，能够基于用户的位置、浏览器类型和用户资料数据（如年龄和性别）等信息，动态地选择哪些功能对用户可见。例如，可以把某个功能配置成只能被内部员工或 10% 的用户使用，或者只有年龄在 25 至 35 岁之间的用户可以使用。其他例子包括 Etsy 的 Feature API 库和 Netflix 的 Archaius 库。

为了确保能够发现功能开关中的功能问题，我们应在所有功能开关打开的情况下运行自动化验收测试。（还应测试功能开关本身的功能是否正常！）

2. 进行暗发布

借助功能开关，我们可以将功能部署到生产环境，但不让用户访问，这就是暗发布技术。通过暗发布，我们可以在功能对用户不可见的情况下，将所有功能代码部署到生产环境，并进行相应的测试。对于规模较大或存在风险的变更，我们通常会在正式发布前数周进行暗发布，以便能够安全地在类生产负载下进行测试。

假设我们使用暗发布技术发布了一个具有较高风险的新功能，例如新的搜索功能、账户创建流程或数据库查询。在将所有代码部署到生产环境后，我们会保持对新功能的禁用，然后修改用户会话代码来调用新功能。这个过程中，我们不会将结果展示给用户，而是仅在日志中记录它，甚至直接丢弃它。

例如，我们可以让 1% 的在线用户对将要发布的新功能做隐式调用，同时观察新功能在此工作负载下的表现。一旦发现问题，我们会进行修复，并通过提高用户访问频率和增加用户数量来逐渐增加模拟的负载。通过这种方式，我们能够安全地模拟出接近生产环境的负载，从而保障服务将正常运行。

此外，发布新功能时，我们可以采用渐进的方式将其开放给少量用户。如果发现问题，我们可以停止发布。这样可以最大限度避免功能缺陷或性能不足给大量用户带来不便的情况。

2009 年，John Allspaw 担任 Flickr 的运营副总裁时，曾给雅虎高管团队写信，讨论了他们的暗发布流程，并表示：

> 暗发布流程几乎使每个人对于负载相关的问题都充满了信心。我不知道在过去的 5 年里，有多少代码部署到了生产环境，当然我也不是很关心，因为生产环境中的变更出现问题的概率几乎为零。即便出现问题，Flickr 团队的每个工作人员都可以在网页上找出变更发生的时间、变更的提交人及变更的内容（这些会在网页上逐行展示）。[①]

对应用和环境的生产系统进行充分监控之后，还可以实现更快的反馈循环：将新功能部署到生产环境之后，我们就可以立即对业务假设和结果进行验证。

通过这种方式，我们再也不用等到大规模发布以后才能验证客户对产品的满意度。相反，在宣布进行重大功能发布之前，我们已经基于真实的客户场景进行了大量测试和改进，从而确保功能可以满足客户的预期。

---

① Facebook 的发布工程总监 Chuck Rossi 也曾谈道："我们计划在未来 6 个月里推出的功能，其所有的代码都已经被部署到了生产服务器。我们要做的就是将它们逐一开放。"

案例研究

Facebook Chat 功能的暗发布案例（2008 年）

作为页面浏览量和独立访问用户数量均处前列的网站之一，Facebook 在 2008 年拥有超过 7000 万的日活跃用户，这给正在开发新的 Chat（聊天）功能的 Facebook 团队带来了巨大挑战。①

Chat 功能团队的工程师 Eugene Letuchy 曾提到并发用户数量给软件工程带来的巨大挑战："在聊天系统中，最耗费资源的操作不是发送消息，而是让每个在线用户了解他们朋友的在线、离线状态，以便开始对话。"

Facebook 的团队花了将近一年的时间才实现这个计算密集型功能。② 该项目的复杂性在于，为了达到期望的性能，需要用到各种编程语言，包括 C++、JavaScript 和 PHP，并且在后端的基础设施中首次使用了 Erlang。

在为期一年的艰苦奋斗过程中，他们每天都把代码提交到版本控制系统，每天至少部署一次代码。起初，Chat 功能只对团队成员开放，后来才对所有 Facebook 员工开放。借助 Facebook 的 Gatekeeper 功能开关，Chat 功能对外部用户完全不可见。

作为暗发布流程的一部分，每个 Facebook 用户的会话（在用户浏览器中运行 JavaScript）都加载了一个测试工具包。虽然 Chat 功能的界面元素被隐藏，但浏览器客户端还是会向已经在生产环境中的后端聊天服务发送不可见的聊天测试消息。这使得团队能够在整个项目期间模拟类生产负载，从而能够在发布之前发现和修复性能问题。

Chat 功能的发布和上线仅需两个步骤：修改 Gatekeeper 的配置，使 Chat 功能对某些外部用户可见；让 Facebook 用户加载新的 JavaScript 代码来渲染 Chat 界面，同时禁用不可见的测试工具包。如果发生问题，这两个步骤将被撤销。

Facebook Chat 功能发布当天取得了意想不到的成功。发布过程十分顺利，并且用户量似乎一夜之间从 0 涨到了 7000 万。Chat 功能的发布是渐进式的：先是对所有 Facebook 员工开放，然后是 1% 的客户群体，再然后是 5%，以此类推。正如 Letuchy 所写："在一夜之间把用户量从 0 涨到 7000 万的秘诀就是，事前做好准备，千万不要想着一口吃成个胖子。"

在本案例中，每个 Facebook 用户都参与了一个庞大的负载测试计划，这使得 Facebook 团队对于处理真实的类生产环境负载充满信心。

---

① 到 2015 年，Facebook 的活跃用户数已经超过 10 亿，比前一年增长了 17%。

② 最坏情况下，该问题的时间复杂度是 $O(n^3)$。换句话说，计算时间随着在线用户数、好友人数的增加，以及好友状态的变化频率提高而飞速增加。

12.3 持续交付和持续部署实践调研

在《持续交付》一书中，Jez Humble 和 David Farley 对“持续交付”这一概念进行了定义。而“持续部署”一词最早出现在 Tim Fitz 的博客文章“Continuous Deployment at IMVU: Doing the impossible fifty times a day”中。然而，Jez Humble 在 2015 年编写本书的第 1 版时评论道：

> 在过去的五年里，人们对于“持续交付”和“持续部署”这两个概念的理解有些混淆，而且，我对这两者的看法和定义也发生了改变。每个组织都应根据自身的需求找到适合自己的定义。我们应关注的重点不是形式，而是结果，即部署应该是低风险、可随时执行的一键操作。

他对“持续交付”和“持续部署”的新定义如下。

> 持续交付是指，所有开发人员都在主干上进行小批量工作，或者在短时间存在的特性分支上工作，定期向主干合并。同时主干始终保持可发布状态，并且能够在正常的工作时间按需进行一键发布。持续交付模式下，开发人员在引入任何回归问题（包括缺陷、性能问题、安全问题、易用性问题等）时，都能快速得到反馈。一旦发现这类问题，他们就会立即进行修复，从而保持主干始终处于可部署状态。

> 持续部署是指，在持续交付的基础上，由开发人员或运维人员自助、定期向生产环境部署优质的构建版本，这通常意味着开发人员每天至少执行一次生产环境部署，甚至当开发人员提交代码变更时，也会触发一次自动化部署。

按照上述定义，持续交付是持续部署的前提，就像持续集成是持续交付的前提一样。持续部署通常适用于在线交付的 Web 服务；而持续交付适用于几乎任何对质量、交付速度和结果的可预测性有高要求的低风险部署和发布场景，包括嵌入式系统、COTS 产品和移动应用等。

在亚马逊和谷歌，大多数团队都采用持续交付，但也有一些团队采用持续部署。因此，不同团队在代码部署频率和部署方式上存在一定的差异。团队有权根据他们所面临的实际情况来选择如何进行部署。

本书介绍的大多数案例也跟持续交付有关，比如在惠普 LaserJet 打印机上运行的嵌入式软件、在 COBOL 大型计算机应用等 20 个技术平台上运行的 CSG 账单打印系统，以及 Facebook 和 Etsy 等。持续交付模式同样适用于运行在手机上的软件，以及控制卫星的地面控制站等软件。

持续学习

DORA 在 2018 年和 2019 年的《DevOps 现状报告》中指出，持续交付是卓越绩效的关键预测因素。研究发现，这涉及技术和文化两个方面，包括：

- 团队能够在软件交付的整个生命周期根据需求将产品部署到生产环境或最终用户手中；
- 团队成员能够快速获得关于系统质量和可部署性的反馈意见；
- 团队成员优先考虑保持系统处于可部署状态。

案例研究

CSG：实现开发与运维的双赢（2016 年）

在 2012 年至 2015 年成功改善发布流程之后，CSG 进一步优化了其组织架构，以改善日常运营状况。2016 年的 DevOps 企业峰会上，CSG 当时的首席架构师、副总裁软件工程师 Scott Prugh 向大家介绍了一次戏剧性的组织变革，将独立的开发和运维团队整合成了跨职能的构建与运行团队。

Scott Prugh 的描述如下。

> 我们在发布流程和发布质量方面做出了巨大的改进，但与此同时，我们与运维团队之间仍存在一些冲突。开发团队对自己的代码质量充满信心，因而期望更快、更频繁地进行发布。
>
> 然而，我们的运维团队对于生产环境故障和快速变更对环境造成的影响提出了抱怨（见图 12-7）。为了解决这些问题，我们的变更项目管理团队优化了流程，以期加强协作并试图控制混乱的局面。但遗憾的是，这几乎没有对生产质量、运维团队的体验或开发与运维团队之间的关系带来实质性的改善。

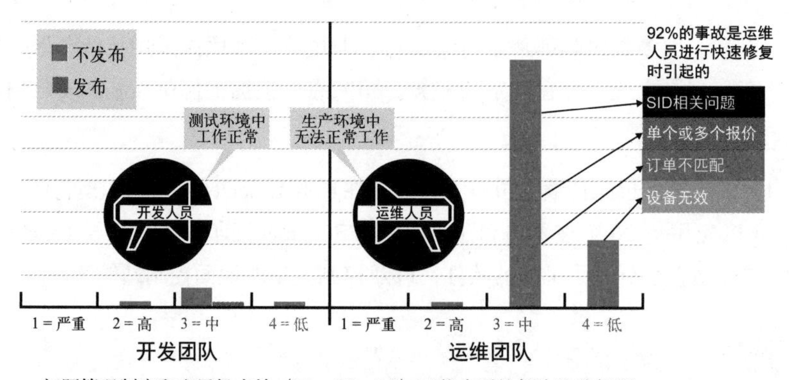

图 12-7　组织架构如何影响行为和质量

（图片由 Scott Prugh 提供）

为了弄清楚情况，CSG 团队对事故数据进行了深入分析，同时也发现了一些令人惊讶和担忧的趋势。

- 发布相关的影响和事故数量减少了近 90%（从 201 个减少到 24 个）；
- 发布引发的事故占所有事故的比例仅为 2%（其余 98% 发生在生产环境中）；
- 其中 92% 的生产事故是运维团队为了快速修复问题造成的。

Scott Prugh 进一步提道："我们在开发方面取得了明显的改进，但是对生产运维环境的改善却很少。因此结果显而易见：优秀的代码质量和糟糕的运维质量。"

为了找到解决方案，Scott Prugh 提出了以下问题。

- 是不是因为不同的组织有不同的目标，导致组织目标与系统目标背道而驰？
- 是不是因为开发人员缺少对运维的理解，导致软件难以运行？
- 没有共同的使命，会不会导致团队之间缺乏同理心？
- 是不是我们的交接流程导致部署前置时间过长？
- 是不是运维人员缺乏必要的工程技能，阻碍了质量改进，同时鼓励了使用临时方案来解决问题？

与此同时，生产问题引发了客户投诉，这些问题不断被提升到执行领导层。CSG 的客户对此非常愤怒，执行领导也苦于寻找改善 CSG 的运维状况的方法。

进行了诸多尝试之后，Scott Prugh 提出了创建"服务交付团队"的想法，建议将开发团队和运维团队合并到一个团队，让该团队负责软件的开发和运行（见图 12-8）。

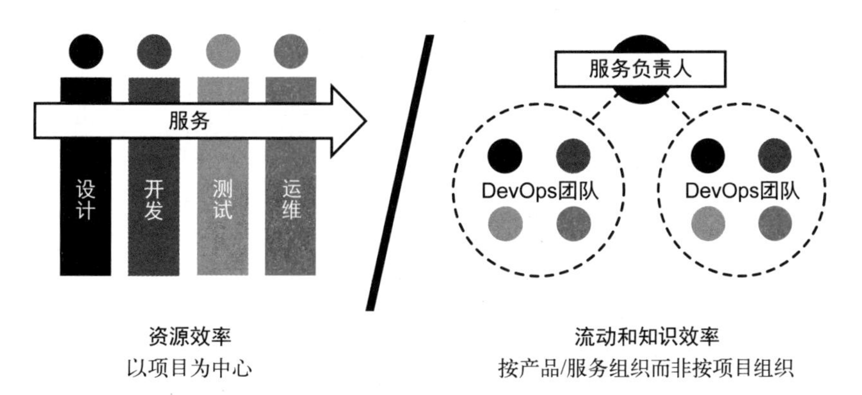

图 12-8　从独立部门到跨职能团队

（图片由 Scott Prugh 提供）

起初，大家对这个提议的分歧颇大。Scott Prugh 向大家展示了之前共享运维团队的成功案例，并进一步补充，认为此举将为两个团队带来双赢，具体如下。

- 增进开发人员和运维人员的相互理解，从而改善从开发到运维的整个交付链；
- 提高流动和知识效率，让团队成员共同承担设计、构建、测试和运维的责任；
- 将运维视为一个工程问题；[①]
- 带来其他益处，如改善沟通、减少会议、创建共享计划、加强协作、提升工作的可见性和促进对组织愿景的一致理解。

接下来是重新组建一个由开发和运维团队及其领导组成的新团队（见图 12-9）。新团队的经理和领导从现有人员中挑选，团队成员则进行重新招募。组织架构变革之后，开发经理和领导亲身体验了软件运行的真实过程。

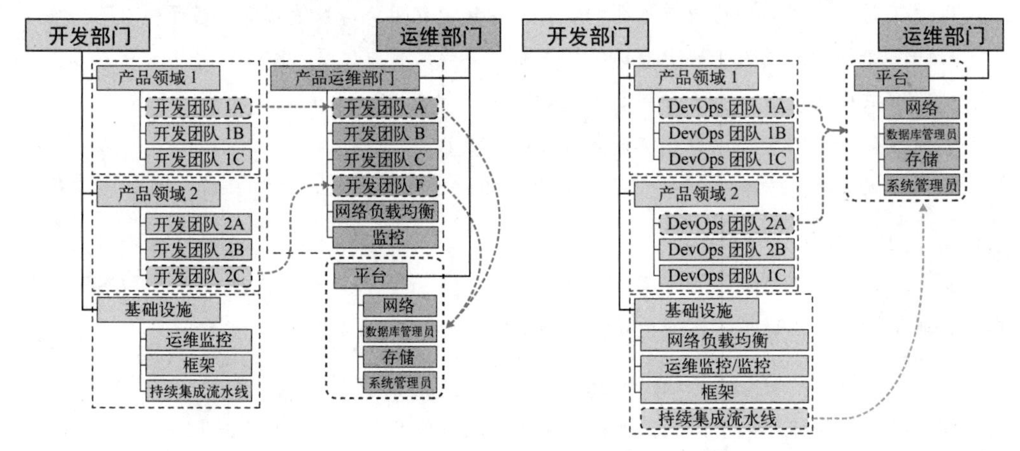

图 12-9　传统组织架构 vs 跨职能组织架构

（图片由 Scott Prugh 提供）

这个过程让人备受震撼：领导们意识到，组建一个同时负责软件构建和系统运维的团队，只是漫长旅程的第一步。软件工程副总裁 Erica Morrison 回忆道：

> 当我深入参与网络负载均衡团队的工作时，很快我就感觉自己置身于《凤凰项目》中。尽管我在之前的工作中看到过很多与本书相似的情境，但这次完全不同。有很多看不见的工作需要处理，而且分布在多个系统中：一个系统用于处理用户故事，一个用于处理软件事故，另一个用于处理变更请求，还有一个用于处理新的需求。此外，还有大量的电子邮件需要处理。有些事情甚至没有记录在任何系统中。为了跟进这些事情，我的大脑都要爆炸了。

① 现在，该团队能够将工程原理和技能运用到运维工作中，同时进行交叉培训，使运维工作不再仅仅是一项流程性活动，而是成为一项真正持续改进的工程活动。这将使得运维人员能够更早地参与其中，停止临时应急的工程活动。

> 管理所有工作所带来的认知负荷非常大，我已经没有精力同时跟进团队和干系人的一些事宜。基本上，谁喊得最大声，谁的事情就会优先得到处理。由于没有一个系统来进行工作追踪和优先级排序，几乎每件事情的优先级都很高。
>
> 同时，我们还发现我们已经积累了大量的技术债务，这导致许多重要的供应商无法进行升级，一直使用过时的硬件、软件和操作系统。我们还缺乏统一的标准，即使有标准，也没有得到普遍应用或在生产环境中推行。
>
> 此外，还存在重要的人员瓶颈，导致了不可持续的工作环境。
>
> 最后，所有的变更都必须通过传统的 CAB（change advisory board，变更咨询委员会）流程进行批准，这也造成了一个巨大的瓶颈。此外，由于变更过程缺乏自动化的支持，每个变更都是手工操作，无法跟踪，因此风险非常高。

CSG 团队采取了一系列措施来解决这些问题。首先，他们应用了 John Shook“改变行为以改变文化”的模型，进行了行动偏好和文化的变革。领导团队意识到，要改变文化，需要先改变行为，进而影响价值观和态度，最终实现文化的变革。

其次，他们引入了开发人员来加强运维工程师的力量，同时向其他成员展示了高效的自动化和工程技术在解决关键运维问题方面的潜力和价值。他们对流量报告和设备报告进行了自动化，使用 Jenkins 来编排需要手工完成的基本任务。此外，他们将运维监控功能添加到 CSG 的 StatHub 统一平台，通过自动化部署来减少错误，并且支持回滚操作。

随后，CSG 团队把精力投入到将所有配置纳入代码和版本控制。这涉及持续集成实践，也涉及在测试环境中尝试和练习部署，而不影响生产环境。新的流程和工具使得同行评审更加方便，因为所有代码都必然通过部署流水线进入生产环境。

最后，团队着手将所有工作纳入一个统一的待办事项清单中，包括把来自多个系统的工单自动整合到一个协作系统，这样团队就可以在该系统中协作并确定工作的优先级。

Erica Morrison 这样回顾她在这个过程中的心得体会：

> 我们在这个过程中非常努力，将我们在开发领域所掌握的最佳实践应用到运维领域。在这个过程中，确实有很多事情进行得很顺利，但也出现了很多失误和意外。或许最让我们感到意外的是，运维真的非常困难。尽管我们之前对运维有些了解，但亲身体验后才发现它比想象中更加困难。
>
> 此外，变更管理对开发人员来说非常可怕，而且也不可见。作为开发团队的一员，我们对变更过程和正在进行的变更一无所知，但现在我们每天都要处理变更。变更可能会让人感到不堪重负，每天都占用很多时间。

我们也再次确认，在开发团队和运维团队之间，变更是导致两者目标冲突的重要原因之一。开发人员希望尽快将变更提交到生产环境，而运维人员则负责确保系统的稳定性和可靠性，因此对引入变更可能带来的风险持谨慎态度。我们现在明白，让开发和运维人员共同设计和实施变更可以实现双赢，在提高速度的同时保证稳定性。

CSG 的案例体现了开发和运维团队共同进行设计和实施变更的重要性。此举可以实现低风险的发布流程。

12.4 小结

正如 Facebook、Etsy 和 CSG 的案例所示，发布和部署并不一定是高风险、充满戏剧性的事情，也不需要几十甚至上百名工程师夜以继日地工作才能完成。相反，它们可以成为日常工作的一部分。通过这样的方式，我们可以将部署前置时间从几个月缩短到几分钟，使组织能够迅速向客户交付价值。此外，开发和运维团队的合作，最终使得运维工作更加人性化。

第 13 章

降低发布风险的架构

几乎每个已成为 DevOps 典范的公司都曾因架构问题而身陷困境，包括 LinkedIn、谷歌、eBay、亚马逊和 Etsy。但这些公司最终都采用了更为合理的架构，从而化险为夷，在解决问题的同时满足了业务需求。

这就是演进式架构原则。正如 Jez Humble 所说："任何成功的产品或组织，其架构都必然会随着其生命周期演进。" Randy Shoup 加入谷歌之前，曾在 2004 至 2011 年间担任 eBay 的首席工程师和架构师。他曾提道："eBay 和谷歌都曾对其架构进行了五次彻底重构。"

他回忆道："现在看来，当时有些技术和架构选型很有远见，有些则不然。对于组织当时的目标而言，每个决策似乎都恰到好处。如果我们在 1995 年就试图实现微服务技术或架构，那么极有可能失败，甚至拖累整个公司。" [①]

如何从现有架构迁移到新的架构，是一个巨大的挑战。以 eBay 为例，当他们需要重新设计架构时，他们首先做了一个小型的试点项目，以确保他们对问题充分了解之后才着手进行改进。例如，Randy Shoup 的团队在 2006 年计划将网站的某些功能迁移到 Java 全栈架构，他们按照业务收入对网站页面进行排序，选择能够带来最大收益的领域作为优先迁移的目标。如果没有足够的商业回报，他们会停止架构迁移。

Randy Shoup 的团队在 eBay 做了教科书式的架构设计演进。他们采用了**绞杀者应用**（strangler fig application）模式，而不是在无法继续满足组织目标的架构上直接"剥离和替换"旧服务。他们将现有功能用 API 封装起来，并避免对其做进一步的变更。新功能基于新的架构进行开发，只有在必要时才调用旧系统的 API。

对于将部分功能从单体应用程序或紧耦合的服务迁移到更松耦合的架构，绞杀者应用模式非常有用。我们经常发现自己面对的是数年前（或数十年前）设计的紧耦合架构，其各个组件之间的依

① eBay 的架构演进过程如下：Perl 语言加文件系统（v1，1995 年），C++ 语言加 Oracle 数据库（v2，1997 年），XSL 加 Java 语言（v3，2002 年），全栈 Java 语言（v4，2007 年），Polyglot 微服务（2013 年至今）。

赖关系非常强。

过于紧耦合的架构带来的问题非常明显：每次我们尝试提交代码到主干，或将代码发布到生产环境时，都有可能导致整个系统出现故障（例如，新提交的代码可能会破坏其他人的测试和功能，或者让整个网站崩溃）。为了避免这种情况，每个微小的变更都需要数天或数周的大量沟通和协调，还可能需要得到所有干系人的批准。

此外，部署工作也变得困难重重：每次部署都需要批量处理越来越多的变更，进一步增加了集成和测试工作的复杂性，增大了出错概率。

即便是进行小规模的变更部署，也可能需要与数百（甚至数千）名开发人员进行协调，而其中任何一个人都有可能造成灾难性的故障，定位并解决问题很可能需要数周的时间。（这也导致了另一个问题："开发人员只有 15% 的时间用于写代码，其余的时间都花在开会上。"）

所有这些导致了一个极其不安全的工作体系，即便是微小变更也可能会造成不可预知的灾难性后果。这也加剧了大家对集成和部署代码的恐惧，并形成恶性循环，使部署频率越来越低。

从企业架构的角度来看，这种恶性循环符合热力学第二定律，对于复杂的大型组织来说更是如此。*Architecture and Patterns for IT: Service Management, Resource Planning, and Governance* 一书的作者 Charles Betz 指出："（IT 项目负责人）并不对系统整体的熵增负责。"换句话说，降低系统整体的复杂性、提高整个开发团队的生产力，几乎从来就不是某一个人的目标。

本章将介绍可以扭转上述恶性循环的措施，同时回顾一些主要的架构原型，探究有助于提高研发效能、可测试性、可部署性和安全性的架构特征，以及相关的架构迁移策略，以便从现有架构安全地迁移至能更好实现组织目标的架构。

13.1 提高研发效能、可测试性和安全性的架构

紧耦合架构不仅会降低研发效能，还会影响安全变更的能力。与紧耦合架构相比，松耦合架构具有定义清晰的接口，优化了模块间的依赖关系，提高了研发效能和安全性，让小型高效的团队能够进行安全独立的小规模变更和部署。由于每个服务都有一个定义明确的 API，所以更容易测试，团队之间的服务等级协定也更容易制定。

正如 Randy Shoup 所说：

> 这种类型的架构极其适用于谷歌。像 Gmail 这样的服务，下面还有五六个服务层次，每层服务都提供特定的功能。每个服务都由一个小型团队支持，这些团队负责构建和运行各自的功能，但可能会使用不同的技术。另一个例子是 Google Cloud Datastore 服务，它是全球规模前列的 NoSQL 服务之一，但其支持团队却只有 8 人左右，主要是因为它建立在一系列可靠的服务之上（见图 13-1）。

- Cloud Datastore：NoSQL服务
  - 高可扩展性和弹性
  - 强事务一致性
  - 类SQL的强大查询能力
- Megastore：可跨区域扩展的结构数据库
  - 支持多行事务
  - 跨数据中心同步复制
- Bigtable：集群级别的结构化存储
  - （行、列、时间戳）→ 单元内容
- Colossus：下一代集群文件系统
  - 块分布和复制
- 集群管理基础设施
  - 任务调度和机器分配

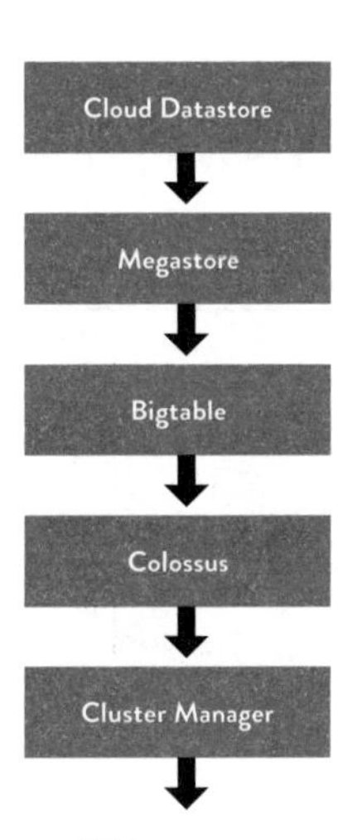

图 13-1　Google Cloud Datastore 服务

（来源：Randy Shoup，“From the Monolith to Micro-services”）

这种面向服务的架构能够让小型团队各自负责更小、更简单的开发任务，并且每个团队都可以独立、快速和安全地进行部署。Randy Shoup 指出：“谷歌和亚马逊等事例表明，这样的架构能够影响组织结构，为组织带来灵活性和可扩展性。这些组织拥有成千上万名开发人员，但他们的小型团队仍然能够展现出令人难以置信的高效能。”

13.2　架构原型：单体架构 vs 微服务

大多数 DevOps 组织都曾为紧耦合的单体架构而感到困扰。尽管单体架构非常成功地帮助这些组织实现了产品与市场的高度契合，但是当组织规模扩大之后，这样的架构却成了很大的隐患（例如，eBay 2001 年的 C++ 单体应用、亚马逊 2001 年的 Obidos 单体应用、Twitter 2009 年的 Rails 单体前端应用，以及 LinkedIn 2011 年的 Leo 单体应用）。后来这些公司都对自己的系统进行了重构，最终在激烈的市场竞争中赢得了一席之地。

单体架构并非天生就有缺陷，事实上，在产品生命周期的早期阶段，单体架构通常是组织的不二之选。正如 Randy Shoup 所说：

> 并不存在一种适用于所有产品和规模的完美架构。每种架构都能满足特定的目标、需求和约束条件，例如上市时间、功能开发的便利性、扩展性，等等。任何产品或服务的功能几乎都会随着时间的推移而发展演进，因此我们的架构需求也会相应变化。在规模为 1 时有用的架构，很少能够在规模为 10 或 100 时同样有用。

表 13-1 列举了主要的架构原型。行表示组织在演进过程中对架构原型的不同需求，列则介绍了各个架构原型的优点和缺点。从表中可以看出，支持初创企业的单体架构（例如，需要为新功能快

速创建原型，或者公司的战略目标可能出现重大改变）与需要数百个开发团队、能够独立向客户交付价值的架构截然不同。通过采用演进式架构，我们可以确保架构始终满足组织当前的需求。

表 13-1 架构原型对比

架构原型	优　点	缺　点
单体架构 v1.0 （所有功能集中在一个应用里）	• 上手简单 • 进程间延迟低 • 一个代码库，一个部署单元 • 小规模下资源利用率高	• 团队规模越大，协作成本越高 • 模块划分不清晰 • 不易扩展 • 非黑即白的部署结果：要么成功，要么失败（停机、故障） • 构建时间长
单体架构 v2.0 （分为多个单体层：前端展示层、应用服务器层、数据库层）	• 上手简单 • 联合查询容易实现 • 单一数据库模式，单一部署 • 小规模下资源利用率高	• 时间越久，耦合度越高 • 不易扩展，冗余性差（非黑即白的设计，仅支持垂直扩展） • 调优难度较大 • 非黑即白（要么不做，要么都做）的数据库模式管理
微服务 （模块化、独立、图状关系而非层次结构，拥有独立的持久化存储）	• 每个单元都简洁明了 • 架构扩展和性能优化分离 • 测试和部署分离 • 支持性能调优（缓存、复制等）	• 具有多个协同工作的单元 • 需要多个小型代码仓库 • 需要更复杂的工具和依赖管理 • 存在网络延迟

（来源：Randy Shoup，“From the Monolith to Micro-services”）

案例研究

亚马逊的演进式架构（2002 年）

亚马逊的架构演进是被研究得最多的一个案例。亚马逊首席技术官 Werner Vogels 在接受图灵奖得主、微软技术高级研究员 Jim Gray 的采访时说：“1996 年，亚马逊网站以单体应用的形式运行在 Web 服务器上，与后端数据库进行通信。这个应用程序叫作 Obidos，后来逐渐承载了亚马逊所有重要的业务逻辑、显示逻辑和功能，例如相似产品、商品推荐、Listmania（用户个性化商品列表）、评论等。

随着时间的推移，Obidos 变得越来越复杂。其复杂的共享关系导致一些组件无法按需扩展。Werner Vogels 告诉 Jim Gray：“这意味着许多功能将无法在这样优秀的架构中实现，因为这是一个由很多复杂组件构成的单体系统，它不可能再继续演进下去了。”

在描述向新架构演进的心路历程时，Werner Vogels 说道：“经过认真反省，我们得出了一个结论：只有面向服务的架构才能提供足够的隔离级别，从而让我们能够快速且独立地构建软件组件。”

Werner Vogels 继续说道："亚马逊在过去的五年（2001—2005）经历了巨大的架构变革：从两层的单体架构彻底转变为分布式的去中心化服务平台，为许多不同的应用提供服务。我们是最早尝试这种变革的组织，为此我们进行了大量的创新。"Werner Vogels 的经验分享对于我们理解架构变革的重要性有重要意义，具体包括以下几点。

- 恪守面向服务的架构设计理念可以实现架构隔离，提高主人翁意识和管控水平。
- 禁止客户端直接访问数据库，可以在不涉及客户端的情况下对服务状态进行扩展，提高可靠性。
- 面向服务的架构有助于改善开发和运维流程。服务模型可以强化以客户为中心的团队理念，每个服务都有一个相关团队，负责该服务功能范围的确定，以及架构设计、构建和运维的落地。

以上经验极大提升了研发效能和可靠性。2011 年，亚马逊每天执行大约 1.5 万次部署。到了 2015 年，其日部署量达到近 13.6 万次。

本案例展示了从单体架构向微服务架构的演进对于架构解耦的重要性。此举可以更好地满足组织的需求。

13.3 安全地演进企业架构

"绞杀者应用"一词由 Martin Fowler 于 2004 年提出。这源于他在澳大利亚旅行时，从当地藤类绞杀植物身上得到的启发。他写道："它们生长于榕树的顶部枝干，藤蔓逐渐蔓延至树干下方，并扎根于土壤，经过多年的生长，形成了奇特而美丽的形状，与此同时，绞杀了曾经作为宿主的树木。"

如果我们认为当前的架构过于耦合，我们可以安全地将部分功能从现有架构中解耦出来。通过这种方式，负责这些功能的开发团队能够独立且安全地进行开发、测试和部署，同时减小了架构的熵。

如前所述，绞杀者应用模式涉及使用 API 对现有功能进行封装，以免对其做进一步的变更，同时基于新的架构来开发新的功能，仅在必要时调用旧系统。在绞杀者应用模式下，所有服务都通过版本化的 API（也称**版本化服务**或**不可变服务**）进行访问。

版本化的 API 使我们能够在不影响调用者的情况下对服务进行变更，这降低了系统的耦合度。如果需要修改参数，我们会创建一个新的 API 版本，并告知依赖该服务的团队也使用新版本。毕竟，如果我们允许新的绞杀者应用与其他服务紧耦合（例如直接连接到其他服务的数据库），那么我们将无法对架构进行重构。

如果我们调用的服务没有明确定义的 API，我们就应该为这些服务构建 API，或至少通过一个具有明确定义的 API 的客户端库，来隐藏与这些系统通信的复杂性。

通过不断将功能从现有的紧耦合系统中解耦，我们的工作氛围愈发充满安全感和活力，开发人员也能够更加高效地开展工作。由于所有的业务功能都逐渐迁移到新架构中，因此传统应用程序的功能会逐渐减少，甚至可能会完全消失。

绞杀者应用可以帮助我们避免"新瓶装旧酒"（使用新架构或新技术来复制已有功能）。通常情况下，由于现有系统的独特性，我们的业务流程会比想象中更加复杂，最终也不得不复制这些独特性。（我们会进行用户调研，然后重新设计业务流程，用更简单高效的流程来实现业务目标。）①

对于"新瓶装旧酒"所带来的风险，Martin Fowler 是这么说的：

> 我职业生涯的大部分时间都在重写关键系统。可能大家会觉得这件事情很简单，只是做一个新系统来替换旧系统而已。然而实际情况要复杂得多，并且充满了风险。随着新旧系统替换日期的逼近，我们会感到压力倍增。虽然新功能的需求源源不断，但旧功能也必须保留，甚至旧系统的 bug 也要带入新系统。

与其他任何转型一样，我们要力求速战速决，并在迭代中持续交付价值。前期分析有助于我们每次只跨出一小步，这一小步是基于新的架构，并且有助于我们实现业务目标的。

案例研究

Blackboard Learn 的绞杀者应用模式（2011 年）

Blackboard 公司是给教育机构提供技术解决方案的先驱者之一，它在 2011 年的年收入约为 6.5 亿美元。该公司当时的旗舰产品 Blackboard Learn 是一款打包软件，在客户内部环境安装和运行。该产品的开发团队每天都要面对 1997 年开发的 J2EE 代码库带来的问题。他们的首席架构师 David Ashman 曾提道："我们的代码库中仍然存在一些残留的 Perl 代码。"

2010 年，David Ashman 开始关注旧系统带来的复杂性和日益增长的前置时间，他指出："我们的构建、集成和测试过程变得越来越复杂，容易出错。随着产品规模的扩大，我们的前置时间越来越长，客户体验也越来越差。要获得集成过程的反馈，甚至需要花费 24 至 36 小时。"

通过分析源代码仓库 2005 年以来的数据图表，David Ashman 清晰地看到了这对开发人员生产力造成的影响。

---

① 绞杀者应用模式逐步用全新的系统完全替换整个遗留系统。与此相对，**抽象分支**（branching by abstraction）是一个由 Paul Hammant 提出的术语，这是一种在我们正在变更的区域之间创建抽象层的技术。这使得应用程序架构可以进行演化设计，同时允许每个人都在主干 / 主分支上工作并开展持续集成。

在图 13-2 中，上方的曲线表示 Blackboard Learn 单体应用代码库中的代码行数，下方的柱状图表示代码提交次数。从图表可以看出，代码提交次数随着代码行数的增加而减少，这从客观上反映出，引入代码变更的难度越来越大。David Ashman 指出："这意味着我们必须要采取一些措施，否则这个问题会继续恶化下去。"

因此，他在 2012 年开始专注于使用绞杀者应用模式来重构代码。他的团队通过创建所谓的"构件"（Building Blocks）来实现这个目标。"构件"使开发人员可以在独立模块中进行工作，这些模块是从单体应用的代码库中解耦出来的，并通过固定的 API 访问。这使他们能够更自主地工作，无须与其他开发团队不断进行沟通和协调。

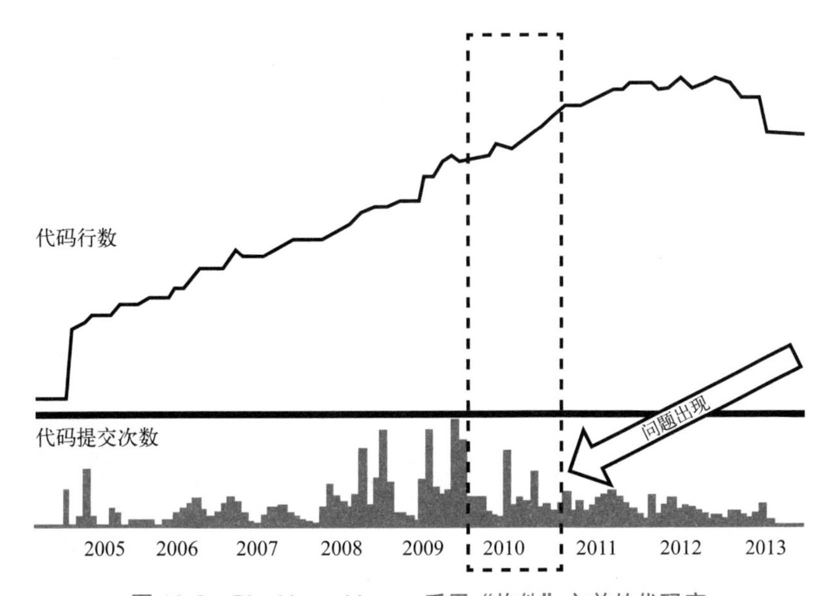

图 13-2　Blackboard Learn 采用"构件"之前的代码库

（来源：YouTube 视频"DOES14 - David Ashman - Blackboard Learn - Keep Your Head in the Clouds"，发布者 DevOps Enterprise Summit 2014，2014 年 10 月 29 日）

当所有开发人员都用上"构件"之后，单体应用源代码仓库的规模开始缩减（即代码行数开始减少）。David Ashman 解释说，这是因为开发人员将他们的代码迁移到了"构件"的源代码仓库中。他说："实际上，如果可以的话，每一位开发人员都更倾向于在'构件'的代码库中工作，这样他们可以更自主、更自由、更安全地进行工作。"

图 13-3 展示了"构件"代码库中的代码行数与代码提交次数之间的关系，二者均呈指数增长。新的"构件"代码库使开发工作更加高效和安全，因为如果有问题发生，只会造成局部的轻微故障，不会造成系统范围内的严重故障。

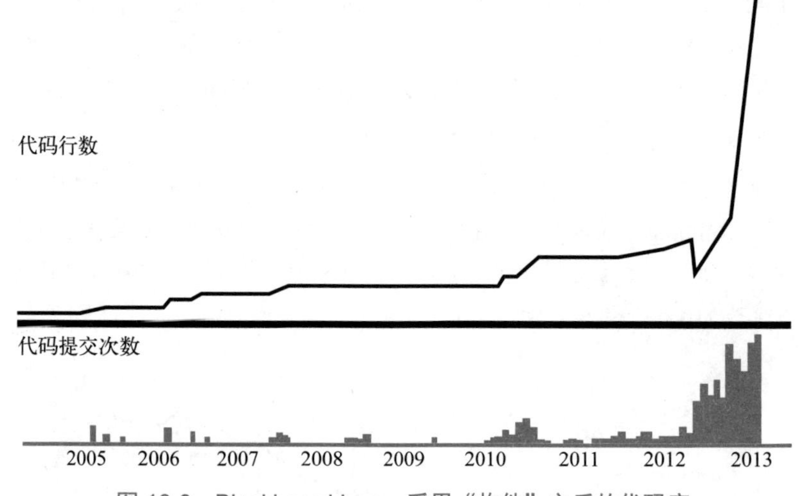

图 13-3 Blackboard Learn 采用“构件”之后的代码库

（来源：YouTube 视频“DOES14 - David Ashman - Blackboard Learn - Keep Your Head in the Clouds”，发布者 DevOps Enterprise Summit 2014，2014 年 10 月 29 日）

David Ashman 总结道：“开发人员采用‘构件’架构之后，显著提升了代码的模块化程度，也让他们能够更加独立、自由地工作。随着构建流程的不断完善，开发人员也能够更快、更准确地获得工作反馈，从而提升产品质量。”

使用绞杀者应用模式和创建模块化的代码库之后，Blackboard Learn 团队可以更加自主地工作，并以更安全快捷的方式解决问题。

持续学习

研究数据证明了架构的重要性及其在提高绩效方面的作用。DORA 和 Puppet 2017 年的《DevOps 现状报告》指出，架构是实现持续交付的最重要因素。

报告分析结果显示，在架构能力方面得分最高的团队更擅长独立完成工作，无须依赖其他团队，并且可以自主对其系统进行修改。

DORA 2018 年和 2019 年的《DevOps 现状报告》也印证了上述结论，进一步证明了松耦合架构对团队快速部署和顺利发布具有重要作用。

13.4　小结

在很大程度上，我们使用的架构决定了代码的测试和部署方式。由于我们经常遇到为不同的组织目标或不同时期优化的架构，因此我们需要保证架构可以安全地进行演进和迁移。本章的案例以及前文亚马逊的案例均介绍了绞杀者应用模式等技术，这些技术可以帮助我们逐步推进架构转型，从而满足组织的业务需求。

第三部分总结

在第三部分中，我们介绍了从开发到运维快速流动的架构和技术实践，以便能够快速、安全地向客户交付价值。

在接下来的第四部分，我们将介绍如何创建一种架构和机制，使反馈能够从右到左快速流动，以便我们更快地发现和解决问题，帮助组织进一步提高适应能力。

第四部分

“第二要义：反馈”的具体实践

在第三部分，我们介绍了从开发到运维快速流动所需要的架构和技术实践。在第四部分，我们将介绍如何实施 DevOps 三要义中第二要义的技术实践。第二要义要求从运维到开发创建快速和持续的反馈。

据此，我们可以缩短并加强反馈回路，及时发现问题，并将其通知给价值流中的所有相关人员。这让我们可以在软件开发生命周期的早期阶段快速发现和修复问题——理想情况下，在导致生产环境事故之前就早早完成修复。

此外，我们要建立一种工作机制，确保在价值流下游的运维环节获取的知识能传播到上游的开发和产品管理工作中。这样，不论是生产环境问题、生产环境部署问题，还是故障预警信息、用户使用模式，我们都能够基于反馈快速学习和改进。

我们还要有一套方法，让大家了解产品上线后的实际效果，让此类信息可见，从而做到快速测试我们对产品的假设，了解我们开发的新功能是否有助于实现组织的业务目标。

最后，我们还会介绍如何对构建、测试和部署上线的过程进行监控，对用户行为、生产环境问题和故障、审计问题、安全漏洞进行监控。只有在日常工作中重视这些信号，才能构建一个安全的工作体系，由此我们可以快速发现和消除问题，有信心进行各种变更，进行各种产品设计方面的试验。我们是通过如下措施来做到这些的。

- 配置监控以发现和解决问题；
- 使用监控以更好地预测问题，并促进业务目标的达成；
- 产品团队在工作中利用用户调查和反馈提供的信息；
- 建立反馈，让开发人员和运维人员可以安全地进行生产环境部署；
- 通过同行评审和结对编程提供的反馈来提高工作的质量。

这些模式有助于强化产品管理、开发、QA、运维、信息安全这些岗位的共同目标，鼓励他们共同担负起确保线上服务稳定运行的责任，并协作进行系统整体的改进。我们要尽可能建立起结果和原因之间的关联。我们能证伪的假设越多，发现和修复问题的速度就越快，学习和创新的能力就越强。

在接下来的几章里，我们将介绍实现反馈回路的方法，确保大家为了共同的目标而一起工作；让问题刚产生就暴露并被快速修复；确保新功能在生产环境中不仅按照设计运行，而且能帮助组织达成业务目标，促进组织学习。

第 14 章

使用监控发现和解决问题

运维工作中会冒出各种问题，一个小变更可能会带来出乎意料的后果，甚至是系统停运和全局故障，波及所有客户。这就是复杂系统的特点：没有人能够对整个系统了如指掌，没有人说得清系统的各部分是如何相互协作的。

当问题发生时，我们往往难以获得解决问题所需要的全部信息。例如，在系统停运时，我们可能难以判断问题出在哪里：是应用程序的问题（比如代码中的缺陷）、运行环境的问题（比如网络问题、服务器配置问题），还是来自外部的问题（比如大规模的网络攻击）？

于是我们可能总是用这个套路来应付：有问题，就重启。如果重启了某台服务器还不行，那就把相关的服务器都重启。再不行就把所有服务器都重启。如果仍旧不行，那就去指责开发人员：都是你们的错！

微软运维框架（Microsoft Operations Framework，MOF）在 2001 年的研究表明，与上述方法不同，那些做得最好（体现为服务等级最高）的组织把重启服务器的频率降到了只有行业均值的二十分之一，而蓝屏死机出现的频率也只有行业均值的五分之一。换句话说，那些绩效最好的组织更善于诊断并修复问题。Kevin Behr、Gene Kim 和 George Spafford 在 *The Visible Ops Handbook* 一书中把这种文化称作“探寻原因的文化”。那些高手使用专业的方法解决问题：他们使用**监控**（telemetry）[①] 技术来探寻导致问题的原因，而不是简单粗暴地重启服务器。

为了能够这样专业地解决问题，我们需要设计我们的系统，让它可以持续地产生监控数据。这里所说的监控是指把远端收集到的度量数据或其他数据自动传输到接收端以便监视查看。我们的目标是在不同的运行环境中为应用程序和运行环境添加监控，并对部署流水线进行监控。

根据 Michael Rembetsy 和 Patrick McDonnell 的讲述，Etsy 的 DevOps 转型之旅始于 2009 年，运维监控是其关键环节之一。Etsy 曾经同时使用多个技术栈，导致越来越难以支持和维护。最终，Etsy 决定把技术栈统一到 LAMP（Linux、Apache、MySQL 和 PHP）。

---

① telemetry 一词直译为“遥测”，也有资料采用这一译法。——编者注

在 2012 年 Velocity 大会上，McDonnell 描述了这种转变可能带来的风险：

> 我们正在改变我们最关键的一些基础设施。客户平常不会注意到它们，但是如果我们搞出问题的话，那可就不一样了。我们需要添加更多的监控指标，确保我们在进行这样的重大变更时不会把系统搞挂掉。不论是工程师还是非技术人员，例如市场营销团队，大家都需要这些监控数据。

McDonnell 进一步介绍道：

> 我们使用 Ganglia 收集所有服务器的信息，并将其显示在团队大力投资的开源工具 Graphite 中。Graphite 收集了包括业务和部署指标在内的各种监控数据。接下来，团队修改了 Graphite，让它在各类图表中部署发生时间所在位置画一条垂线，我们把它称作“关键垂线”。通过这个方法，我们可以立刻察觉到任何意外。我们甚至把显示屏摆到了办公区域的各个位置，让所有人都能看到当前系统的运行情况。

由于开发人员在功能开发的同时就添加了监控，Etsy 现在已经可以安全地进行生产环境部署了。在 2011 年，Etsy 已经可以跟踪系统各个层面（如应用程序的功能和总体状况、数据库、操作系统、存储、网络、安全等）的 20 多万个监控指标，并在“部署仪表盘”的显著位置显示最重要的 30 个业务指标。到 2014 年，指标规模已经超过 80 万个。这表明他们不懈努力的终极目标是做到全方位监控，这就需要确保工程师可以便利地添加监控指标。

Etsy 的一位工程师 Ian Malpass 打趣道：

> 如果说 Etsy 的工程师有共同的宗教信仰，那大家都属于“图表教”。我们通过图表跟踪一切变动指标。甚至在指标还没有变动的时候，我们就已经为它配置了一个图表，这样它一动我们就知道了。要想快速开发和发布软件，需要有全面的跟踪和监控，而为了做到这一点，就必须让监控变得容易。我们得让工程师可以轻而易举地添加任何他们想跟踪的指标，无须耗时费力地配置，或者走复杂的工单流程。

在 2015 年《DevOps 现状报告》中，高绩效团队处理故障的速度比平均水平快 168 倍，中等绩效团队的平均修复时间是分钟级的，而低绩效团队的这一指标则以天计。在 2019 年《DevOps 现状报告》中，高绩效团队处理故障的速度比低绩效团队快 2604 倍，中等绩效团队的平均修复时间是分钟级的，而低绩效团队的这一指标则要以星期计（见图 14-1）。

本章将介绍如何像 Etsy 那样配置足够多的监控，从而确保我们的系统可以正常运行，而当问题出现时，又可以快速定位故障并修复，最好在波及客户之前就能解决问题。此外，从业务角度而言，监控能帮助我们搞清楚客户的真实需求和选择，纠正我们错误的假设。

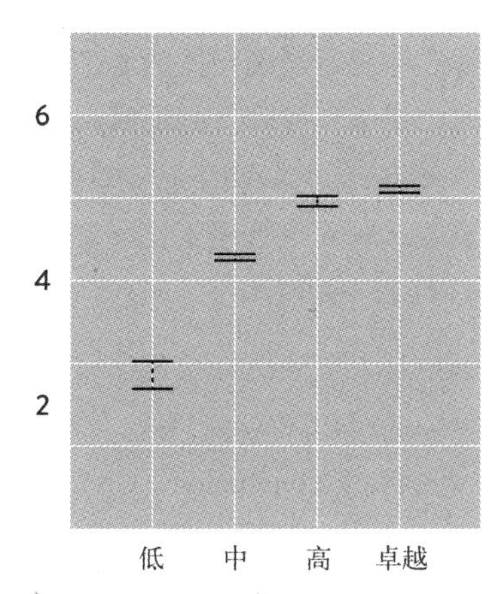

图 14-1 卓越、高、中、低绩效团队的平均修复时间（2019 年）
（来源：2019 年《DevOps 现状报告》）

14.1 搭建集中式的监控基础设施

在运维领域，监控与日志已经是老生常谈。过去几十年，为了保证系统稳定运行，运维工程师采用甚至定制了各种监控框架（如 HP OpenView、IBM Tivoli、BMC Patrol/BladeLogic 等）。监控数据通过在各个服务器上运行的代理程序采集并上传。当然，数据也可能是采用代理之外的方式，比如通过订阅特定事件（如 SNMP traps）或轮询方式（如 polling-based monitors）获得的，然后借助水晶报表（Crystal Reports）之类的工具通过图形界面展现出来。

日志机制也不是什么新鲜事物，几乎每种编程语言都有成熟的静态库提供日志功能。

然而问题在于，在过去的几十年，信息仅存在于信息孤岛中：开发人员只添加他们关心的日志事件，而运维人员只监控运行环境是否正常。当故障发生时，我们很难分析出为什么整个系统没有按照设计工作，没人知道是哪个组件挂掉导致系统需要很长时间才能恢复。

为了能够搞清楚到底出了什么问题，我们需要让应用程序和运行环境产生足够多的监控信息，以便我们了解系统当时的运行情况。当我们在系统各个层面都添加了监控和日志后，我们就可以进一步实现其他重要的功能，比如以图形化方式展示数据、异常检测、主动告警、故障升级，等等。

在《监控的艺术：云原生时代的监控框架》[①]（后称《监控的艺术》）一书中，James Turnbull 描述了一种由互联网企业（比如谷歌、亚马逊、Facebook）的运维工程师开发和使用的现代监控架构。该架构通常由 Nagios 和 Zenoss 这类开源工具的定制版组成，以支撑海量数据处理，这种数据规模在当时很难通过付费商业软件处理。

① 原版为 *The Art of Monitoring*，中文版由人民邮电出版社于 2020 年出版。详见 https://www.ituring.com.cn/book/1955。
——编者注

上述现代监控架构包括以下两部分（见图 14-2）。

第一部分，**在业务逻辑、应用程序和运行环境层面的监控数据收集**。我们在每个层面上都创建监控，其形式可以是事件、日志或监控指标。尽管可以把某个应用程序的日志以特定名称文件的形式存储在其所在的服务器上（比如 /var/log/httpd-error.log），但是更好的做法是把所有的日志发送到一台公共服务器上，以便集中进行覆盖、删除等管理工作。主流操作系统都提供了相关功能，比如 Linux 上的 syslog、Windows 上的事件日志，等等。

此外，我们收集系统各个层面的信息，以便更好地理解系统的运行状态。在操作系统层面，我们可以使用 collected、Ganglia 等工具，收集 CPU、内存、硬盘或网络流量等随时间变化的情况。云原生计算基金会（Cloud Native Computing Foundation，CNCF）制定了监控指标和链路追踪数据的开放标准 OpenTelemetry，很多开源和商业工具都支持这个标准。除了前面提到的工具，Apache Skywalking、AppDynamics 和 New Relic 等工具也能够收集系统运行中的数据。

第二部分，**负责分类并存储事件和监控数据的事件路由器**（event router）。基于它，将来就可以实现可视化、趋势展现、告警、异常检测，等等。在把所有监控数据收集、存储和聚合到一起后，我们就可以做进一步的分析处理。在这里，我们也会存储服务（以及它背后的应用程序和运行环境）相关的配置，以实现基于阈值的告警以及健康监测。这类工具有 Prometheus、Honeycomb、DataDog 和 Sensu 等。

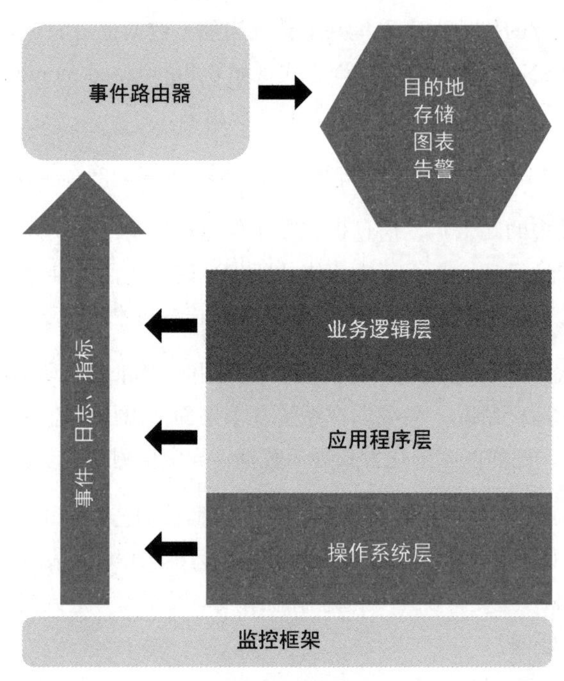

图 14-2 监控框架

（来源：《监控的艺术》原书 Kindle 版）

当我们把日志集中化管理后，我们就能够在事件路由器中统计日志中特定事件出现的数量，生成相应监控指标值。例如，可以把日志中“child pid 14024 exit signal Segmentation fault”这样的事件汇总统计到一个名为 segfault（段错误）的全局监控指标中。

在根据日志内容生成监控指标数据后，我们就可以进行进一步的分析统计。比如使用异常检测方法，在早期发现异常和变动。例如，我们可以把告警行为设置为：当 segfault 的出现频率从每周 10 次上升为每小时数千次时就告警。

除了从运行中的系统收集监控数据，我们也要收集部署流水线中的信息；要记录部署流水线中自动测试成功还是失败、何时向哪个运行环境做了部署，诸如此类的重要事件；也要记录构建耗时、测试耗时等数据。通过这些信息，我们可以根据当前状况觉察到潜在的问题。比如，若性能测试或构建耗时增加了一倍，那就要找出问题所在并修复它，以免问题进入生产环境。

我们亦要保证可以方便地获取监控数据，最好是可以通过 API 自助地获得任何信息，而不是需要开张工单，然后等着别人去整理个报告发过来。

在理想情况下，监控应该告诉我们所有的事情，以及发生的原因和具体位置。监控提供的信息应该可以同时用于自动化分析和人工分析，而无须登录相关应用程序所在的服务器查看。如 Adrian Cockcroft 所述：“监控实在太重要了，监控系统本身的可用性和可伸缩性应该要远好于被监控系统。”

14.2　为应用程序添加日志监控

在搭建了集中式监控基础设施后，还需要为我们开发和运维的应用程序添加足够多的监控。为此，开发人员和运维人员需要把添加监控作为日常工作的一部分，不论是新系统还是已经投产运行的系统，都需要这么做。

CSG 的首席技术官 Scott Prugh 说：

> 当 NASA（美国国家航空航天局）发射火箭的时候，火箭上数以百万计的自动传感器采集和报告火箭各个组件的当前状态。然而在软件开发领域却往往不这么做。事实上，为应用程序和基础设施添加监控是我们非常划算的投资之一。在 2014 年，我们的代码中有超过 10 万个监控项，每天采集超过 10 亿个监控数据。

在我们创建和运维的应用程序中，所有的功能都应该被监控。既然这个功能值得被开发出来，那它就值得被监控，以证明它实现了产品的功能设计，并且能取得预期的业务效果。[①]

---

① 开发人员可以很方便地使用提供日志功能的静态库来添加监控。市面上有若干种日志库，我们应当选择那些可以把日志发送到上一节介绍的集中式日志基础设施的。典型的例子如 Java 语言可以选择 rrd4j 或 log4j，Ruby 语言则可以选择 log4r 或 ruby-cabin。

参与软件开发的每个人都可能将监控数据用于不同用途。例如，开发人员可能会在应用程序中临时性地添加一些监控，以便在本地开发环境中更好地调试。而运维工程师可能会使用监控来诊断生产环境中的问题。此外，信息安全和审计人员可能会查看监控数据以了解相关控制规程的执行情况，产品经理则使用监控来跟踪新功能的使用情况、业务效果或者转化率。

为了支持这些不同的应用场景，日志被分为不同级别，其中一些级别会触发告警。例如以下划分方式。

- DEBUG 级：程序中发生的任何事情都可以用这个级别的日志来记录。这个级别一般用来调试。在生产环境中通常不允许使用 DEBUG 级，但是可以临时将其用于问题排查和解决。
- INFO 级：这个级别的日志用来记录用户或系统的行为（比如“信用卡交易开始”）。
- WARN 级：这个级别意味着系统可能出错了（比如一次数据库访问的耗时比预计的长）。
- ERROR 级：这个级别意味着系统出错了（比如 API 调用失败、程序内部错误）。
- FATAL 级：这个级别意味着发生了致命错误（比如网络守护进程无法绑定网络端口）。

选择正确的日志级别很重要。Dan North 曾经是 Thoughworks 的一名咨询师，那时他参与的若干个项目都引入了持续交付。据他观察，“当你纠结于把一条消息配置为 ERROR 级还是 WARN 级时，想一想你需要凌晨 4 点起来处理这个问题吗，打印机缺墨之类的消息不应该是 ERROR 级”。

为确保完整地记录系统中那些可靠性和安全相关的操作，我们得确保把所有重要事件都写到日志中。Anton A. Chuvakin 作为研究副总裁任职于 Gartner 的 GTP 安全与风险管理小组，他归纳了如下日志记录列表。

- 身份认证与授权（包括退出登录）
- 访问系统或数据
- 系统或应用程序变更（特别是重大变更）
- 数据变更，比如数据的增、删、改
- 无效输入（可能是恶意注入或网络攻击等）
- 资源（内存、硬盘、CPU、网络带宽等任何供应有限的资源）
- 运行状况和可用性
- 启停
- 失败和错误
- 熔断机制生效
- 延迟
- 备份成功 / 失败

为了能够方便地理解和使用这些日志记录，建议对日志记录分层次或分组，比如分为非功能的（可进一步细分为性能、安全等）和功能的（可进一步细分为搜索功能、排序功能等）。

14.3　用监控指引问题的分析和解决

如本章起始部分所述，高绩效组织使用专业的方法分析和解决问题。然而在其他组织中，相互猜疑和指责则更为常见，这导致人们把精力都花在了自证清白，尽快让其他人相信不是自己的错上。

如果组织总是对发生的问题进行追责，人们会倾向于不记录变更、不进行监控，以免其他人发现问题出在自己这里。

监控的缺失会带来各种负面影响，比如高压气氛、推卸责任，甚至导致经验教训无法沉淀下来：日后查不到此次问题发生的原因，也不知道该如何亡羊补牢。[①]

而有了监控就不同了。监控让我们能够用科学的方法找到问题的原因及解决办法。在解决问题的过程中，监控可以帮助我们回答以下问题。

- 我们能从监控系统拿到什么证据来证明问题确实发生了？
- 应用程序和运行环境的哪些变更和事件可能是问题发生的原因？
- 我们可以提出什么样的假说来解释发生的问题？
- 我们如何验证这个假说，进而如何验证问题得到了解决？

基于事实的问题分析和解决过程不仅让平均修复时间显著缩短，而且能改善开发人员和运维人员之间的关系，取得双赢。

14.4　把添加监控融入日常工作

为了让所有人都能在日常工作中更容易地发现和解决问题，我们需要让他们可以在日常工作中轻松添加、浏览和分析监控指标。为此，我们要创建监控基础设施和静态库，以便让任何开发人员或运维人员都能便捷地为程序的任何功能添加监控。理想情况下，应该只需要写一行代码就能添加一个新的监控指标并显示它的值，让所有人都能看到。

秉承这样的理念，Etsy 开发了名为 StatsD 的开源静态库。它是监控领域流行的静态库之一。如 John Allspaw 所言："StatsD 的设计目标就是让开发人员不再抱怨添加监控太麻烦。现在他们只需要写一行代码就可以了。我们要让开发人员觉得添加监控比改变数据库模式来得容易，这对我们很重要。"

使用 StatsD，通过一行（Ruby、Perl、Python、Java 等语言的）代码就可以生成定时器或者计数器。StatsD 经常与 Graphite 或 Grafana 联用，把数据显示为适当形式的数据图表展现在仪表盘页面中。

---

① 在 2004 年出版的书中，Gene Kim、Kevin Behr 和 George Spafford 把这些现象归结为缺乏"探寻原因的文化"。而高绩效组织则注意到，80% 的停服是由系统变更带来的，80% 的平均修复时间花在了确定变更内容上，并意识到要对此进行改进。

图 14-3 是一个示例，说明如何通过一行代码添加一个用户登录事件。`StatsD::increment("login.successes")` 这行 PHP 代码生成的图表中，会显示每分钟成功和失败的登录的数量。此外，图中的每根竖线代表一次生产环境部署。

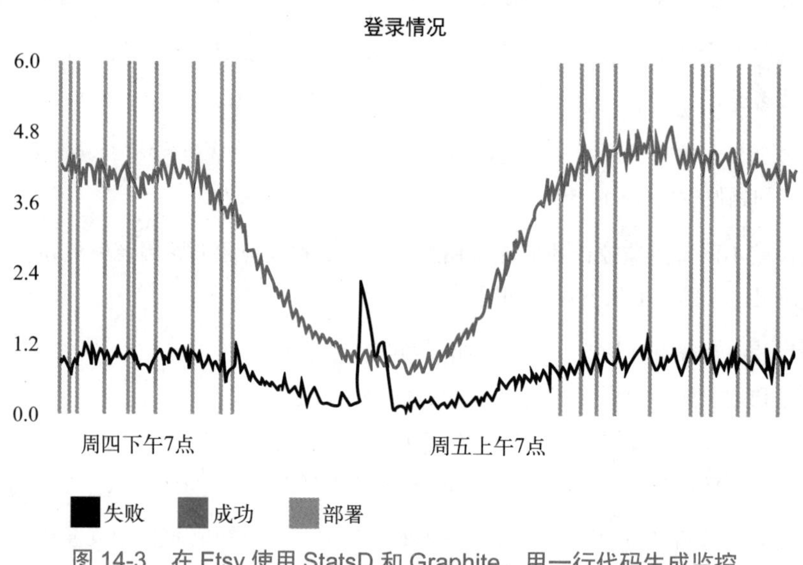

图 14-3　在 Etsy 使用 StatsD 和 Graphite，用一行代码生成监控

（来源：Ian Malpass，“Measure Anything, Measure Everything”）

当我们添加了监控及其图表后，随着系统的演进，我们也会持续维护它。线上故障的主要原因就是应用程序部署这类的系统变更，为了能够频繁且安全地变更，需要持续维护监控配置。

OpenTelemetry 标准让各种监控工具都能够方便地访问监控数据存储和处理系统。主流语言、框架、库、指标与监控工具对 OpenTelemetry 标准都有良好的支持。①

当我们把添加监控作为日常工作的一部分之后，我们的这方面能力就会不断提升：不仅在问题出现时能及时发现，而且能看到导致问题的设计方面或运维方面的原因。正如前面 Etsy 的案例所示，这是通过不断增加监控内容实现的。

14.5　以自助方式访问监控数据

前面几节介绍了如何将添加和维护监控融入开发和运维人员的日常工作。本节将讨论如何把监控数据展现给组织中的所有人，确保任何人想拿到任何运行系统的信息的时候，都能方便地获取，而无须登录系统或具备特殊权限，也无须开工单并等上几天，等别人为他配好图表。

① 以下监控工具都支持 OpenTelemetry 标准：Splunk、Zabbix、Sumo Logic、DataDog，以及 Nagios、Cacti、Sensu、RRDTool、Netflix Atlas、Riemann，等等。它们统称为应用程序性能监控软件（application performance monitor，APM）。

人们应该能够便捷地从一个统一的地方获取监控数据。这样一来，系统的实际运行情况就能为大家所知。常见做法是通过 Graphite 等工具的监控页面展现数据，详见前几节的介绍。

我们希望系统监控数据具有高可见性，为此要把显示屏放到大家工作的地方，让大家想关心系统运行状况时，抬眼就能看到。这里所说的“大家”至少包括开发人员、运维人员、产品经理和信息安全管理人员等软件开发相关人员。敏捷联盟（Agile Alliance）把这种方式称作**信息发射源**（information radiator）。

> 信息发射源是指任何形式的信息，包括手写、手绘、打印或通过屏幕显示的信息，其被放到团队工作区域中显眼的地方，以便让团队成员以及路过的人都可以一眼看到最新情况：自动化测试用例数、流程流转速度、故障报告、持续集成状态，等等。这种方式源自丰田生产体系。

通过信息发射源这种方式，我们让团队成员具备责任感并且表现出以下品质。

- 团队不会对外（客户、干系人等）隐瞒任何事情；
- 团队不会对内（团队成员）隐瞒任何事情，他们承认并直面困难。

信息发射源这种方式把监控信息展现给整个组织，甚至把信息展现给内部和外部客户。例如，我们可能会通过提供一个外部网页来让客户了解到他们所使用的服务的当前状态。

尽管这么做会遇到一些限制和困难，但它能提供很多价值。正如 Ernest Mueller 所言：

> 当我加入一个组织后，我首先要做的事情就是使用信息发射源这种方式来展示当前的问题以及正在进行的工作。业务部门格外欢迎这个做法，因为在此之前他们经常是两眼一抹黑。这个做法对于开发人员和运维人员来说也很有用，因为他们的相互协作需要持续不断的沟通、信息和反馈。

这种信息透明可以进一步拓展到外部客户。不必把那些可能给客户带来的麻烦当成秘密隐瞒起来，我们可以把这类信息主动告诉他们，这可以显示我们的透明性，从而获取客户的信任。[①]（见附录 10）

案例研究

搭建自助的监控体系：LinkedIn 的实践（2011 年）

如前文所述，LinkedIn 成立于 2003 年，旨在帮助求职者通过关系网络找到更好的工作机会。到 2015 年 11 月，有 3.5 亿用户使用 LinkedIn，每秒钟有上万次的访问请求，这给 LinkedIn 后端系统带来每秒上百万次的查询。

---

① 在推出新产品、新服务时，相应的仪表盘网页应该已经就绪。自动化测试既用来确保产品的服务质量以便让客户满意，也用来确保仪表盘网页正常工作，以便在它的支持下把产品安全、顺利地发布上线。

关于监控的重要性，LinkedIn 工程技术负责人 Prachi Gupta 在 2011 年写道：

> 在 LinkedIn，我们确保所有用户都可以随时访问网站的所有功能。为此，我们需要在问题或瓶颈露出苗头时就能发现和处理。我们使用呈现时序数据的图表来监控我们的网站，确保可以在几分钟内发现问题并着手解决……从实践来看，这样的监控工具对工程师非常有价值，让软件可以安全地快速演进，因为当异常情况出现时，在有限的时间内我们就可以发现、分析和解决它。

然而在 2010 年，事情并非如此。那时候，尽管已经设置了大量的监控，但工程师却很难获得监控的数据，更不要说去分析它们了。Eric Wong 的暑期实习项目致力于解决监控方面的这个问题，InGraphs 这个工具由此诞生。

Wong 回忆道："那时要想得到某个服务的 CPU 使用情况这样的简单数据，都需要填写一张工单。而接到工单的人则需要花费 30 分钟时间才能整理出一个报告给你。"

那时候，LinkedIn 使用 Zenoss 作为监控数据收集和存储的工具，但是它不够好。Wong 解释道："要想拿到数据，就需要在 Zenoss 的 Web 页面中翻看查找，而这些页面响应很慢。于是我打算编写 Python 脚本来加快这个过程。尽管设置特定的数据查询条件还需要花些工夫，但这样已经可以省下浏览 Zenoss 网页所耗费的大把时间了。"

在暑期实习项目结束后，他继续为 InGraphs 增加新的功能：让工程师看到的数据不多不少，刚好是他们想要的；实现了跨数据集的计算；可以查看数据的变化趋势；甚至可以定制仪表盘，在单个网页中展示自己关注的指标。

在讲述 InGraphs 这些新功能的效果和价值时，Gupta 说："有一件事可以充分说明我们的监控系统的有效性：我们监控着某个供应商提供的电子邮件服务，当我们从监控系统中发现了问题并告诉该供应商后，他们才知道服务出了问题。"

InGraphs 这个源自暑期实习项目的工具获得了巨大的成功，它现在成为 LinkedIn 运维体系中十分显眼的工具之一。在工程技术部门的会议室里，大屏上显示着 InGraphs 的实时数据和图表，来访者很难忽略它。

让使用者能够以自助的方式获取监控数据，这增强了个人和团队分析、解决问题和做出决定的能力。同时，它体现出的透明性也有助于赢得客户的信任。

14.6 对监控配置查漏补缺

在前几节，我们介绍了如何搭建监控基础设施，如何方便地添加系统各层面的监控指标，以及如何向整个组织展现监控数据。

在本节，我们将讲述如何识别出当前监控配置中的各种盲区。这些缺失不利于我们快速发现和解决故障，特别是当监控配置得较少甚至没有时。反之，完善的监控配置，不仅有利于快速发现和解决故障，而且可以预防问题的发生，也能提供信息帮助人们在业务和产品设计方面做出更好的决策，以实现组织的业务目标。

据此，我们需要在各个运行环境中为系统的各个层面添加足够多的监控，并为部署流水线添加监控。我们需要以下层面的数据。

- **业务层**：例如交易数量、收入、用户登录数、用户变动率、A/B 测试结果，等等。
- **应用程序层**：例如调用次数、用户响应时间、应用程序错误，等等。
- **基础设施层**（如数据库、操作系统、网络、存储）：例如网络服务器流量、CPU 负载、使用情况，等等。
- **客户端层**（如网页浏览器中运行的 JavaScript、移动应用）：例如应用错误和崩溃情况、用户侧调用次数，等等。
- **部署流水线层**：例如构建流水线状态（如用红、绿表示各自动化测试集的执行结果）、变更部署前置时间、部署频率、制品晋级情况、运行环境状态，等等。

通过让监控覆盖上述方方面面，我们就可以获得系统运行所依赖的所有事情的数据，这就杜绝了传言、指责、归咎等等不良风气的滋生。

此外，观察分析应用程序和基础设施的错误（如程序异常终止、应用错误与异常、服务器和存储的错误），有助于探测到安全相关的事件。监控不仅能告诉开发人员和运维人员系统出现了问题，而且能表明系统的薄弱之处正在遭到网络攻击。

要及早发现问题、修复问题，要在问题尚不严重的时候、只影响了少数客户的时候就修复它。为此，在故障复盘时，我们要识别出需要添补的监控，亡羊补牢。如果做得更好，那甚至应该在开发人员间代码评审的时候就对监控配置查漏补缺。

14.6.1 应用程序和业务的监控

我们在应用程序层面开展监控工作，不仅是为了确保应用程序的健康（如对内存使用情况、调用次数等进行监控），还是为了了解它在多大程度上实现了组织的业务目标（如对新用户数量、用户登录事件、用户停留时间、活跃用户比率、特定功能的使用频率等进行监控）。

例如，对于支持电子商务的系统，我们就要确保监控到从登录浏览直到最终购买的所有用户事件，进而能根据这些数据来分析用户行为，判断如何更好地达到我们想要的效果：让用户完成购买，产生收入。

不同的领域、不同的业务目标所追求的监控指标数值有很大不同。例如，对于电子商务网站，我们期望用户停留尽可能多的时间，以促成交易。而对于搜索引擎，我们可能会希望缩短用户停留时间，因为停留时间长可能是因为用户难以找到想搜索的内容。

一般来说，业务方面的监控会围绕**获客漏斗**（customer acquisition funnel）开展，观察分析从潜在客户到最终购买所经过的各个步骤。例如，在一个电子商务网站，要监控的事件包括用户在该网站的总停留时间、购买链接的点击次数、加入购物车的情况，以及最终购买的情况。

微软 Visual Studio Team Services（VSTS）的高级产品经理 Ed Blankenship 是这样描述的："功能团队经常会制定他们在获客漏斗中的目标，以及该功能的使用率方面的目标。他们有时候把漏斗中的不同阶段非正式地命名为'只看不买''活跃用户''意向用户''强烈意向用户'，而监控则对各个阶段进行度量。"

每个业务监控都应该是可以辅助决策、引领行动的，它应该能够帮助我们确定如何改进产品，并且能够支持新功能试验和 A/B 测试。如果一个监控无法辅助决策、引领行动，那么它很可能是毫无用处的虚荣指标。我们也许会存储它，但是通常不会显示它，更不会为它设置告警。

理想情况下，任何查看这些展示信息的人都应该能够根据组织期望的结果来理解所呈现的信息，例如与收入、用户获取、转化率等相关的目标。我们应该在功能定义和开发的早期阶段定义监控指标，建立每个指标与业务结果指标的关联，并在将其部署到生产环境后进行度量。此外，这样做有助于产品负责人为价值流中的每个人描述每个功能的业务背景。

通过了解并直观展示与高级业务计划和运营相关的时间段，例如与节假日销售旺季、季末财务结算期或计划的合规审计相关的时间段，可以展示更多的业务背景信息。这些信息可用作提醒，以避免在关键时刻进行变更，或在进行审计时避免某些活动。

通过展示客户与我们围绕目标所构建的内容之间的互动（见图 14-4），我们可以让功能团队快速获得反馈，以便他们看到正在构建的功能是否真正被使用，以及在多大程度上实现了业务目标。因此，我们强化了文化期望，即对客户使用情况进行检测和分析也是我们日常工作的一部分，以更好地理解我们的工作是如何帮助组织实现目标的。

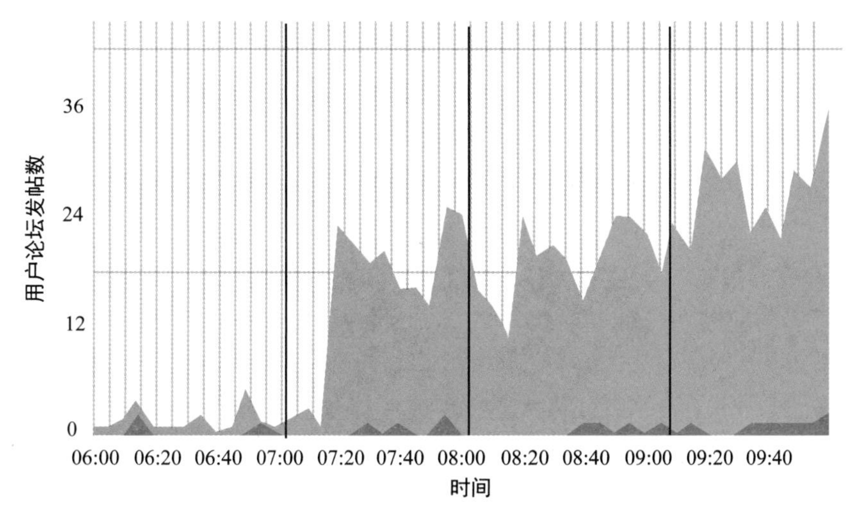

图 14-4 部署后用户论坛中关于新功能的用户活跃度

（来源：Mike Brittain，“Tracking Every Release”，CodeasCraft 网站，2010 年 12 月 8 日）

14.6.2 基础设施的监控

和应用程序的监控类似，搭建系统基础设施的监控也是为了确保当问题发生时，有足够多的监控信息来辅助判断问题是否出在基础设施方面，以及具体出在哪里（如数据库、操作系统、存储、网络等）。

我们希望有尽可能多的面向不同层面、不同类型的基础设施的监控，并且希望能按服务或者应用程序进行组织。这样一来，当运行环境中出现问题的时候，我们就能准确地知道哪些应用程序或服务受到了影响或者可能会受到影响。①

多年以来，上述服务与基础设施之间的对应关系是靠人工维护的，比如使用 ITIL 标准所说的配置管理数据库（configuration management database，CMDB），或者在 Nagios 这类告警工具中进行相关设置。而现在新的趋势是动态发现并自动记录服务与基础设施的对应关系，ZooKeeper、Etcd、Consul、Istio 等工具都实现了这种方法。

这类工具保存服务在注册时提供的 IP 地址、端口号、URI 等信息，以便其他服务与该服务交互时使用。这一自动机制自然就代替了 CMDB 中的手工维护工作。当服务由成百上千甚至数以百万计的动态分配 IP 的节点构成，这种自动机制就格外有用。②

不论服务的复杂程度如何，把业务数据的图表与相关应用程序和基础设施的图表放在一起展现，有利于快速识别和处理问题。举个例子，如果每日新用户注册数下跌了 20%，而同时看到数据库查

① 正如 ITIL 配置管理数据库所规定的那样。

② 可留意 Consul 这个工具，它使用一个抽象层来支持服务映射、监控、锁、应用配置参数管理、服务器集群、故障检测等功能。

询耗时增加了 5 倍，那我们就容易找到问题的原因并解决。

不仅如此，把业务方面的图表和技术方面的图表放在一起，还有利于开发人员和运维人员理解业务背景，为共同的业务目标而努力。就像 Ticketmaster 和 Live Nation 的首席技术官 Jody Mulkey 观察到的："从运维角度度量系统停运时间，不如从业务角度度量系统停运造成的损失，即在这段时间里我们损失了多少原本该得到的收入。"①

持续学习

2019 年《DevOps 现状报告》指出，对基础设施的监控所提供的可见性以及快速的反馈，可以让所有相关人员都看到部署的结果，这有利于持续交付。

注意，除了要监控生产环境，也应该对在此之前的各个环境（如开发环境、测试环境、非生产环境等）进行监控。这可以让我们在新版本上线之前就发现问题。例如，若我们发现向数据库表中插入一条数据所花费的时间越来越长，那可能是因为忘记建索引了。

14.6.3 显示其他相关信息

即便我们使用了部署流水线来进行小而频繁的生产环境变更，每次变更也仍然会有风险。它可能会带来对系统正常运行的干扰，甚至可能是系统停运。

为了能够让这样的变更可见，我们也应当在各监控图表中标明生产环境部署的发生时间。举个例子，对于一个处理大量外部流入事务的服务，生产环境变更可能会导致一个明显的**稳定期**（settling period），此时性能会下降得非常厉害，因为无法命中缓存了。

为了能够理解当时发生的情况，确保系统服务的质量，我们需要知道性能恢复正常需要多久，并在必要时对此进行改进。类似地，我们还想在监控图表中标明其他一些运维活动，比如系统维护、备份。通常这些运维活动期间，要显示告警信息或者取消告警触发设置。

14.7 小结

Etsy 和 LinkedIn 通过生产环境监控获得改进的例子说明，在生产环境中尽早发现问题、定位问题并迅速解决问题是非常重要的。通过在系统各个层面添加监控，当故障发生时，我们就能判断是应用程序、数据库还是运行环境出了问题，甚至是在灾难性事件发生之前很久就发现并修复系统内部的问题，以至于客户都意识不到系统有状况。这不仅会让客户满意，也会让我们自己舒服：需要"救火"的紧急情况变少了，压力变小了，我们不再总是感到精疲力尽了。

---

① 从业务角度不仅可以度量系统停运造成的损失，也可以度量一个新功能推迟上线造成的损失。在产品开发相关术语中，后者被称作**延迟成本**（cost of delay），它是进行优先级排序的重要参考因素。

第 15 章
使用监控预防问题并实现业务目标

如前面章节所述，我们要给应用程序和基础设施配置足够多的监控，当故障发生时，我们就可以快速发现并解决。故障是有征兆的，发现这些征兆可以预防故障的发生。本章将讲解通过监控发现故障征兆的方法和工具。我们也将结合具体案例来介绍多种统计分析的方法。

如果你想了解运维监控是如何在故障预防中起作用的，那就来看看 Netflix 的案例。2015 年，Netflix 公司拥有 7500 万付费用户，营收高达 62 亿美元。其在 2020 年 3 月这一个月就获得了 57 亿美元的营收。到 2021 年 7 月，Netflix 的付费用户数量达到了 2.09 亿。Netflix 的使命之一是向全球的在线视频用户提供最佳体验，这需要一个健壮的、可伸缩的、有弹性的技术解决方案来支撑。

Roy Rapoport 介绍了 Netflix 提供基于云计算的在线视频服务时所面临的一个挑战："怎样才能在外表和行为都理应一致的牛群中，找到那只与众不同的牛？这是一个比喻，我们遇到的实际挑战是，由上千个无状态计算节点构成的服务器集群里，每个计算节点都跑着相同的软件，网络流量应该都差不多，此时如何才能找到那个不对劲的节点？"

Netflix 使用**异常检测**（outlier detection）等统计分析方法来应对这个挑战。美国纽约大学的 Victoria J. Hodge 和 Jim Austin 把异常检测定义为：检测可能导致运行能力严重下降（比如飞机发动机故障或生产流水线运转问题）的异常情况。

Rapoport 解释道："Netflix 使用异常检测技术的方式很简单，首先计算出服务器集群中每个计算节点的平均状态，然后找出偏离这个状态的节点，并把它从集群中移除。"

Rapoport 进一步介绍道：

> 用这样的方法，我们无须定义什么是正常的状态，就可以自动标识出异常节点。我们也不需要立刻通知运维人员去采取什么行动，因为我们的系统运行在弹性的云计算环境中，只需要停用异常节点就可以了，随后把情况记录下来，留给相关工程师慢慢处理就好。

异常检测这项技术带来很多好处。Rapoport 认为，Netflix 据此"不仅显著减少了定位故障服务器所需的时间，而且显著减少了修复时间。后者意味着减少了系统"带病"运行时间，从而提升了系统对外服务的质量。总之，异常检测技术减轻了员工工作压力，提升了系统服务质量，它带来的好处怎么说都不为过”。[①]

在本章中，我们将介绍包括异常检测在内的若干种统计分析和可视化的方法，这些方法可以用来分析监控数据并据此预防故障：我们可以更快、更经济、更早地解决问题，赶在问题波及用户或者组织里的其他人之前就把一切处理妥当。这些方法甚至可以帮助我们理解数据，以做出更好的决策，实现组织的业务目标。

15.1 用均值和标准差发现潜在问题

均值（或平均数，mean/average）和**标准差**（standard deviation）是我们分析监控数据时所用的简单的统计分析方法之一。通过这种方法，我们可以过滤出那些与正常状态差异很大的数据，并可以据此触发告警，以期人工介入（例如，当凌晨 2 点发现数据库查询速度明显慢于均值时，通知运维人员排查）。

如果系统关键部分确实出现了问题，那在凌晨 2 点把人喊起来处理倒也合理。但如果告警是误报或者其他无须当时处理的情况，那就没必要半夜喊人了。John Vincent 是 DevOps 运动的早期领导者。据他的观察，“告警疲劳是目前我们遇到的最大的问题。我们需要确保告警判断机制更加智能化，否则大家都会疯掉”。

我们需要降低告警的信噪比，聚焦于那些值得关注的异常情况。假定我们正在分析每天的非授权登录数量，其历史数据符合高斯分布（也称正态分布或钟形曲线分布，见图 15-1）。其中，正中的垂线是均值，而其他垂线（分别涵盖总量的约 68%、约 95% 和约 99.7%）分别对应第一、第二、第三个标准差。

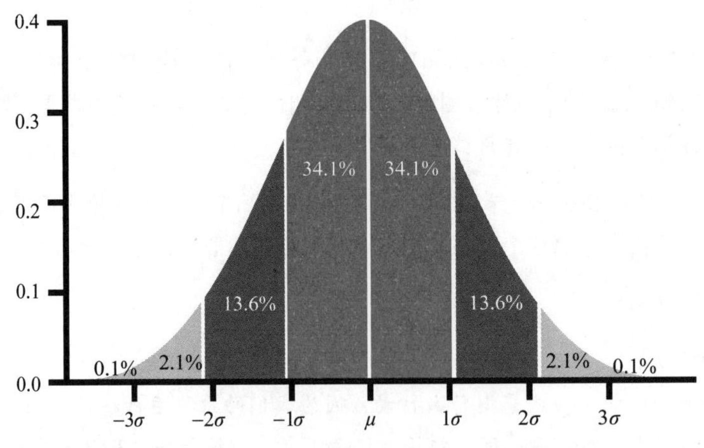

图 15-1　高斯分布中的标准差（σ）和均值（μ）

（来源：维基百科的“Normal distribution”词条）

① Netflix 的实践体现了使用运维监控数据的一种具体方法。这一方法可以在问题波及用户或者发展成重大故障之前就及时解决问题。

标准差的常见用途是，定期检测某个监控指标的值，当它与均值相差过大时就告警。举个例子，我们可以把告警阈值设置为：如果某天非授权登录的发生数量比均值高出 3 个标准差就告警。只要数据呈高斯分布，那么就只有 0.3% 的数据点会触发告警。

即使这种简单的统计分析方法也有价值，因为它不需要人为预先定义一个固定的阈值。那种人工设置的工作方式在面对成千上万个监控指标时是不可行的。①

15.2　监测到非预期结果时告警

Tom Limoncelli 是 *The Practice of Cloud System Administration: Designing and Operating Large Distributed Systems* 一书的作者之一，他也曾经是谷歌的一名 SRE。他谈到监控的时候说：

> 当别人问我该监控什么的时候，我开玩笑说，理论上我们应该删除当前监控系统中的所有告警，然后每当出现一次波及用户的故障，我们就研究哪些监控指标可以预防这个故障，随后添加这些监控指标并设置告警，如此反复。这样一来，我们就只有那些用来预防故障的告警，而不再被那些故障触发的告警狂轰滥炸。

下面介绍一个与之类似的方法。很简单，只需要分析最近一段时间（如 30 天）里的严重故障，分析需要添加哪些监控才能在早期快速发现和诊断问题，并且能更容易快速确定问题已经得到了解决。例如，如果我们遇到 NGINX Web 服务器不再响应请求的问题，那就要考虑增加一些前导指标，以便在 NGINX 开始有些不对劲的时候就发现问题并给我们发送告警。这类前导指标有：

- **应用层**：页面加载时间变长等。
- **操作系统层**：内存不足、空间不足等。
- **数据库层**：数据库事务处理时间变长等。
- **网络层**：负载均衡器后正常工作的服务器数量减少等。

以上这些监控指标的异常都可能是生产环境故障的先兆。我们需要为每个指标配置相应的告警，以便在指标值严重偏离正常的时候通知我们采取行动。

当我们在更弱的故障信号上使用上述方法后，我们就能更早地发现问题，于是用户感知到的故障就会更少甚至近乎消失。这意味着，除了在问题发生时帮助我们快速发现和修复问题，监控也能够预防问题的发生。

---

① 从这里开始，本书将混用“监控”（telemetry）、“监控指标”（metrics）和“监控数据集”（data sets）这三个术语。换句话说，一个指标（例如“页面加载时间”）将映射到一个数据集（例如 2 毫秒、8 毫秒、11 毫秒等），这是统计学家在做矩阵分析时使用的术语，其中每一列代表一个进行统计操作的变量。

15.3 监控数据非高斯分布带来的问题

使用均值和标准差来找问题是个很好的方法。然而这个方法并不总是好用，它在很多监控指标上都不灵。就像 Toufic Boubez 博士观察到的："我们不仅会在凌晨 2 点收到告警，还会在 2 点 37 分、4 点 13 分和 5 点 17 分收到告警。当我们监控的指标数据不符合高斯分布的时候，就会出现这种情况。"

换句话说，当监控数据不符合高斯分布的时候，标准差就不再好用了。举个例子，我们在监控每分钟从网站下载文件的次数。我们希望在下载次数比正常情况高很多，比如比均值高出 3 个标准差的时候介入，进行扩容操作以防问题发生。

图 15-2 显示了每分钟下载次数随时间变化的情况。在图的最上方有一条横线，其中加粗的线段代表在此期间，经过平滑处理（详见 15.4 节介绍）的数据比整体的均值至少高出 3 个标准差。而其他浅色较细的线段意味着不是这种情况。

从图 15-2 中可以看到一个显而易见的问题，告警会频繁发生，因为经常出现每分钟下载次数超过均值 3 个标准差的情况。

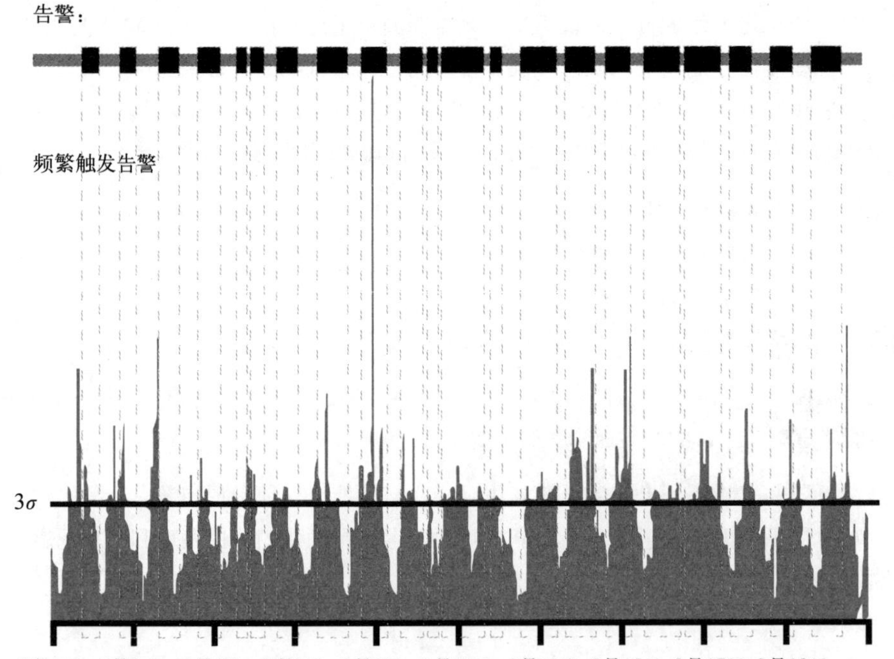

图 15-2　每分钟下载次数：使用 3 个标准差作为阈值将导致过度告警

（来源：Toufic Boubez 博士的演讲"Simple math for anomaly detection"）

为了把事情弄清楚，我们来看一下呈现每分钟下载次数分布情况的直方图（见图 15-3）。如图所示，数据分布并非典型的对称的钟形曲线，而显然是一条倾斜向下的曲线，这就意味着在大多数时间里下载量很小，而飙升到超过 3 个标准差的情况则频繁出现。

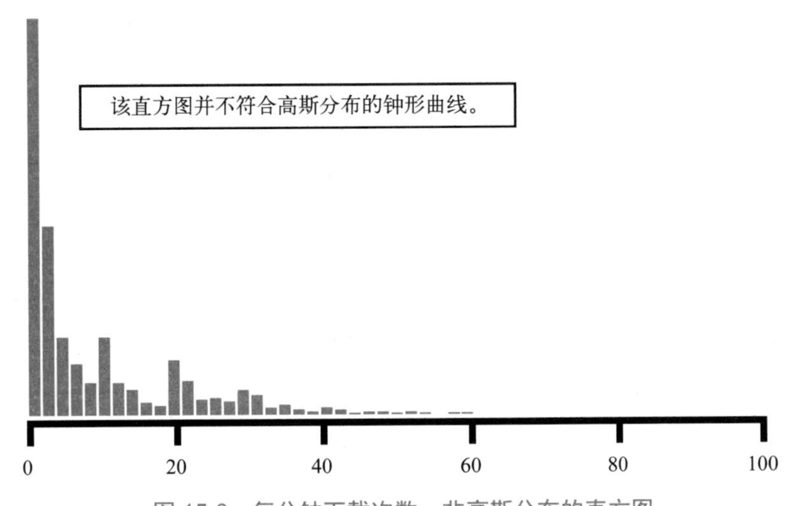

图 15-3　每分钟下载次数：非高斯分布的直方图

（来源：Toufic Boubez 博士的演讲“Simple math for anomaly detection”）

很多监控数据都不是呈高斯分布的。Nicole Forsgren 博士解释道：“在运维领域，很多监控数据是呈卡方分布的。此时若仍使用标准差作为阈值，不仅会导致过度告警或告警不足，还可能产生没有意义的结果：在监控并发下载量这样的指标时，比均值低 3 个标准差就已经是负数了，这显然没意义。”

过度告警导致运维人员经常被半夜唤起，可又做不了什么。而告警不足的危害也很大。举个例子，假定我们在监测事务完成的数量。由于一个软件模块的问题，这个数据在中午下降了 50%。如果数据仍然在 3 个标准差之内，那此时不会告警，用户就可能比我们先发现问题，届时问题也更难解决了。幸好我们还有其他办法，在监控数据非高斯分布时也能监测到异常值，下面将详细介绍。

案例研究

Netflix 的自动扩容能力（2012 年）

Scryer 是 Netflix 研发的另一个提升服务质量的运维工具。它的诞生是因为亚马逊弹性伸缩（Amazon Auto Scaling，AAS）存在一些弱点。AAS 是根据工作负载数据动态地扩容或缩容，而 Scryer 则是根据历史数据来预测用户未来的请求数量，据此调整容量。

Scryer 的机制解决了 AAS 中的三个问题。

第一个问题是，如何应对急速上升的请求数量。在 AWS 中，新增一个计算节点需要 10 到 45 分钟的时间。这太慢了，经常应对不了急速上升的请求数量。

第二个问题是，当发生故障时，请求数量骤降，使得AAS自动缩减了太多的计算节点。而系统从故障中恢复后，会一时无法处理已恢复到正常数量的请求。

第三个问题是，AAS在规划容量的时候，并没有根据历史数据做出预测。

Netflix的用户访问量随时间的变化不可思议地始终遵循一种特定的模式，因而非常容易预测，和是不是高斯分布没关系。图15-4显示的是Netflix从周一到周五的每秒用户访问量，它非常有规律。

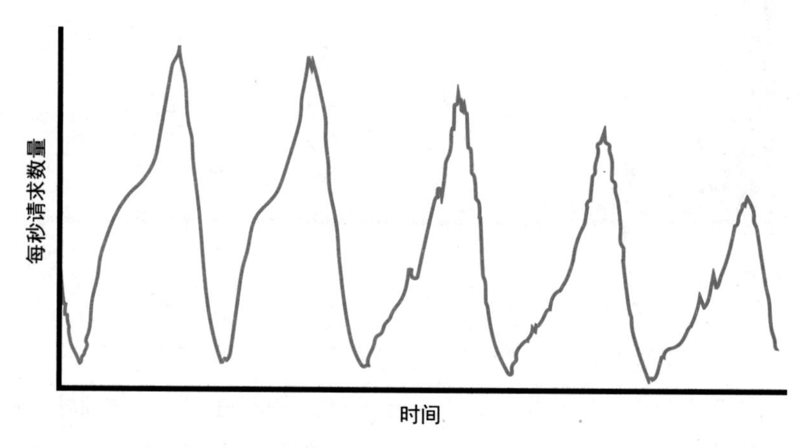

图 15-4 Netflix 的用户访问量（从周一到周五）

（来源：Jacobson，Yuan，Joshi，“Scryer: Netflix's Predictive Auto Scaling Engine”，发表于Netflix技术博客 The Netflix Tech Blog，2013年11月5日）

Scryer首先综合使用若干种异常检测方法来清洗掉脏数据，然后使用快速傅里叶变换、线性回归等方法去掉毛刺，使曲线平滑，便能体现出数据随时间变化的规律。这样，Netflix就可以以惊人的准确性预测用户请求数量（见图15-5）。

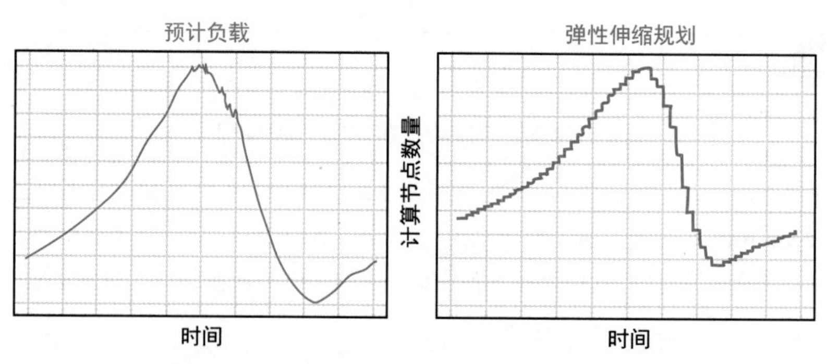

图 15-5 Netflix 根据 Scryer 对用户请求数量的预测调节 AWS 计算资源

（来源：Jacobson，Yuan，Joshi，“Scryer: Netflix's Predictive Auto Scaling Engine”）

在 Scryer 投入使用仅仅几个月之后，Netflix 用户的视频观看体验就得到了显著的提升，同时系统可用性也得到改善，而使用 Amazon EC2 计算资源的花费反而下降了。

这个案例展示了 Netflix 的 Scryer 如何通过非高斯分布的监控数据来了解用户行为，以及如何基于用户行为来预测并防止问题的发生。

15.4 使用异常检测技术

即使某项监控数据不是呈高斯分布的，我们仍然可以通过若干种方法找到其中值得留意的变动。它们被统称为**异常检测**（anomaly detection）[①]，因为它们都是把那些不符合预期模式的数据点找出来。其中一些方法是通过监控工具内置的功能实现的，而另一些方法还需要具备统计分析能力的人参与。

Tarun Reddy 是 Rally Software 公司开发与运维部门的副总监，他主张在运维工作中多使用统计分析方法。他说：

> 为了让我们的系统提供更高的服务质量，我们把所有监控数据都输入 Tableau 这个统计分析软件中。我们甚至配备了一名具备一定统计学知识的运维工程师，他使用 R 语言（R Project，一种用于统计分析的软件语言）完成来自公司各个团队的任务请求，这些请求的目标是尽早发现监控数据的异常变动，以防止它们发展成波及用户的大问题。

平滑处理（smoothing）这种方法特别适用于处理时序数据，比如下载数量、事务完成数量等，每个数据点都有一个时间戳。平滑处理通常是取移动平均数（也称滚动平均数），也就是一个时间点前后固定时间范围内（称作滑动窗口）的各数据的平均数作为该时间点对应的值。平滑处理可以有效消除毛刺，反映出数据的长期变化趋势或周期规律。[②]

图 15-6 的这个例子展示了经过平滑处理之后的效果。其中橙色线代表原始数据，黑线代表移动平均数。后者是把从当天到 30 天前这个时间范围作为滑动窗口来计算的。[③]

---

① 本章前文的 outlier detection 和这里的 anomaly detection 在汉语中通常都称作异常检测。在本书中，前者的异常是从概率分布的角度检测到的，后者的异常是从数据按时间变化规律的角度检测到的。——译者注

② 平滑处理等统计分析方法也经常用于处理图像和声音文件。比如，图像平滑技术（也称模糊化）是对每个像素进行处理，改用其周边像素值的平均数作为该像素的值。

③ 还有一些平滑处理方法，例如加权移动平均数和指数平滑法（近期数据点的权重比远期的大，权重呈线性或指数型增加），等等。

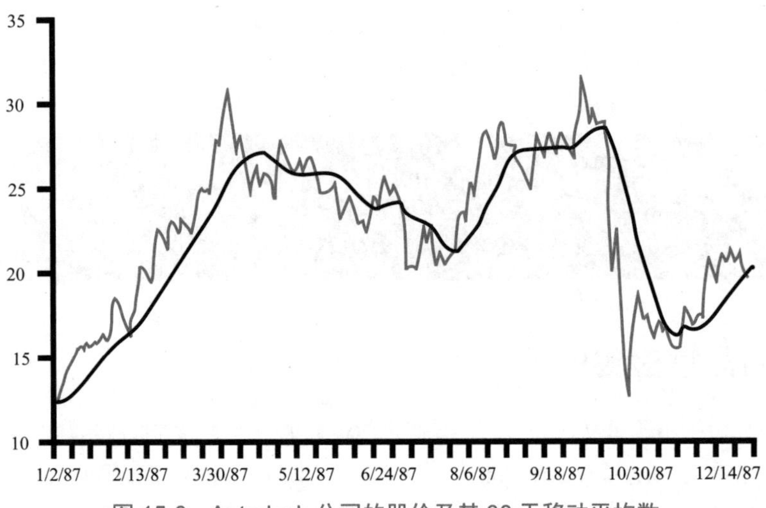

图 15-6　Autodesk 公司的股价及其 30 天移动平均数

（来源：Jacobson、Yuan、Joshi 的文章“Scryer: Netflix's Predictive Auto Scaling Engine”）

还有一些类似的数据处理方法，比如广泛用于图像处理领域的快速傅里叶变换，以及常用于在呈周期性 / 季节性变化的数据中发现问题的 K － S 检验（Kolmogorov-Smirnov test，见于 Graphite 和 Grafana 等工具），等等。

显然，很多与用户行为相关的监控数据都呈周期性 / 季节性变化。网络流量、零售交易量、视频浏览量及很多用户行为数据都非常有规律，以日、周或年为周期变化，容易根据历史数据做出预测。而当实际值与预测值严重不符，比如周二下午的订单成交率比正常值低了 50% 时，那就是出状况了。

由于这些方法在预测方面能发挥很大作用，我们或许可以从市场或商业智能部门找到具备相应知识和能力的人来帮忙，改进具体预测方法。通过一起分析数据，识别并解决当前方法中的问题，可以得到更好的异常检测和故障预测方法。①

案例研究

异常检测中的高级技术（2014 年）

在 2014 年的 Monitorama 大会上，Toufic Boubez 讲述了异常检测技术的强大能力。特别是 K — S 检验这种统计分析方法，能够检测出两个数据集是否有显著区别。Graphite 和 Grafana 这两个流行的监控工具都支持 K — S 检验。

① 有不少工具可以帮助我们解决这方面的问题。如果是对数据进行一次性分析处理，微软的 Excel 仍然是十分便捷的工具之一。有一些统计分析方面的专用软件包，比如 SPSS、SAS 和开源的 R 语言等，其中 R 语言是当下流行的统计分析工具之一。还有不少相关工具，比如 Etsy 的几个开源工具：Oculus 能找出彼此形状相似的多张监控图表，这意味着它们可能存在相关性；Opsweekly 能跟踪告警的数量和频率；Skyline 能识别出系统和应用程序的监控图表中的异常行为。

图 15-7 展示了某个电子商务网站的每分钟交易量。交易量是以周为周期变化的，周末交易量较小。通过观察图表，我们能发现在第 4 周一定发生了什么不同寻常的事情，因为周一的交易量没有回到正常水平。我们需要对此进行研究。

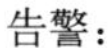

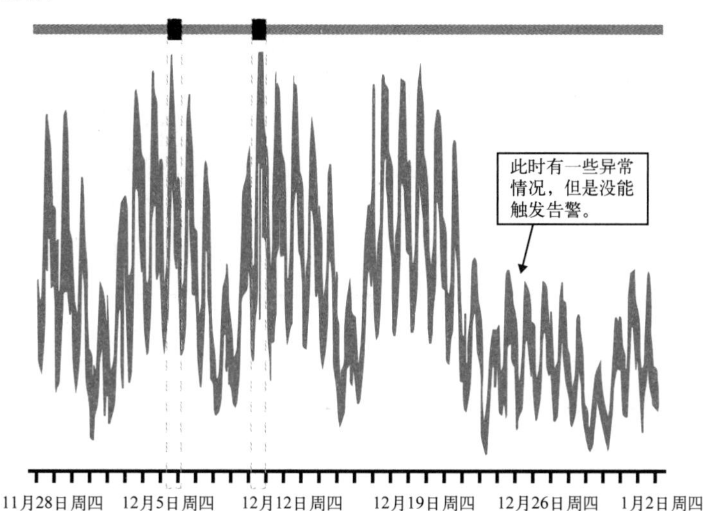

图 15-7　交易量：使用 3 个标准差作为阈值无法触发告警

（来源：Toufic Boubez 博士的演讲“Simple math for anomaly detection”）

如果使用 3 个标准差作为阈值，那么我们只会收到两次告警，而周一交易量严重下降这个关键事件却没有触发告警。我们期望此时能收到一条交易量低于正常值的告警。

“只要说出 K — S 检验这个专业名词就足以给人留下深刻印象。”Boubez 调侃道。他接着说：

> 运维人员应当告诉统计分析工作者，这类非参数统计[①] 对运维工作很有价值，因为它并不假定数据分布是正态分布或者别的什么分布。当我们试图了解在一个非常复杂的系统里发生了什么时，这一点非常关键。这类方法可以对两组样本进行比较，我们用它来比较周期性或季节性的数据，找出那些不符合每日或每周变化规律的情况。

图 15-8 显示的是与图 15-7 一样的数据，但是由于使用了 K — S 检验，发现了周一的交易量未恢复到正常水平这一情况，如图中第三个粗线段所示时间段。这意味着系统中存在着问题，而这是通过目测或者标准差的方法难以发现的。这样提早发现问题可以避免波及用户的故障，同时也能帮助我们实现组织目标。

① 参数统计（parametric statistics）通常假设数据服从某个分布，这个分布可以由一些参数确定，如正态分布由均值和标准差确定。而非参数统计（non-parametric statistics）并不关心数据是否服从什么分布。——译者注

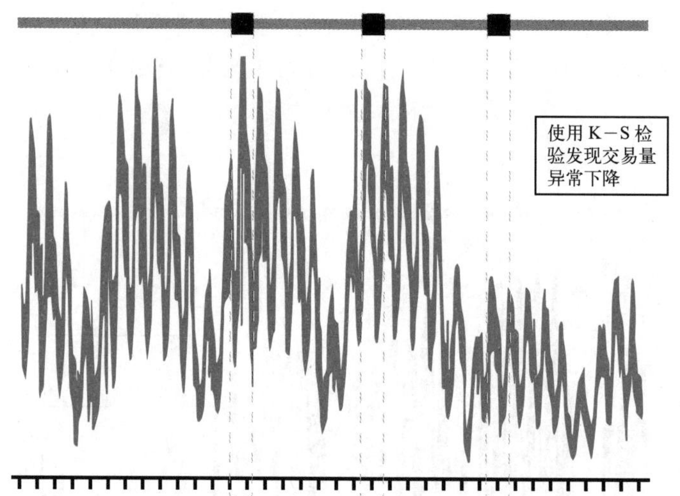

图 15-8　交易量：使用 K － S 检验发现异常情况并告警

（来源：Toufic Boubez 博士的演讲“Simple math for anomaly detection”）

这个案例展示了即使监控数据不符合高斯分布，我们也能从数据中找到蛛丝马迹。我们不仅可以在上述场景中使用这种技术，还可以把它推广到其他完全不同的应用程序的运维监控中。

15.5　小结

在本章中，我们介绍了通过使用若干种统计分析方法来分析监控数据，在问题萌芽期尽早发现和修复它，而不是任由它发展成严重故障。通过找到问题的蛛丝马迹并采取行动，我们可以更安全地开发和发布新功能，这样也就更容易达成业务目标。

我们研究了几个案例，包括 Netflix 如何使用统计分析方法来主动发现有问题的服务器，以及如何使用统计分析方法来支持计算资源的弹性伸缩。我们也讨论了如何使用移动平均数和 K － S 检验，目前流行的图形化监控工具中都对它们有直接的支持。

在下一章中，我们将讲述如何将运维监控融入软件开发的日常工作中，让部署更安全，并让软件开发过程得到整体性的提升。

第 16 章

引入反馈机制实现安全部署

2006 年，Nick Galbreath 担任 Right Media 公司的工程副总裁，负责在线广告投放平台的开发和运维两个部门。该平台每天推送和展现上百亿条广告。

Galbreath 描述了他们所在的领域竞争有多么激烈：

> 在这个领域，广告库存水平是随时动态变化的，我们需要在几分钟内响应市场条件的变化。这意味着开发人员需要尽快完成代码修改和上线，否则我们就会输给动作更快的竞争对手。我们发现，如果配备一个专门的测试团队，流程就会变得很慢。甚至配备一个专门的部署团队都会让流程变慢。我们不得不把所有角色都放到一个团队里，让大家拥有共同的目标，承担共同的责任。不论你是否相信，我们最大的挑战是让开发人员克服对部署上线的恐惧。

这件事情很有意思：开发人员经常抱怨运维人员怕这怕那，迟迟不肯把程序部署上线。但是在这个案例里，当开发人员拥有把自己写的代码部署上线的权限后，他们同样对生产环境部署心存畏惧。

开发人员和运维人员都惧怕执行生产环境部署，这种现象并不是 Right Media 公司独有的。如何解决这个问题呢？ Galbreath 观察到，如果工程师（不论是开发人员还是运维人员）在部署时能获得更频繁的反馈，并减少每次部署的改动量，那么工程师就会有信心安全地完成部署。

在观察了很多团队的这一改进过程后，Galbreath 这样描述这一过程：

> 起初，在我们搭建了一套全自动化部署方案后，无论开发人员还是运维人员都不敢第一个按下启动生产环境部署的按钮，谁都担心成为那个把生产环境搞瘫痪的人。当最终有人鼓足勇气按下那个按钮后，不出意料地，由于对一些错误的假定不准确或者对生产环境的细节了解得不充分，第一次生产环境部署并不顺利。由于此时生产环境还缺乏监控，还是用户报告了问题我们才知道。

为了解决这个问题，团队紧急修改了代码，并把它部署到生产环境，同时，为应用程序和运行环境添加了更多的监控。这样不仅能确认问题得到了修复，服务恢复了正常，并且若下次再有类似问题发生，我们也可以先于用户检测到。

越来越多的开发人员开始自行部署上线自己的代码。由于我们开发的是一个复杂系统，生产环境仍然可能因为部署新版本而出现一些问题。但现在有了监控，我们可以迅速发现问题，并决定是回滚还是进行紧急修复。我们走在正道上了！这是一个巨大的进步，每个人都欢欣鼓舞。

尽管取得了这样的成绩，团队仍然希望进一步提升生产环境部署的质量。为了在生产环境部署前就把问题找出来消灭掉，开发人员进行了更多的代码评审（详见第 18 章），并且大家在相互支持下写出了更好的自动化测试脚本。大家都已认同这样的观点：每次生产变更的内容越少，发生问题的可能性就越小。因此开发人员每次完成少量代码改动就应该提交，于是这会更频繁地触发部署流水线，在确保变更能在生产环境正常工作后，再开始下一个任务。

我们从没有像现在这么频繁地执行生产环境部署，而系统稳定性也从来没有像现在这么高。这再次印证了小而频繁的改动让任何人都容易检视和理解，让流程持续平稳流转。

Galbreath 观察到，这样的改进让包括开发人员、运维人员、信息安全人员在内的所有人都受益。

> 由于兼管信息安全方面的工作，我能确保我们可以迅速修复生产环境中的问题，因为全天随时都会有生产环境变更。此外，令我感到吃惊的是，工程师们对自己代码中的安全问题很上心，他们可以很快自行完成修复。

Right Media 公司的故事说明，仅仅实现部署自动化是不够的，我们还需要把生产环境监控融入部署环节中，并建立起这样的文化和规范：每个人都对维护整个价值流的健康负有同等责任。

在本章，我们将建立反馈机制，以改善价值流的健康状况。这涉及软件生命周期的各个阶段：产品设计、开发、部署，直到下线。通过这样的机制，我们能做到软件随时可发布，甚至在项目早期阶段就能做到这一点。而在随后软件持续演进的过程中，我们也能从发布时遇到的问题及生产环境中出现的问题中总结和学习，改进我们的工作。这样的方式能让大家高效工作，并保障软件质量。

16.1 利用监控确保部署上线更安全

本节将介绍如何像 Right Media 公司那样，在生产环境部署时使用监控保驾护航。不论是由开发人员还是运维人员部署，这样的方法都能够让部署操作者快速判断新上线的功能能否在生产环境中正常工作。毕竟，在确认新版本能按预期正常工作后，部署工作才算成功完成。

为此，我们需要在部署时关注和新功能相关的监控指标，确保新版本的部署既没有影响新功能所在的服务，也没有影响系统其他服务。如果该变更影响了系统的任何功能，我们应当立刻召集相关人员一起诊断和修复问题，尽快恢复服务。①

---

① 此外，我们也要使用符合要求的架构。总之，如“优化 MTTR 而非 MTBF（mean time between failures，平均故障间隔时间）”这一 DevOps 警句所说，我们要提高从问题中恢复的速度，而不是试图避免问题的发生。

如本书第三部分所述，我们的目标是在部署流水线中捕获代码中的问题，防止它们进入生产环境。然而总会有漏网之鱼，这就需要借助生产环境中的监控来快速发现问题和恢复服务。为恢复服务，我们可以通过关闭功能开关来屏蔽有问题的功能（这是最简单、最安全的选项，因为无须再次部署），也可以选择**修复并上线**（fix forward，修改代码以修复缺陷，随后通过部署流水线部署到生产环境），或者**回滚**（roll back，这可以通过关闭功能开关完成，也可以使用蓝绿部署 / 金丝雀发布等模式部署上一个发布版本。）

尽管“修复并上线”这个选项看起来有些风险，但如果我们有自动化测试、快速部署及足够的监控作为保障，那么就可以快速确定系统各功能是否正常，这样的话这个选项就很安全了。

图 16-1 显示了 Etsy 公司一次 PHP 代码的部署上线导致 PHP 运行时警告（runtime warning）的数量骤增。开发人员在几分钟内就迅速察觉到了问题，并将修复代码部署到了生产环境，不到 10 分钟就解决了问题。

由于生产环境部署是导致生产环境问题的主要原因之一，我们建议在各个监控图表中，在部署发生时间所在位置画一条垂线，让价值流中的每个人都知道此刻在进行部署。这会促进沟通和协作，促使团队更快地发现和解决问题。

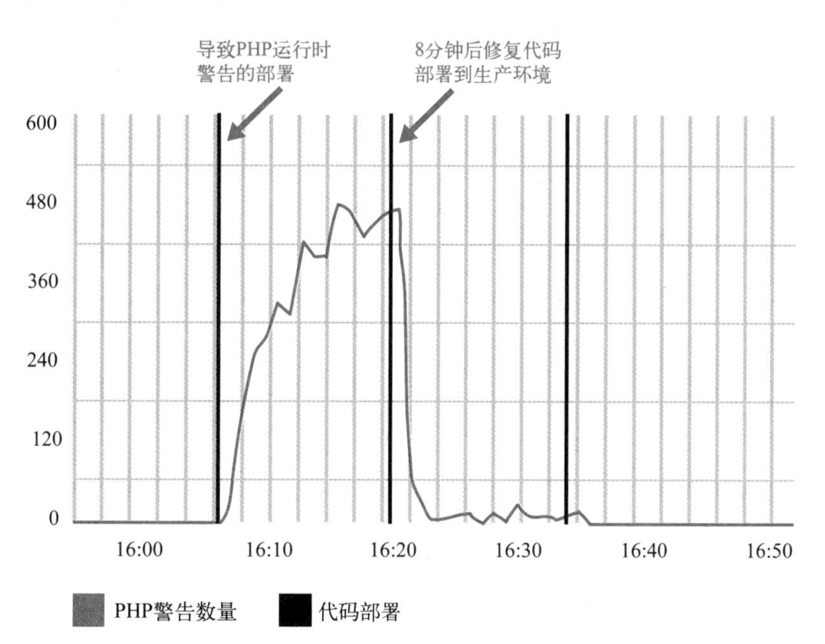

图 16-1　Etsy 的生产环境部署导致 PHP 运行时警告，随后快速修复

（来源：Mike Brittain 在 Esty 网站 Code as Craft 版块中的文章“Tracking Every Release”）

16.2 让开发和运维轮流值班

对于复杂的系统，即便生产环境部署过程顺利完成，也难保接下来就不会发生问题，甚至可能在不合时宜的时间（比如每天凌晨 2 点）发生故障乃至停运。如果不修复，这样的问题就会重复发生，让运维人员痛苦不堪。如果当初引入该问题的开发人员无法了解到生产环境中发生问题的详细情况，问题就更难解决了。

即便把问题提交给开发团队，其优先级也可能要低于新功能的开发。于是问题依旧重复发生，周复一周，月复一月，甚至年复一年，不断给运维工作带来麻烦。这是一个典型例子，充分说明位于价值流上游的人员如果只顾提升自己的效率，反而会降低价值流的全局效率。

为防止这样的事情发生，价值流中的所有人员都应该承担起责任，处理位于价值流下游的生产环境运维中的问题。为此，我们应该让开发人员、开发团队负责人和架构师轮流值班，就像 Facebook 生产技术总监 Pedro Canahuati 在 2009 年做的那样（见第 7 章）。这个做法让价值流中的所有人员都能真切地感受到自己设计的架构和编写的代码带来的问题。

这种工作方式让运维人员在面对代码相关的问题时，不必孤军奋战。现在价值流中的每个人都在帮助团队寻找修复线上问题与开发新功能之间的平衡点。作为 New Relic 公司负责产品管理的高级副总裁，Patrick Lightbody 在 2011 年谈道："我们发现，当我们开始在凌晨 2 点叫醒开发人员处理线上问题后，线上问题的修复速度变得前所未有地快。"

这种工作方式还让开发管理者意识到，只是开发出新功能并把它标记为"完成"，并不意味着业务意义上的完成。只有当一个新功能在生产环境中正确运行，没有造成问题，也不给开发人员或运维人员带来额外工作的时候，才能将它真正视作完成。

这种工作方式适合同时负责软件开发和运维的跨职能团队，也同样适合不同职能团队间的协作。作为 PagerDuty 公司的运维工程经理，Arup Chakrabarti 在 2014 年的一场演讲中提道："设置单独的故障处理团队的公司越来越少了。相反，在故障发生后，应该在必要时动员所有能修改产品代码或运行环境的人。"

不论我们如何划分团队，底层逻辑是一样的：当开发人员能够知道软件在生产环境中的运行状况，并且需要修复其中的问题时，他们就离客户更近了。对客户需求的理解和认同让价值流中的所有人都受益。

16.3 让开发人员到价值流下游看一看

在用户交互、用户体验设计领域，情境调查（contextual inquiry）是有效的工作方法之一。情境调查的方法是，产品团队观察用户在日常情境中（一般是在他的工位上）如何使用某个特定软件。通过这个方法，经常可以发现用户以某种出乎预料的方式使用该软件，比如点击鼠标很多次才能完成一个简单的日常操作，在不同页面间复制粘贴文本，或者在纸上记下操作步骤。这些例子都是易用性问题的典型表现。

开发人员在参加了这样的观察活动后，自信心很有可能会备受打击，“看到这款软件给用户带来的各种痛苦和不便，感觉真的很不好意思”。知耻而后勇，他们通常有强烈的意愿解决观察到的各种问题，以改善用户体验。

我们也可以使用类似方法，观察我们的工作带给价值流下游的同事的影响。例如，开发人员应该沿着价值流向下，观察下游的同事如何工作，最终把软件发布上线。[①]

开发人员希望亲自了解用户面临的问题，跟进后续的工作，以便在日常开发工作中做出更明智的决策。通过这样的方法，我们就建立了对代码的非功能性方面（包括那些不属于面向用户的功能的元素方面）的反馈，并且识别出可部署性、可管理性、可运维性等方面问题的改进方法。

对用户体验的观察经常会给观察者带来巨大的冲击。本书的作者之一 Gene Kim 是 Tripwire 公司的创始人和首席技术官，他在 Tripwire 公司工作了 13 年。他这样描述第一次观察用户行为时的感受：

> 在 2006 年，我曾经花了一个上午的时间观察一位用户如何使用我们的软件产品。那可真是我职业生涯中最糟糕的经历。我看着他进行一项操作，这项操作我们预期客户每周都需要做一次。完成操作总共需要 63 次鼠标点击。这让我们感到震惊。
>
> 用户在操作过程中一直在道歉：“抱歉，这里可能有更好的操作方法，只是我不太会用。”然而实际上并没有更好的操作方法。另一位用户告诉我们，该软件的初始化设置需要 1300 个步骤。我突然明白了为什么这个软件的配置和管理工作总是被分配给团队新人，因为没人喜欢干这事儿。这促使我在公司引入了用户体验设计工作，以减少我们给用户带来的痛苦。

从一开始就考虑用户体验能够在源头上保证产品质量，同时会让我们对价值流上下游的其他同事产生更多的同理心。理想情况下，用户体验设计能帮助我们把非功能性需求加入需求列表，并最终让我们的产品能够满足这些非功能性需求。这是我们的 DevOps 工作文化的一个重要组成部分。[②]

---

① 沿着价值流向下，我们会发现不少改进空间，比如：把复杂、手工的步骤（如花 6 小时完成应用服务器集群的配置）自动化；只把源代码构建打包一次，而不是在流程不同阶段反复构建相同的源代码版本，在测试环境和生产环境部署前都进行构建打包；与测试人员协同工作，把手工测试套件自动化，以此来消除频繁生产环境部署的一个常见瓶颈；创建更多有价值的文档，而不是让大家根据开发人员交代的三言两语来构建安装包。

② 在此之后，为做出更好的用户体验设计，Jeff Sussna 提出一种名为“数字化对话”（digital conversations）的方法，帮助软件开发组织理解在复杂系统中的用户旅程，并拓展了质量的含义。其中的关键理念包括：设计服务而非软件；尽可能降低反馈的延迟，尽可能提高反馈的作用；为失败设计，为学习而运维；把运维作为设计的输入；寻求同理心。

16.4 先由开发人员自行运维

即便开发人员在日常工作的类生产环境中已经运行过自己开发的程序，运维人员仍然可能会在生产环境部署时遇到问题，因为这是第一次在真实生产环境中部署运行这个程序。出现这种情况是因为在生产环境运维方面的尝试和学习在软件生命周期中出现得太晚了。

此外，这也造成运维软件很困难。就像一位匿名的运维人员所说：

> 我所在的小组中，大部分系统管理员最多干 6 个月就走了。生产环境经常出问题，工作时间很长，部署应用程序的痛苦难以想象。最艰难的事情是配置应用服务器集群，需要 6 小时的时间。每当此时，我们都不由得怀疑开发人员跟我们有仇。

出现这种情况可能是因为缺乏足够的运维人员来支持所有的开发团队及其开发的软件。不论是职能型团队还是市场型团队，都可能出现这样的问题。

一种可能的改进方案是借鉴谷歌的做法，让开发团队先自行运维，证明服务足够稳定后，再移交给 SRE 团队管理。先让开发人员负责生产环境的部署和运维支持工作，将来才能平稳地把工作移交给运维人员。[①]

在开发团队自行运维的情况下，为避免软件带着问题上线后给组织带来风险，我们必须定义发布上线的门禁，当其中的所有要求都被满足时，才可以引入流量，开放给真实用户使用。此外，运维工程师应该以顾问的形式帮助产品团队做好发布准备。

撰写上线指南可以让每个产品团队从组织所积累的经验中获益，特别是运维方面的经验。上线指南和要求通常包括下述内容。

- **缺陷的数量和严重程度**：应用程序的行为是否符合设计？
- **运维告警的类型和频率**：应用程序在生产环境运行时是否产生了过多的告警？
- **监控覆盖程度**：当服务发生问题时，能否及时察觉并恢复？
- **系统架构**：该应用程序与系统其他部分之间的耦合是否会阻碍其在生产环境进行频繁变更和部署？
- **部署过程**：生产环境部署过程是否可预测、可重复且足够自动化？
- **生产环境整洁度**：大家在生产环境的运维习惯是否足够良好，可以随时让他人接手运维工作？

从表面上看，这些要求和我们过去使用的传统的上线检查列表挺像的。它们的关键区别在于，这里要求的是有效的运维监控，可靠、可重复的部署过程，以及可以支持快速频繁部署上线的软件架构。

---

① 为了确保生产环境的问题能得以修复，开发该产品的团队应该长期存在，而不是项目上线后就解散。

如果在上线前的评审中发现了任何不足之处，运维人员就要帮助开发团队解决相应问题，甚至在必要时重写程序。总之，要让程序可以便捷地部署到生产环境并能便捷地进行管理。

同时，我们可能还需要了解服务是否满足合规方面的要求，包括当下就需要满足的要求，以及将来可能要面对的要求。

- 该服务是否带来显著的收益？（例如，如果它带来的收入占其所在美国上市公司总收入的 5% 以上，那么就是“显著的收益”，需要遵循 2002 年的 SOX 法案第 404 条。）
- 该服务是否有较高的访问量？发生故障时是否会造成严重损失？（运维方面的问题是否会带来系统可用性或公司声誉方面的风险？）
- 该服务是否存储付款人的账户信息（如信用卡号）或个人身份信息（如社会保险号码或医疗记录）？是否有其他安全相关的问题，可能导致监管、履约、隐私、声誉等方面的风险？
- 该服务是否有其他监管或者履约方面的要求，比如美国出口管制条例、支付卡行业数据安全标准（PCI DSS）、美国健康保险可移植性与责任法案（HIPPA）等？

这类信息可以帮助我们在确保技术方面的风险能够被识别和管理之外，任何潜在的安全和合规风险都能被识别和管理。它同时为生产环境的设计提供了重要的输入信息。

在软件开发过程的早期阶段就考虑运维方面的要求，并先让开发人员自行运维，那么发布上线的过程就会变得更顺滑、更便捷、更可预测。而对于已经在生产环境中运行的程序，我们就需要另一种机制来保证运维人员容易维护和支持它们，特别是当运维人员隶属于单独的运维团队时。

为此我们可以使用**服务退还机制**：当生产环境中的服务变得脆弱时，运维人员有权把运维支持工作退还给开发团队负责。

当一个服务回到了由开发者运维的状态，运维人员的工作性质就从实际操作变为咨询，帮助开发团队提升程序稳定性，直到达标。

这样的机制就好像高压锅的安全阀，让运维人员避免陷入以下麻烦：维护一个让技术债务不断增加甚至可能导致全局问题的脆弱服务。这样的机制也保障了运维人员还有足够的时间从事改进和预防性的工作。

这样的退还机制已经在谷歌运行了很久，它大概是开发人员和运维人员之间相互尊重的良好体现形式之一（见图 16-2）。这使得开发团队可以迅速创建新的服务，当服务足够重要的时候，运维人员就会加入；而极少数情况下，当服务在生产环境中发生太多问题的时候，运维人员就把它退还给开发人员。[①]

---

① 在实行项目制的组织里，可能没有合适的开发人员接收运维人员退还的工作，因为曾经的开发团队在项目结束后就解散了，或者没有足够的精力承担起运维的职责。可考虑如下解决方法：成立一个短期攻坚项目组来进行改进工作，以提高该服务的稳定性，或者干脆下线该服务。

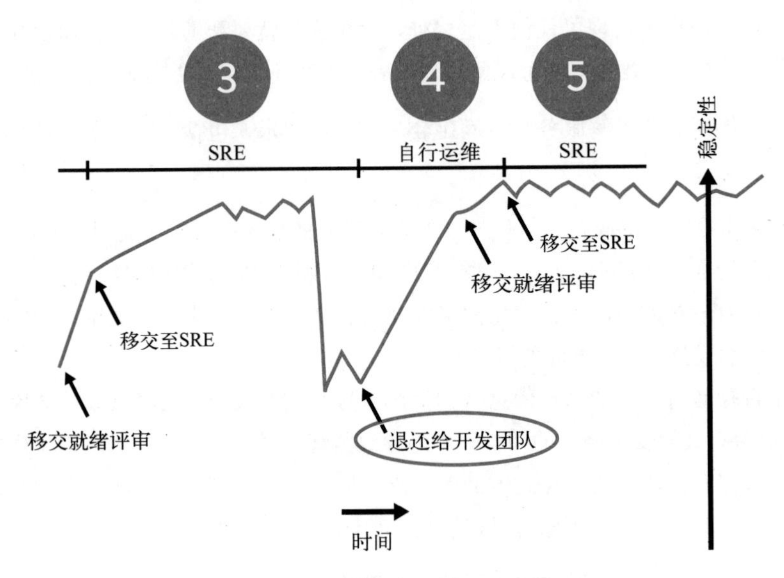

图 16-2 谷歌的“退还机制”

（来源：YouTube 视频“SRE@Google: Thousands of DevOps Since 2004”，发布者 USENIX，2012 年 1 月 13 日）

下面这个关于谷歌 SRE 的案例描述了**发布就绪评审**（launch readiness review，LRR）和**移交就绪评审**（handoff readiness review，HRR）的形成过程，以及它们带来的好处。

案例研究

谷歌的发布就绪评审和移交就绪评审（2010 年）

谷歌众多出人意料的实践之一，是设立了职能型的运维工程师团队，团队成员被称作 SRE，这个词是 Ben Treynor Sloss 在 2004 年提出的。当时他组建的 SRE 团队只有 7 名成员。而到 2014 年，谷歌已经拥有了 1200 名 SRE。Treynor Sloss 说：“如果谷歌宕机了，那是我的过错。”他一直不愿给出 SRE 的标准定义，不过他曾把 SRE 的工作描述为“让一名软件开发工程师负责运维工作时发生的事情”。

所有的 SRE 都归属于同一部门，以保证他们都具有足够的专业能力。他们被派遣到谷歌的各个产品开发团队（纳入这些团队的预算）。由于 SRE 是稀缺资源，他们只被派遣到那些对公司而言特别重要，或者必须满足监管要求的产品所在的开发团队。此外，这些产品必须易于运维。不满足这一系列条件的产品只能由开发团队自行运维。

一个产品即使从重要性的角度看应该分配 SRE 了，该产品开发团队也仍需要继续自行运维至少 6 个月，才有可能获得专属的 SRE。

即便是自行运维的产品开发团队，也可以从整个 SRE 组织积累下来的经验中获益。谷歌为发布新产品过程中的两个重要阶段分别设置了安全检查门禁，（见图 16-3）。

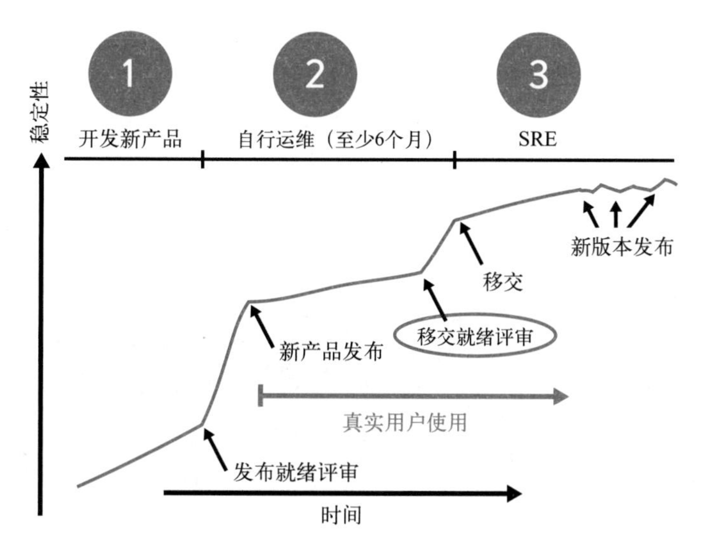

图 16-3 谷歌的发布就绪评审和移交就绪评审

（来源：YouTube 视频"SRE@Google: Thousands of DevOps Since 2004"，发布者 USENIX，2012 年 1 月 13 日）

谷歌的任何新产品上线并获得真实用户流量之前，都必须通过发布就绪评审。而要想把一个产品的运维工作移交给 SRE 负责，就必须通过移交就绪评审，这通常发生在发布就绪评审的几个月后。发布就绪评审和移交就绪评审的各检查项很相近，但移交就绪评审更严格，有更高的通过标准，而发布就绪评审只需要在产品开发团队内部开展。

产品开发团队在准备发布就绪评审和移交就绪评审过程中，可以申请配备一名 SRE，来帮助他们理解和实现各检查项的要求。发布就绪评审和移交就绪评审的检查列表是不断演进的，因而所有团队都可以从谷歌过往的发布经验和教训中受益。2012 年，Tom Limoncelli 在他的主题为"SRE@Google: Thousands of DevOps Since 2004"的演讲中提道："每次发布新产品的过程都能让我们学到一些新东西。总会有些人员缺乏发布经验。发布就绪评审和移交就绪评审的检查列表是一种组织的知识积累。"

先由产品开发团队自行管理线上服务，这使得开发人员不得不从事一些运维工作。而发布就绪评审和移交就绪评审的机制不仅让运维工作的移交更容易、更可预测，也让位于价值流上下游的不同角色能够相互理解。

Limoncelli 谈道："最理想的情况是，产品开发团队在开发新产品的过程中就将发布就绪评审的检查列表作为开发指南，努力满足其中的要求，在必要时联系 SRE 寻求帮助。"

Limoncelli 还观察到，那些能很快通过移交就绪评审的产品开发团队，恰恰就是那些在早期设计阶段就和 SRE 一起工作，直到发布上线的团队。想得到 SRE 的帮助并不困难，这真是个好事。SRE 理解尽早向一个产品开发团队提供建议的价值，并且很愿意为此花上几小时或者几天的时间。

SRE 在产品开发早期就向产品开发团队提供支持，这是谷歌的一个重要的工作文化，并且不断得到强化。Limoncelli 解释道："帮助产品开发团队是一项长期投资，在几个月后新产品发布的时候才会得到回报。这体现了作为一名乐于助人的'社区成员'为'社区'所做的贡献。一名 SRE 在这方面的表现，将作为他晋升时的考虑因素之一。"

在谷歌，先让产品开发团队自行运维，这一实践让开发人员能够提早学习、深入了解他们的代码如何在生产环境中工作。该实践也加强了开发人员与运维人员间的相互联系和理解，并有助于建立反馈的文化。

16.5 小结

本章我们讨论了反馈机制。在我们的日常工作中，位于价值流不同阶段的活动都可以利用反馈机制提升产品质量：把变更发布到生产环境，处理生产环境问题并为此联系开发人员，让开发人员了解价值流下游的工作，列出非功能性需求以帮助开发人员写出更接近可发布状态的代码，甚至是把问题较多的软件退还开发团队让他们自行运维。

这种反馈回路让生产环境部署更安全，让开发团队的产出更接近可发布状态。通过共享工作目标和责任，通过增进相互理解，开发人员和运维人员将拥有更好的工作关系。

在下一章，我们将讲解运维监控如何支持假设驱动开发（hypothesis-driven development，HDD）和 A/B 测试，用试验的方法来帮助我们实现业务目标、赢得市场。

第 17 章 将假设驱动开发和 A/B 测试纳入日常工作

在软件开发中经常发生这种事情：开发人员开发某些功能需要花费数月甚至数年的时间，历经多个版本，却从没有考察过是否真的达成了预期的业务成果，比如某个新功能是否满足预期，甚至有没有人用。

还有比这更糟糕的情况：即便我们发现某个功能没有满足预期，却难以对其进行改进，因为改进它的优先级低于开发其他新功能的优先级。这就导致本就表现欠佳的功能永远也不会达成业务目标。本书作者之一 Jez Humble 观察到："把整个产品开发出来，再来验证前期预测的用户需求是否真实存在，是检验一个业务模型或者产品构思最低效的方法。"

在开发一个新功能之前，我们应该不留情面地问自己："我们应该做这件事吗？为什么？"我们应该用尽可能便宜和快速的试验方法来进行用户研究，验证我们打算开发的新功能是否真的会带来预想中的业务结果。我们可以使用本章将要介绍的假设驱动开发、获客漏斗和 A/B 测试等方法。组织应该如何使用这些方法来打造用户喜欢的产品，形成组织的学习机制，赢得市场？Intuit 公司就是一个生动的案例，下面我们一起来看看。

Intuit 公司致力于向小企业、消费者和财会人员提供简单易用的业务和财务管理解决方案。该公司在 2012 年的年收入是 45 亿美元，拥有 8500 名员工。其旗舰产品包括 QuickBooks、TurboTax、Mint、Quicken[①] 等。

Intuit 公司的创始人 Scott Cook 长期致力于建立创新文化，鼓励团队在软件产品开发过程中采用试验的方法，并要求管理层对此给予支持。他说："不要过于关注老板的偏好……应该把精力放在搞清楚真实用户在真实试验中的真实行为，然后据此做出决策。"这是软件产品开发中典型的科学决策方法。

Cook 解释道，我们需要"一个能让每名员工进行快速试验的体系……Dan Maurer 负责我们的消费者部门，开发和运营 TurboTax 网站。他接手时，该部门一年只进行了 7 次试验"。

---

① Intuit 公司在 2016 年把 Quicken 业务卖给了私人股权公司 HIG Capital。

他继续说道："通过（在 2010 年）建立起非常活跃的创新文化，在持续 3 个月的美国报税季中，他们进行了 165 次试验。其效果体现在业务成果上就是，网站的转化率提高了 50%……团队成员非常喜欢这样的工作方式，因为他们的想法可以很快推向市场。"

除了大幅提升网站的转化率，这个案例中另一个让人惊叹的点在于，TurboTax 的各种试验是在流量高峰期展开的。数十年来，由于担心在年末节日季[①]发生故障给业务带来高风险，企业，特别是零售行业的企业，从 10 月中旬到次年 1 月中旬，通常不进行任何系统变更。

而由于实现了又快又安全的软件部署上线，TurboTax 的在线用户试验及其他生产环境变更变成了低风险的活动，因而可以在业务繁忙、收入丰厚的时节开展。

在 TurboTax 看来，在业务最繁忙的时节进行试验是最有价值的。如果 TurboTax 的团队等到 4 月 16 日报税季结束后再上线那些变更，那公司就会损失很多潜在的客户，甚至会导致现有的客户流失到竞争对手那里。

我们越是能快速试验、快速迭代、根据市场反馈快速调整，就越是能快速学习并战胜竞争对手。而根据市场反馈进行调整的速度则取决于我们（频繁、便捷地）部署和发布软件的能力。

Intuit 的 TurboTax 团队做到了这一点，并且在市场竞争中获得了胜利。

17.1 A/B 测试简史

如前面 TurboTax 的故事中提到的，定义获客漏斗和进行 A/B 测试是非常有效的用户研究的方法。A/B 测试技术首先出现在**直接反应营销**（direct response marketing，亦译作直复营销等）中。市场营销策略主要分为两类，其中一类是直接反应营销，另一类是**大众营销**（mass marketing，亦译作广泛市场营销等）或**品牌营销**（brand marketing）。大众营销、品牌营销主要靠向大众投放尽可能多的广告来影响顾客的购买决策。

在没有电子邮件和社交媒体的年代，直接反应营销意味着邮寄大量明信片或宣传材料，期待消费者通过拨打电话、寄回明信片等方式下单。

在这样的营销方式中，商家会做各种试验，看看如何获得最高的转化率。他们尝试修改调整宣传品，如修改其文案、排版、包装等，以确定怎样能最有效地让消费者采取行动（比如打电话下单购买）。

每次试验通常都需要进行宣传品的设计、印刷，并邮寄给成千上万的消费者，然后在接下来的几周中陆续收到反馈。一次典型的试验需要花费数万美元，耗时数周甚至数月才能完成。由于这样的试验有可能大幅度提高转化率（比如把消费者订购商品的概率从 3% 提高到 12%），投入这些成本相当划算。

---

① 指感恩节、圣诞节、元旦这段时间，西方消费者会在此时大量购物。——译者注

在募捐筹款、网络营销、精益创业领域总结出的方法论中，都运用了 A/B 测试的思想。甚至英国政府在研究如何最有效地向公民催收税款时也进行了 A/B 测试。[①]

17.2 在新功能测试中整合 A/B 测试

在用户体验设计方面使用 A/B 测试最常见的方法是，让控制组（A）的访问者和实验组（B）的访问者看到不同版本的网页。通过对随后的用户行为的统计分析，我们就能知道 A、B 两方案是否有明显不同的效果，建立起方案（例如功能、设计元素、背景颜色等方面的变化）和效果（例如转化率、订单平均金额）之间的因果关系。

例如，我们可以做个实验来确定改变“购买”按钮的文案或颜色是否会增加收入，或者网站的响应时间延长（通过故意增加一个延迟）是否会减少收入。这类 A/B 测试及相应的产品改进能直接带来经济价值。A/B 测试有时也被称作在线控制实验（online controlled experiment）或者分离测试（split test）。在实验的时候也可以改变不止一个变量，这种名为多变量测试（multivariate testing）的方法可以让我们知道变量之间的相互关系。

A/B 测试经常带来出乎意料的结果。微软前杰出工程师和分析与实验部门的总经理 Ron Kohavi 博士观察到，“在所有旨在提升某一关键指标的设计方案中，只有大约 1/3 被 A/B 测试证明是有效的”。换句话说，尽管所有方案都曾被认为是很合理的好主意，但实际上 2/3 的方案要么没什么效果，要么有负面效果。这说明在诉诸直觉和专家观点之外，用户测试是多么有必要。

持续学习

如果你想了解 A/B 测试和实验设计的更多细节，可阅读 Diane Tang 博士、Ron Kohavi 博士和 Ya Xu（许亚）博士共同撰写的《关键迭代：可信赖的线上对照实验》[②]一书。在书中，作者们分享了若干个公司通过在线实验和 A/B 测试来改进产品的故事。这本书也给出了若干技巧和要点，让大家通过可信的实验来改进产品和服务，避免被别人提供的数据误导。

Kohavi 博士的数据发人深省。如果没有进行用户研究，那么我们开发的新功能里将会有 2/3 对组织没有价值甚至有负面影响。同时，这些新功能让我们的代码更加复杂，因而不断增加维护成本，让我们的软件越来越难以演进。

---

① 在正式开发新功能之前也有很多经济的用户研究方法，包括用户调查、创建原型（不论是使用 Balsamiq 之类的绘制原型图工具，还是写代码创建交互性更好的原型），以及进行易用性测试等。谷歌的工程总监 Alberto Savoia 把使用原型来验证用户需求的方法称作 pretotyping。相比于开发出无用功能造成的浪费，用户研究既经济又容易。一般来说，我们不应该在没有经过用户研究验证之前开发一个新功能。

② 原版为 *Trustworthy Online Controlled Experiments: A Practical Guide to A/B Testing*，中文版由机械工业出版社于 2021 年出版。——编者注

此外，开发这些无用功能所耗费的力气本应该被用于更有价值的事情（即所谓机会成本）。Jez Humble 开玩笑说：“极端情况下，与其开发那些无用的功能，还不如给整个团队放假，那对公司和客户来说都更好。”

我们要做的是，把 A/B 测试融入新功能的设计、实现、测试、部署上线过程中。进行有意义的用户研究和实验能确保我们投入的精力能够帮到客户，也有助于组织实现目标，赢得市场竞争。

17.3 在软件发布中整合 A/B 测试

为了进行快速和迭代式的 A/B 测试，需要首先实现按需、方便、快速地进行生产环境部署，并采用功能开关等方式把不同版本的程序同时提供给不同的消费人群，还需要在生产环境中布设所有层级的运维监控。

在实验中，通过功能开关，我们可以控制多大比例的用户能看到实验组的版本。例如，我们可以让一半的用户在控制组，另一半用户则看到“与购物车中失效商品相似的商品的链接”。作为实验的一部分，我们对实验组（有相似商品链接）与控制组（没有相似商品链接）的行为差异进行比较，比如统计在本次购物中购买商品的数量。

Etsy 公司开源了他们的实验框架 API（曾被称作 Etsy A/B API），它不仅支持 A/B 测试，而且支持在线调节实验的流量。其他 A/B 测试工具还有 Optimizely、Google Analytics 等。在 2014 年，Etsy 公司的 Lacy Rhoades 在与 Apptimize 公司的 Kendrick Wang 的对话中谈道：

> Etsy 进行这类实验是为了做出可靠的决策，确保我们为几百万会员开发的新功能是有用的。曾经有太多的功能花费了我们大量的开发和维护成本，我们却不能证明它们是成功的或者是用户喜欢的。A/B 测试让我们能够在一个新功能的早期发布版本就知道它是否值得继续投入开发。

17.4 在功能规划中整合 A/B 测试

在具备支持 A/B 测试的基础设施后，我们还要确保产品负责人把每个新功能当作一个假设，并把产品发布作为真实用户参与的实验，来证实或证伪这个假设。这样的实验，应该置于整体获客漏斗的背景下进行设计。《精益企业》一书的作者之一 Barry O’Reilly 描述了如下根据假设进行新功能开发的方式。

- **我们相信**在住宿预订网页中增大酒店图片的尺寸……
- ……**将会**提高客户预订的可能性，提高转化率。
- 如果在浏览到酒店图片的客户中，48 小时内预订的人数增加了 5%，**我们就有信心**正式发布该功能。

为在产品开发中引入实验的方法，我们不仅要把工作划分成小块（用户故事或者需求），而且要验证每个小块能否达到我们所期待的结果。如果达不到，那我们就修改工作方案和计划，以获得我们所期待的结果。

案例研究

雅虎问答在快速迭代中实验，实现收入翻倍（2010 年）

在 2009 年，Jim Stoneham 是雅虎的社区产品部总负责人，该部门有 Flickr 和雅虎问答（Yahoo! Answers）两款产品。在这之前，Jim Stoneham 主要负责雅虎问答。雅虎问答的竞品有 Quora、Aardvark、Stack Exchange 等。

在那时，雅虎问答有大约 1.4 亿月活用户，其中 2000 万活跃用户使用超过 20 种语言回答各种问题。然而，用户和收入的增长已陷于停滞，用户黏性评分甚至在下降。

Stoneham 观察到：

> 雅虎问答曾经是，也将继续是互联网大型社交平台之一。上千万的用户通过比社区里的其他成员更快速地撰写高质量的回答来提升用户等级。有很多潜在的方法来改进评分晋级机制、病毒式营销方式及其他社区互动。为了把握这些人类行为，你得能够快速地迭代和实验，看怎样才最能打动人心。

他继续说道：

> 这种实验的方式，Twitter、Facebook、Zynga 他们做得很好。他们每周最少做两个实验，甚至在变更正式发布之前就能弄清楚它是否对路。而我正在负责的这个全球最大的问答类网站，也希望能进行快速迭代测试，但是我们发布的频率最快也只能是每四周一次。作为对比，我们的竞争对手获取反馈的速度是我们的 10 倍。

Stoneham 观察到，尽管产品负责人和开发人员经常谈论数据指标驱动，但如果没有频繁地（每天或每周）进行实验，那么大家的日常工作也还是只关注要开发的功能，而不是业务效果。

当雅虎问答团队有能力每周部署上线，进而每周多次部署上线后，他们实验新功能的能力迅速提高。他们在接下来的 12 个月里进行的实验带来令人惊讶的成果：月访问量增加 72%，用户订阅数获得三倍提升，产品收入也翻倍了。

为了不断取得新的成绩，团队聚焦于改善以下关键业务指标。

- **首答时间**：一个用户提问后多久得到回答？
- **最佳答案时间**：多久后社区评选出最佳答案？

- **点赞数**：一个回答被用户点赞多少次？
- **每周每人回答数**：用户回答了多少个提问？
- **二次搜索率**：访问者为获得答案而再次搜索的频率有多高？（越低越好）

Stoneham 的结论是："我们意识到，这正是为赢得市场竞争所需要做的。不仅新功能开发的速度提高了，而且团队成员感觉自己成为产品的真正负责人。当你以这样的速度行动时，当你每天看着数据和结果的变化时，你就会把更多的热忱投入到工作中。

雅虎问答的这个故事展示了快速迭代上线带来的令人惊异的效果。我们迭代得越快，学习得越快，根据反馈改进产品和服务越快，获得的成就就越大。

17.5 小结

为获得成功，我们不仅要快速地部署、发布我们的软件，而且要在实验方面比竞争对手做得更好。假设驱动开发、定义和度量获客漏斗、A/B 测试等方法让我们安全且容易地进行用户实验，以释放出我们的创新能力，形成组织的学习机制。除了获得成功，组织通过实验习得的知识也带给员工实现业务目标、满足客户需求的责任感。在下一章，我们将研究评审和协调的方法，以提高工作质量。

第 18 章

通过评审和协调提升工作质量

在前面的几章中，我们创建了监控系统，方便在生产环境和部署流水线的各个阶段发现并解决问题，并且创建了来自客户的快速反馈回路，以帮助组织强化学习。这样的组织学习机制提升了大家在产品功能和客户满意度方面的主人翁意识，带来了业务的成功。

本章将要讨论开发和运维人员在生产环境变更之前该如何降低风险。按照传统的做法，我们对生产环境变更质量的把控，严重依赖那些临近部署才进行的各种检视和审批。在这类审批中，审批者通常来自外部团队，他们对实际工作不了解，所以其实无法准确评判变更是否有风险。此外，通过全部审批步骤所需要的时间也会让变更前置时间变得更长。

GitHub 的同行评审方式很好地展示了代码评审如何融入开发人员的日常工作，如何提升质量，让生产环境部署更安全。GitHub 创造了被称为**拉取请求**（pull request）的代码评审方式，是开发和运维工作中流行的代码评审方式之一（见图 18-1）。

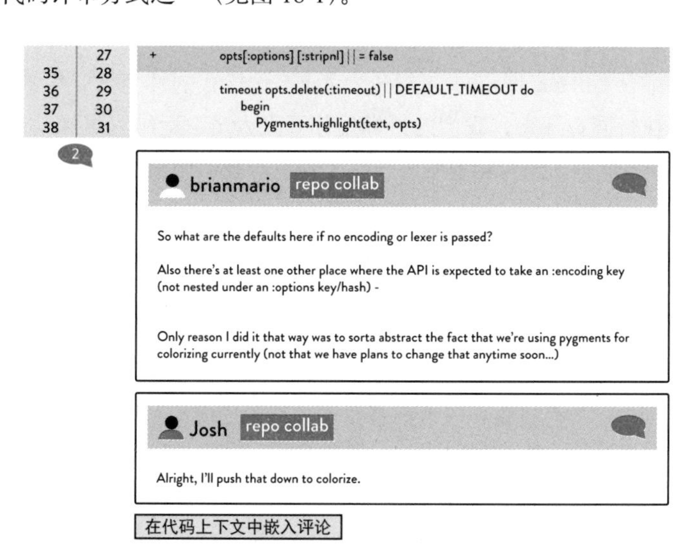

图 18-1 GitHub 拉取请求中的评论和建议

（来源：Scott Chacon 发表在其个人网站上的文章“GitHub Flow”，2011 年 8 月 31 日）

Scott Chacon 是 GitHub 的首席信息官和联合创始人。他在个人网站中写道，拉取请求这一机制让工程师把他提交到 GitHub 代码仓库的变更知会他人。当发起一个拉取请求后，感兴趣的人就可以评审变更内容，讨论可能需要进行的修订，并在必要时提交代码修订。拉取请求要想通过，需要各评审者给出“+1”“+2”等意见，具体情况与所需评审者 / 受邀评审者的数量有关。

在 GitHub，拉取请求也可用于把代码部署到生产环境，与此相关的一系列实践被称作 GitHub Flow（GitHub 工作流）：工程师发起代码评审，收集反馈并进行修订，在代码改动合并到主干后，最终操作部署上线。

GitHub Flow 包括如下 5 个步骤。

(1) 为进行新的开发工作，工程师基于主干创建一条新分支，分支名体现将要进行的工作（如“new-oauth2-scopes”）。

(2) 工程师把代码改动提交到本地代码仓库中这条新分支上，再适时推送到服务器端同名分支。

(3) 当工程师需要反馈或帮助时，或者他认为该分支上的改动完成，可以合并到主干时，创建拉取请求。

(4) 当改动评审通过后，工程师将该分支合并到主干。

(5) 当代码改动合并到主干后，工程师把它部署到生产环境。

这些实践把评审和协调融入了日常工作，确保了 GitHub 可以快速、可靠、高质量、安全地发布新功能。例如，2012 年 GitHub 共进行了 12602 次生产环境部署。特别是 8 月 23 日这天，大家在一场内部峰会中进行了头脑风暴，讨论并产生了很多激动人心的新想法。于是当天成了该年度生产环境部署最繁忙的一天，共进行了 563 次构建和 175 次成功的生产环境部署——是拉取请求机制让这一切成为可能。

在本章，我们将结合 GitHub 等公司的实践，完成工作模式的转变——从依赖定期检查和审批，到在日常工作中持续执行同行评审。我们的目标是让开发人员、运维人员和信息安全人员持续频繁地相互协调，让系统变更能够安全可靠地发布，并实现符合我们期望的功能。

18.1 变更审批流程带来的问题

骑士资本（Knight Capital）的那次事故是近年来严重的软件部署事故之一：一个部署错误引发了持续 15 分钟的故障，产生了 4.4 亿美元的交易损失。该损失危及公司运营，并导致公司被迅速出售。

据 John Allspaw 观察，在类似骑士资本部署错误这样的重大事故出现后，对于问题发生的原因，总是会出现两种典型的反事实思维[①]的观点。

① **反事实思维**（counterfactual thinking）是一个心理学术语，它描述了人类的一种思维方式：想象如果采取了与实际不同的措施，就会得到与实际不同的结果。在可靠性工程领域，这体现为“想象中的系统”，与“现实中的系统”相对应。

第一种观点是，如果有更好的变更控制实践，就可以及早发现风险，尽可能避免有问题的变更发布上线。而对于那些出现在生产环境中的问题，我们应该采取措施，尽快发现并修复。

第二种观点是，之所以发生这样的事故，是因为测试做得不够好。这看起来也说得通：如果有更好的测试实践，就可以及早发现风险，取消有风险的发布。同时我们应该采取措施，尽快发现并修复那些出现在生产环境的问题。

而一个出人意料的事实是，在低信任度和命令式的文化环境中，更多的变更控制和更多的测试反而让问题再次出现的可能性变得更高，带来的损失也更大。

这类测试和变更控制带来的负面影响可能比本来期待的正面作用还大。本书作者之一 Gene Kim 这样描述他意识到这一点时的情景："这是我职业生涯中重要的时刻之一。这个'啊哈'时刻是我在 2013 年时与 John Allspaw 和 Jez Humble 的一次讨论的结果。我们讨论了骑士资本的那次事故，这让我开始怀疑我此前十几年，特别是接受审计师培训后一直秉承的核心理念。"

他继续说道："不论这样的认知颠覆带来什么样的复杂情绪，它对我影响深远。这个观点不仅在道理上讲得通，2014 年《DevOps 现状报告》也印证了这一点。这一令人惊讶的事实再次说明，构建高信任度的文化可能是近年来管理工作面临的最大挑战。"

18.2 过度变更控制带来的问题

传统的变更控制会带来一系列副作用，比如前置时间的延长、部署上线带来的反馈效力和即时性的降低。为了理解这些副作用产生的原因，让我们看一下在生产环境变更失败后我们经常会增加的控制手段。

- 在变更申请表格中增加更多的问题。
- 增加审批步骤，再增加一级管理层审批（比如从只需要运营副总监批准改为亦需要首席信息官批准）或更多相关人员（比如网络工程师、架构评审委员会等）的审批。
- 延长审批时间，让审批人有足够的时间分析评估。

这些控制手段往往增加了审批的步骤和内容，延长了部署前置时间，并会让人们倾向于把大量变更一起送审以减少送审次数。这些带给发布流程的"摩擦"会降低开发人员和运维人员一起成功完成产品开发和发布的可能性，同时也让反馈变慢。

"离问题最近的人通常最了解它"，这是丰田生产体系的核心信念之一。工作内容和工作对象越复杂多变，这一点就越明显，DevOps 价值流就是这样。增加审批步骤，由远离一线的管理者进行审批，反而会降低成功的可能性。做事的人（也就是实施变更的人）和做决策的人（也就是审批变更的人）离得越远，结果就越差，这一规律已被反复验证过。

持续学习

研究显示，高绩效组织的变更审批速度快、规则清晰、没有摩擦，这有助于提升软件交付效能。2019 年《DevOps 现状报告》显示，一个清晰、轻量的变更流程，一个让开发人员提交的各类变更都可以顺利审批通过的变更流程，会带来工作效率的提升。与之相反，需要额外的评审委员会或者高级经理审批的重型变更流程，则会导致工作效率下降。2014 年的《DevOps 现状报告》同样指出，高绩效团队更依靠团队内部的同行评审而非团队外部的变更审批。

在很多组织中，变更审批委员会在协调和管控交付过程方面发挥着重要作用。但他们的工作不应该是人工评估每一个变更，ITIL 标准也不鼓励这样的实践。其原因是，作为变更审批委员会的成员，审批由数百名开发人员编写的、包含成千上万行代码的变更，是一件很困难的事。

一方面，我们无法仅根据一段百十来字的描述，或者通过查看各检查项是否打钩，就判断出一个变更能否成功上线。另一方面，痛苦地评审数千行代码改动也无助于发现任何新问题。在复杂系统上做变更就是这样，很难靠外部的评审来保证质量，甚至连日常工作就是在代码仓库中编程的开发人员都经常发现，看似低风险的变更会带来出乎意料的副作用。

因此，我们需要更有效的方法来控制变更。应该更多地采用同行评审之类的方法，而不是依赖外部人员的审批。我们也需要更有效地协调和计划变更。我们将在下面两节中介绍这些内容。

案例研究

从三位高管审批到自动审批：阿迪达斯的大规模发布实践（2020 年）

2020 年 11 月，阿迪达斯将迎来一年中的销售旺季。此时公司处于危机之中：近期发生了 5 次严重的故障，局面近乎失控。这种状态不能再持续下去了。

在危机之前的一年中，阿迪达斯实现了快速增长，数字业务的收入增加了 50%。这也意味着网站访问人数增加了 2 到 3 倍，相关数据呈指数级增长，网络流量是过去的 10 余倍。与此同时，技术团队的数量和规模也在不断地增长。根据布鲁克斯法则（Brooks's law），他们之间的依赖程度也在不断增长。

阿迪达斯每天发送出 110 亿条广告供点击。在销售高峰时，每分钟有 3000 笔新订单，而他们的策略是把这个数字翻番。对于促销产品（特别款），阿迪达斯期望每秒得到 150 万次点击。

回到 2020 年 11 月，在经历了数年的自由发展后，阿迪达斯发现自己已处于一个不好的状态：在两个月的销售旺季中，任何变更或版本发布都需要经过三位副总监讨论批准。

负责数字技术的副总监 Fernando Cornago 就是上述三位副总监之一。他回忆道："实际上，到最后我们经常因为缺乏对细节的了解而感到无能为力。"

在那时，阿迪达斯拥有 5.5 亿行代码和近 2000 名工程师。当时的危机说明他们必须做出改变。于是，运维和发布管理的改进浪潮开始了。

他们从以下三个与稳定性相关的问题切入。

- 我们怎样才能尽快发现服务中断问题？
- 我们怎样才能快速修复服务中断问题？
- 我们怎样才能确保生产环境不会出现服务中断？

他们引入了 ITIL 和 SRE 的实践来应对上述问题，进而发现服务中断影响到的不仅是单个产品。"我们意识到所有的事情都是相互关联的。" Vikalp Yadav 说道。作为资深总监，他是数字 SRE 运营部门的负责人。

他们意识到，应该把价值流看成一个思考过程。他们定义了"收入流失占净销售额的百分比"这个度量指标，以反映故障停运带来的主要影响。最后，为了实现可观测性、系统弹性和卓越发布，他们采用了被他们称为"发布健身"（release fitness）的方法。

阿迪达斯的生产环境越来越庞大和复杂。"现在我们不仅要关注自己的系统，也要专注于整个生态的情况。"阿迪达斯 SRE 负责人 Andreia Otto 解释道。发布流程需要标准化。

他们与产品开发团队、服务管理团队一起确定了一组 KPI，或称指标，任何发布都需要对照检查。它最开始是一张 Excel 表格，每个团队每次发布前都需要填写这张表，以确定可以发布。

显然这不是一个可持续、受欢迎的方法，手工填写这样一张表格既乏味又耗时。他们意识到需要把这样的评估工作自动化，于是开始了尝试。

他们开发了一个仪表板，从三个视角审视一次发布：系统（我的产品情况如何）、价值流（上游 / 下游依赖关系等）和环境（平台、事件等）。通过从这三个视角检查，仪表板自动给出能否发布的明确结论。

任何变更在发布到生产环境之前都需要经过这样的自动检查。如果所有事项都没问题，那么就可以发布到生产环境。如果有问题，那就不能发布，开发团队需要查看仪表板，看看问题出在哪儿：可能是因为计划发布日期赶上了不允许生产环境变更的促销日，也可能是因为团队的错误预算（error budget）已经用光了，等等。

通过这样的“发布健身”改进项目，阿迪达斯构建了可以自我调节和修复的系统。一方面，他们有严格的发布规章；另一方面，他们有自动化的检查和自动计算的错误预算，告诉开发人员是否可以部署上线。他们不再需要三位副总监坐在一起商议批准每一个变更。此外，随着公司的持续发展，阿迪达斯每月有大约 100 名新员工入职，“发布健身”带来的自动化让新员工学习掌握工作方法的时间大幅度缩短。

阿迪达斯把变更审批自动化，以确保具有多重依赖关系的代码的质量。它代替了高成本、低效率的审批委员会。

18.3 对变更进行协调和规划

当不同团队所负责的系统之间存在依赖关系时，就需要对变更进行协调，比如对变更进行组合、分批和排序，以防止它们互相干扰。一般来说，架构耦合度越低，团队间就越不需要进行沟通和协调。当架构真正服务化的时候，团队就可以以高度自治的方式开发和发布，因为局部的变化基本不会导致全局的问题。

然而，即便是低耦合的架构，当众多团队每天累计进行数百次生产环境部署时，这些生产环境变更还是会有相互影响的风险（比如同时进行多个 A/B 测试）。为减少这类风险，我们可以使用群聊来宣布将要进行的变更，并预防可能存在的冲突。

对于复杂的组织或者高耦合的系统，我们可能需要小心地规划生产环境变更。各个团队的代表聚集在一起，不是去审批变更，而是制订变更的计划和顺序，以尽可能避免事故。

然而，一些特定的变更内容，比如全局基础设施的变更（如核心网络交换机的变更），总是伴随着高风险。这类变更总是需要一些技术上的应对措施，比如冗余、故障切换、全面的测试，以及（理想情况下）模拟演练。

18.4 对变更进行同行评审

我们可以要求工程师相互评审彼此的代码变更，而不是由团队外的人员进行发布审批。在软件开发领域，这种实践称作代码评审。评审同样可以针对任何对应用程序或环境（如服务器、网络、数据库等）的变更。具体评审方法是，由团队中的其他同事仔细查看具体改动内容，找出其中的问题。这样的评审不仅可以提升变更的质量，而且可以让团队在评审中相互传授知识、共同学习，从而提升工作技能。

代码评审应该发生在把代码改动提交到代码仓库中的主干之前，因为提交到主干后，问题就可能会影响整个团队，甚至更广。变更至少应该由本团队的同事进行评审，而如果代码变更的风险较高，比如数据库变更或者自动化测试覆盖率较低的关键业务组件上的变更，我们就需要更慎重，邀请领域专家（比如信息安全工程师、数据库工程师）或者更多的评审人（比如“+2”而不仅仅是“+1”）进行变更评审[①]。

小批量的原则也同样适用于代码评审。一次送审的代码改动量越大，理解它所需要的时间就越长，评审人的负担就越重。就像 Randy Shoup 观察到的：“变更大小与集成它的风险之间的关系是非线性的。从 10 行代码改动到 100 行代码改动，出问题的可能性增加了不止 10 倍，以此类推。”因此我们不建议开发人员用一条特性分支来承载大量改动，而应当按照小规模、增量式的节奏来工作。

不仅如此，当变更的改动量变大时，评审人发现代码改动中的问题的能力也会相应降低。Giray Özil 说道：“让程序员评审 10 行代码，他能发现 10 个问题；让他评审 500 行代码，他会说这些代码没问题。”

代码评审有如下要点。

- 任何人的任何变更（代码变更、环境变更等）都应当经过评审再提交到主干。
- 任何人都应当留意团队中其他人的改动，以识别和评审潜在的冲突。
- 应有明确的规则判断哪些变更是高风险的（如数据库变更、鉴权等对安全敏感的模块上的变更等），是需要领域专家评审的。[②]
- 如果变更太大，难以评审，具体体现为读了数遍仍不能理解它的作用，或者需要作者澄清，那么这个变更就应该分解为若干小变更，以便于理解。

为确保代码评审不是走过场，我们可以查看代码评审相关统计，看看评审通过与评审不通过的比率，甚至可以抽查代码评审记录。

代码评审有多种形式：

- **结对编程**：程序员结对工作（下文将详述）。
- **“站在身后”**（over the shoulder）：评审者站在作者身后，由作者展示和讲述代码改动。
- **邮件分发**：提交代码时自动触发源代码管理系统，向评审者发送邮件。
- **工具辅助的代码评审**：作者和评审者使用代码评审专用工具（如 Gerrit、GitHub 的拉取请求等），或者源代码仓库管理工具本身（如 GitHub、Mercurial、Subversion，以及 Gerrit、Atlassian Stash、Atlassian Crucible 等平台）提供的功能。

对各种形式的变更进行仔细评审能够有效地发现在代码编写时忽视的问题。代码评审有助于实现更频繁的代码提交和生产环境部署，支持基于主干的部署及大规模持续交付，详见下面的案例。

---

① 在本书中，代码评审和变更评审是同一个意思。

② 小提示：变更顾问委员会可能已经有一份高风险变更的判断规则列表。

案例研究

谷歌的代码评审（2010 年）

在前文中，Eran Messeri 讲述了谷歌在 2013 年时实现了让 1.3 万名开发人员在同一个代码仓库的主干上工作，每周进行超过 5500 次代码提交和数百次生产环境部署。

在 2016 年，谷歌全球 2.5 万名开发人员每天进行 1.6 万次代码提交，此外还有系统自动完成的 2.4 万次代码提交。

这需要谷歌的开发人员严格遵循相关规则，并进行强制性的代码评审。评审内容包括：

- 代码可读性（强制执行的代码风格指南）；
- 为各代码模块分配负责人，以确保一致性和正确性；
- 代码透明化，以及跨团队的代码贡献。

图 18-2 显示了代码评审耗费的时间与代码改动量的关系。横轴是代码改动量，纵轴是代码评审耗费的时间。总的来看，代码改动量越大，代码评审获得通过所需时间就越长。而图中左上方的数据点反映的是，那些复杂和高风险的变更需要更多的思考和讨论。

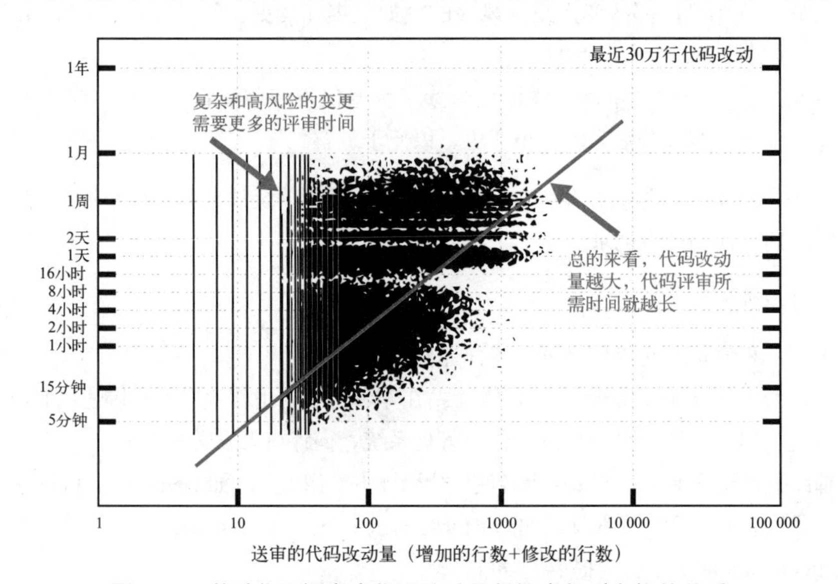

图 18-2　谷歌代码评审中代码改动量与评审耗时之间的关系

（来源：Ashish Kumar 在 QCon 大会上的演讲“Development at the Speed and Scale of Google”，美国洛杉矶市，2010 年）

Randy Shoup 在担任谷歌工程总监时启动了一个个人项目，以解决组织面临的一个技术问题。他说：

我在这个项目上工作了几个星期，然后去找一位领域专家评审我的代码。近 3000 行的代码改动花费了评审人好几天的时间。他跟我说："请不要再让我做这样的事了。"我很感激这位工程师花费这么多的时间评审这么多代码改动，同时我也了解了在日常工作中进行代码评审的规矩。

谷歌是一个很好的例子，展示了通过代码评审实现规模化的基于主干的开发和持续交付。

18.5 冻结变更并进行大量手工测试的隐患

现在我们已经引入了代码评审来降低风险，并缩短了变更审批流程相关的前置时间，支持了大规模持续交付，正如前面谷歌的案例所述。接下来我们将分析测试工作的作用，它有时会带来反面效果。当测出较多问题时，我们通常会增加更多的测试。然而如果我们只在项目末期进行更多的测试，那可能还不如不做。进行手工测试时尤其如此。相比于自动化测试，手工测试又慢又乏味。

此外，更多的测试往往意味着更长的测试时间，于是部署上线频率就会变低，每次部署上线的代码改动量就会更大。无论是理论上还是实践中，当我们增加单次部署上线的代码改动量时，变更成功率就会下降，发生问题的数量就会上升，平均修复时间也会上升。这可不是我们想要的结果。

与其在所有开发完成后的变更冻结期间严格按计划对大量改动进行测试，不如把测试融入日常工作中，有条不紊地持续进行测试，直到发布上线，并提高发布的频率。这样的质量内建使更小批量的测试、部署和发布成为可能。

18.6 用结对编程提升各种类型变更的质量

结对编程（pair programming）是指两名工程师面对同一台电脑一起工作，这是 2000 年左右极限编程和敏捷运动开始倡导的工作方法。和代码评审一样，这个方法起源于开发，但是同样适用于软件开发价值流中其他工程师的工作。①

在结对工作时，一种典型的模式是，一名工程师作为**驾驶者**（driver）的角色进行代码编写工作，而另一名工程师则以**导航员**（navigator）、**观察者**（observer）或**指示器**（pointer）的角色实时评审驾驶者正在进行的工作。在评审的过程中，观察者也会参考工作的方向和策略，提出改进意见，指出即将遇到的问题。这样，观察者所提供的"安全网"和方向引导，能够让驾驶者聚焦于当下的工作

① 在本书中，我们将同时使用"结对编程"和"结对"这两个词，以体现这个方法并不只适用于开发人员。

细节之中。当两人有不同的专长时，彼此亦能通过相互学习来提升自己的技能。相互学习的方法有现场传授、知识分享等。

结对编程的另一种典型模式则强化了测试驱动开发：其中一名工程师编写自动化测试脚本，另一名工程师编写业务代码。

Stack Exchange 的创始人之一 Jeff Atwood 写道："我不得不怀疑结对编程的本质就是在编程的同时进行代码评审……结对编程的优势是强制的即时性反馈。当评审人就坐在你旁边时，你无法忽略他。"

他继续写道："如果有的选，绝大部分人都不想认真评审代码，应付应付得了。而在结对编程时，没有这种可能性了。在作者编写代码时，评审者不得不立刻去理解代码。结对这种方式或许有一定的侵入性，但它加强了评审者与作者之间的交流，达到了其他方法达不到的效果。"

Laurie Williams 博士在 2001 年做的一项研究表明：

> 结对编程的工作效率比两人各自编程低 15%，但"零缺陷"代码增加了 70% 到 85%。考虑到测试和调试经常比最开始的编程要多耗费若干倍的时间，上述数据非常好。结对编程通常会比独自编程产生更多的设计方案，从而可以选择更简单、更容易维护的方案。同时，结对编程还有助于及早发现设计方面的问题。

Williams 博士还表示，96% 的调查对象觉得相比于独自编程，他们更享受结对编程。

结对编程还有一个额外的好处，它促进了知识在组织中的传播，加快了信息在团队中的流动。由更有经验的工程师来评审缺乏经验的工程师的代码，这也带来了高效的知识传授。

案例研究

Pivotal 用结对编程代替阻滞的代码评审过程（2011 年）

Elisabeth Hendrickson 是 Pivotal 软件公司的工程副总裁，她也是《探索吧！深入理解探索式软件测试》一书的作者。她非常强调每个团队都应该对自己产出的质量负责，而不是由另一个部门来负责。这不仅意味着更高的质量，而且加快了从开发到发布的流转速度。

Hendrickson 在 2015 年的 DevOps 企业峰会上演讲时提到，在 2011 年时，Pivotal 内部同时使用着两种代码评审方法，一种是结对编程（这保证每行代码都由两个人看过），另一种是使用 Gerrit（这保证每次代码提交都在两个人给出"+1"结论后才会出现在目标分支）。

Hendrickson 观察到 Gerrit 的代码评审过程存在问题，开发人员经常要等一周才能收到代码评审反馈。更糟糕的是，资深开发人员感到"懊恼和烦闷，因为存在难以忍受的瓶颈，即使简单的改动也无法快速提交到代码仓库的目标分支"。

Hendrickson 这样描述这种糟糕的情况：

> 只有资深工程师有权力标记“+1”，而他们很忙，也并不是那么在意初级开发人员的工作效率，或者不太在意他们所做的工作（如缺陷修复等）。这导致了糟糕的情况：当你还在等待你的变更评审通过时，其他程序员已经开始提交他们的变更了。一周后，你不得不把他们的代码改动都合并到你这里，重新运行所有的测试以确保质量。甚至有时你不得不重新提交评审。

为了解决这个问题并消除所有的延迟，Pivotal 最终废弃了基于 Gerrit 的代码评审方式，改为要求所有的代码改动都以结对编程的形式进行。这使得代码评审的时间从数周缩短为数小时。

Hendrickson 随后指出，在很多组织中，传统的代码评审方式也运转得不错，但这首先需要大家有一个共同的文化观念：代码评审和编写代码同样重要。

这个案例展示的结对编程只是代码评审的形式之一。特别是当代码评审的文化观念还未建立的时候，结对编程是一种可以先用起来的有价值的实践。

18.7 分析拉取请求过程的有效性

因为同行评审是整个质量控制体系的一个重要组成部分，所以我们需要分析它是否有效。方法之一是查看生产故障，并分析相关变更的同行评审为什么漏掉了问题。

Ryan Tomayko 是 GitHub 的首席信息官和联合创始人，也是拉取请求的发明者之一。他给出了另一个分析方法。当被问及好的代码评审和不好的代码评审之间的区别时，他说这与产品质量没多大关系，不好的代码评审关键在于它没有为评审者提供足够的上下文，对这个变更的目的没有足够的描述，例如这样描述一个拉取请求：Fixing issue #3616 and #3841（修复 3616 号和 3841 号问题）。[①]

这实际上是 GitHub 公司内部的一个拉取请求。Tomayko 这样评价道：

> 这估计是新员工写的。首先，它没有用 @ 符号知会任何特定的工程师。他至少应当知会他的导师或者这个变更涉及的领域的专家，以确保由合适的人评审这些代码改动。更严重的问题是，这里没有对变更是什么、为什么重要等问题进行说明，也没有展现任何编码思路。

---

① Gene Kim（本书作者之一）很感谢 GitHub 的 Shawn Davenport、James Fryman、Will Farr 和 Ryan Tomayko 关于好的和不好的拉取请求的讨论。

另一方面，当被问及一个好的拉取请求（这意味着有效的评审）是什么样时，Tomayko 立刻列出了以下关键元素：必须把变更的原因、变更的实现方法、任何识别到的风险及应对措施这几个方面写得足够详细。

在提供以上信息的基础上，Tomayko 也看重围绕这个变更的讨论。评审者经常会指出更多的风险，给出更好的实现方法，给出降低风险的更好方法，等等。而如果生产环境部署时出现了问题或者遇到了未曾预料到的情况，这个拉取请求上就会多出一个链接，指向相应的问题记录。所有这些讨论都没有指责的意思，而是关于如何防止问题再次发生的坦诚的交流。

作为一个例子，Tomayko 给出了 GitHub 公司内部的另一个拉取请求。这是一个关于数据库迁移的拉取请求，讨论和记录的篇幅很长。首先是对潜在风险的很多讨论。在这之后，拉取请求的作者写道："我把它提交上去了。这条分支上的构建失败了，因为持续集成服务器上的数据库表格缺了一列。"他还附上事后分析的链接，标题是"MySQL 宕机"。

这位变更提交者随后为本次宕机道歉，描述了导致事故的环境条件和错误假设，给出了关于如何防止类似情况再次发生的措施的列表，接着是一页又一页的讨论。在阅读这个拉取请求的讨论记录的过程中，Tomayko 笑着说道："这才是一个很棒的拉取请求。"

如上所述，我们可以抽取一些拉取请求并查看它们，以此来评估同行评审的有效性。可以从所有拉取请求中抽取，也可以从与生产故障相关的拉取请求中抽取。

18.8 对官僚化流程进行大胆简化

至此，我们已经讨论了同行评审和结对编程，它们提高了程序质量，且不依赖于团队外部对变更的审批。然而，很多公司依旧运行着沿袭已久的变更审批流程，甚至需要数月才能走完。这类审批流程大幅增加了前置时间，不仅阻碍了我们向客户快速交付价值，而且可能增加实现组织的业务目标的风险。当出现这种情况时，我们必须重新考量这个审批流程，从而快速、安全地实现业务目标。

如 Adrian Cockcroft 观察到的："为了发布上线，需要召开多少场会议，开出多少张工单？这个指标很能说明问题，值得广泛采用。我们应该尽可能地减少工程师为完成工作并将其交付给客户所耗费的精力。"

Capital One 公司的技术研究员 Tapabrata Pal 博士也持类似观点。他描述了 Capital One 内部一个名为 Got Goo 的项目。在这个项目中，由一个专职团队负责清除各种工作障碍，包括工具、流程和审批方面。

迪士尼的系统工程资深总监 Jason Cox 在 2015 年的 DevOps 企业峰会上的演讲"Join the Rebellion"中，描述了如何清除日常工作中的障碍和非必要工作。

在 2012 年，Target 公司引入新技术需要经历复杂而漫长的审批流程，流程涉及技术企业采用流程（Technology Enterprise Adoption Process，TEAP）和架构负责人评审委员会（Lead Architecture Review Board，LARB）。任何人提议引入新技术，比如新的数据库或监控技术，都必须填写 TEAP 表单，提议会经过评估，如果看上去合适，就会纳入月度的 LARB 会议讨论。

Target 的开发总监 Heather Mickman 和运维总监 Ross Clanton 那时正在推动公司内的 DevOps 改进。在这个 DevOps 改进项目中，Mickman 判断公司的若干业务板块需要引入一些新技术（Tomcat 和 Cassandra）。LARB 认为运维部门无法支持这样的新技术。然而，Mickman 确信这些技术很关键，她提议由她领导的开发部门而非运维部门来负责新技术的服务支持和集成、可用性、安全性。Mickman 回忆道：

> 当我们试图走 TEAP-LARB 流程的时候，我想弄清楚为什么这个流程这么漫长。我使用“问五个为什么”这个方法……最后问题归结为：当初为什么要建立 TEAP-LARB 流程？令人惊奇的是，没有人知道具体为什么，只有“我们需要某种管控流程”之类的含糊答案。不少人知道曾经发生过严重的事故，但那已经多年没有再次发生了，而且没人记得那个严重的事故到底是怎么回事。

Mickman 据此认为，如果由她领导的开发部门来承担引入新技术的运维职责，那么这个审批流程对他们来说是不必要的。她补充道：“我还跟大家说，今后任何新技术只要是由我们自己来做运维支持工作，那就都不需要走 TEAP-LARB 流程。”

其结果是，Target 公司成功引入并且广泛使用了 Cassandra，TEAP-LARB 最终也被废弃了。Mickman 的部门给她颁发了终身成就奖，以感谢她移除了阻碍 Target 引入新技术的藩篱。

18.9　小结

本章我们讨论了若干日常工作实践，以提高变更质量，降低部署风险，减轻对发布审批流程的依赖。GitHub 和 Target 的案例说明，这些实践不仅提高了软件质量，而且显著缩短了前置时间，提升了开发效率。这些实践都需要高信任度的文化。

让我们来看看 John Allspaw 讲述的一个新入职的初级工程师的故事。这名初级工程师询问是否可以部署上线一个小的 HTML 改动，Allspaw 回复道：“我不知道啊。”然后他反问这名初级工程师：“你的代码改动经过评审了吗？你知道这类变更应该请谁评审最合适吗？你有没有尽你所能确保这次变更在生产环境的运行符合预期？如果你的回答是肯定的，那就不要问我，直接把它部署上线吧！”

通过这样的回复，Allspaw 提醒这名工程师，她自己才是这次变更的质量负责人，如果她已经尽力做了所有事情，对这个变更有足够的信心，那她就不必请示任何人，直接进行生产环境变更即可。

创造条件让变更的实现者对变更的质量完全负责，这是我们要努力创建的高信任度、高效率文化的重要体现。此外，这也让我们可以建立更安全的工作环境，在这样的环境中，人人互相帮助以实现组织的目标，并扫清工作上的所有障碍。

第四部分总结

第四部分讲述了如何通过反馈回路来让大家为共同的目标协同工作：及时发现问题，并快速分析和修复；确保新功能在生产环境不仅按照设计运行，而且实现了组织的业务目标，并驱动组织学习。我们也研究了如何让开发人员和运维人员拥有共同的目标，以便提升整个价值流的健康度。

接下来我们将进入第五部分，DevOps 三要义中第三要义的具体实践。我们将介绍如何让学习发生得更早、更快并且成本更低，这样我们就能建立起创新和探索的文化，让每个人都能通过有意义的工作帮助组织获得成功。

第五部分

“第三要义：持续学习与探索”的具体实践

在第三部分中，我们讨论为了实现价值流的快速流动，可以执行的各种实践。在第四部分中，我们的目标是在系统的不同层面上，创建尽可能多的反馈内容，而且要更及时、更快速、更便宜。

在第五部分中，我们展示了尽可能快捷、频繁、经济且及时地创造学习机会的各种实践，包括从事故和失败中吸取教训（对于复杂系统来讲这是不可避免的），在不断探索和学习中重构系统，持续优化系统的安全性。这样，我们可以得到更高的系统弹性，不断丰富关于系统实际运行情况的知识库，从而更好地实现目标。

在接下来的章节中，我们将通过以下方式使安全、持续改进和学习成为常态化的例行活动。

- 建立一种尽可能安全、公正的企业文化；
- 注入生产故障以激发弹性；
- 将局部经验应用到全局改进中；
- 预留时间进行组织改进和学习。

我们还将创建一种机制，以便在组织内某一领域产生的新知识可以快速推广到整个组织，局部经验可以快速运用到全局改进。这样，我们不仅比我们的竞争对手学得更快，从而赢得市场，而且创造了一种更安全、更具弹性的工作氛围，人们乐意参与其中并发挥出最大的个人潜力。

第 19 章

将学习融入日常工作

当我们在一个复杂的系统中工作时，我们不可能预测到每次变更（所采取的行动）带来的后果。即使我们采取一些静态预防措施，如基于当前对系统的理解编写检查清单和运维手册，我们依然很难避免意外的发生，而且有时事故甚至是灾难性的。

为了确保我们能够在复杂的系统中安全地工作，我们的组织必须在自我诊断和自我完善方面做得更好，要善于发现问题，解决问题，并通过在整个组织中实施解决方案使得收效倍增。这就创造了一个动态的学习系统，在充分认识到错误之后，将认识转化为改进措施，从而避免同类错误再次发生。

这就像 Steven Spear 博士描述的“弹性组织”一样，这些组织“善于发现问题，解决问题，并通过在整个组织中实施解决方案使得收效倍增”。这些组织可以自愈。“对于这样一个组织而言，应对危机并不是特殊工作，而是他们日常都在做的事情。正是这种响应能力成为系统可靠性的源泉。”

下面我们将从一个的令人瞩目的案例中看到，基于这些原则和实践所带来的令人难以置信的系统弹性。2011 年 4 月 21 日，当 AWS 云服务在整个美国东部地区宕机时，几乎所有依赖 AWS 云服务的组织都受到了影响，其中包括 Reddit 和 Quora。[①] 然而，Netflix 成为一个惊人的例外，这次 AWS 大规模的服务中断似乎并没有对它造成影响。

这次事件后，关于 Netflix 如何在事故中保持服务正常运行，流传最广的说法是：由于 Netflix 是 AWS 云服务的最大客户，他们得到了一些特殊待遇来保障服务可用性。然而，一个名为 Netflix Engineering 的博客发文解释说，是他们在 2009 年做出的架构设计决策使得系统具备了卓越的弹性。

追溯到 2008 年，Netflix 的在线视频交付服务还是一个 J2EE 架构的单体应用，服务器托管在他们的一个数据中心。从 2009 年开始，他们启动了对系统进行**云原生**（cloud native）改造的工作——重新设计系统，使其能够完全运行在亚马逊公有云上，并具有足够的弹性，确保在重大故障中幸免于难。

---

① 在 2013 年 1 月的 re:Invent 大会上，AWS 的副总裁、杰出工程师 James Hamilton 表示，AWS 在美国东部地区就有超过 10 个数据中心。他还补充道，一个典型的数据中心包含 5 万至 8 万台服务器。这样计算，这次事故影响了超过 50 万台服务器上的客户。

他们有一个具体的设计目标，那就是即使整个 AWS 可用区域发生宕机，就像 2021 年发生在美国东部的故障，也要确保 Netflix 服务可以正常运行。为了做到这一点，它们的系统应该是松耦合的，每个组件都有主动的超时策略和断路器，以确保任何组件发生故障都不会拖垮整个系统。

为了实现这一目标，每个功能和组件都被设计为可以优雅地降级。例如，当流量激增导致 CPU 利用率暴涨时，电影推荐列表服务只会向用户展示那些缓存数据或非个性化的推荐结果，而不是用户个性化的推荐内容，这样就可以减少对计算资源的需求。

此外，正如博客发文解释的那样，除了实现这些架构设计模式外，Netflix 还构建并运行了一个惊人且大胆的服务，名为**混沌猴子**（Chaos Monkey）。它会不断模拟 AWS 故障并随机杀死生产服务器。他们之所以这样做，是因为他们希望所有的“工程团队都能对公有云中发生的故障习以为常”，从而使服务可以做到“不需要任何人工干预，自动恢复”。

换句话说，Netflix 团队通过运行混沌猴子，在非生产和生产环境中不断地注入故障，确保他们已经实现了运维弹性的目标。

可以预见，当他们刚开始在生产环境运行混沌猴子时，服务出现了各种预想不到的故障。通过在日常工作时间不断地发现问题，修复问题，在快速迭代中，Netflix 工程师创建了更具弹性的服务，同时积累的组织学习成果（在日常工作时间内！）帮助他们的系统在演进过程中远超竞争对手。

混沌猴子只是将学习融入日常工作的一个例子。这次事故还向我们展示了学习型组织看待失败、故障和错误的态度——将其视为学习的机会，而不是惩罚的契机。本章将探讨如何创建学习系统，如何建立公正文化，以及如何通过定期演练及故意制造故障来加速学习。

19.1 建立公正的学习文化

学习文化的先决条件之一是当发生事故时（毫无疑问它们会发生），对待事故的反应做到“公正”。Sidney Dekker 博士编写了安全文化的关键要素并创造了**公正文化**（just culture）一词，他在书中写道：“对故障和事故不公平的处理会阻碍安全调查，令从事安全方面关键工作的人对安全问题感到恐惧而非警觉，使组织变得更加官僚而非更加谨慎，会助长封锁信息、逃避责任和自我保护的不良风气。”

在 20 世纪，这种惩罚的观点或多或少地被众多管理者采纳。这一观点认为，为了实现组织目标，领导者必须通过命令、控制的方式，建立规程以杜绝错误，并强制大家遵守。

Dekker 博士将这种通过惩罚引发错误的人来杜绝错误的观点称为烂苹果理论。他断定这是无效的，因为“人为错误并不是问题的原因，恰恰相反，人为错误是我们提供的方法或工具存在设计缺陷而导致的后果”。

如果事故并不是“烂苹果”引起的，而是那些由我们创建的复杂系统中不可避免的设计缺陷引起的，那就不应该“点名、责备和羞辱”那些导致失败的人。我们的目标应该是最大限度地抓住组织学习的机会，持续强调我们对广泛揭露和频繁交流日常工作中的问题非常重视。这样才能保障我们所运行的系统的质量和安全，并提升团队的凝聚力。

通过将信息转化为知识，并将学习结果运用到系统中，我们逐步实现了公正文化的目标，也实现了安全和问责的平衡。正如 Etsy 首席技术官 John Allspaw 所言："在 Etsy，我们的目标是以学习的视角看待失误、错误、下滑、退步，诸如此类的问题。"

当工程师犯错误时，如果他们在给出细节时能够感到安全，他们不仅愿意承担责任，而且还会热心地帮助公司的其他成员，避免将来发生同样的错误。这就是整个组织的学习文化的来源。相反，如果我们惩罚了工程师，他们自然不会有积极性去提供必要的细节，帮助我们理解故障的触发机制、原理和操作过程，那么故障重现在所难免。

有两个有效的实践可以帮助我们建立一个公正的、基于学习的文化：一是无问责的复盘（也称回顾或学习回顾）；二是有控制地将故障引入生产，为大家创造机会去处理复杂系统中产生的那些不可避免的问题。接下来我们先看一下回顾会议，并思考为什么失败也可以是一件好事。

19.2　故障发生后及时召开回顾会议

当事件或是严重故障（例如失败的部署，影响到客户的生产问题）发生时，我们应该在处理完故障后召开一次回顾会议，这将有助于建立公正文化。[①] 回顾会议有助于我们在审视错误时"将焦点放在触发错误的机制和事故相关人的决策过程上"。

为了做到这一点，我们需要在事件发生之后，赶在记忆消退、因果关系模糊或环境发生改变之前，尽早组织回顾会议（当然，一定是等到问题解决后，而不是大家正在积极处理问题时分散大家的注意力）。

在回顾会议上，我们需要做到以下几点。

- 构建时间线并从多个角度收集故障相关的详细信息，确保犯错的人不会受到惩罚；
- 允许所有相关工程师详细说明在事故中的操作细节，提升他们的安全感；
- 允许并鼓励那些犯过错的人作为专家去培训组织内的其他成员，以免将来犯同样的错误；
- 留出自由决策的空间，由大家决定是否采取行动，而这些决定是否有效也只能放在事后评判；
- 针对此类故障制定预防措施以防将来再次发生，确保这些措施被记录下来，有明确的完成时间，有负责人进行持续跟踪。

为使大家达成共识，以下干系人需要出席会议。

- 参与相关问题决策的人

① 这一实践也被称作无问责的复盘或事后回顾。值得注意的是，还有一个在迭代和敏捷开发中与之类似的实践——常规回顾会。

- 发现问题的人
- 响应问题的人
- 诊断问题的人
- 受问题影响的人
- 其他有兴趣参加会议的人

在回顾会议上，首要任务是记录相关事件发生的时间线。包括我们何时执行了什么操作（最好有聊天日志支持，如 IRC 或 Slack），观察到什么影响（最好有生产环境监控系统中明确的监控指标，而不仅仅是主观叙述），后续调查的思路，以及考虑到的所有解决方案。

为了实现以上结果，我们必须严格记录细节，并强化这一文化。在这种文化中，信息是公开透明的，没人会担心受到惩罚或报复。因此，特别是对于前几次回顾，由一位训练有素且和事故无关的人来主持会议是非常有用的。

在会议和随后的决议中，我们应该明确禁止使用“应该”或“本可以”这样的字眼，因为它们是反事实的陈述，人类总是倾向于为已经发生的事情创造可能的选择。

我们应该限制自己使用反事实的陈述语境，比如“我原本可以……”或“如果我早知道这一点……我就应该……”，因为这些都是基于**想象**来定义系统的问题，而不是**真实发生**的问题。（见附录 8）

这些会议可能会导致一个令人惊讶的结果，那就是人们经常会为自己无法控制的事情而自责或质疑自己的能力。Etsy 的工程师 Ian Malpass 注意到：

> 当我们做了一些事情导致整个网站崩溃的那一刻，我们会有“脊背发凉”的感觉，脑子里首先想到的很可能会是：“我太差劲了，我完全不知道我在做什么。”但我们不能这么想，因为这是一条通往疯狂、绝望和自我怀疑的道路，我们不能让训练有素的工程师产生这样的情绪。我们可以聚焦一个更有价值的问题：“当我做那些操作的时候，我为什么会觉得可行呢？”

在会议上，我们必须留出足够的时间进行头脑风暴，决定要实施哪些对策。一旦确定要采取的应对措施，就要为它们确定优先级，指定负责人和实施时间表。这样做进一步表明，我们更重视对日常工作的改善，而非日常工作本身。

Hubspot 的首席工程师之一 Dan Milstein 写道，每次回顾会议开始前他都会说：“我们是在为未来做准备，而未来的我们如今天般愚蠢。”换句话说，仅仅给出“更加小心”或“别那么愚蠢”的对策是不能接受的，我们必须找到真正的对策，来防止这些错误再次发生。

此类对策的例子包括：增加新的自动化测试来检测部署流水线中的危险条件，进一步增加生产监控指标，识别需要额外进行同行评审的变更类型，以及在定期组织的故障演练日中进行对此类故障的演练（见本章后文）。

19.3　尽可能广泛公开回顾会议纪要

在我们召开回顾会议之后，我们应该广泛地公开会议纪要和任何相关资料（如时间表、IRC 聊天日志、外部交流）。这些信息（理想情况下）应该被存放在一个集中的位置，以便整个组织的人随时访问，并从事件中吸取经验。进行回顾十分重要，以至于我们不允许在回顾会议完成之前关闭生产事件处理流程。

这样做有助于我们将项目内的学习转化为整个组织的学习和改进。Google App Engine 的前工程总监 Randy Shoup 描述了回顾文档如何为组织内的其他人带来巨大价值："在谷歌，正如你想象的那样，一切都是可以搜索到的。所有回顾性文件都存放在其他谷歌人可以看到的地方。相信我，任何团体发生了似曾相识的故障，他们第一时间查阅和研究的资料中就会包括回顾会议文档。"①

广泛地发布回顾会议文档并鼓励组织中的其他人阅读它们，可以提高组织的学习能力。提供在线服务的公司针对影响客户的停机事件发布回顾公告，也变得越来越普遍。这通常会显著提升我们与内部和外部客户之间沟通的透明度，从而增进他们对我们的信任。

Etsy 渴望尽可能多地开展回顾会议，这导致了一些问题——在四年的时间里，Etsy 在维基页面中积累了大量的回顾会议记录，这些记录变得越来越难以搜索、保存和用于协作。为了解决这个问题，他们开发了一个名为 Morgue 的工具，以便轻松记录每次事故的各个方面，例如事故平均修复时间和严重程度，发生时间（随着越来越多的 Etsy 员工远程异地工作，解决时区问题非常必要），以及其他数据，例如 Markdown 格式的富文本、嵌入式图像、标签和历史记录。

Morgue 的设计目的是让团队更容易记录：

- 问题是否由计划内或计划外事件引起；
- 回顾会议的负责人；
- 相关的 IRC 聊天记录（特别是在凌晨 3 点出现的问题，因为准确的记录可能不会发生）；
- 改进措施对应的 Jira 工单和完成期限（这些信息对管理层特别重要）；
- 客户在论坛发帖的链接（客户可能会在论坛中抱怨）。

使用 Morgue 之后，在 Etsy 被记录的回顾会议数量相较于使用维基页面时显著增加，尤其是对于 P2、P3 和 P4（即严重程度较低）的事件。这个结果充分证明：如果使用类似 Morgue 这样的工具，让记录回顾会议变得容易，就会有更多的人去记录并详细描述回顾会议的结果，从而促进组织学习。

---

① 我们也可以选择将系统运行情况透明化的理念延伸到事故分析报告中。除了向公众提供服务仪表板外，我们还可以选择向公众发布（可能经过简化的）事故分析会议记录。一些受推崇的公共事故分析报告包括 2010 年 Google App Engine 团队在重大故障后发布的报告，以及 2015 年亚马逊 DynamoDB 的事故分析报告。有趣的是，Chef 将他们的事故分析会议记录发布在他们的博客上，其中还包括会议的影像资料。

持续学习

开展回顾会议对我们的帮助不仅仅是从失败中学习。2018 年《DevOps 现状报告》发现，它还有助于企业文化发展，帮助团队更好地分享信息，做出明智决策并理解学习的价值。此外，研究发现，高绩效团队开展回顾会议的频次高出其他团队 1.5 倍，并且他们会利用回顾会议改进工作，因此这些高绩效团队会持续受益。

Amy C. Edmondson 博士是哈佛商学院诺华领导力与管理学教授，也是 *Building the Future: Big Teaming for Audacious Innovation* 一书作者之一。她写道：

> 再强调一遍，改进措施并不一定需要花费很多时间和金钱，却可以减少对失败的负面看法。Eli Lilly 公司自 20 世纪 90 年代初以来就一直通过举办"失败派对"来表彰那些高质量但没有达到预期结果的科学实验。这些派对的成本不高，而尽早将宝贵的资源（特别是科学家）重新分配到新项目上，就可能节省数十万美元的费用，更不用说这会开启新发现的大门了。

19.4 降低事故容差以发现更弱的故障信号

随着组织逐渐学会如何高效地识别和解决问题，它们不可避免地需要降低判定问题的阈值以保持学习的动力。为了做到这一点，我们需要放大微弱的故障信号。例如，在第 4 章所述的情况中，当美国铝业公司成功地将工作场所事故的发生率降至不那么常见时，该公司的首席执行官 Paul O'Neill 不再是只接收实际工作场所的故障通知，而是开始接收一些接近于故障的通知。

Spear 博士总结了 O'Neill 在美国铝业公司取得的成就，他写道："虽然公司最初关注的是与工作场所安全相关的问题，但他们很快发现安全问题反映了过程的疏忽，而这种疏忽也会在其他问题上表现出来，比如质量、及时性、产量与废品率。"

在复杂系统中工作时，放大微弱的故障信号对避免灾难性事故至关重要。NASA 在航天飞机时代处理故障信号的方式就是一个很好的例子。2003 年，"哥伦比亚号"航天飞机执行任务 16 天后，在进入地球大气层时发生了爆炸。我们现在知道，这是因为在起飞时，燃料外壳上的一块隔热泡沫脱落了。

然而，在哥伦比亚号进入大气层之前，NASA 一些中层工程师报告了这一事件，但是并没有引起人们的注意。工程师们在发射后的评审会议上通过视频监控观察到了泡沫的撞击，并立即通知了 NASA 的管理人员，但他们被告知泡沫问题并不新鲜。泡沫脱落在之前的发射中也曾损坏过航天飞机，但从未导致事故。这个问题被当作维修问题记录下来，人们并没有马上采取行动。直到最后事故发生，一切都为时已晚。

Michael Roberto、Richard M. J. Bohmer 和 Amy C. Edmondson 在 2006 年《哈佛商业评论》的一篇文章中论述了 NASA 文化是如何导致这起事故发生的。据他们所说，组织通常会从以下两种模式中采用一种：一种是**标准化模式**，其中一切都由例行程序和系统控制，包括严格遵守时间表和预算；另一种是**实验模式**，在这种文化下，发生在每一天的每个实验和每个新信息都会被评估和辩论，就像工作在一个研究和设计实验室。

他们观察到："当企业将错误的思维模式应用于组织时，他们就会陷入困境（这决定了他们如何应对**不明确的威胁**，用本书的术语来说就是**弱故障信号**）……到了 20 世纪 70 年代，NASA 创造了一种僵化、标准化的文化，他们将太空船作为一种廉价且可重复使用的航天器报告给美国国会。"

NASA 更倾向于遵循严格的流程合规性，而不是采用实验模型，即无一例外地对每次发生的每一条消息进行评估。缺乏持续学习和实验带来了可怕的后果。上述三位作者由此得出结论，重要的是文化和心态，而不仅仅是"小心谨慎"。正如他们所写的那样，"仅仅靠警惕并不能防止不明确的威胁（弱故障信号）演变成惨重的事故（有时甚至是悲剧）"。

我们在技术价值流中的工作，就像太空旅行一样，基本上可以将其视为实验性质的尝试，我们据此对其进行管理。我们所做的所有工作都是基于一个潜在的重要假设和一些数据输入，而不是在例行公事或对过去的实践进行验证。我们不应该将技术工作完全看作标准化的，去追求流程的合规性，而应该持续寻求更弱的故障信号，以便更好地了解和管理我们所操作的系统。

19.5　重新定义失败并鼓励评估风险

组织的领导者，无论是有意还是无意地，都通过他们的行为强化了组织文化和价值观。审计、会计和道德专家（ethics experts）长期以来观察到，根据"高层的基调"就可以预测欺诈和其他不道德行为发生的可能性。为了加强学习和评估风险的文化，领导者需要不断地强调：每个人都应该坦然面对失败，并承担起从失败中汲取教训的责任。

对于失败，Netflix 的 Roy Rapoport 指出：

> 2014 年《DevOps 现状报告》所证明的一个观点，即高绩效的 DevOps 组织会更频繁地失败和犯错误。这不仅没关系，还是组织所需要的！从数据上来看，如果高绩效团队的变更频率比其他团队高 30 倍，即使变更失败率只有其他团队的一半，显然还是会有更多的故障……
>
> 我和同事讨论过一次发生在 Netflix 的大规模故障，坦白讲，这次故障是由一名工程师犯下的愚蠢错误引起的。实际上，在过去的 18 个月中，这名工程师已经两次导致 Netflix 崩溃。
>
> 然而，这名工程师我们是绝不会解雇的。同样是在过去的 18 个月中，这名工程师推动我们的运维水平和自动化程度进步的幅度，不是"几千米"，而是"几光年"。他的工作使我们能够每天安全地进行部署，而他个人也执行了大量的生产环境部署……

Rapoport 总结道：“DevOps 必须允许这种创新，并承担由此引发的人为失误带来的风险。是的，你可能会在生产环境中遇到更多的失败，但这是一件好事，人们不应该因此受到惩罚。”

19.6 向生产环境注入故障，提高系统弹性

正如我们在本章开头所看到的，向生产环境注入故障（例如使用混沌猴子）是我们提高弹性的一种方式。在本节中，我们会描述在系统中演练和注入故障的过程，以证实我们已经正确地设计并构建了系统，从而让故障以特定的和可控的方式发生。我们通过定期（甚至连续）进行测试来确保系统具有优雅地失败的能力。

正如《发布！软件的设计与部署》[①] 的作者 Michael Nygard 所说：“就像在汽车上设置撞击缓冲区以吸收冲击力并保护乘客一样，你可以决定哪些是系统中不可或缺的功能，并构建使崩溃远离这些功能的故障模式。如果你不设计故障模式，一旦发生不可预测的情况，通常会导致危险的后果。”

弹性要求我们首先定义故障模式，然后进行测试，以确保这些故障模式按照设计运行。实现这一点的一种方法是向生产环境注入故障，并针对故障发生进行大规模演练，以确保我们在发生故障时有信心恢复系统，理想情况下，甚至不会对客户造成影响。

除了本章开头提到的 2012 年 AWS 故障，关于系统弹性，Netflix 还有一个更有趣的例子，发生在“2014 年亚马逊大规模重启”期间。当时，为了安装一个紧急的 Xen 安全补丁，整个亚马逊 EC2 服务器集群中近 10%的服务器必须重新启动。

正如 Netflix 云数据库工程师 Christos Kalantzis 所回忆的那样：“当听到关于紧急重启 EC2 的消息时，我们都惊呆了。当我们拿到受影响的 Cassandra 节点清单时，我感到很不舒服。”但是，Kalantzis 又说，“这时我想起了我们进行过的所有混沌猴子演练。我的反应是：‘放马过来吧！’”

结果再次振奋人心。在生产环境中使用的 2700 多个 Cassandra 节点中，218 个被重新启动，22 个未能成功重新启动。正如 Kalantzis 和来自 Netflix 混沌工程部门的 Bruce Wong 所写的那样：“Netflix 在那个周末没有经历任何停机。反复定期进行故障演练，甚至在数据持久化层（数据库）上进行，应该成为每个公司弹性规划的一部分。如果不是 Cassandra 参与了混沌猴子，这个故事的结局将大为不同。”

更令人惊讶的是，不仅没有任何人由于 Cassandra 节点失败而加班，甚至都没有人在办公室——他们当时在好莱坞参加庆祝收购里程碑的派对。这个例子从另外一个方面证明，积极主动地关注弹

① 原版为 *Release It! Design and Deploy Production-Ready Software*，中文版由人民邮电出版社于 2015 年出版。详见 https://www.ituring.com.cn/book/1606。——编者注

性，意味着一个公司在面对可能导致危机的事件时，依然能以常规的方式处理它。[①]（见附录 9）

19.7 设立故障演练日

本节中，我们将介绍演练日（game days)，用于特定灾难的恢复演练。这个词的流行要归功于 Jesse Robbins，Velocity 大会社区的创始人之一，也是 Chef 的联合创始人。在亚马逊期间，Robbins 负责创建确保网站可用性的程序，在公司内部有“灾难大师”的美誉。演练日的概念来自**弹性工程**学科。Robbins 将弹性工程定义为“通过对关键系统进行大规模故障注入而设计的一种演练，旨在提升系统弹性”。

Robbins 指出：“每当你着手构建一个大规模的系统时，你所能期望的最好结果就是在完全不可靠的组件之上构建一个可靠的软件平台。这使得你处于一个复杂故障既不可避免又不可预测的环境中。”

因此，我们必须确保在整个系统发生故障时服务能够继续运行，最好是不出现危机，甚至都不需要手工干预。正如 Robbins 所说：“只有我们在生产环境中破坏服务时，服务才算真正得到了测试。”

设立演练日的目标是通过模拟和演练故障，帮助团队提升实战能力。首先，我们安排一个灾难性事件，比如模拟在未来的某个时间，整个数据中心被破坏。然后我们给团队时间来准备，消除所有单点故障，并创建必要的监控程序、故障转移程序等。

我们的故障演练团队会制定并执行各种演习项目，比如进行数据库故障转移（即模拟数据库故障并确保备库正常运行）或关闭重要网络连接，从而在设定的过程中暴露问题。这一过程中遇到的任何问题或困难都会被识别、解决并再次测试。

到了预定的时间，我们就会执行停机。正如 Robbins 所描述的那样，在亚马逊，他们“会真的关掉一台设备，没有任何事先通知，让系统自然失效，允许演练团队按照自己的流程行事”。

通过这样做，系统中潜在的缺陷被暴露出来，这些问题只有在将故障注入系统后才会出现。Robbins 解释说：“你可能会发现，在你所策划的故障中，某些对恢复过程至关重要的监控或管理系统也被关闭了。你还会发现一些你不知道的单点故障。”这些演练会越来越激烈和复杂，演练的最终目标是让它们成为日常工作的一部分。

通过进行这些演练，我们逐步创建了一个更具弹性的服务，获得了更高的保障水平，我们得以在不可预期的事件发生时恢复运营，同时也创造了更多的学习机会和更具弹性的组织。

---

① 他们采用的具体架构模式包括快速失败（设置积极的超时时间，使失败的组件不会使整个系统停止运行）、替代方案（设计每个功能，使其能降级或回退到较低质量形式）和功能移除（从任何给定页面中删除运行缓慢的非关键功能，以防止它们影响会员体验）。Netflix 团队创造的另一个令人惊讶的系统弹性的例子是，在 AWS 故障经历了 6 个多小时后，Netflix 才对外宣布了一级（Sev 1）事件。在 AWS 停机期间，Netflix 假设 AWS 服务最终会恢复（“AWS 会恢复……它通常都会吧？”），因此他们并没有立即宣布一级事件，而是在 AWS 故障持续 6 小时后，才启动一些保障业务连续性的程序。

一个优秀的模拟灾难的例子是谷歌的灾难恢复计划（DiRT）。当时在谷歌担任技术项目总监的 Kripa Krishnan 领导了该计划长达 7 年。在此期间，他们模拟了硅谷的地震导致整个山景城总部与谷歌失去联系，主要数据中心完全断电，甚至模拟了外星人攻击工程师所在的城市。

正如 Krishnan 所写："一个常常被忽视的测试领域是业务流程和沟通。系统和业务流程紧密关联，将系统测试与业务流程测试分开是不现实的：业务系统的故障会影响业务流程，反过来，离开合适的人员，一个正在运行的系统也没什么用。"

从这些灾难中获得的经验教训包括：

- 当连接中断时，启用工程师工作站的故障转移程序也不能正常工作；
- 工程师不知道如何接入电话会议，或者电话会议仅能容纳 50 人在线，又或者他们需要新的电话会议系统，允许他们踢掉那些不及时参会，使得电话会议无法开始的人；
- 当数据中心备用发电机的柴油耗尽时，没有人知道通过供应商进行紧急采购的程序，导致某人使用个人信用卡购买了价值 5 万美元的柴油。

通过在受控环境中创造故障，我们可以边实践边编写所需的应急手册。演练日的另一个好处是，人们知道了该打电话给谁，该与谁交流——通过这样做，他们与其他部门的人建立了关系，因此当事故发生时他们可以一起工作，将有意识的行动转变为无意识的行动，从而形成惯例。

案例研究

CSG 如何将故障转化为有效的学习机会（2021 年）

在 2020 年的 DevOps 企业峰会上，CSG 的软件工程副总裁 Erica Morrison 分享了 CSG 最严重的一次故障——一个复杂的系统故障导致 CSG 超出了其响应系统、流程和文化的极限。

然而，面对这种逆境，他们依然能够找到机会，并利用所学的经验来改进他们对事故的理解、响应和预防措施。

这场被称为"2/4 中断"（2/4 outage）的故障持续了 13 小时。它发生得很突然，CSG 的大部分产品都无法使用。在故障开始时的电话沟通中，团队都在盲目地进行故障排查，因为他们无法正常访问平常使用的工具，包括健康监控系统和服务器访问工具。由于涉及的供应商和客户数量众多，最初的电话尤其混乱。

最终，他们花了数天时间，通过在实验室中重现故障，才弄清楚到底发生了什么。问题始于某个操作系统上常规的服务器维护，这个操作系统与正在运行的多数服务器不同。当该服务器重新启动时，它在网络上放出一个 LLDP 包。由于一个漏洞，CSG 的网络软件捕获到它并将其解释为一棵生成树，将其在网络上进行广播，然后其又被负载均衡器捕获。由于负载均衡器的一个错误配置，这个包又被重新广播到网络上，创建了一个网络循环，最终导致网络崩溃。

后果是严重的。受影响的客户都已出离愤怒，领导层不得不将重心从原先计划的工作（战略倡议等）转移到应对这次故障。由于严重让客户感到失望，整个公司笼罩在失落和心碎的氛围中，士气低落。一些伤人的话也冒出来了，比如“DevOps 不起作用”。

CSG 知道他们想要以不同的方式应对这次失败。他们需要最大限度地利用所学，降低再次发生这样的事故的可能性。他们的第一步是事故分析。

他们的标准事故分析是一个结构化的过程，帮助他们理解发生了什么，并识别改进机会。他们通过理解事故的时间线，不断询问“发生了什么？我们如何更早地检测到它？我们如何更快地恢复？哪些方面做得好？”，理解系统行为，并保持无问责的文化，避免指责。

由于这次事故，CSG 也意识到需要提高自己的水平。他们联系了自适应能力实验室（Adaptive Capacity Labs）的 Richard Cook 博士和 John Allspaw，对这次事故进行了分析。通过两周的密集访谈和调研，他们对事故有了更全面的了解，特别是了解到那些参与故障处理的人的不同观点。

通过这次深入的回顾，CSG 创建了一个基于事故指挥系统的运维改进计划。他们将该计划分为四个类别：事故响应、工具可靠性、数据中心 / 平台弹性、应用程序可靠性。

甚至在整个组织接受新的事故管理流程培训之前，人们已经开始看到事故电话会议的运作方式有了明显改进：电话会议中的混乱局面已经消除，状态报告按照已知的、稳定的节奏输出，并且有一名 LNO（liaison officer，联络官）帮助团队避免事故电话会议的中断。

另外一处明显改进是对混乱的掌控感。每个人可以按照预先设定的节奏和模式执行一些简单的动作，这使得每个人感到更加自信和可控。一些活动可以并行执行，直到预先设定的状态更新时间为止，这使得活动的执行不会被中断。

此外，他们还对旧系统中的决策过程进行了更新，给予事故指挥者清晰的指令和授权，消除了“谁可以做决策”的疑虑。

现在，CSG 对于执行事故管理有了更强的组织能力。他们加强并扩大了围绕安全的文化规范，最重要的是，事故管理系统改变了他们进行宕机通知的方式。

在这个案例中，无问责的事后分析（回顾）引导 CSG 彻底改变了他们处理事故的方式。他们直接运用对工作方式的学习，改变他们的文化，并且不再责怪个人或团队。

19.8 小结

为了创建一个能够促进组织学习的公正文化，我们必须重新定义所谓的失败。如果加以适当的处理，存在于复杂系统中的错误可以创造出一个动态的学习环境，在这个环境中，所有干系人都感到足够安全，可以提出自己的想法和观察结果，并且团队可以更容易地从未能达到预期目标的项目中振作起来。

回顾会议和注入生产故障都会强化这样一种文化，即每个人都应该坦然面对失败，并承担起从失败中汲取教训的责任。实际上，当我们成功减少事故的数量时，我们也会降低故障容忍度，以便继续学习。正如 Peter Senge 所说："一个组织唯一可持续的竞争优势是比竞争对手学得更快。"

第 20 章

将局部经验转化为全局改进

在 19 章中，我们讨论了发展安全的学习文化，在无问责的回顾会议中，鼓励每个人谈论错误和故障。我们探讨了寻找和修复更加微弱的故障，强化并奖励实验与冒险精神。此外，我们主动安排和测试故障场景，让工作体系更具弹性；持续发现潜在缺陷并及时修复，让系统更加安全。

在本章中，我们将建立一种机制，以便收集到局部发现的新知识和改进，并在组织范围内分享，从而扩充全局知识并扩大改进效果。这样一来，我们就可以提高整个组织的实践水平，每个人在工作过程中都能从组织积累的经验受益。

许多组织创建了聊天室来促进团队内的快速沟通。人们还能在聊天室中触发自动化任务。这项技术又被称为 ChatOps，由 GitHub 开创。其目的是将自动化工具集成到聊天室的对话中，帮助团队提升工作透明度并创建工作文档。正如 GitHub 的系统工程师 Jesse Newland 所描述的："即使是团队的新成员，也可以通过查看聊天记录了解到完整的事件发生过程。这就好像你一直在与老员工结对编程。"

他们创建了 Hubot，这是一个可以与运维团队在聊天室中交互的应用程序，运维人员可以通过发送命令（例如"@hubot deploy owl to production"）来指挥它执行操作。执行结果也会被发送回聊天室。

在聊天室中自动化执行这些工作（而不是通过命令行运行自动化脚本）具有许多优点，包括：

- 所有人都能看到正在发生的一切；
- 工程师们在工作的第一天就能看到日常工作是什么样子，以及如何执行；
- 当看到其他人互相帮助时，人们更愿意寻求帮助；
- 可以实现快速的组织学习和知识积累。

此外，除了上述经过验证的好处，聊天室天然地具有记录并公开所有交流信息的功能；相比之下，电子邮件默认是私密的，其中的信息很难在组织内被发现或传播。

将自动化集成到聊天室中，有利于把我们观察到的结果和解决问题的过程作为执行工作的固有部分记录下来并共享。这强化了组织行事的透明度和协作文化，也是将局部经验转化为全局改进的极其有效的方式。

在 GitHub，所有运维人员都是远程工作的，甚至每个工程师所在的城市都不同。GitHub 前运营副总裁 Mark Imbriaco 回忆说："GitHub 没有茶水间供员工聊天，网络聊天室充当了茶水间。"

Hubot 能够触发各种自动化技术，包括 Puppet、Capistrano、Jenkins、resque（一种基于 Redis 创建后台作业的组件）和 graphme（从 Graphite 生成图形的库）。

通过 Hubot 执行的操作包括检查服务的健康状况，在生产环境中进行 Puppet 推送或代码部署，以及在服务进入维护模式时关闭告警。多次执行的操作，例如在部署失败时抓取冒烟测试日志，将生产服务器踢出生产集群，将生产环境的前端服务回滚到主版本，甚至向值班工程师道歉，也成了 Hubot 的工作。①

类似地，源代码仓库的提交动作和触发生产环境部署的命令都会向聊天室发送消息。此外，随着部署流水线中执行任务的变化，它们的状态也会发布到聊天室。

聊天室里一次典型、简短的交流如下所示。

@sr：@jnewland，如何获得大型代码仓库列表？用 disk_hogs 还是什么？

@jnewland：/disk-hogs

Newland 观察到，之前在项目过程中经常要问的那些问题，现在很少被问到了。比如，以前工程师们可能会互相询问："部署进行得怎么样？""你来部署还是我来？""系统负载如何？"

在 Newland 描述的所有好处中，除了帮助新工程师更快上手，提升所有工程师的生产力，他觉得最重要的结果是：运维工作变得更加人性化了，运维工程师能够快速、轻松地发现问题并互相帮助。

GitHub 创建了一个本地协同学习的环境，并可以将其转化为整个组织的学习成果。本章接下来的部分，我们将探讨如何创建和加速传播新的组织学习成果。

20.1 将可复用的标准流程自动化

我们往往把软件架构、测试、部署和基础设施管理的标准和流程编写成 Word 文档，并上传至某处保存。问题是，工程师在构建新的应用程序或环境时，通常并不知道这些文档的存在，或者他们没有时间按照文档中的标准去实现。结果就是他们创建了一套新的工具和流程。可想而知，你能预想的糟糕状况都会出现：应用程序和环境变得脆弱、不安全、难以维护，需要高昂的运行、维护和优化成本。

与其写成 Word 文档，不如将这些涵盖组织的全部学习成果的标准和流程转化成可执行的形式，以便重复使用。而使知识可重复使用的最佳实践之一就是，将它们集中放入源代码仓库中，这样才能使其成为每个人都可以搜索和使用的工具。

① Hubot 大多是通过调用 shell 脚本执行任务，这些脚本可以在任何地方的聊天室中执行，包括工程师手机中的聊天室。

2013 年，时任 GE Capital 首席架构师的 Justin Arbuckle 表示："我们需要建立一种机制，确保团队能够轻松地遵守各种政策——这些政策来自不同国家、地区和行业规定，跨越数十个监管体系，涵盖运行在数万台服务器上的上千个应用程序，而这些服务器分布在数十个数据中心。"

他们创建了一种叫作 ArchOps 的机制。"该机制可以帮助大家成为建筑师，而不是泥瓦匠。通过将我们的设计标准转化为标准模板或自动化工具，任何人都可以轻松地使用它。同时，我们还保证了一致性。"

将手工流程转化为可自动化执行的代码后，这些流程被广泛应用，并为使用流程的人们提供了价值。Arbuckle 得出的结论是："组织的实际合规性与其政策代码化的程度成正比。"

流程自动化成了达成目标最简单的方法，进一步促进了这些实践被广泛采纳。我们甚至考虑将其转化为由组织提供支持的共享服务。

20.2　创建组织级的单一共享源代码仓库

整个组织共享的源代码仓库是将本地成果整合到组织层面强有力的机制之一。源代码仓库（例如共享库）中的内容一旦被更新，它会快速自动传播到各个使用该库的其他服务，并通过这些团队的部署流水线进行集成。

在组织范围共享源代码仓库的超大型案例中，谷歌算是数一数二的。截至 2015 年，谷歌拥有一个共享的源代码仓库，其中包含的文件个数超过 10 亿，代码行数超过 20 亿。这个代码仓库供谷歌的 2.5 万工程师使用，覆盖了谷歌的每个产品，包括谷歌搜索、谷歌地图、谷歌文档、谷歌日历、Gmail 和 YouTube。①

这样做的价值在于，工程师可以充分利用组织内每个人多样化的专业知识。Rachel Potvin 是负责谷歌开发者基础设施组的工程经理，他告诉美国《连线》杂志，每个谷歌工程师都可以访问"大量的组件"，因为"几乎所有的东西都已经实现过了"。

对此，谷歌开发者基础设施组的工程师 Eran Messeri 解释道，使用单一代码库的一个优点是，允许使用者轻松地访问到所有最新的代码，而无须协调。

我们提交到共享代码仓库的内容不仅仅是源代码，还包括知识总结和经验转化相关制品，包括：

- 库、基础设施和环境的配置标准（使用 Chef、Puppet 或 Ansible 脚本）
- 部署工具
- 测试标准和工具，包括安全性方面

① Chrome 和 Android 项目位于单独的源代码仓库中，而某些保密的算法，如页面排序（PageRank）算法，仅对特定团队可用。

- 部署流水线工具
- 监控和分析工具
- 教程和标准

总结知识并通过代码库进行分享，是传播知识的强大机制之一。正如 Randy Shoup 所描述的那样：

> 在谷歌，预防故障的强大机制就是单一代码库。一旦有人将新内容加入库中，就会触发新的构建，该构建总是使用所有内容的最新版本。一切都是从源代码构建而成的，而不是在运行时进行动态链接。库文件始终只有一个版本，那就是在构建过程中静态链接的版本。

Tom Limoncelli 是 *The Practice of Cloud System Administration: Designing and Operating Large Distributed Systems* 一书的作者之一，也曾是谷歌的一名 SRE。在书中他指出，整个组织只拥有一个代码库的价值真的是太大了，根本难以用言语来解释。

> 同类工具只需要开发一次，它可以适用于所有项目；你可以百分百准确地知道一个库被谁依赖了，因此，你可以重构它，并且百分之百确定谁会受到影响，以及谁需要配合测试……我还可以列举 100 个以上的优点。我无法用言语来表达这给谷歌带来多么大的竞争优势。

持续学习

研究表明，与编码相关的良好实践可以带来卓越的绩效。Rachel Potvin 是 2019 年《DevOps 现状报告》的顾问，基于她在谷歌构建系统方面的专业知识和领导开发团队的丰富经验，该报告确定了代码可维护性是帮助团队成功开展持续交付的关键要素。这个新的要素是基于 Potvin 在谷歌的基础设施中看到的好处而提出的，它有助于团队思考如何组织他们的工作和代码。

这份报告指出："对代码可维护性进行有效管理的团队往往拥有一些系统和工具，确保开发人员能够更轻松地更改其他团队维护的代码，在代码库中查找示例，复用其他人的代码，以及添加、升级和迁移至新的依赖版本而不破坏其代码。拥有这些系统和工具不仅有助于持续交付，还有助于减少技术债务，从而提高生产力。"

在谷歌，每个库（例如 libc、OpenSSL，以及内部开发的库，如 Java 线程库）都有一个负责人，保证该库不仅可以编译通过，而且所有依赖它的项目也能够成功通过测试，就像现实生活中的图书管理员一样。该负责人还需要负责将每个项目从一个版本升级到下一个版本。

设想现实中这样一个例子：一个组织在生产环境中同时运行了 81 个不同版本的 Java Struts 框架

库，其中除了某一个版本外，其余版本都存在重大安全漏洞。如果维护所有版本，而每个版本又都有其独特性，那势必带来巨大的运维负担和压力。另一方面，这些版本间的差异导致版本升级风险高，安全性差，这又反过来使得开发人员不愿意升级。这就进入一个恶性循环。单一源代码仓库很大程度上解决了这个问题。同时，拥有自动化测试也使团队有信心安全地升级到新版本。

如果我们不能从单个源代码仓库中构建出所有内容，那么我们必须找到另一种方式来维护已知的稳定的库版本及其依赖项。例如，我们可以维护一个组织级的存储库，如 Nexus、Artifactory，或者 Debian、RPM 仓库，对于已知的漏洞，我们要同时在这些存储仓库和生产系统中同步更新。

确保依赖关系只从组织的源代码控制仓库或制品库中获取是至关重要的，这可以有效防止通过“软件供应链”对组织的系统进行攻击。

20.3 用自动化测试记录、交流实践以传播知识

当组织使用共享库时，我们应该促进专业知识和改进方式的快速传播。每个库都包含大量自动化测试，因此这些库变得可以自说明（self-documenting），可以向其他工程师展示如何使用它们。

如果我们采用测试驱动开发，即编写代码之前先编写自动化测试，这样做的好处也会“自动”显现。这条准则将我们的测试套件转化为系统的最新规范。任何一个希望了解系统的工程师都可以通过查看测试套件，找到使用系统 API 的工作示例。

理想情况下，每个库都应该有唯一的所有者或支持团队，他们拥有相关专业知识，代表该领域的技术权威。此外，在理想情况下，生产环境必须使用统一的版本，确保生产环境中的一切都利用了最佳的集体知识。

在这个模型中，库的所有者还需要负责让每个使用该库的团队安全地从一个版本升级到下一个版本。这反过来要求我们对所有依赖该库的系统开展全面的自动化测试和持续集成，以便快速检测到回归缺陷。

为了更快地传播知识，我们还可以为每个库或服务创建讨论组或聊天室，在这里，任何人有问题都可以从其他用户那里获得反馈，这些用户通常比开发人员回复得还快。

相对于散落在组织内的一个个专业知识的孤岛，使用这类通信工具更能促进知识和经验的交流，确保员工之间互相帮助，共同解决问题和应对新的情况。

20.4 通过规范非功能性需求来设计运维

当开发人员跟进下游工作并参与到解决生产事件的活动中时，他们在设计应用程序时就会考虑如何更好地开展运维工作。此外，当我们在设计代码和应用程序过程中有意识地考虑快速流动和可部署性时，我们很可能会确定一组非功能性需求，并希望所有生产服务都满足它们。

实现这些非功能性需求后，我们的服务在生产环境中会更容易部署和持续运行。我们可以快速检测和纠正问题，并且确保组件失败时可以优雅地降级。以下是我们应该具备的非功能性需求的示例。

- 对于应用程序和环境足够的生产监控能力
- 准确跟踪各种依赖关系的能力
- 具有弹性和优雅降级的能力
- 版本之间的向前和向后兼容性
- 通过归档数据来管理生产数据集规模的能力
- 轻松搜索并理解跨多服务的日志消息的能力
- 跨多服务跟踪用户请求的能力
- 使用功能标志等方式实现简单、集中式运行时配置的能力

通过明确这些类型的非功能性需求，我们可以更轻松地将集体知识和组织经验应用到所有新的和现存的服务上。这些都是开发团队的职责。

20.5 将可复用的运维用户故事融入开发过程

当有些运维工作无法完全自动化或自助化时，我们的目标是使这些反复出现的工作尽可能具有可重复性和确定性。要想实现这一目标，我们需要对所需工作进行标准化，尽可能地自动化并记录下所做的工作，最大限度地帮助产品团队更好地计划和分配资源来完成这些活动。

与其手工搭建服务器，并对照手工检查清单逐项检查后将它们投入生产环境，不如尽可能自动化这项工作，包括安装后的配置管理。如果某些特定步骤无法自动化完成（例如，手工上架服务器并由另一个团队连接电缆），我们应该尽可能清晰地共同定义工作交接内容，以减少前置时间和错误。这也使得我们将来能够更好地计划和安排实施步骤。

例如，我们可以使用诸如 Terraform 之类的工具自动化完成云基础设施的资源分配和配置管理。从诸如 Jira 或 ServiceNow 之类的工单系统中捕获临时变更或项目工作，从版本控制系统中捕获基础设施的配置变更，并将其链接到工单中，最后自动应用于我们的系统（这种实践被称为“基础设施即代码”或 GitOps）。

理想情况下，对于所有反复出现的运维工作，我们都应该知道：需要哪些工作，需要哪些人来执行，完成它的步骤是什么，等等。例如，“我们知道一个高可用集群的滚动升级需要 14 个步骤，需要来自 4 个不同团队的合作，并且我们最近 5 次执行该操作的平均时长为 3 天”。

就像在开发中创建用户故事，先将其放入待办列表，然后将其拉入工作中一样，我们可以创建清晰的“运维用户故事”，描述可以在所有项目中重复使用的工作活动（例如部署、容量、安全等）。通过创建这些清晰的运维用户故事，我们将可重复的 IT 运维工作呈现出来，使其与开发工作并列，从而实现更好的规划和更多的可重复成果。

20.6 确保技术选型有助于组织达成目标

当目标之一是最大化开发人员的生产力，且拥有面向服务的架构时，小型服务团队可以使用最适合其特定需求的语言或框架来构建和运行服务。在某些情况下，这是实现我们组织目标的最佳方式。

然而，在某些情况下则会出现相反的情况。例如当关键服务的专业知识仅停留在某一特定团队中，只有该团队才能进行更改或修复问题，这样就会造成瓶颈。换句话说，我们可能已经针对团队生产力进行了优化，但不经意间又为组织目标的达成设置了障碍。

当一个职能型团队负责服务运维的方方面面的工作时，这种问题就会经常发生。在这种情况下，为了确保在特定领域能够发挥他们的技术专长，我们希望运维同事参与决定生产环境可以使用哪些组件，或者他们可以拒绝向未经运维同事参与选型就使用的技术栈提供服务。

如果我们还没有一个由开发和运维共同生成的、运维团队可以提供支持的技术列表，我们就应该系统地检查生产基础设施和服务，以及所有当前支持的依赖项，从而识别出哪些技术正在制造不必要的故障和计划外工作。

我们的目标是识别具有如下特征的技术。

- 妨碍或减缓工作流；
- 引发不成比例的大量计划外工作；
- 产生不成比例的大量支持请求；
- 由以上几点导致的与我们期望的架构性能（例如吞吐量、稳定性、安全性、可靠性、业务连续性）不一致的结果。

将这些有问题的基础设施和平台从运维支持的技术列表中移除，这样每个人都能够将注意力放到那些对实现组织全局目标帮助最大的基础设施上。

持续学习

我们的目标是创建基础设施平台，用户（包括开发团队）可以在平台上自助完成所需的运维操作，而不用提交工单或发送电子邮件。这是现代云基础设施所提供的一个关键能力，它甚至是美国国家标准与技术研究院（NIST）定义的云计算的五个基本特征之一。

- **按需自助服务**：消费者可以按需自动获取计算资源，无须与服务提供方进行人工交互。
- **广泛的网络接入**：具备通过异构平台访问的能力，例如通过手机、平板电脑、笔记本电脑和工作站访问。
- **资源池**：可供使用的资源以多租户模型进行池化，可以按需对物理和虚拟资源进行动态分配。客户可以在更高的抽象级别（如国家、州或数据中心）指定资源位置。

- **快速弹性**：按需快速扩容或缩容的能力，表现为不受限制地随时占用任意数量的资源。
- **计量服务**：云系统根据服务类型（如存储、进程、带宽和活跃用户账户）自动控制、优化和报告资源使用情况。

通过私有、公共和混合模型来构建基础设施平台是有可能取得成功的，前提是将传统的数据中心运维实践和流程进行现代化改造，使其满足这五个基本特征。如果当前技术平台不具备这些特征，应该优先考虑用具备这些特征的平台替换，或者实现现有平台的现代化改造，尽可能实现这些架构目标。

2019 年《DevOps 现状报告》发现，正在使用云基础架构的受访者中，仅有 29% 认同或强烈认同他们已经满足了 NIST 定义的这五个云计算的基本特征。利用好云计算的这五个特征意义重大。与低绩效团队相比，高绩效团队满足所有云计算基本特征的可能性高出 24 倍。

这就证明了两件事情：第一，团队之间存在明显的脱节，有些团队声称已经上云，却无法从中获益。而要想成功，就必须具备上述特征。第二，技术和架构能力对软件交付能力产生影响。如果落实得好，高绩效团队的交付速度和稳定性显著优于低绩效的同行。

案例研究

Etsy 的新技术栈标准化（2010 年）

在许多实践 DevOps 的组织内，开发人员老生常谈的一个问题是：“运维不会给我们提供需要的东西，所以我们只能自己构建系统并进行支持。”然而，在 Etsy 转型的早期阶段，技术负责人反其道而行之，大幅减少在生产环境中提供支持的技术数量。

在 2010 年一个近乎灾难性的销售旺季后，Etsy 团队决定大规模减少生产环境中使用的技术数量，仅保留那些整个组织都能够完全支持的技术，消除其余技术。[①]

他们的目标是使支持的基础设施和配置的数量标准化，并有意识地减少这一数量。早期的决策之一是将 Etsy 的整个平台迁移到 PHP 和 MySQL 上。这主要是出于一种哲学决定而非技术决定——他们希望开发和运维都能够理解完整的技术栈，以便每个人都能为同一个平台做出贡献，同时每个人都能读懂、重写和修复彼此的代码。

在接下来的几年中，正如当时 Etsy 的运营总监 Michael Rembetsy 所回忆的那样，“我们淘汰了一些很棒的技术，完全将它们从生产中剔除”，包括 lighttpd、Postgres、MongoDB、Scala、CoffeeScript、Python，以及许多其他技术。

① 当时，Etsy 使用了 PHP、lighttp、Postgres、MongoDB、Scala、CoffeeScript、Python，以及其他许多平台和语言。

功能团队的开发人员 Dan McKinley 在 2010 年将 MongoDB 引入 Etsy，他在博客中写道，拥有无模式数据库的所有好处都被团队必须解决的操作问题所抵消了。这些问题包括有关日志、图表、监控、备份和恢复的问题，以及许多其他开发人员通常不需要关心的问题。结果就是放弃 MongoDB，将新服务移植到已支持的 MySQL 数据库基础架构上。

这个来自 Etsy 的案例显示，通过移除有运维支持问题的基础设施和平台，组织可以将注意力转向与目标一致且有助于目标达成的架构上。

案例研究

Target 的众包技术治理（2018 年）

历年《DevOps 现状报告》的关键发现之一是：当我们不去控制团队的工作和操作方式及使用的技术时，团队的工作速度会更快。过去，在企业内部，技术选型是一种强制机制，限制了多样性。这导致看似系统结构、安全性和业务体系结构都满足合规性要求，但是流程卡点、集中式审批和筒仓结构却导致了较低且受限的自动化水平，并导致“流程和工具优先”的思想，而忽视最终结果。

2015 年，Target 开始推出一个新的计划——recommend_tech。该计划使用众包模式进行技术选型。它开始于一个基础模板，为每个领域提供一页技术图谱，以及该技术的适用范围（本地或企业级）和半衰期（半衰期是由 Target 内部专家认可并设置的）。

在 2018 年的 DevOps 企业峰会上，首席工程师 Dan Cundiff、工程总监 Levi Geinert 和首席产品负责人 Lucas Rettif 解释了如何在技术领域通过从治理转向指导来实现提速，涉及范围包括库、框架、工具等。技术指导会提供一些基础保障，确保团队在使用过程中感到舒适，同时消除了严格的治理过程产生的摩擦。

他们发现，提供指导而非治理的关键在于，以尽可能简单的方式确保技术是可访问的（每个人都可以参与）、透明的（每个人都能看到）、灵活的（易于改变）和有文化氛围的（社区驱动的）。最终，技术指导的目的是为工程师赋能，而不是限制他们。

先前，Target 公司成立了一个被称为“架构评审委员会”（architectural review board，ARB）[①] 的集中式团队，定期召开会议，为所有产品团队做出工具决策。这么做既没有效率也没什么效果。

① 《独角兽项目：数字化转型时代的开发传奇》（后称《独角兽项目》）中描述的 TEP-LARB 部分基于 Target 的 ARB。（该书原版为 *The Unicorn Project: A Novel about Developers, Digital Disruption, and Thriving in the Age of Data*，中文版由人民邮电出版社于 2021 年出版。详见 https://www.ituring.com.cn/book/2881。——编者注）

为了改进，Dan Cundiff 和他的同事 Jason Walker 在 GitHub 上创建了一个名为 recommended_tech 的代码库，其中包含了一份简单的技术选型清单，包括协作工具、应用程序框架、缓存、数据存储等。他们对每项技术给出使用建议：推荐使用、限制使用或不推荐使用。每项技术对应一个文件来展示为什么推荐或不推荐使用它，以及如何使用等信息。此外，决策过程被完整记录并可以从代码库中查看。决策的上下文，以及更重要的讨论记录，向工程师社区提供了更多关于“为什么”的答案。如上文所述，“半衰期”是团队了解在某个领域内进行技术迁移的可能性的一个方向标。

这个列表并不是未经讨论就直接交给工程师。在 Target，任何人都可以对任一技术类别发起拉取请求，提出变更或一项新技术等建议。每个人都可以提交评论，参与关于这项技术的优点或风险的讨论。拉取请求被合并后，其内容就被确定下来。合并后的技术一开始会被强烈推荐，但也不会强制大家使用，直到出现新的替代技术。

由于变更发生在局部，且团队比较容易做出调整，因此它的可逆性和灵活性都比较高。例如，针对特定产品的 API，从 Python 切换到 Golang 是高度灵活且易于回退的；相反，更换一家云服务商或停用一个数据中心则更加受限，其影响范围是巨大的。

对于代价较高的变更，首席信息官会参与整个过程。任何一名工程师都可以直接向首席信息官和高级经理提出他们的想法。最终，各级工程师都可以快速掌握推荐的技术，方便地应用到工作中。

这个简单的解决方案展示了如何消除障碍和瓶颈，确保团队的操作有一定保障的同时，保持了团队的自主性。

20.7 小结

本章我们介绍了一些技术手段，可以将新知识纳入组织的集体知识，从而扩大其影响。这些积极、广泛地传播新知识的手段包括：使用聊天室、采用“架构即代码”方式、使用共享源代码存储仓库、实施技术标准化等。采用这些做法，我们提升的不只是开发和运维人员，更是整个组织的实践水平，组织内的每个人在工作中都可以利用到组织积累的经验。

第 21 章

预留时间开展组织学习和改进

丰田生产体系中有一项被称为“改进闪电战”（有时也称“改善闪电战”）的实践，指的是集中一段时间来专门解决一个特定问题，这通常需要花上几天的时间。Spear 博士解释道：“闪电战通常采取这样的形式：人们聚集在一起，集中所有精力处理一个有问题的生产流程……闪电战通常会持续几天，目标是改进流程，所采取的形式是由流程外的人员集中地给流程内的人员提建议。”

Spear 注意到，开展改进闪电战通常能帮助团队找到解决问题的新方法，例如新的设备布局，传送物料和信息的新方式，更有秩序的工作环境或标准化的工作。他们也可能生成一份待办清单，以便在日后执行。

在 Target 公司，一个 DevOps 改进闪电战的例子是在 DevOps 道场（DevOps Dojo）进行的月度挑战计划。Target 运维部门的前任主管 Ross Clanton 负责加快 DevOps 的落地进程。“科技创新中心”是他采取的主要方法之一，也就是大家熟知的“DevOps 道场”。

Target 的 DevOps 道场占用了大约 18000 平方英尺（约 1672 平方米）的开放办公区，在这里，DevOps 教练帮助来自 Target 不同部门的技术团队提升实践水平。其中，强度最大的实践形式又称作“30 天挑战”。在这里，内部开发团队需要与专门的道场教练和工程师一起工作一个月。开发团队带着工作而来，目标是在 30 天内解决长期困扰他们的内部问题，并取得重大突破。

在这 30 天内，他们针对问题与道场教练密切合作——规划、执行并在为期两天的冲刺中不断演示。30 天的挑战完成后，内部团队重返业务线。这时，他们不仅解决了一个重大问题，而且把新学到的知识带回了团队。

Clanton 说：“我们目前有能力让 8 个团队同时进行为期 30 天的挑战，因此我们把精力放在组织内最具战略意义的项目上。到目前为止，我们已经通过道场输出了一些非常关键的能力，涉及的团队包括销售点、库存、定价和促销团队等。”

由于为团队配备全职的道场员工并且只专注在一个目标上，经过 30 天的挑战后，团队可以获得惊人的提升。参加过这个计划的开发经理 Ravi Pandey 解释道：“在过去，我们需要等待 6 周才能获得测试环境。现在，只需要几分钟的时间。我们与运维工程师并肩作战，他们帮助我们提升生产力，构建工具，最终帮助我们达成目标。”

Clanton 进一步补充道：“团队在几天内取得以往需要 3 到 6 个月才能取得的成果并不罕见。到目前为止，已经有 200 名学员经过在道场的学习，完成了 14 个挑战。”

道场还支持较低强度的参与方式，比如快速构建，即团队聚在一起展开 1 到 3 天的活动，目标是在活动结束时交付最小可行产品或一项能力。每两周他们还会举办一次开放实验室活动，任何人都可以来到这里与道场教练交流，参加演示或接受培训。

这一章我们将介绍几种预留时间开展组织学习和改进的方法，并把预留时间改进日常工作的做法制度化。

21.1 将偿还技术债务变为例行活动

这一节，我们安排例行活动强制要求开发和运维预留时间来完成改进工作，诸如非功能性需求、自动化等。其中一种简单的方法就是定期开展为期一天或一周的改进闪电战，团队（甚至是整个组织）中的每个成员自发组织，解决他们关心的问题，而不是做功能开发工作。要解决的问题可能来自各个领域，比如代码、环境、架构、工具等。这些团队通常由开发、运维和信息安全工程师组成，覆盖整个价值流。以往都不会在一起工作的团队，现在群策群力，各显神通，共同改善一个领域的问题，然后向整个公司展示他们的改进成果。

除了改进闪电战外，还有其他一些专门用于执行改进工作的仪式，比如**春季 / 秋季大扫除**，以及**工单队列反转周**。还有其他类似术语，比如**黑客日**、**黑客马拉松**和 **20% 的创新时间**等。遗憾的一点是，这些特定的仪式有时侧重于产品创新和新市场想法的原型验证，而不是改进工作，更糟糕的是，它们通常只在开发人员内部开展，这与改进闪电战的目标相比有很大的不同。①

在这些改进闪电战中，我们的目标不仅仅是为测试新技术而进行实验和创新，更是为了改进我们的日常工作，解决日常工作中的问题。虽然通过实验也可以带来改进，但是改进闪电战更侧重于解决我们在日常工作中遇到的具体问题。

我们可以安排为期一周的改进闪电战，优先考虑让开发和运维合作完成改进目标。这些改进闪电战很容易管理：选取一周，在此期间技术部门的所有成员同时参与改进活动。一周结束后，每个团队向同行展示他们解决的问题以及取得的成果。这么做可以加强工程师着眼整个价值流去解决问题的文化。此外，它既强调了解决问题就是日常工作的一部分，又展示了我们对偿还技术债务的重视。

① 本书从此处开始，“黑客周”和“黑客马拉松”这些术语与“改进闪电战”的意义相通，而不是指“你可以做任何你想做的事情”。

改进闪电战之所以强大，是因为我们赋予一线员工不断识别和解决问题的能力。如果我们把复杂的系统想象成一张蜘蛛网，交织着的蛛丝不断地削弱和断裂，一旦完好的蛛丝组合结构被破坏，整张网就崩溃了。即使投入再多的指挥和控制管理，也不可能指导工人逐条修复破损的蛛丝。因此，我们必须创建组织文化和规范，引导每个人在日常工作中不断发现，及时修复断裂的“蛛丝”。正如 Spear 博士所说：“难怪蛛网一有破裂蜘蛛就会去修复，而不是让破裂的地方越积越多。”

Facebook 的首席执行官马克 · 扎克伯格讲过一个成功的改进闪电战案例。在接受 *Inc.* 杂志记者 Jessica Stillman 采访时，他说：

> 每隔几个月我们就会举办一次黑客马拉松，每个人都会为他们的新创意构建原型。最后，整个团队聚在一起查看所有完成的工作。我们有许多成功的产品都出自黑客马拉松，包括 Timeline、聊天、视频、我们的移动开发框架，以及一些类似 HipHop 编译器这样重要的基础设施。

最引人注目的是 HipHop for PHP 编译器。2008 年，Facebook 面临严重的产能问题，活跃用户超过 1 亿，而且还在快速增长，这给整个工程团队带来了巨大的挑战。在一次黑客日中，Facebook 的高级服务端工程师赵海平开始尝试将 PHP 代码转换为可编译的 C++ 代码，希望能大幅提升现有基础设施的容量。在接下来的两年里，公司专门组建了一个小团队，构建了这个后来被称为 HipHop 的编译器，并成功将所有 Facebook 生产服务从解释型的 PHP 文件转换为编译型的 C++ 二进制文件。HipHop 使得 Facebook 的平台能够处理比原生 PHP 高出 6 倍的生产负载。

在接受《连线》杂志的 Cade Metz 采访时，参与该项目的工程师 Drew Paroski 指出：“在那段时间，如果没有 HipHop，我们很可能会陷入水深火热的境地。网站需要更多的机器提供服务，但我们根本无法在短期内得到这些机器。幸好上天保佑，它最终做出来了。”

后来，Paroski 和另外两名工程师 Keith Adams 和 Jason Evans 决定，进一步提升 HipHop 编译器的性能，并减少那些降低开发人员工作效率的限制条件。由此诞生了实时编译的 HipHop 虚拟机项目 HHVM。到 2012 年，HHVM 已经完全取代了生产环境中的 HipHop 编译器，有近 20 名工程师为该项目做出了贡献。

通过定期开展改进闪电战和黑客周，身处价值流中的每个人都能为他们的创新引以为豪并拥有创新的所有权。我们不断地将改进成果融入系统中，进而提升安全性、可靠性和学习能力。

21.2　让所有人教学相长

动态的学习文化可以为个人学习和教学创造条件，无论是通过传统的教学方法（例如上课、参加培训）还是更具体验性和开放的方法（例如会议、研讨会、辅导）。我们可以投入专门的组织时间来推动这种教学方式。

美国全国保险公司（Nationwide Insurance）信息技术副总裁 Steve Farley 表示：

> 我们有 5000 名技术人员，我们称他们为“同伴”。自 2011 年以来，我们一直致力于创造一种学习文化，我们所说的“教学星期四”就是这种文化的一部分，我们借此每周为同伴安排学习时间。在两小时的时间内，每位同伴可以教，也可以学。教学主题是同伴们想要了解的，其中一些是技术方面的，包括新的软件开发方法或过程改进方法，也有一些是其他内容，甚至可以是如何做好职业规划。指导他人或向同伴学习是最有价值的事情了。

大家能从本书中明显感觉到，某些技能越来越需要所有工程师都掌握，而不仅限于开发人员。例如，对于所有运维和测试工程师来说，熟悉开发技术、惯例和技能（如版本控制、自动化测试、部署流水线、配置管理和创建自动化程序）变得越来越重要。随着越来越多的技术价值流采用 DevOps 的原则和模式，运维工程师需要熟悉开发技术才能与时俱进。

尽管学习新东西有时会让人望而生畏，甚至尴尬、害羞，但其实大可不必。毕竟，我们都是终身学习者，而向同伴学习就是很好的学习方式之一。Karthik Gaekwad 是美国国家仪器 DevOps 转型的参与者，他说：“对于那些想学习自动化技术的运维人员来说，没什么可怕的，只管向友好的开发人员请教就可以了，他们很乐意提供帮助。”

我们还可以在日常工作中进一步传授技能，比如开发和运维同事一起开展代码评审，共同解决一些小问题，从而达到边做边学的目的。例如，我们可以让开发人员向运维人员展示一个应用程序的身份认证、登录的工作原理，以及如何通过运行自动化测试保证应用程序的关键组件（例如应用程序的核心功能、数据库事务、消息队列）正常运作。然后，我们把自动化测试集成到部署流水线中定期执行，并把执行结果发送到监控和报警系统，以便及早发现关键组件的故障。

Forrester Research 公司的 Glenn O’Donnell 在 2014 年的 DevOps 企业峰会演讲中说道：“对于所有热爱创新、热衷变革的技术人员来讲，我们的未来美好且充满活力。”

持续学习

ASREDS 学习环

人类的天性既有群体性也有排他性。涉及共同学习时，这种群体心态会催生一个个知识孤岛，一旦人们离开团队（公司），这些内部知识就永久流失了。

当人们陷入封闭环境中学习，知识将是隐匿的，不同团队在类似的问题上反复挣扎，进行类似的实验，开发相同的反模式，完全不能复用彼此的学习经验。在 *Sooner Safer Happier* 一书中，作者使用 ASREDS 学习循环模型来打破这些学习壁垒。

ASREDS 学习循环要求团队首先对齐目标，然后了解周围环境，通过设计一个或多个实验进行验证，从结果中提炼有价值的信息和指标，最后发布学习经验、共享成果，以便其他人在遇到类似场景时可以直接使用（见图 21-1）。

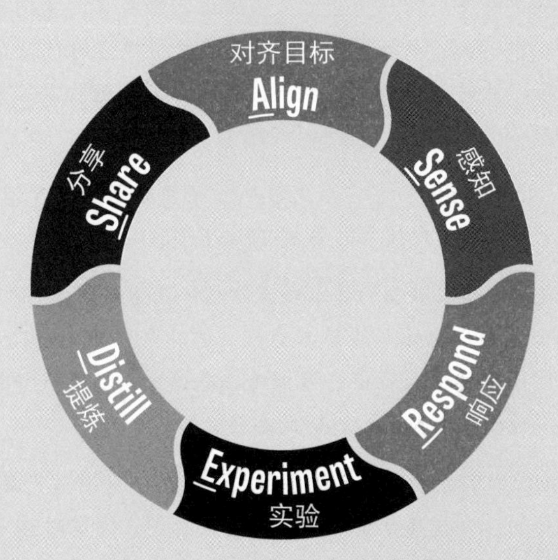

图 21-1 ASREDS 学习循环模型

（来源：Smart 等人，Sooner Safer Happier：Antipatterns and Patterns for Business Agility，2020）

像 ASREDS 这样的实践有助于打破学习壁垒，如果能把奖励和实践中心（更多信息请参阅 *Sooner Safer Happier*）相结合，学习生态系统就会逐步形成。

21.3 在 DevOps 会议中分享经验

在许多注重成本的组织中，工程师想通过参加会议向同行学习时经常遇到阻力。为了建立学习型组织，我们应该鼓励（来自开发和运维的）工程师参加会议并在会议上发表演讲，必要时还可以自发组织内部或外部会议。

时至今日，DevOpsDays 仍然是自发组织的系列会议中最具活力的。许多 DevOps 实践已经在大会上被分享并得以传播。得益于一些活跃的社区和供应商的赞助，它一直是免费或几乎免费的。

DevOps 企业峰会创办于 2014 年，它为技术领导者提供了舞台，他们可以在此分享在大型复杂组织内实施 DevOps 的原则和实践经验。该会议的主要内容是由 DevOps 方面的技术领导者以及社区选定主题的相关专家做经验分享。到 2021 年，DevOps 企业峰会已经举行了 14 次，由几乎所有垂直行业的技术专家完成了上千次演讲。

案例研究

美国全国保险、Capital One 和 Target 的内部技术会议（2014 年）

除了参加外部会议，许多公司还为技术人员举办内部会议。美国全国保险（以下简称 Nationwide）是一家一流的保险和金融服务提供商，受到严格的行业监管。他们提供的服务包括汽车和房产保险，同时他们还是公共部门退休计划和宠物保险的顶级提供商。截至 2014 年，他们的资产有 1950 亿美元，收入为 240 亿美元。

自 2005 年以来，Nationwide 一直在采用敏捷和精益原则来提升他们 5000 名技术人员的实践水平，促进基层创新。信息技术副总裁 Steve Farley 回忆道：

> 那时开始出现一些令人激动的技术会议，比如敏捷大会。2011 年，Nationwide 的领导层一致认为，我们应该举办技术会议，将其命名为 TechCon。我们想通过举办这样的活动，而不是把人派出去参加外部会议，来创造一种更好的自学习的方式，同时确保一切都基于 Nationwide 的企业背景。

Capital One（第一资本）是美国最大的银行之一，2015 年的资产超过 2980 亿美元，年收入 240 亿美元。他们的目标是建立世界一流的技术组织，为实现这一目标，2015 年他们举办了第一次内部软件工程会议。会议的使命是促进共享和合作的文化，在技术专业人员之间建立良好的关系，为大家相互学习创造条件。会议有 13 个学习专场，52 个主题，超过 1200 名内部员工参加了会议。

作为会议组织者之一，Capital One 的技术研究员 Tapabrata Pal 博士这样描述："我们甚至办了一个展厅，共有 28 个展位，Capital One 内部团队在这里展示他们正在开发的各种惊人的能力。我们经过慎重考虑决定不邀请任何一家供应商，因为我们只想持续聚焦在 Capital One 的组织目标上。"

Target 是美国第六大零售商，2014 年的年收入 720 亿美元，全球有 1799 家零售店和 347 000 名员工。自 2014 年以来，开发总监 Heather Mickman 和 Ross Clanton 参照 2013 年在荷兰阿姆斯特丹的 ING（荷兰国际集团）举办的 DevOpsDays 的会议形式，已经举办了 6 次内部会议，在他们的内部技术社区拥有超过 975 名粉丝。[①]

Mickman 和 Clanton 出席了 2014 年的 DevOps 企业峰会之后，回来举办了自己公司的内部会议，同时邀请了许多来自外部公司的演讲者，为的是能向他们的高级领导重现峰会

---

① 顺便一提，ING 团队中的一些成员参加过 2013 年的巴黎 DevOpsDays，之后 Ingrid Algra、Jan-Joost Bouwman、Evelijn Van Leeuwen 和 Kris Buytaert 在 2013 年组织举办了 ING 的第一次内部 DevOpsDays 活动。而 Target 第一次内部会议则是借鉴了这次 ING DevOpsDays 的形式。

的体验。Clanton 说道："2015 年我们得到了领导层的重视，同时我们也在积极造势。那次活动之后，很多人找到我们，咨询如何参与其中，或可以提供什么帮助。"

机构可以通过参加外部会议或举办内部会议，来营造一个积极的学习和教学氛围，促进技术人员的发展。这样可以培养出更强大的团队和更牢固的组织信任文化，促进沟通和创新，改善日常工作。

持续学习

2019 年《DevOps 现状报告》调查了组织是如何实现 DevOps 和敏捷实践的传播的，要求他们从下列常见方法中做出选择，例如培训中心、卓越中心、各种概念证明、"大爆炸"（big bang）和实践社区。

分析表明：高绩效员工更喜欢的策略是，在组织内创建不同层次的交流社区。这样做的好处是能够提高组织结构重组和产品变更的可持续性和弹性。其中使用最多的两个策略是实践社区和草根运动，其次是将概念验证作为模板（即在组织的其他地方重现概念验证）和种子。

21.4 创建社区结构来推广实践

前面我们讲到过，谷歌的测试小组是如何从 2005 年开始构建一流的自动化测试文化的。他们的故事还在继续。他们尝试各种方法改善整个谷歌自动化测试的状态，如改进闪电战、内部教练，甚至内部认证计划。

Mike Bland 说，当时在谷歌有一个"20% 创新时间"的政策，即开发人员每周能够花大约一天的时间从事与谷歌相关，但超出其主要职责范围的项目。一些工程师选择组建实践社区，他们称之为**小组**（grouplet），即由一群志同道合的工程师成立的小团体，集中大家的"20% 时间"共同完成目标明确的改进闪电战。

Bharat Medirata 和 Nick Lesiecki 成立了一个测试实践社区，使命是推动自动化测试在整个谷歌的普及。尽管他们没有预算和正式的授权，但正如 Mike Bland 所说，"我们也没有受到明确的限制，我们充分利用了这一优势"。

他们使用了多种方式来推进，其中最著名的一种是他们的名为《厕试周刊》（*Testing on the Toilet*，简称 TotT）的刊物。每周，他们会在谷歌全球办公室的每个盥洗室发布业务简报。Bland 说："我们的目标是提高整个公司的测试知识水平和技术成熟度。一份只在网上发布的出版物未必会有这么多人的参与。"

Bland 继续说道："TotT 最重要的一期标题为《测试认证：糟糕的名字，伟大的结果》（'Test Certified: Lousy Name, Great Results'），因为它提出了两个倡议，它们在推动自动化测试的应用方面取得了重大成功。"

测试认证（Test Certified，TC）提供了一个清晰的改善自动化状态的路线图。正如 Bland 所描述的那样，"TC 的目的是打破谷歌基于度量的文化确定的优先级……要克服的第一个可怕的障碍，是不知道从哪里开始，也不知道如何开始。TC 的三个级别分别是：一级，快速建立度量基线；二级，制定自动化测试覆盖目标以及达成目标的策略；三级，努力实现长期覆盖率目标"。

TC 的另一个价值是为需要建议或帮助的团队提供经过测试认证的导师和测试雇佣兵（即全职内部团队教练和顾问）。他们与团队合作并亲自动手，以提升团队的测试实践和代码质量。测试雇佣兵将测试小组的知识、工具和技术应用到团队自己的代码中，TC 既是团队实践的指南也是他们的目标。

2006 至 2007 年，Bland 担任测试小组组长，2007 至 2009 年则是测试雇佣军的一员。

Bland 继续说：

> 我们的目标是无论团队是否在我们的计划中注册，他们都能达到 TC 三级。我们还与内部测试工具团队密切合作，在我们遇到产品团队的测试难题时及时反馈给他们。我们脚踏实地，运用我们开发的工具，终于消除了"我没有时间测试"这个看似正当的借口。
>
> TC 级别利用了谷歌的度量驱动文化——在绩效考核时人们可以就测试的三个级别展开讨论和吹嘘。测试小组最终获得了资金支持，测试雇佣军正式成为一个由全职内部顾问组成的团队。这是一个重要里程碑，因为现在管理层已经全面投入——不是只颁布一纸空文，而是投入了真金白银。

另一个重要的构思是利用公司范围内的"fixit"改进闪电战。Bland 把 fixit 描述为："任何一名普通工程师都可以带着一个想法或目标，招募所有谷歌工程师参与为期一天的冲刺项目，集中完成代码重构或工具采用。"

Bland 组织过四次全公司范围的 fixit，两次纯测试领域的 fixit，还有两次 fixit 是跟工具相关的，最后一次 fixit 涉及来自 13 个国家的 20 多个办公室的 100 多名志愿者。他还在 2007 至 2008 年期间领导了 fixit 小组。

正如 Bland 所描述的，这些 fixit 是我们在关键时刻提出的非常有针对性的任务，人们的热情和能量被激发，从而推动了技术水平的发展。这将有助于长期的文化变革使命在每次重大、显著的投入影响下，迈上一个新的台阶。

正如本书所呈现的，“测试文化”的效果不言而喻，谷歌所取得的惊人成就就是最好的证明。

21.5　小结

本章介绍了如何通过建立例行活动来强化学习型企业文化——我们都是终身学习者，我们重视在日常工作中的改进，甚至胜过重视工作本身。我们可以预留时间来偿还技术债务，可以创建让人们教学相长的社区结构。通过在日常工作中互相学习，我们的学习能力会远超竞争对手，这将帮助我们赢得市场。同时，我们在彼此帮助的过程中实现了个人潜能的最大化。

第五部分总结

在第五部分中，我们探讨了各种在组织内部创造学习和实验文化的实践。当我们在复杂系统中工作时，从事故中吸取教训、创建共享仓库、分享知识都是必不可少的。这些实践有助于我们创建更公正的工作文化，更安全、更具弹性的系统。

在第六部分中，我们将探讨如何扩展流动、反馈、学习和实验，同时达成信息安全的目标。

第六部分

整合信息安全、变更管理和合规性的技术实践

在前面的章节中，我们讨论了如何实现从代码提交到发布的正向的快速工作流，以及如何构建反向的快速反馈流。我们探讨了能够促进组织学习快速发展的文化和例行活动，以及为创建更安全的工作体系而进行的放大微弱故障信号的实践。

在第六部分中，我们将进一步扩展这些活动，在实现开发和运维目标的同时，达成信息安全的目标，为服务和数据的保密性、完整性和可用性提供高度保障。

我们要将安全控制集成到日常的开发和运维工作中，使得安全工作成为每个人日常工作的一部分，而不是在流程的最后阶段才开展。理想情况下，大部分安全工作是可以被自动化地集成到部署流水线中的。此外，我们将利用自动化控制来优化手工操作、验收和审批流程，减少对职责分离和变更审批流程等控制措施的依赖。

这些活动实现自动化后，我们可以根据需要随时向审计人员、评估人员或是任何一个在价值流中工作的人证明，我们的控制措施正在有效运行。

最后，我们不仅要提高安全性，还要创建更易于审计且能证明其行之有效的控制流程，以便遵循监管要求，履行合同义务。相关举措如下。

- 让安全成为每个人日常工作的一部分；
- 将安全预防措施纳入共享源代码仓库；
- 将安全控制集成到部署流水线；
- 在监控中增加安全监测，以便更早地发现问题并恢复；
- 保障部署流水线的运行；
- 将部署活动集成到变更审批流程；
- 减少对职责分离制度的依赖。

当我们把安全工作融入每个人的日常工作中，使其成为每个人的职责，我们就可以帮助组织实现更高的安全性。更高的安全性意味着我们不仅可以保护数据，而且可以合理使用数据。这也说明我们更加可靠，能够凭借更高的可用性和更强的故障恢复能力保障业务连续性。我们也能够在安全问题造成灾难性结果之前解决它们，从而提高系统的可预测性。当然，最重要的还是，我们能够比以往更好地保护我们的系统和数据。

第 22 章
信息安全是每个人的日常工作

我们在实施 DevOps 原则和模式时最常听到的反对意见之一是："信息安全和合规性不允许我们这样做。"然而，要想把信息安全很好地整合到技术价值流里每个人的日常工作中，DevOps 算是最佳实践了。

一旦信息安全作为一个独立于开发和运维之外的部门存在，就会出现许多问题。James Wicket 是 Gauntlt 安全工具的创始人之一，也是 DevOpsDays 奥斯汀站和 LASCON（Lonestar 应用安全大会）的组织者，他说：

> 关于 DevOps 的起源，一种解释是，由于开发人员数量的增加，没有足够的运维人员来处理所有由此产生的部署工作，因此需要提高开发人员的生产力。在信息安全方面，这种资源短缺更为严重——典型的技术组织中开发、运维和信息安全工程师的比例为 100 ∶ 10 ∶ 1。当信息安全工程师短缺，又没有自动化手段或没有将信息安全融入开发和运维的日常工作中时，信息安全工程师只能进行合规性检查，而这其实与安全工程背道而驰，而且也会让所有人都讨厌我们。

Sonatype 前首席技术官 James Wickett 和知名信息安全研究人员 Josh Corman 联合发表了许多文章，阐述如何将信息安全目标融入 DevOps，并提出一系列被称为 Rugged DevOps 的实践和原则。①

在本书中，我们已经探讨了如何将 QA 和运维的目标整合到整个技术价值流中。在这一章中，我们将探讨如何类似地将信息安全目标整合到日常工作中，在保持开发和运维人员的现有生产力水平的同时，提高我们的安全性和保障能力。

22.1 将安全集成到开发迭代演示

让功能团队尽早参与信息安全工作，而不是在项目快结束时才参与，是我们的目标之一。我们

① Rugged DevOps 的历史可以追溯到 Gene Kim、Paul Love 和 George Spafford 撰写的 *Visible Ops Security* 一书。Tapabrata Pal 博士（前 Capital One 高级主管和平台工程技术专家）和 Capital One 团队也提出过类似的想法。他们把这种将信息安全集成到系统开发生命周期（SDLC）各个阶段的一系列流程，统称为 DevOpsSec。

可以邀请信息安全专家参加每次开发迭代后期的产品演示，让他们更好地理解组织目标背景下的团队目标，了解团队正在进行的开发，并在项目的初始阶段指导团队和反馈意见，因为这时团队还是有足够的时间和自由度进行纠错的。

GE Capital 的前首席架构师 Justin Arbuckle 说道：

> 我们发现，项目后期出现涉及信息安全和合规性这类阻塞问题，修复成本远比项目初期高，其中信息安全类的问题修复成本最高。“合规性演示”就成为我们将这类问题左移到流程早期阶段的常规做法。
>
> 让信息安全人员参与到所有新功能的完整研发过程中，我们就能够大幅降低使用静态检查清单的频率，并且更多地用到他们的专业技能。

这有助于组织达成目标。GE Capital 美洲区企业架构部前首席信息官 Snehal Antani 将他们的三个主要业务度量指标描述为：开发速度（即向市场交付功能的速度）、客户交互故障（即中断、错误）和合规响应时间（即从审计请求到提交所有满足要求的定量和定性信息的前置时间）。

当信息安全人员作为团队成员，即使他们参与项目的方式仅仅是跟进项目进展和观察过程，他们也能够了解必要的业务背景，从而基于风险做出更好的决策。此外，信息安全人员能够帮助功能团队了解如何满足安全和合规目标的要求。

22.2 将安全问题纳入缺陷跟踪和事后分析

如果有可能，我们希望在开发和运维人员使用的任务跟踪系统中跟踪所有未解决的安全问题，以确保安全问题可视化，并且可以与其他工作一起确定优先级。这与传统的信息安全工作方式截然不同。过去，所有的安全漏洞都存储在只有信息安全团队才可以访问的 GRC（治理、风险和合规性）工具中。而现在，我们将把所有需要处理的工作存放在开发和运维使用的系统中。

曾长期领导 Etsy 信息安全团队的 Nick Galbreath，在 2012 年 DevOpsDays 奥斯汀站发表的演讲中阐述了他的团队是如何处理安全问题的：“我们把所有安全问题放到 Jira 中，而 Jira 是所有工程师在日常工作中都要使用的工具。一旦问题被标为‘P1’或‘P2’，就意味着必须立即修复或在本周结束前修复，哪怕它只是一个内部应用的问题。”

此外，他还指出：“每次遇到安全问题，我们都会进行事后分析，因为这是教育我们的工程师预防类似问题再次发生的最佳时机，也是向工程团队传递安全知识的绝佳手段。”

22.3 将预防性安全控制纳入共享源代码仓库及共享服务

在第 20 章中，我们推荐创建一个共享的源代码仓库，以便任何人都可以轻松地访问和复用组织的集体知识——不仅包括代码，还包括工具链、部署流水线、各种标准等。这样做之后，任何人都可以从组织中个人的累积经验中获益。

现在，我们将向共享的源代码仓库添加一些安全机制或工具，来帮助我们保障应用程序和环境的安全。我们也会添加一些实现特定安全目标且被安全部门批准的库文件，例如身份认证及加密算法的库和服务。

由于 DevOps 价值流中每个人所构建或支持的东西都会被纳入版本控制，我们创建的任何内容都是可用、可搜索和可复用的，所以把信息安全工具链和被批准的库文件放进仓库就更容易对开发和运维的日常工作产生直接影响。同时，版本控制还可以作为一种全方位的沟通机制，让所有参与方了解到正在发生的变更。

如果我们有一个服务中台，我们还可以与他们合作，搭建和运维共享的安全相关平台，例如身份认证、授权、日志记录，以及其他开发和运维所需的安全和审计服务。当工程师使用其中一个预定义的库或服务时，他们不必为这个模块单独安排安全设计评审，而是根据指南直接使用它们，可能涉及配置加固、数据库安全设置、密钥长度等。

为了进一步提高正确使用这些服务和库文件的可能性，我们可以向开发和运维提供安全培训，对他们创建的内容进行评审，确保正确执行安全措施，特别是对于第一次使用这些工具的团队。

我们的最终目标是为每个现代应用程序或环境提供所需的安全库文件或服务，例如启用用户身份验证、授权、密码管理、数据加密等。此外，我们也可以为开发和运维在应用程序的堆栈中使用的组件提供有效的安全配置，例如日志记录、身份认证和加密的配置。可能还会包括以下内容。

- 代码库及其推荐配置（例如双因素认证库、bcrypt 密码哈希、日志记录）；
- 使用 Vault、sneaker、Keywhiz、credstash、Trousseau、Red October 等工具进行敏感信息管理（例如连接设置、加密密钥）；①
- 操作系统安装包和构建（例如用于时间同步的 NTP，正确配置的 OpenSSL 的安全版本，用于监控文件完整性的 OSSEC 或 Tripwire，保证关键的安全日志记录到中央 ELK 堆栈中的 syslog 配置）。

把所有这些内容放入共享源代码仓库中，我们的工程师很容易就可以在其应用程序和环境中正确地创建日志记录和使用加密标准，不需要额外工作。

我们还应该与运维团队合作，创建操作系统、数据库和其他基础设施（例如 NGINX、Apache、Tomcat）的基础配置手册或基础镜像，确保它们处于已知、安全且低风险的状态。我们在共享仓库中，不仅可以获取安全敏感模块的最新版本，还可以与其他工程师展开协作并对其变更进行监控和预警。

① 请注意，现在几乎所有主要云服务提供商都同时运营基于云的敏感信息管理系统，这为企业自主运维提供了很好的替代方案。

如今基于 Docker 的系统已经普及，组织应该使用容器镜像仓库来保存所有基础镜像。为了保障软件供应链的安全，在创建这些原始镜像版本时应该同时生成镜像的安全哈希值，并一起保存起来。每次使用或部署镜像时，都必须验证哈希值的有效性。

22.4 将安全集成到部署流水线

过去，为了进一步加固应用程序的安全，我们会在开发完成后开展安全评审。通常，评审结束后我们会给开发和运维人员输出一份数百页的 PDF 文档，文档中描述评审发现的所有安全漏洞。但是，由于项目截止日期的压力或发现问题太晚无法轻易修复，这些问题往往得不到妥善处理。

现在，我们应该尽可能地实现信息安全测试的自动化，以便能够将其集成到部署流水线中与其他类型的自动化测试一起执行，最好是在项目的早期阶段，开发和运维人员的每次代码提交都会触发执行（理想情况下）。

我们的目标是为开发和运维人员提供快速反馈，只要他们提交的变更中存在潜在的安全问题，他们就会在第一时间收到通知。这样一来，他们就能够快速检测和修复安全问题。这类任务成了他们日常工作的一部分，促进学习的同时也能防患于未然。

理想情况下，这些自动化的安全测试可以和其他静态代码分析工具一起在部署流水线中运行。

类似 Gauntlt 这样的工具就可以非常方便地集成到部署流水线中，对应用程序、应用程序的依赖及环境等进行自动化安全测试。特别值得注意的是，Gauntlt 可以将所有的安全测试用例通过 Gherkin 语法编写成测试脚本，而 Gherkin 是开发人员做单元测试和功能测试时广泛使用的语法。因此安全测试就可以被纳入他们已经非常熟悉的测试框架中进行管理，安全测试也就可以在每次提交变更时轻松地在部署流水线中运行，例如静态代码分析、依赖组件漏洞检查或动态测试（见图 22-1）。

Jenkins

状态	天气	名称	最近通过时间	最近失败时间	最近耗时
		静态分析扫描	7天1小时-#2	N/A	6.3秒
		依赖项已知漏洞检查	N/A	7天1小时-#2	1.6秒
		下载和单元测试	7天1小时-#2	N/A	32秒
		OWASP ZAP扫描	7天1小时-#2	N/A	4分43秒
		开始	7天1小时-#2	N/A	5分46秒
		病毒扫描	7天1小时-#2	N/A	4.7秒

图 22-1 Jenkins 运行自动化安全测试

（来源：James Wicket 和 Gareth Rushgrove 在 2014 年 Velocity 大会上的演讲“Battle-tested code without the battle”，于 2014 年 6 月 24 日在 Speakerdeck 网站发表）

这样，对于自己创建的内容的安全性，价值流中的每个人都能得到最及时的反馈，开发和运维工程师就能够快速定位并修复问题。

22.5 保障应用程序安全

通常，开发测试侧重于功能的正确性，关注点是正向流程。这种类型的测试通常被称为**快乐路径**（happy path），它验证的是用户按照正常操作流程（有时会有多个分支路径）执行，结果是否符合预期且没有出现任何异常或错误。

与其相反，高效的 QA、信息安全人员及欺诈者往往会关注**悲伤路径**（sad path），也就是出错时会发生什么，特别是那些与安全相关的情况。（这类触发了特定的安全条件的操作通常被戏称为**坏路径**。）

举例说明，假设我们有一个电子商务网站，需要客户填写表单，其中信用卡号用于生成客户订单的一部分信息。我们想定义所有的悲伤路径，以确保无效的信用卡能被拒之门外，从而防止发生欺诈或触发安全漏洞，例如 SQL 注入、缓冲区溢出等问题。

我们最好是将这些测试作为自动化的单元测试或功能测试的一部分，以便在部署流水线中持续运行，而不需要手工执行这些测试。

这类测试，我们希望包括以下内容。

- **静态分析**：这是一类在非运行环境中执行的测试（有时被称为“从内到外的测试”），最好是在部署流水线中执行。通常，静态分析工具会检查程序代码中所有可能的运行时行为，并寻找编码缺陷、后门和潜在的恶意代码。这类工具包括 Brakeman、Code Climate 等，相关方法包括搜索禁止使用的函数（例如 exec()）等。
- **动态分析**：与静态分析相反，动态分析要在程序运行时执行。动态分析会监控系统内存、功能行为、响应时间和系统的整体性能等。这种方法（有时被称为“从外到内的测试”）类似于模拟恶意第三方可能发生的交互方式。这类工具包括 Arachni 和 OWASP ZAP（Zed Attack Proxy）①。有些渗透测试也可以实现自动化，并作为诸如 Nmap 和 Metasploit 这类动态分析工具的一部分。最理想的方式是，我们在部署流水线的自动化功能测试阶段同步执行动态安全测试，甚至是对生产环境中正在运行的服务进行自动化的动态测试。为了确保正确处理安全测试，我们可以在 Web 浏览器的代理设置中配置类似 OWASP ZAP 这样的工具来攻击我们的服务，并在测试套件中检查网络流量。
- **依赖扫描**：通常我们在部署流水线的构建阶段执行的另一种静态测试，是对二进制文件和可执行文件的所有依赖项进行扫描，确保这些依赖项（通常我们很难控制）没有漏洞或恶意二进制文件。这类工具包括 Ruby 的 Gemnasium 和 bundler-audit、Java 的 Maven，以及 OWASP Dependency-Check 等。

---

① 开放式 Web 应用程序安全项目（OWASP）是一个非营利组织，专注于提高软件的安全性。

- **源代码完整性和代码签名**：所有开发人员都应该拥有自己的 PGP 密钥，可以在诸如 Keybase 这样的系统中创建和管理。所有提交到版本控制的代码都应该被签名——使用开源工具 GPG 和 Git 进行配置会非常简单。另外，持续集成过程创建的所有软件包也应该签名，并将哈希值记录在集中日志服务中，以便将来审计使用。

此外，我们应该定义设计模式，帮助开发人员在代码中实现防止滥用行为，例如为服务设置限速规则，提交按钮被按下后置灰。

OWASP 提供了大量有用的指南，例如“Cheat Sheet”系列，其中包括如下内容。

- 如何存储密码；
- 如何处理忘记密码；
- 如何处理日志记录；
- 如何防止跨站脚本（XSS）漏洞。

案例研究

Twitter 的静态安全测试（2009 年）

John Allspaw 和 Paul Hammond 2009 年题为“10 Deploys per Day: Dev and Ops Cooperation at Flickr”的演讲，因其催化了 DevOps 社区的发展而闻名。同样，对于信息安全社区来说，也有类似意义的一次演讲，那就是由 Justin Collins、Alex Smolen 和 Neil Matatall 在 2012 年 AppSecUSA 会议上介绍 Twitter 信息安全转型工作的演讲。

业务的快速增长，给 Twitter 带来了许多挑战。多年以来，Twitter 无法响应用户请求时，就会显示著名的“Fail Whale”错误页面，那是一张被八只鸟托起的鲸鱼图案。用户增长的规模十分惊人，在 2009 年 1 月至 3 月期间，活跃的 Twitter 用户数量从 250 万激增到了 1000 万。

在此期间，Twitter 也遇到了一些安全问题。在 2009 年初，Twitter 发生了两起严重的安全漏洞事件。首先是在 1 月份，时任美国总统奥巴马的 Twitter 账户遭到黑客攻击。然后是在 4 月份，Twitter 的管理账户被暴力字典攻击破解。根据这些事件，美国联邦贸易委员会（FTC）判定 Twitter 欺骗了用户，让他们误以为自己的账户是安全的，并颁布了一项联邦贸易委员会同意令。同意令要求 Twitter 在 60 天内开始实施一系列措施，并在接下来的 20 年内都要强制执行。这些流程包括以下内容。

- 指定一个或多个员工负责 Twitter 的信息安全计划；

- 合理地识别来自内部和外部、可能导致入侵事件的可预见风险，制订并实施应对这些风险的计划；[①]
- 保护用户信息的隐私不受外部和内部的侵犯，列举可能用于验证的各种侵犯源，并验证实施措施的安全性和正确性。

临危受命的工程师小组必须将安全整合到开发和运维人员的日常工作中，并且封堵那些曾经默许的安全漏洞。

在前面提到的演讲中，Collins、Smolen 和 Matatall 识别出了以下几个必须解决的问题。

- **防止安全漏洞重复出现**：他们发现他们总是一遍又一遍地修复相同的缺陷和漏洞。他们需要改进工作体系和自动化工具，防止同类问题再次发生。
- **将安全目标整合到现有的开发者工具中**：他们很早就意识到漏洞主要来自代码问题。他们不能只是通过工具生成一篇长篇大论的 PDF 报告发给开发和运维人员了，他们需要做的是，向引入漏洞的开发人员提供修复问题所需的准确信息。
- **保持开发人员的信任**：他们需要赢得并保持开发人员的信任。这就需要他们知道何时向开发人员发送了误报，然后及时修复导致误报的错误，避免浪费开发团队的时间。
- **通过自动化保持信息安全的快速流动**：即使代码漏洞扫描已经自动化，信息安全团队仍有大量手工工作和无聊的等待。他们必须等待扫描完成，取回一大堆报告并给出解释，然后找到负责人去修复问题。一旦代码发生变更，他们不得不重复以上所有操作。手工工作实现自动化后，他们无须再做“点击按钮”的事情，节省的时间使他们有可能发挥创造力和判断力来解决新的问题。
- **尽可能实现与安全相关的信息自助化获取**：他们相信大多数人都想做正确的事情，因此有必要为他们提供解决问题所需的所有相关信息。
- **以整体性思维实现信息安全目标**：他们的目标是从各种角度进行分析：源代码、生产环境，甚至包括客户所看到的内容。

第一次重大突破发生在公司举办的黑客周，他们将静态代码分析集成到 Twitter 的构建过程中。团队使用 Brakeman 对 Ruby on Rails 应用程序进行漏洞扫描，目标是将安全扫描集成到开发过程的更早阶段，而不仅仅是在代码提交到源代码仓库时。

将安全测试集成到开发过程的效果令人惊叹。经过多年努力，Brakeman 可以在开发人员编写不安全代码时提供快速反馈，并向他们展示如何修复漏洞，从而降低了 60% 的漏洞发现率（见图 22-2）（峰值通常与 Brakeman 的版本更新相关）。

① 管理这些风险的策略包括：员工培训和管理；重新设计信息系统，包括网络和软件；建立防止、检测和响应攻击的流程。

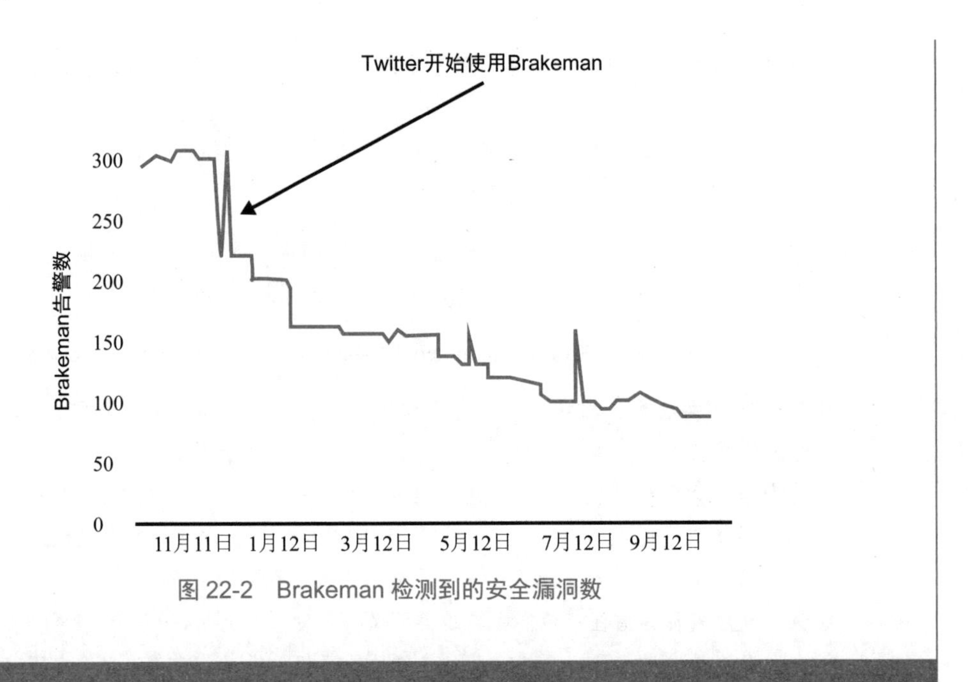

图 22-2　Brakeman 检测到的安全漏洞数

这个案例说明了将安全集成到 DevOps 的日常工作和工具中的必要性和有效性。这种工作模式可以降低安全风险，减小系统漏洞的发生概率，并有助于指导开发人员编写更加安全的代码。

22.6　保障软件供应链安全

Josh Corman 指出，作为开发人员，“我们不再是编写定制软件，而是在按需组装开源组件。开源组件俨然已经成为我们非常依赖的软件供应链”。换句话说，当我们在软件中使用组件或库文件（无论是商业的还是开源的），我们继承它们的功能的同时，也不得不接受它们包含的安全漏洞。

持续学习

Nicole Forsgren 博士和她的团队在 2020 年《Octoverse 现状报告》（*State of the Octoverse report*）的“确保软件安全”部分对开源及其依赖项进行了深入研究。他们发现使用开源依赖组件最多的三种语言是：JavaScript（94%），Ruby（90%）和 .NET（90%）。

他们的研究还发现，针对检测到的漏洞，如果团队采用自动生成拉取请求的方式来修复漏洞，会比没有采用这种方式的团队提前 13 天保障供应链安全，或者说快了 1.4 倍。这充分展现了将安全左移并集成到开发和运维工作流程中的有效性。

在选择软件时，我们会检测软件项目依赖的组件或库文件是否存在已知漏洞，并帮助开发人员谨慎地做出选择，仅选择那些历史上具有快速修复软件漏洞的证据（例如开源项目）的组件。我们还会查找在生产环境中使用的同一库文件的多个版本，特别是那些包含已知漏洞的旧版本的使用情况。

对持卡人信息泄露事件的研究充分说明，我们所选择的开源组件的安全性至关重要。自 2008 年以来，Verizon 每年发表的关于支付卡行业的数据泄露调查报告（Data Breach Investigation Report，DBIR）一直都是关于丢失或被盗持卡人数据的最权威的声音。2014 年的 DBIR 研究了超过 8.5 万个泄露事件，以便更好地了解攻击来源、持卡人数据窃取方式及导致泄露的各种因素。研究发现，当年的持卡人信息泄露事件中近 97% 的攻击利用的漏洞集中在 10 个漏洞（如 CVE）上，而这 10 个漏洞中有 8 个已经存在超过 10 年之久。

持续学习

2021 年，DBIR 的作者对 85 个组织的所有面向互联网的资产漏洞进行分析，发现大多数漏洞源自 2010 年或更早。他们写道：“人们可能认为漏洞越新越普遍。然而，正如我们看到的那样，实际上占据着主导地位是旧漏洞。”

2019 年《Sonatype 软件供应链现状报告》（*Sonatype State of the Software Supply Chain Report*）是由 Stephen Magill 博士和 Gene Kim 共同撰写的。报告中对存储用于 Java 生态的组件的 Maven Central 仓库（类似 NPM 之于 JavaScript，PyPi 之于 Python，或 Gems 之于 Ruby）进行分析。2019 年，Maven Central 包含 31 万个组件的 400 多万个版本，下载请求超过 1460 亿次（同比增长 68%）。在这项研究中，作者分析了 420 万个 JAR 包（Java 存档文件）和 6952 个 GitHub 项目。

这份报告得出了惊人的发现：

- 9% 的组件至少有一个关联的漏洞；
- 在分析组件及其传递依赖后，47% 的组件至少有一个漏洞；
- 修复组件漏洞所需时间的中位数为 326 天。

2019 年的报告显示，在分析软件成分时，修复安全漏洞所需的时间（TTR）与更新依赖项所需的时间（TTU）是相关的（见图 22-3）。换句话说，更频繁更新的项目往往会更快地修复安全漏洞。

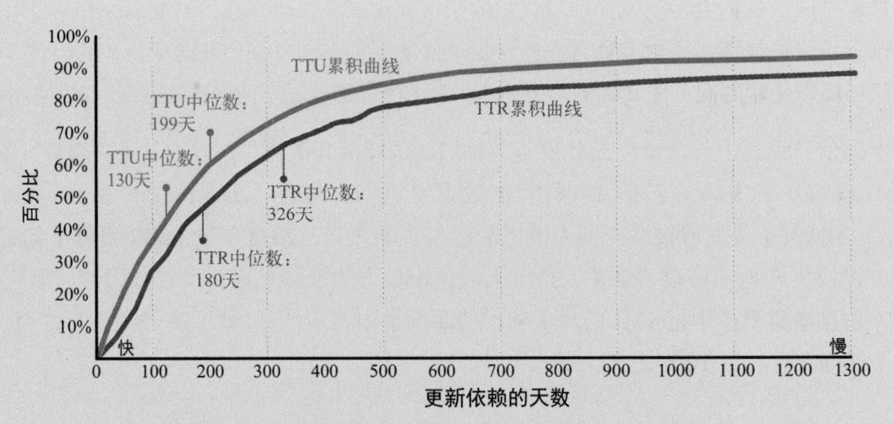

图 22-3 修复时间（TTR）和更新依赖时间（TTU）

（来源：2019 年《Sonatype 软件供应链现状报告》）

正因为如此，OWASP 依赖检查项目创始人 Jeremy Long 建议，最佳的安全补丁策略是保持所有依赖项都使用最新版本。他推测“只有 25% 的机构向用户公布了漏洞，只有 10% 的漏洞被报告为通用漏洞披露（CVE）”。此外，CVE 公布的漏洞通常是针对较早版本的组件已经修复的漏洞。

例如，被加密货币挖掘者利用的漏洞 PrimeFaces CVE-2017-1000486 是在 2018 年 1 月 3 日公布的。然而，实际上这个漏洞在 2016 年 2 月已经修复。那些已经升级到新版本的用户并不会受到影响。

2019 年的报告研究发现，软件项目的“流行度”（例如 GitHub 星数、分支数或 Maven Central 的下载量）与其安全性并没有必然联系。这是有问题的，因为许多工程师是基于项目的流行度来选择开源组件的。然而，项目的流行度与其 TTU 并不相关。

研究还发现，关于开源项目有以下五个行为群体（见图 22-4）。

- **小规模型**：小型开发团队（平均 1.6 名开发者），MTTU（平均更新依赖时间）表现出色。
- **大规模型**：大型开发团队（平均 8.9 名开发者），MTTU 表现出色，更有可能有基金会支持，受欢迎程度高 11 倍。
- **落伍者**：MTTU 差，多数依赖项已经过时，更有可能有商业性支持。
- **功能发布优先型**：频繁发布但 TTU 差，仍然很受欢迎。
- **谨慎型**：TTU 良好但很少能做到完全更新。

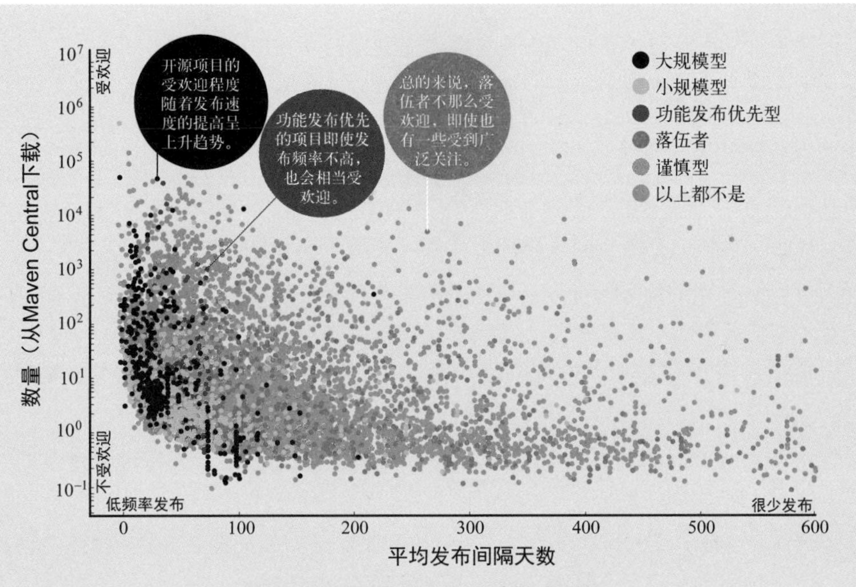

图 22-4　开源项目的五种行为群体

（来源：2019 年《Sonatype 软件供应链现状报告》）

2019 年《Sonatype 软件供应链现状报告》对开发人员展开调研，以确定哪些实践有助于提高开发人员的效能，实现安全目标。对比高绩效与低绩效群体（根据开发人员效能和安全结果衡量）后，他们发现高绩效群体具备以下特点。

变更的置信度

- 部署频率高 15 倍；
- 依赖项对应用程序功能的破坏性低约 80%①；
- 更新依赖项的过程简易度（即不痛苦的程度）高 3.8 倍。

组件的安全性

- 检测并修复有漏洞的开源组件的速度快 26 倍；
- 对依赖开源组件的安全性（即没有已知漏洞）的信心高 33 倍；
- 对依赖开源组件软件许可的合规性的信心高 4.6 倍；
- 获取修复已知缺陷的开源组件新版本的可行性提高 2.1 倍。

效能

- 开发人员调换团队后所需的适应时间减少约 82%②；

① 原文表述为“低 4.9 倍”。——编者注

② 原文表述为“减少 5.7 倍”。——编者注

- 批准使用一个新的开源组件依赖项的时间缩短约 96%[①]；
- 员工向他人推荐他们的组织为最佳雇主的可能性提高 1.5 倍。

当对比这些群体之间的实践时，他们表现的绩效差异可以用安全治理的自动化程度，以及与开发人员日常工作流程的整合程度来解释。高绩效团队表现为：

- 实现自动审批、管理和依赖分析的可能性提高 77%；
- 使用软件成分分析（SCA）工具的可能性提高 59%；
- 在持续集成中强制执行治理政策的可能性提高 28%；
- 集中管理持续集成基础设施（从而可以强制实施信息安全治理政策）的可能性提高 56%；
- 集中维护所有制品的部署记录，为每个应用程序持续收集软件材料清单（SBOM）的可能性提高 51%；
- 为保证安全性和软件许可合规性，对所有部署的制品进行集中扫描的可能性提高 96%。

Dan Geer 博士和 Josh Corman 的另一项研究证实了这些统计数据。该研究表明，那些包含美国国家信息安全漏洞数据库（NVD）中已知漏洞的开源项目中，只有 41%得到了修复或被要求修复，平均需要 390 天才能发布一个修复程序。而那些被标记为最严重的漏洞（即 CVSS 评分为 10 的漏洞），仍需要 224 天才能修复。[②]

持续学习

2020 年《Octoverse 现状报告》显示了开源漏洞修复的时间线：在 GitHub 上，披露一个漏洞通常需要218 周（超过 4 年）；然后大约经过 4.4 周的时间，社区确认并发布修复程序；再往后推 10 周，用来报告修复的可行性；对于采纳了修复程序的代码库，通常还需要 1 周时间来解决。

近年来发生了两起非常突出的安全漏洞事件，分别出自 SolarWinds 和 Codecov，都涉及对软件供应链的攻击。2020 年春天，SolarWinds 网络管理软件 Orion 的更新包中被植入恶意代码，随后超过 1.8 万名客户受到影响。植入的恶意代码使用特权账户访问企业网络基础架构，获取未经授权的访问权限，可以完成从阅读电子邮件到植入更具破坏性的内容等多种任务。

① 原文表述为“缩短 26 倍”。——编者注

② 有助于保证软件依赖完整性的工具包括 OWASP Dependency Check 和 Sonatype Nexus Lifecycle。

2021 年 4 月，人们在代码覆盖分析工具 Codecov 中发现了一种“CI 中毒攻击”（CI poisoning attack）病毒，通过向 Codecov Docker 镜像和 Bash Uploader 脚本中添加恶意代码，攻击者可以窃取持续集成环境的凭据。他们声称这次事件对 2.9 万名客户中的大部分都造成了影响。

这两次攻击展示了组织对自动更新的依赖程度，CI/CD 流水线如何被攻击者入侵并植入恶意代码（该问题将在本书后面讨论），以及随着新的开发实践的采用出现新风险的可能性。这也再次说明信息安全必须持续地针对人为敌对威胁进行评估并采取应对措施。

22.7　保障环境安全

在这一步骤中，任何有助于加固环境和降低风险的措施我们都应该去做。虽然我们可能已经创建了已知的最佳配置，但我们必须设置监控手段，确保所有生产环境资源实例都符合这些状态。

我们通过生成自动化测试来确保有关配置加固、数据库安全、密钥长度等方面的设置都已正确应用。此外，我们将使用自动化测试对环境进行扫描，发现已知漏洞。①

另一类安全验证是了解当前环境真实情况（即“实际的样子”）。满足这类需求的工具包括：Nmap，确保只有预期的端口是打开的；Metasploit，确保我们已经针对已知漏洞对环境做了充分加固，例如通过 SQL 注入攻击进行扫描。这些工具的输出结果应该存储在制品仓库中，并作为功能测试过程的一部分与之前的版本进行对比。这样做有助于我们第一时间检测到恶意篡改。

案例研究

18F 使用 Compliance Masonry 实现美国联邦政府合规性评审自动化（2016 年）

2016 年，美国联邦政府机构计划在信息技术方面投入近 800 亿美元，以支持所有行政部门的数字化。

无论哪个机构，想要将系统从“开发完成”状态变为“投入生产”状态，都需要获得指定审批机构（DAA）批准的操作许可（ATO）。

管理政府合规性的法律和政策文件有数十个，总页数超过 4000，里面充满缩略词，例如 FISMA、FedRAMP 和 FITARA 等。即便是那些仅需要低级别保密性、完整性和可用性的系统，也必须实施、记录和测试 100 多项控制措施。通常在项目“开发完成”后，仍需要花费 8 到 14 个月才能获得 ATO。

① 可以用于安全正确性测试（即测试是否为“应有的样子”）的工具示例包括自动化配置管理系统（例如 Puppet、Chef、Ansible、Salt 等），以及 ServerSpec 和 Netflix Simian Army（例如“一致性猴子”“安全猴子”等）这样的工具。

美国联邦政府总务管理局（General Services Administration）的 18F 小组采用多管齐下的方法来解决这个问题。Mike Bland 解释说："18F 小组隶属于总务管理局，旨在利用恢复 Healthcare 网站的契机，改革政府开发和采购软件的方式。"

18F 的努力成果之一就是建设了名为 CLOUD.GOV 的基于开源组件的 PaaS 平台。2016 年他们把 CLOUD.GOV 部署到 AWS GovCloud 上。这个平台不仅可以处理很多运维方面的需求，例如日志记录、监控、警报和服务生命周期管理，而且还可以管理部分合规性问题。

对于运行在这个平台上的政府系统，那些必须实施的控制措施大多数都可以在基础设施和平台层面得到解决。接下来只需要记录和测试那些应用程序层面的控制措施即可，这就大大降低了合规性评审的负担，从而缩短了获得 ATO 的时间。

AWS GovCloud 已经获得批准，为所有类型的联邦政府系统提供服务，包括那些保密性、完整性和可用性等级要求较高的系统。CLOUD.GOV 也已获得批准，为那些保密性、完整性和可用性等级要求中等的系统提供服务。①

此外，CLOUD.GOV 团队还建立了自动创建系统安全计划（SSP）的框架。这些计划是"对系统架构、实施控制和整体安全状况的全面描述……通常非常复杂，文档有上百页之多"。为此，他们开发了一个名为 Compliance Masonry 的原型工具，可以将 SSP 数据存储在机器可读的 YAML 文件中，并自动转换成 GitBook 和 PDF 格式。

18F 致力于以公开的方式工作，并将其工作成果向公众开源。你可以在 18F 的 GitHub 存储仓库中找到 Compliance Masonry 以及构成 CLOUD.GOV 的组件，基于此可以搭建自己的 CLOUD.GOV 实例。SSP 的开放文档是在与 OpenControl 社区密切合作下完成的。

这个案例向我们展示了任何一个组织，即使像美国联邦政府这样的庞大机构，都可以使用 PaaS 来生成自动化测试，并且能够满足合规要求。

22.8 将信息安全集成到生产监控系统

Marcus Sachs 在 2010 年发现：

> 对于绝大多数持卡人信息泄露事件而言，这些组织检测到安全漏洞往往是在几个月或几个季度之后。更糟糕的是，安全漏洞并不是通过内部监控手段发现的，而是被组织外部的人员，通常是商业伙伴或已经注意到欺诈交易的客户发现的。究其原因主要是组织内没有人定期审核日志文件。

① 这些被批准的平台称为 FedRAMP JAB P-ATOs。

换句话说，之所以内部安全控制无法及时有效地检测到漏洞，要么是监控存在盲区，要么是组织中没有人在日常工作中评审相关的监控数据。

在第 14 章中，我们讨论过要在开发和运维人员中创建这样一种文化，即价值流中的每个人都在创建生产监控指标和数据，并将其公开展示在显眼的地方，以便所有人都能看到生产环境中服务的表现。此外，我们探讨了持续寻找越来越微弱的故障信号的必要性，以便我们能在发生灾难性故障之前找到并解决它。

现在，为了实现信息安全的目标，我们也需要对应用和环境设置相应的监控、日志记录和警报，并确保对它们进行集中化管理，以便进行有意义的分析和响应。

为此，我们将安全监控集成到开发、QA 和运维日常使用的工具中，以便价值流中的每个人都能看到，在一个充满威胁的环境中，他们的应用程序和环境的表现如何。这些威胁包括：攻击者不断尝试利用漏洞、获得未经授权的访问、植入后门、进行欺诈、执行拒绝服务等。

将服务在生产环境中受攻击的情况公开，有助于强化每个人的安全风险意识，并在日常工作中设计应对对策。

22.8.1　为应用程序创建安全监控

为了能够检测到有问题的用户行为，如欺诈或未经授权的访问，我们必须在应用程序中创建相关监控指标。例如：

- 成功和失败的用户登录
- 用户密码重置
- 用户电子邮件地址重置
- 用户信用卡更改

举个例子，非法获取访问权限的早期表现往往是暴力登录，我们就可以把登录失败次数与成功次数之比作为这一问题行为的监控指标。当然，我们还应该针对重要事件设置告警，确保能够快速发现问题并纠正它。

22.8.2　为环境创建安全监控

除了监控应用程序外，我们还需要在环境中创建全面的监控指标，以便能够尽早检测到未经授权访问的蛛丝马迹，特别是那些运行在我们无法控制的基础设施上的组件（例如在云上托管的环境）。

我们需要对以下事件进行监控，必要时设置告警。

- OS 变更（例如，在生产环境中，在我们构建的基础设施中）
- 安全组变更

- 所有生产配置变更（例如，OSSEC、Puppet、Chef、Tripwire、Kubernetes、网络基础设施、中间件）
- 云基础设施变更（例如，VPC、安全组、用户和权限）
- XSS 尝试（即跨站点脚本攻击）
- SQLi 尝试（即 SQL 注入攻击）
- Web 服务器错误（例如 4×× 和 5×× 错误）

我们还要确认正确配置了日志记录，以便所有监控数据都被发送到正确的位置。当我们检测到攻击时，除了记录发生的事实外，我们也可以选择阻断访问并把攻击源相关信息存储下来，帮助我们选择最佳的应对措施。

案例研究

Etsy 的环境监测（2010 年）

在 2010 年，Nick Galbreath 是 Etsy的工程主管，负责信息安全、欺诈控制和隐私保护。Galbreath 将欺诈定义为“系统工作异常，允许无效的或未经检查的非法输入进入系统，导致财务损失、数据丢失 / 失窃、系统停机、破坏行为或攻击其他系统的行为”。

为了实现安全目标，Galbreath 没有成立单独的欺诈控制或信息安全部门，而是把这些职责嵌入整个 DevOps 价值流中。

Galbreath 创建了安全相关的监控指标，并将它们与 Etsy 工程师日常关注的、面向开发和运维的指标一起展示。

- **生产程序的异常终止**（例如段错误、内核转储等）：“我们特别关注的是来自同一个 IP 地址的流量反复触发某些进程，在整个生产环境中不断产生内核转储。同样值得关注的是那些 HTTP‘500 内部服务器错误’。这些指标都表明有人正在利用漏洞以未经授权的方式访问我们的系统，需要紧急打补丁。”
- **数据库语法错误**：“我们一直在寻找代码中的数据库语法错误。这些错误要么会导致 SQL 注入攻击，要么本身就是正在进行的真实攻击。它仍然是用于破坏系统的主要攻击向量之一，因此，我们对于代码中的数据库语法错误是零容忍的。”
- **SQL 注入攻击的指标**：“这是一个非常简单的测试：当用户输入字段中出现‘UNION ALL’时，我们就发出警告。因为它几乎总是表示发生了 SQL 注入攻击。我们还添加了单元测试，以确保这种不受控制的用户输入永远不会进入我们的数据库查询中。”

图 22-5 是一个每个开发者都能看到的图表的例子，它显示了在生产环境中尝试进行的 SQL 注入攻击的数量。

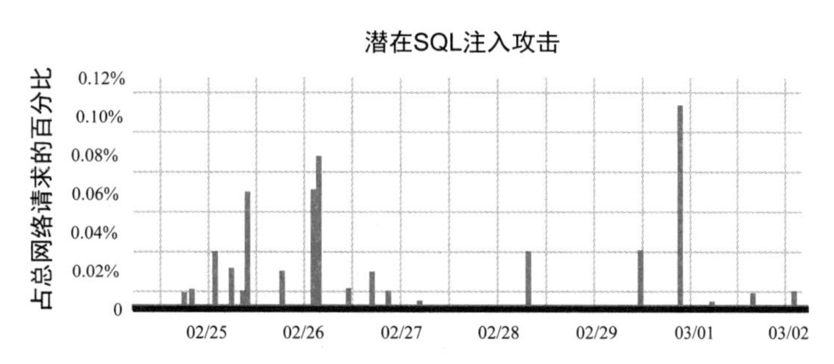

图 22-5　开发人员在 Etsy 的 Graphite 中看到的潜在 SQL 注入攻击

（来源：2021 年奥斯汀 DevOpsDays 上 Nick Galbreath 的演讲“DevOpsSec: Applying DevOps Principles to Security”，2012 年 4 月 12 日发布于 SlideShare 网站）

正如 Galbreath 所说：“没有什么比实时看到自己的代码受到攻击更能帮助开发人员感受操作环境的敌意了。” Galbreath 继续说道：“展示这个图表的效果之一是，开发人员意识到他们一直在遭受攻击，这很棒，因为它改变了开发人员在编写代码时对安全性的思考方式。”

呈现与安全相关的监控数据可以把安全带入开发人员的日常工作，并使漏洞更加明显。

22.9　保护部署流水线

为持续集成和持续部署过程提供支持的基础设施，也会暴露出其易受攻击的部分。例如，运行部署流水线的服务器上存储着版本控制系统的访问凭据，一旦有人入侵就可以窃取到源代码。更糟糕的是，如果部署流水线具有代码写入权限，那么攻击者还可以向我们的版本控制库提交恶意变更，进而将恶意变更注入到应用程序和服务中。

正如 Trustwave SpiderLabs 的前高级安全测试员 Jonathan Claudius 所说：“持续构建和测试服务器很棒，我自己也在使用。但我已经开始思考如何借助 CI/CD 注入恶意代码。这引出了一个问题：哪里是藏匿恶意代码的好地方？答案显而易见：单元测试中。实际上，没有人查看单元测试，并且每次有人向仓库提交代码时都会运行它们。”

这表明，为了充分保护应用程序和环境的完整性，我们还必须减少部署流水线上的攻击向量。攻击风险包括开发人员引入了导致可以未经授权访问的代码（对策：代码测试、代码评审和渗透测试等控制手段），以及未经授权的用户获得了代码或环境的访问权限（对策：通过打补丁等控制措施确保配置始终保持已知的、良好的状态）。

为了进一步保护持续构建、集成和部署流水线，我们的应对策略还可能包括以下内容。

- 对持续构建和集成服务器进行加固，并确保我们可以通过自动化方式重建，以防止这些服务器被攻破，就像我们为面向客户的生产服务提供的基础设施支持那样；
- 对提交版本控制的所有变更进行评审，可以在提交时以结对编程的形式进行，也可以在提交后、合并到主干前以代码评审的形式进行，从而防止持续集成服务器上运行不受控的代码（例如，单元测试可能包含允许或启用未经授权访问的恶意代码）；
- 对代码仓库增加监控，一旦检测到包含可疑 API 调用的测试代码被提交到仓库（例如，单元测试访问文件系统或网络），就将其隔离或立即触发代码评审；
- 确保每个持续集成过程都在一个独立的容器或虚拟机上运行，并且是在每次构建开始时基于一个已知的、良好的、经过验证的基础镜像重新创建的；
- 确保持续集成系统使用的版本控制凭据是只读权限。

案例研究

在 Fannie Mae 开展安全左移（2020 年）

Fannie Mae 的总资产超过 30 亿美元，并在 2020 年为大约四分之一的美国住宅提供融资。安全和稳健成为他们使命的一部分。

他们也曾经历过安全危机。由于对风险的容忍度低，他们的挑战是要加强每一件事情的安全性。恰好 DevOps 提供了解决方案，让他们得以从混沌工程中学习如何提升安全性，将安全检查集成到流水线，将安全无缝地融入工作的方方面面。

Fannie Mae 的首席信息安全官 Chris Porter 和执行副总裁、首席组织官 Kimberly John 在 2020 年的 DevOps 企业峰会上谈到了他们的演变。可以将其归纳为两个关键变化：改变文化，改变安全团队与开发团队之间的沟通方式和安全工具的集成方式。

在原来的方式中，开发团队把准备投产的代码移交给安全团队。安全团队执行他们自己的测试，然后将必须修复的漏洞清单反馈给开发团队。没人会喜欢这种效率低下的沟通方式。他们需要学习如何实现安全左移。

为此，他们选择放开对安全工具的控制，让它们更加自助化，可以基于 API 实现与 Jira 和 Jenkins 的集成。他们不仅培训开发人员使用工具和解读报告，还要改变专业术语（他们的叫法是“缺陷”，而不是“漏洞”）。

他们还必须将所有安全测试集成到 CI/CD 流水线中，使得每次代码提交后都会运行一次测试。最后，开发人员很容易就知道该做什么。他们可以看到测试失败，知道失败原因，并修复问题。

"我称之为铺好的道路。如果你沿着这条道路前进，并使用集成了所有检查项的 CI/CD 流水线，那部署代码将会更加容易。"Chris Porter 说。

这很像是一种安灯绳。如果测试未通过，那么生产线就会被中断，直到问题修复才能恢复生产。如果你不使用铺好的道路，那么旅程就会更加漫长且充满荆棘。

Porter 称，需要从开发和安全领域进行思维转变。过去，安全领域的思维方式是保护开发人员，避免犯错。但是 DevOps 模型倡导的是"谁构建，谁负责"，每个人都有责任，安全性已经融入代码中，而不是后期才介入。

正如 Kimberly Johnson 所说：

> 在以前的方式中，开发人员将待投产的代码移交给安全团队进行测试，那么安全团队的吞吐量就成了主要瓶颈。对于大型组织而言，很难找到足够的安全人才来持续测试所有开发的内容。将安全测试集成到开发流水线中，就可以为我们释放更多的生产力，同时减少了在标准测试和常规部署方面对安全人员的依赖。
>
> 除了减少对安全团队的依赖，安全左移和自动化测试还可以产生更好的业务结果。在过去一年内，我们的部署频率提高了 25%，而部署失败率降低了相同的比例。我们可以更快地将关键业务变更推向生产，发生更少的错误，使用更少的资源，产生更少的返工。对我们来讲，转向 DevSecOps 是三赢。

通过安全左移，Fannie Mae 能够在不牺牲速度、效率和团队满意度的情况下保持其代码的安全性和稳定性。

22.10 小结

本章描述了把信息安全目标整合到日常工作各个阶段的方法。我们把安全控制措施集成到已经创建的安全管理机制中，确保所有按需创建的环境经过加固且处于低风险的状态。我们把安全测试集成到部署流水线中，并且确保在非生产和生产环境中创建安全监控，这样做可以促进开发人员和运维人员的生产效率提升，同时增强整体的安全性。我们的下一步是保护部署流水线。

第 23 章

保护部署流水线

在本章中，我们将探讨如何保护部署流水线，以及如何在受控环境中实现安全性和合规性的目标，这包括对变更管理和职责分离的讨论。

23.1 将安全和合规集成到变更审批流程

几乎所有大型 IT 组织都会有变更管理流程，这是降低运维和安全风险的主要控制措施。合规经理和安全经理依赖变更管理流程来满足合规要求，过程中留下的证据可以证明所有变更都已得到恰当的授权。

如果我们正确构建部署流水线，借助诸如自动化测试和积极的生产监控等控制措施，降低了部署风险，那么大部分变更就不再需要经过人工审批流程。

在这一步中，我们将采取必要措施，确保我们可以成功地将安全性和合规性集成到现有的变更管理流程。对于有效的变更管理策略，不同类型的变更存在的风险不同，需要用不同的方式来处理。ITIL 中定义的这些过程将变更分为三类。

- **标准变更**：指较低风险的变更，遵循已建立和批准的流程，也可以获得预先批准。它们包括诸如每月更新应用程序的税表或国家代码、网站内容和样式变更，以及那些具有明确影响的应用程序或操作系统的补丁升级等。变更发起人在部署变更之前不需要经过审批，变更部署过程完全自动化，并有日志记录，保证操作的可追溯性。
- **常规变更**：指较高风险的变更，需要获得约定的变更授权机构的审核或批准。在许多组织中，这一责任常常被不合适地赋予变更咨询委员会（CAB）或紧急变更咨询委员会（ECAB），而他们很可能缺乏理解变更产生的全部影响所需的专业知识，导致前置时间长得令人发指。这个问题对于大规模代码部署来说尤为明显，这些代码中可能包含由数百名开发人员在几个月的时间内提交的数十万甚至数百万行新代码。为了完成常规变更的授权，CAB 肯定会设计一个变更申请单（RFC），其中包含做出通过 / 不通过的决策所需的必要信息。RFC 通常包括期望的业务结果、计划的效用和保证[①]、包含风险说明和替代方案的商业案例，以及建议的时间表。[②]

- **紧急变更**：指紧急情况下必须立即投产但可能存在高风险的变更（例如，紧急安全补丁、恢复服务）。它们通常需要高级管理层的批准，但允许在变更实施后补充文档。DevOps 实践的一个关键目标是优化常规变更流程，使它同样适用于紧急变更。

23.2 将低风险的变更归类为标准变更

理想情况下，构建一条可靠的部署流水线，我们已经可以赢得快速、可靠、无感知的部署的美誉。此时，我们应该进一步寻求与运维部门和相关变更管理机构的一致意见，向他们证明我们的变更风险已经足够低，完全可以被定义为标准变更并得到 CAB 的预先批准。这样，我们不需要进一步的审批就可以将变更部署到生产环境中。当然，适当的变更记录还是必要的。

展示相当长一段时间（例如，数月或数个季度）内的变更历史记录，并提供同一时期内发生的所有生产问题的完整清单，是证明我们的变更属于低风险性质的一个好办法。如果我们可以展示较高的变更成功率和较低的平均修复时间，那我们就可以断定我们的控制环境可以有效防止部署错误，并且可以证明我们能够快速、有效地检测并纠正可能引起的一切问题。

即使将我们的变更归类为标准变更，我们仍然需要在变更管理系统（例如，Remedy 或 ServiceNow）中对它们进行可视化管理，做好记录。理想情况下，部署都是由配置管理系统和部署流水线工具自动执行，并自动记录结果的。这样就可以确保组织中的所有人（无论是否属于 DevOps）都可以看到我们的变更以及组织内发生的其他各种变更。

我们还可以将这些变更请求记录自动关联到工作计划工具（例如，Jira、Rally、LeanKit）中的特定工作项，以便为我们的变更提供更多的背景信息，例如关联功能缺陷、生产事件或用户故事。执行版本控制的检入操作时，向注释中添加计划工具中的工单[③]编号，就可以轻松实现这一点。这样一来，我们就可以建立产品部署与版本控制中的变更的追溯关系，还可以进一步追溯到计划工具中的工单。

建立可追溯性和提供背景信息的操作应该尽量简便，不能给工程师造成过度烦琐或耗时的负担。与用户故事、需求或缺陷建立关联几乎已经足够了——更多其他的详细信息，比如为每一次版本提交都开一个工单就没什么价值，也没有这个必要了，反而会给他们的日常工作造成相当大的阻力。

---

① ITIL 定义的**效用**是指“服务可以做什么”，而**保证**是指“如何交付服务，通常用于判定服务是否好用”。

② 为了进一步管理风险变更，我们还会制定一些规则，比如特定团队或个人才能执行某些特定的变更（例如，只有数据库管理员才能部署数据库模式更改）。通常，CAB 会议每周举行一次，在会上批准和安排变更请求。从 ITIL 第三版开始，使用变更管理工具进行即时的电子审批也是可以接受的。ITIL 还特别建议：“在构建变更管理流程时应该尽早确定标准变更，这样可以提升效率。否则，会在变更管理的实施中产生大量不必要的管理环节，给变更管理流程实施带来阻力。”

③ 此处术语“工单”泛指可唯一识别的工作项。

23.3 当变更被归类为常规变更时如何处理

那些无法归类为标准变更的变更被视为常规变更，这类变更至少需要经过 CAB 成员的批准后才能部署。在这种情况下，我们的目标仍然是确保即使不能完全自动化，也可以快速部署。

这时，我们必须确保提交的所有变更请求尽可能完整和准确，为 CAB 正确评估变更提供所需的一切信息。毕竟，如果我们的变更请求格式不正确或不完整，就会被打回，这不仅增加了投产所需的时间，而且会让 CAB 怀疑我们是否真正了解变更管理流程的目标。

毫无疑问，我们可以自动化创建完整且准确的 RFC，并将变更详情填写到工单中。例如，我们可以自动创建一个 ServiceNow 变更工单，其中包括 Jira 用户故事的链接，来自部署流水线工具的构建清单和测试结果，以及运行脚本和模拟运行脚本命令的输出结果的链接。

由于我们提交的变更需要经过人工审批，所以描述变更的背景信息尤为重要，包括说明我们为什么要进行变更（例如，提供指向功能、缺陷或故障的链接），变更会影响到谁，以及要对哪些内容进行变更。

我们的目标是展示证据和制品，让人们相信变更会按照设计在生产环境中执行。尽管 RFC 通常会包含一些自由文本类型的字段，但我们应该提供指向机器可读数据的链接（例如，指向 JSON 文件的链接），为他人集成和处理我们的数据提供便利。

在许多工具链中，通过为版本控制的每次提交关联一个工单编号，就可以自动且合规地实现这一点。发布新变更时，我们可以自动收集包含在该变更中的所有提交，然后列举出其中包含的工单编号或缺陷，就可以生成 RFC。

提交 RFC 后，CAB 的相关成员会像处理其他的变更请求一样进行审批。如果一切顺利，变更管理机构一定会因为我们提交的变更如此周密和详细而赞不绝口，因为他们可以快速验证我们提供的信息的正确性（例如，查看来自我们的部署流水线工具的制品链接）。不过，我们的目标应该是持续展示成功变更的典型记录，最终赢得他们的同意，将自动化变更安全地归类为标准变更。

案例研究

Salesforce 将自动化基础设施变更归类为标准变更（2012 年）

Salesforce 成立于 2000 年，旨在提供便捷的客户关系管理服务。Salesforce 的产品在市场上被广泛采用，公司于 2004 年成功上市。到 2007 年，该公司拥有超过 5.9 万个企业客户，每天处理数亿笔交易，年收入达 4.97 亿美元。

然而，几乎在同一时间，他们开发和发布新功能的能力发展似乎陷入停滞状态。2006 年，他们有 4 个重大的客户发布，但是到了 2007 年，尽管雇用了更多的工程师，他们只完成了1个客户发布。结果就是，各个团队交付的功能数量持续减少，重大发布之间的时间间隔持续增加。由于每次发布的批量越来越大，部署质量也在持续恶化。

基础设施工程副总裁 Karthik Rajan 在2013年的演讲中谈道，2007年标志着“使用瀑布流程进行研发和交付软件的模式终结，我们开始向增量交付流程转型。”

在2014年的 DevOps 企业峰会上，Dave Mangot 和 Reena Mathew 描述了他们从2009年开始、历时多年的 DevOps 转型的结果。据 Mangot 和 Mathew 的介绍，Salesforce 在落实 DevOps 原则和实践后，到2013年，部署前置时间已经从6天缩短到5分钟。因此，他们能够更轻松地扩展容量，每天能处理的交易超过10亿次。

Salesforce 转型的主题之一是让质量工程成为每个人的工作，不论他们是否属于开发、运维或信息安全部门。为此，他们将自动化测试集成到应用程序和环境创建的各个阶段，以及整个持续集成和部署过程，并创建了开源工具 Rouster 对其 Puppet 模块进行功能测试。

他们开始定期执行**破坏性测试**（destructive testing），这个术语来自制造业，指在最严酷的工作条件下执行长时间耐久性测试，直到被测组件被摧毁的一种测试方法。Salesforce 团队开始定期对服务开展持续加压测试，直到服务崩溃，这可以帮助他们了解各种故障模式并进行适当的纠正。毫无疑问，在正常生产负载下，服务质量得到了显著提升。

在项目的最初阶段，信息安全部门就与质量工程部门展开合作，并在关键阶段，如架构和测试设计中持续协作，很好地将安全工具集成到自动化测试过程中。

对于 Mangot 和 Mathew 而言，他们在流程设计中引入的可重复性和严谨性，帮助他们取得了一个重大成果，如变更管理团队告诉他们的：“通过 Puppet 进行的基础设施变更现在可以被视为‘标准变更’，需要较少甚至不需要来自 CAB 的进一步批准。”同时，他们指出，“基础设施的手工更改仍然需要审批。”

Salesforce 不仅将他们的 DevOps 流程与变更管理流程进行了整合，而且激发了大家自动化处理更多基础设施变更的强大动力。

23.4 通过代码评审实现职责分离

多年来，为了降低软件开发过程中的欺诈或错误风险，我们一直将职责分离作为主要控制手段之一。在大多数软件开发生命周期中，普遍做法是开发人员将变更提交给代码管理员，他们评审并批准后由 IT 运维团队将其投入到生产环境中。

运维工作中还有一些无可非议的职责分离的示例，比如服务器管理员应该能够查看日志但不能删除或修改它们，以防具有访问特权的人删除欺诈或其他问题的证据。

当我们执行生产环境部署的频率较低（例如每年一次），而工作又不太复杂时，工作拆分和工作交接是完全可行的业务方式。然而，随着复杂度和部署频率的升高，要想成功地执行生产环境部署，越来越需要价值流中的每个人迅速看到他们行为的结果。

然而，传统的职责分离的实施方式导致工程师接收反馈的周期长、频率低，从而阻碍他们对其工作质量承担完全责任，公司创建全组织学习的能力也会因此大打折扣。

因此，我们应尽可能通过一些控制手段来实现职责分离，例如结对编程、持续的代码提交检查及代码评审等。这些控制手段可以为我们的工作质量提供必要的保证。此外，如果被要求职责分离，我们可以表明在实施这些控制手段后，已经达到了相同的结果。

案例研究

Etsy 的 PCI 合规性以及一则职责分离的警示故事（2014 年）[1]

Bill Massie 是 Etsy 的开发经理，负责支付应用程序 ICHT（“I Can Haz Tokens”的缩写）。ICHT 通过一组内部开发的付款处理应用程序获取客户信用订单，这些应用程序负责接收客户输入的持卡人数据，进行标记化处理，并与支付处理器通信，完成订单交易。

根据支付卡行业数据安全标准（PCI DSS），持卡人信息运行环境（CDE）的范围包括“参与存储、处理或传输持卡人数据或敏感身份验证数据的人员、流程和技术”，也包括任何关联的系统组件，ICHT 显然在 PCI DSS 的管理范围内。

为了控制 PCI DSS 的适用范围，ICHT 在物理和逻辑上都与 Etsy 组织的其他部分完全隔离，并由完全独立的应用程序开发团队管理，包括开发人员、数据库工程师、网络工程师和运维工程师。每个团队成员都会配备两台笔记本电脑：一台用于 ICHT（按照 DSS 要求进行不同配置，并在不使用时将其锁进保险箱），另一台用于 Etsy 的其他部分。

这样一来，他们就能把 CDE 环境与 Etsy 组织的其他部分解耦，并把 PCI DSS 规则的适用范围限制在一个隔离区域内。从物理、网络、源代码到逻辑基础设施级别上，构成 CDE 环境的系统都与 Etsy 的其他环境隔离（并以不同方式管理）。此外，CDE 环境是由一个跨职能团队单独构建和运维的。

① 作者对 Bill Massie 和 John Allspaw 花费了一整天的时间与 Gene Kim 分享他们的合规经验表示感谢。

为了满足代码评审的要求，ICHT 团队不得不修改他们的持续交付实践。根据 PCI DSS v3.1 的 6.3.2 节，为了识别可能存在的编码漏洞，所有自研代码在发布到生产环境或客户之前，团队都必须从以下几点对其进行评审（使用手工或自动流程）。

- 代码变更是否由作者之外的、熟悉代码评审技术和安全编码实践的人进行评审？
- 代码评审是否确保了代码按照安全编码规则开发？
- 对于评审发现的问题是否在发布之前实施了适当的改正？
- 代码评审结果是否在发布前由管理层进行评审和批准？

为了满足这些要求，团队最初决定指派 Massie 作为变更审批人，负责审批待部署到生产环境的所有变更。那些在 Jira 中标记为待部署的变更，由 Massie 标记为已评审并批准，然后手工部署到 ICHT 的生产环境中。

这样做可以让 Etsy 满足 PCI DSS 的要求，并获得评估员颁发的合规报告。然而，对于团队而言，这也引起了重大问题。

Massie 发现了一个令人不安的副作用，“ICHT 团队正在发生一种‘隔离’现象，而 Etsy 其他团队并没有这种情况。自从我们实施了 PCI DSS 合规所需的责任分离和其他控制措施，在这样的环境中就没人可以成为全栈工程师了”。

结果，尽管 Etsy 的其他开发和运维团队紧密合作，变更部署顺利且充满自信，但 Massie 看到的是：

> 在我们的 PCI 环境中，由于没人能看到他们所负责软件栈之外的情况，部署和维护被恐惧和抵触情绪所笼罩。我们对工作方式做出的看似不起眼的改变，却在开发和运维人员之间筑起了一道难以逾越的高墙。由此制造的紧张气氛，自 2008 年以来 Etsy 都没有人经历过。即使你对自己的部分很有信心，也无法确保别人的变更不会破坏你的那一部分。

这个案例显示，应用 DevOps 的组织也能满足合规性。然而，这里潜在的警示是，与高绩效 DevOps 团队相关的所有优点都是脆弱的——即使是一个拥有共同经验、共同目标且彼此信任的团队，在引入低信任的控制机制时也可能陷入困境。

案例研究

通过业务与技术合作，Capital One 实现每天 10 次有信心的发布（2020 年）

在过去的 7 年中，Capital One 一直在实施敏捷 /DevOps 转型。在那段时间里，他们完成了从瀑布式开发模式到敏捷开发模式的过渡，从依赖外包到自主研发、拥抱开源的转型，从大型单体应用程序到微服务的改造，从数据中心到云端的迁移，等等。

但是他们仍然面临一个大麻烦——老化的客户服务平台。该平台为千万 Capital One 信用卡客户提供服务，并为企业创造了数亿美元的价值。毫无疑问，这是一个非常重要的平台，但是它明显已经过时，不能再满足客户需求或公司的内部战略需求。他们不仅要解决老化平台的技术 / 网络安全问题，还要考虑如何增加系统的净现值（net present value，NPV）。

“我们拥有一个基于大型计算机的供应商产品，经过多年修补，系统运维团队规模已经与产品本身一样臃肿。……我们需要一个先进的系统来解决业务问题。”Capital One 的技术工程总监 Rakesh Goyal 说道。

他们制定了一系列工作原则：第一，以客户需求为中心开展工作。第二，通过迭代交付价值，以实现学习最大化和风险最小化。第三，避免锚定偏差（anchoring bias），也就是说，他们需要确保自己不只是在打造一匹更快、更强的马，更是在解决问题。

有了这些指导原则，他们开始做出改变。首先，他们对平台和客户群体进行了重新审视，然后根据客户需求和需要的功能进行分组。重要的是，他们站在战略高度去思考谁是他们的客户，实际上，他们的客户不仅仅是信用卡持有者，还包括监管机构、业务分析师，以及使用该系统的内部员工等。

“为了确保我们真正满足了客户需求，而不是在做老系统的功能复制，我们始终坚持以人为本的设计原则。”Capital One 的反洗钱—机器学习和反欺诈部门的高级业务总监 Biswanath Bosu 说。

接下来，他们对这些分组按照部署顺序进行评分。每个需求分组代表一个“实验切片”，他们验证其中哪些有效，哪些无效，然后从中迭代出更好的产品。

“我们一直在努力探索最小可行产品，但并不是在找最基本的功能点，而是在探索我们能为客户提供的最小可行体验。一旦我们验证了它的可行性，下一步就是扩大规模。”Bosu 解释道。

作为平台转型的一部分，上云是必然的。所以，他们还需要升级和改进他们的工具，并为工程师提供再培训，以便他们能够在转型过程中选择适当的工具保持其敏捷性。

他们决定构建一个 API 驱动的微服务架构系统，目标是逐步建设和稳定发展，逐步扩展到不同的业务策略中去。

“你可以这样理解，我们拥有一支智能车队，进行不同负载的作业，而不只是一辆科幻的汽车。” Goyal 描述道。

他们首先利用经过验证的企业内统一开发工具平台。通过标准化，工程师可以更快地应对借调或换团队的情况。

构建 CI/CD 流水线帮助他们实现了增量发布，而且更短的周期时间和更低的风险也让团队有了掌控感。作为一家金融机构，他们还必须要解决监管和合规控制问题。使用流水线，他们就能够在项目不满足某些控制条件时阻止其发布。

流水线是一个可以直接使用的工具，团队无须额外投入精力，这也使得团队能够专注在产品功能上。高峰时期，他们能有 25 个团队同时开发和交付。

专注于客户需求并建立 CI/CD 流水线不仅帮助 Capital One 满足了业务需求，而且使其能够更快地交付。

23.5 确保为合规官和审计师提供文档和证据

随着越来越多的技术组织采用 DevOps 模式，IT 和审计之间的关系比以往任何时候都更紧张。新的 DevOps 模式对审计、控制和风险规避的传统思维模式提出了挑战。

正如 AWS 的首席安全解决方案架构师 Bill Shinn 所说：

> DevOps 的核心目标是弥合开发和运维之间的鸿沟。然而从某些方面看，弥合 DevOps 和合规官与审计师之间的鸿沟的挑战甚至更大。试问，有多少审计师能读懂代码，有多少开发人员读过 NIST 800-37 或 GLB 法案？这就是彼此之间的知识鸿沟，而 DevOps 社区需要帮助他们弥合这一鸿沟。

案例研究

证明监管环境下的合规性（2015 年）

Bill Shinn 是 AWS 的首席安全解决方案架构师，帮助大型企业客户证明其符合所有相关法律法规是他的职责之一。多年来，他与 1000 多个企业客户合作，包括赫斯特传媒、通用电气、飞利浦和太平洋人寿，这些客户都曾公开谈及他们在高度监管的环境中对公有云的使用。

Shinn 指出："问题之一是，审计师曾学习的方法并不适用于 DevOps 工作模式。例如，如果一名审计师看到一个环境中有 1 万台生产服务器，那么按照传统方法，他们就会抽取 1000 台服务器，并要求提供这些服务器的资产管理、访问控制设置、代理安装、服务器日志等截图证据。"

"对于物理环境来说还好，" Shinn 继续说道，"但是一旦基础设施成为代码，服务器根据自动伸缩创建或回收时，你该如何取样呢？对于部署流水线，也是同样的问题，这与传统的软件开发过程——一个组编写代码，另一个组部署代码到生产环境中——完全不同。"

Shinn 解释道："在审计现场工作中，收集证据最普遍的方法仍然是截屏和收集填写了各种配置设置和日志的 CSV 文件。而我们的目标是提出展现数据的替代方案，从而向审计师清晰地展示我们的控制手段正在运转并且行之有效。"

为了弥合这一鸿沟，在控制设计过程中，Shinn 让团队与审计师合作。他们采用迭代方式，为每次迭代设定一个流程控制点，确定审计需要哪些证据。这有助于确保服务上线后审计师总是可以获取到他们想要的信息。

Shinn 认为，实现这一目标最好的办法是"将所有数据发送到监控系统，例如 Splunk 或 Kibana 中。这样，审计师可以完全自助地获取所需要的数据。他们不再需要抽样，而是可以直接登录 Kibana，搜索他们需要的指定时间范围内的审计证据。理想情况下，他们很快就会看到我们的控制手段行之有效的证据"。

Shinn 继续说道："借助最新的审计日志记录、聊天室和部署流水线，对于生产环境，我们可以获得前所未有的可见性和透明度，尤其是与以前的运维方式相比，引入错误和安全漏洞的概率大大减小。因此，挑战就变成如何把所有证据转化为审计师能够理解和认可的内容。"

这需要从实际的法规中推导出工程需求。Shinn 解释道：

> 为了从信息安全的角度了解 HIPAA（美国健康保险可移植性与责任法案）的要求，你需要查看《美国联邦法规》（CFR）第 45 章第 160 部分，然后进入第 164 部分的 A 和 C 子部分。即便如此，你还需要一直读到"技术保障和审计控制"部分，只有在那里才能看到与患者医疗保健信息相关的跟踪和审计活动，记录并实施这些控制，选择工具，最后评审并收集合适的信息。

Shinn 接着说："如何满足要求，需要合规和监管人员与安全和 DevOps 团队之间，围绕如何预防、检测和纠正问题展开具体的讨论。有时，版本控制的配置设置就可以实现；有时，则需要通过监控实现。"

Shinn举了一个例子："比如，我们可以选择使用AWS CloudWatch来实现其中一个监控，并且可以通过命令行来测试控制是否正常运作。此外，我们需要展示日志的存储位置——理想情况下，我们可以将所有日志推送到日志框架中，这样我们就可以把审计证据与实际的控制要求关联起来了。"

为了解决这个问题，DevOps审计防御工具包对一个虚构组织（来自《凤凰项目》的无极限零部件公司）的合规性和审计过程进行了端到端的描述。它首先阐述了该实体的组织目标、业务流程、最高风险和相应的控制环境，以及管理层如何成功地证明控制措施确实存在且有效，最后还列举了一系列审计的反对意见，以及如何应对它们。

该工具包描述了如何在部署流水线中设计控制点来减少所述风险，并提供了可以证明控制有效性的相关控制证明和控制组件的示例。它旨在适用于所有控制目标，包括支持准确的财务报告、监管合规（例如SEC SOX-404、HIPAA、FedRAMP、欧盟示范合同和SEC Reg-SCI等法规法案）、合同义务（例如PCI DSS、DOD DISA）及高效的运维。

这个案例展示了构建文档如何弥合开发和运维的实践与审计师的要求之间的鸿沟，也展示了DevOps不仅可以遵循合规要求，而且可以改进评估与缓解风险的方法。

案例研究

ATM系统离不开生产监控（2013年）

Mary Smith（化名）负责领导美国一家大型金融服务机构的消费银行业务的DevOps转型。她发现，信息安全人员、审计师和监管机构主要依赖代码评审来检测欺诈。而她认为他们应该依靠生产监控，同时辅以自动化测试、代码评审和审批流程来有效地缓解与错误和欺诈相关的风险。她说：

> 许多年前，一名开发人员在我们部署到ATM的代码中植入了后门。他和他的同伴可以在特定时间将ATM设置为维护模式，从而可以取走机器中的现金。我们很快检测到了这种欺诈行为，但不是通过代码评审。当作恶者有足够的手段、动机和机会时，这种类型的后门往往很难甚至不可能被检测到。
>
> 然而，我们在常规运维评审会议上迅速发现了这一欺诈行为，因为有人注意到某个城市的ATM在非计划时间内被设置为维护模式。我们甚至是在常规现金审计之前发现了这次欺诈行为，而不是等他们用ATM中的现金与授权交易对账的时候。

在这个案例中，尽管存在开发和运维之间的职责分离和变更审批流程，欺诈行为还是发生了。但是通过有效的生产监控，我们可以很快检测并纠正它。

正如这个案例所展示的那样，审计师过度依赖代码评审和开发与运维人员之间的职责分离，还是会有漏洞。监控可以为检测和处理错误及欺诈提供必要的可见性，这样可以缓解审计师对职责分离或成立额外的变更评审委员会的强烈需求。

23.6 小结

本章讨论了让信息安全成为每个人的工作的实践，其中所有的信息安全目标都被整合到价值流里每个人的日常工作中。这样一来，我们显著提高了控制措施的有效性，不仅可以更好地预防安全漏洞，而且能够更快地检测出并修复它们。同时，我们为通过合规审计所做的准备工作显著减少。

第六部分总结

第六部分探讨了如何将 DevOps 原则应用于信息安全，帮助我们实现目标，并确保信息安全成为每个人的日常工作的一部分。更高的安全性保证了系统数据的可防御性和使用数据的合理性，也使安全问题在酿成灾难之前得到解决。最重要的是，我们可以使系统和数据比以前任何时候都更安全。

行动起来——本书结语

我们已经对 DevOps 的原则和技术实践进行了深入探讨。这是一个安全漏洞层出不穷、上市时间不断压缩、大规模技术转型时有发生的时代，每位技术专家和技术领导者都要面临实现安全性、可靠性和敏捷性的挑战。DevOps 在这样的时代应运而生。我们由衷地希望本书能够帮助读者深刻理解这些问题，并针对相关问题找到解决方案。

正如本书所探讨的，如果我们管理不当，会使开发和运维之间固有的冲突进一步恶化，进而导致新产品和新功能上市时间变慢，质量变差，故障和技术债务增加，工程生产力下降，使员工怨声载道，不堪重负。

DevOps 的原则和模式可以帮助我们化解这一长期存在的根本矛盾。我们希望你在阅读本书后，能够看到 DevOps 转型如何创建动态学习型组织，如何通过价值流的快速流动取得惊人成果，实现世界一流的可靠性和安全性，如何提高企业竞争力和员工满意度。

践行 DevOps 不仅需要新的文化和管理规范，还需要对技术实践和架构做出改变。这需要一个横跨多个领域的联盟，包括业务领导、产品管理、开发、QA、IT 运维、信息安全，甚至市场营销，因为许多技术创新都源自这些部门。一旦这些团队展开合作，我们可以创建一个安全的工作体系，使小团队能快速独立地开发、验证，并安全地部署。这将最大限度地提高开发者的生产力，促进组织学习，提高员工满意度，最终使组织在市场上获得成功。

我们写这本书的目标是系统化地阐述 DevOps 的原则和实践，以便其他人可以复制 DevOps 社区所取得的惊人成果。我们希望加速组织采纳 DevOps 的进程，并支持它们以最小的代价成功完成转型。

我们深知安于现状的危险，也知道改变固有思维和习惯的困难。我们理解组织接受新的工作方式所要付出的努力和承担的风险，也认同 DevOps 思潮终会被更新的理念所替代。

我们坚信，DevOps 对技术工作方式产生的深远影响，如同 20 世纪 80 年代的精益生产方式永远地改变了制造业工作方式一样。拥抱 DevOps 的组织将会赢得市场，创建充满活力并持续学习的组织，不断创新，超越对手。而拒绝 DevOps 的组织则将付出代价。

因此，DevOps 不仅是技术层面的当务之急，也是组织层面的第一要务。归根结底，只要组织需要促进工作的流动，并且保持产品质量、可靠性和安全性，DevOps 就是一个具有普适性的选择。

我们呼吁大家：无论你在组织中担任什么角色，即刻行动起来，寻找身边想要改变工作方式的人。把本书推荐给他们，联合志同道合的人一起打破过去的恶性循环。寻求领导的支持，或者干脆由你自己来发起，领导大家开始改进。

最后，我们想与你分享一个秘密，算是送给阅读至此的你的一个小福利。我们的案例研究中，在组织取得突破性成果的同时，很多变革推动者都得到了晋升。不过，由于领导层人员变动，组织变革回退以及参与变革的人被迫离开也时有发生。

我们不必为此愤世嫉俗。参与变革的人事先都知道，他们所做的事情很有可能失败，但他们仍然义无反顾。这样做的最大意义在于，通过实践激励他人。创新必然会有风险，如果你还没有激起管理层一些人的不安，那只能说明你还没有竭尽全力。不要让组织的惯性阻止或干扰你的志向。正如亚马逊前“灾难大师”Jesse Robbins 所说：“与其与愚蠢做斗争，不如创造更多的精彩。”

技术价值流的所有参与者（无论是开发人员、运维人员、QA 人员、信息安全人员、产品负责人还是客户）都将从 DevOps 中受益。它能让我们重拾开发伟大产品而不必加班加点的喜悦。它为我们创造人性化的工作条件，不必牺牲我们的周末时光或使我们错过与亲人欢度佳节。它能使团队团结一心，摆脱困境，学习成长，蓬勃发展，为客户提供愉悦体验，并帮助我们的组织取得成功。

我们由衷地希望本书能够帮助你实现这些目标。

第2版后记

我经常被领导和开发者问及关于生产力和绩效的问题：我们如何帮助团队更有效地开发和交付软件？我们如何提高开发者的生产力？绩效改善是否可持续，还是我们只是在做一些权衡？我们应该如何衡量和追踪这些改进呢？

数据和经验一再表明，使用高效的自动化、战略流程和重视信任与信息传递的文化，对提升团队软件交付的绩效至关重要。即使在疫情期间，拥有智能的自动化、灵活的流程和顺畅的沟通的团队和组织，也能够幸存下来，更可以发展壮大。有些团队甚至可以在短短几天或几周内完成赛道切换，为新的客户和市场提供服务。

2020年GitHub的《Octoverse现状报告》发现，与前一年相比，在其研究的四个时区中，开发者每天的工作时长增加了。[①] 这绝不是开发者为了处理家务或照顾孩子拖延了工作。如果用代码推送数量衡量工作量，数据显示，开发者的工作量也增加了。与前一年相比，在工作日，开发者每天向主干推送的次数增加了。同时，数据显示，发生在周末的企业活动有所减缓，而开源活动明显增加，这表明工作之余开发者转向参与开源项目建设（见图A-1）。自2020年4月以来，开源项目的创建量同比增长了25%。

虽然这些统计数据令人赞叹，我们在疫情中持续创新和交付软件的能力也值得赞赏，但我们还需要从更宏观的角度出发，考虑更广泛的模式。当条件不允许时，一味强求交付结果可能会掩盖潜在的问题。

微软最近的一项研究报告指出："高生产力的背后是筋疲力尽的员工。"我们这些在科技行业工作多年的人，深知这样的模式是不可持续的，真正的改进和转型需要兼顾改进和平衡。我们需要确保在拥有更好的技术和方法的基础上，那些从过去的工作方式中学到的教训——长时间工作、靠蛮力完成任务、依赖肾上腺素推动交付进度不会重演。

① 研究的时区包括英国、美国东部、美国太平洋和日本等地标准时区。

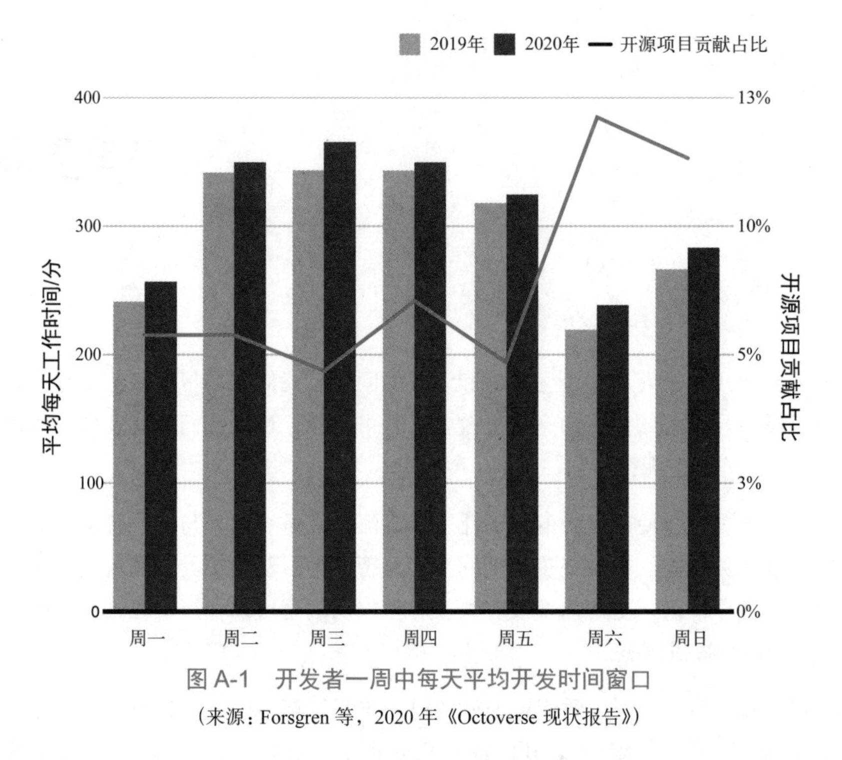

图 A-1 开发者一周中每天平均开发时间窗口

（来源：Forsgren 等，2020 年《Octoverse 现状报告》）

上述数据和模式也强调了另一个重要的观点：仅仅使用工作时间或提交次数等活动指标并不能完整地反映实际情况。只用这些表面的指标来衡量生产力的团队或组织很可能会错过全貌，而经验丰富的科技领导者都知道：生产力是复杂的，对它的度量必须全面。

基于几十年来积累的专业知识和研究成果，我和我的同事们最近发布了 SPACE 框架，帮助开发人员、团队和领导者思考和度量生产力。该框架包括五个维度：满意度与幸福感、绩效、活跃度、沟通与协作、效率与流程。包含框架中至少三个维度的度量指标，团队和组织就可以更准确地衡量开发人员的生产力，更全面地了解个人和团队的工作方式，获得更多有价值的信息来辅助决策。

举例来说，如果你已经在度量提交次数（一项活跃度指标），就不要简单地把拉取请求的数量添加到指标仪表板中，因为这不过是另一项活跃度指标。为了捕捉生产力，每增加一个度量指标，至少要考虑两个不同维度，例如，可以衡量对工程系统的满意度（一种满意度指标，是开发人员体验的重要量度），以及拉取请求合并时间（一种效率和流程指标）。通过添加这两个度量指标，我们现在可以看到个人或团队的提交次数指标，以及拉取请求合并时间指标。我们还可以观察如何保持这些指标与开发时间的平衡，以确保代码评审不会打断编码时间，同时了解到工程系统如何支持整体的开发和交付流水线。

显然，这样的度量比只看提交次数更有洞察力，更能帮助我们做出正确的决策来支持开发团队。这些指标可以在早期暴露问题，凸显工具的可持续性和团队内在的权衡，进而保障开发人员获得可持续的发展和幸福感。

回顾过去的十年，我们很高兴地看到，即使面对变幻莫测的环境，优化的流程、技术及工作和沟通方式，都能帮助团队以超乎想象的水平开发和交付软件。与此同时，我们有责任保证改进持续前行。机遇令人兴奋，祝你在这趟 DevOps 旅程中一帆风顺。

——Nicole Forsgren

我一直被 Jon Smart 所描述的美妙的画面深深鼓舞：技术领导者创造更好的工作方式，更快、更安全、更幸福地创造价值。而当我得知第 2 版中会包含许多新的案例研究（其中许多来自 DevOps 企业社区），我更是喜出望外。这些案例研究来自许多不同的行业领域，这也进一步证明了 DevOps 解决问题的普适性。

最让我感到开心的是，越来越多由技术领导者与业务领导者联合进行的经验报告向大家清晰地展示着，他们通过打造世界一流的技术组织，让目标、梦想和愿景的实现成为可能。

在《凤凰项目》的最后几页中，像《星球大战》中尤达大师一样的 Erik 做出这样的预测：技术不仅需要成为核心竞争力，还需要融入整个组织，贴近解决客户问题的地方。

看到这些预测正在变为现实真的令人振奋，我期待着技术能够帮助每个组织取得成功，并得到组织最高层的全力支持。

——Gene Kim

我将 DevOps 视为一场运动，身处其中的人们正在探索如何大规模地构建安全、快速变化、有弹性的分布式系统。早在多年前，开发人员、测试人员和系统管理员就已经播下了这颗运动的种子，随着数字化平台的迅猛增长，它才得以蓬勃发展。在过去的五年里，DevOps 已经变得随处可见。

一方面，我认为，作为一个社群，我们在这些年里学到了很多；另一方面，我也看到很多长期困扰技术行业的问题在不断重演，归结起来主要是实现持续的流程改进、架构演进、文化变革以及产生持久影响的团队合作都太困难了。把注意力放在工具和组织结构上似乎更简单——这些固然重要，但还远远不够。

自从本书第 1 版出版以来，我在美国联邦政府、一个四人创业公司和谷歌都应用过书中描述的实践方法。得益于 DevOps 社区，我有机会和世界各地的人讨论这些方法。我曾是 Nicole Forsgren 博士领导的团队中的一员（我很高兴她为第 2 版做出了贡献），这个团队在探索如何打造高绩效团队领域开展了世界领先的研究。

如果说我从中学到了什么，那就是高绩效始于领导层专注构建一个安全的环境，一个可以让不同背景、不同身份、不同经验和观点的人感到心理安全的环境，一个团队可以得到必要的资源、能力和激励来安全而系统地进行实验和学习的环境。

世界在不断变化和发展，组织和团队来来往往，但作为社区，我们有责任彼此关照，相互支持，并分享我们所学到的知识。这就是 DevOps 的未来，也是 DevOps 的挑战。我对社区，尤其是那些致力于创造心理安全环境，欢迎并鼓励不同背景的新人的人，表示最深切的感谢。我迫不及待地想知道你们将学到什么，将与我们分享什么。

——Jez Humble

起初，我只是将 DevOps 视为改善开发和运维间瓶颈的一种方式。自己创业后我才明白，公司中许多其他团队也会影响到这种关系。例如，当市场和销售过度承诺时，人力资源招聘的人总是不合适或者奖金设置不合理时，都会让关系更加紧张。我开始将 DevOps 视为一种在公司内部更高层次上寻找瓶颈的方式。

DevOps 这一术语首次被提出以来，我自己的定义的“DevOps”是：所有为克服“孤岛”间的摩擦所做的努力。其他的都只是工程技术上问题。

这个定义强调了仅仅构建技术是不够的，你需要刻意去解决摩擦点。一旦你改善了瓶颈，摩擦点就会转移。所以持续评估瓶颈至关重要。

实际上，组织不断优化流程和自动化，却无视导致瓶颈的其他摩擦点，才是如今的一个关键挑战。有趣的是，像 FinOps 这样的概念，加大了合作的压力，甚至推动了个人层面上的改进，以更好地理解和表达人们的需求和期望。对于大多数人和组织来说，那种超越流水线 / 自动化的更宏观的改进和思考才是真正困难的事。

随着我们的推进，我们将在 DevOps 的大伞下继续解决其他瓶颈。DevSecOps 就是一个很好的例子，瓶颈只是转移到了其他地方。我看到人们提到 DesignOps、AIOps、FrontendOps、DataOps、NetworkOps 等等，这些标签都是为了平衡关注点，以便人们记住需要考虑的事项。

终有一天，这个术语是否还叫 DevOps 将不再重要，组织需要不断优化的理念将成为自然。我希望未来大家不要再谈论 DevOps 这个术语，而是继续改进实践，因为这个术语的使用已经达到了饱和。

——Patrick Debois

大约十年前我结识了 Gene，他向我介绍了那本根据 Goldratt 博士的《目标》撰写的书——《凤凰项目》。那时我对运营管理、供应链和精益生产了解甚少。Gene 告诉我，他正在撰写另一本书，作为

《凤凰项目》的姊妹篇，这本书将更具指导性，并且我的好朋友 Patrick Debois 也参与其中。我立刻请求加入这个项目。最终有了本书。起初，我们主要关注最佳实践，而较少关注前面提到的基本概念。后来，Jez Humble 也加入进来，并对这部分进行了深入解读。

老实说，我花了十多年的时间才意识到运营管理、供应链和精益生产对 DevOps 产生的真正影响。随着我对 1950 至 1980 年间日本制造业发展历史的研究不断深入，我才意识到这段历史对当下知识经济在根源上的影响。事实上，现在制造业和知识经济之间似乎存在着一个有趣的默比乌斯环，自动驾驶汽车的生产就是一个很好的例子。其中，那些像 DevOps 这样的运动就是这个环的很好例证：将从制造业学到的知识应用到知识经济，再用回制造业。

如今的挑战之一是，大多数传统组织处于新旧两个阵营之间。过去他们的习惯具有历史性、系统性，并受僵化的资本市场力量所驱动。新兴领域的习惯，如 DevOps，大多与过去的习惯背道而驰。通常，组织会在两个阵营之间痛苦挣扎，就像两个板块发生碰撞时会形成俯冲带。这种碰撞会产生暂时的成功，最终使组织持续在成功与衰退间来回振荡。

值得庆幸的是，精益、敏捷、DevOps 和 DevSecOps 等运动的发展似乎有利于形成新兴领域的习惯。随着时间的推移，那些把拥抱新习惯作为真正的指导方针的组织往往更容易成功。

过去几年里的一个亮点是对技术的简化。尽管技术只是高绩效组织成功的三大主要原则之一（人员、流程、技术），但它确实能减少烦琐的工作，这也肯定没有坏处。

在过去的几年里，我们看到对传统基础设施的依赖减少了。除了云计算，越来越多的计算方式变得更加原子化。我们看到大型计算机构迅速转向基于集群计算和函数式计算，并越来越注重事件驱动架构（event-driven architecture，EDA）。这种极简风格的技术大大减轻了人员、流程、技术整体投入的工作量。对于更大型的传统组织而言，如果与前面提到的新兴习惯相结合，取得的成功将远超付出。

——John Willis

附　录

附录 1：DevOps 大融合

我们认为 DevOps 受益于各种管理运动惊人的融合中，这些运动相互加强，形成一个强大的联盟，帮助组织完成 IT 产品和服务的开发及交付方式的转型。

John Willis 将其称为“DevOps 大融合”。下面我们尽量按照时间顺序对这次大融合中的各种元素加以描述。(请注意，这里无法详尽描述各种思想，只为充分展示它们的发展及其之间不可思议的联系，这种发展与联系促使 DevOps 登上历史舞台。)

精益运动

精益运动始于 20 世纪 80 年代，是对丰田生产体系高度归纳的管理思想，旨在推广诸如价值流图、看板和全员生产维护等技术。

精益运动坚信两个主要原则：(1）前置时间（从原材料到成品所需的时间）是度量产品质量、客户满意度和员工幸福指数的最佳指标；(2）缩短前置时间的最佳方法是采用小批量生产，理论上的最佳状态是“单件流”(即“1 × 1 流”：库存为 1，批量为 1)。

精益原则聚焦于为客户创造价值——进行系统性思考，始终坚持目标，拥抱科学的思维，建立流动与拉取（而非推动）机制，从源头保障质量，谦逊式领导，尊重个体。

敏捷运动

敏捷宣言始于 2001 年，是由 17 位软件开发领域的领军人物共同起草的，旨在掀起一场推广轻量级软件开发方法（如 DP 和 DSDM）的运动，替代像瀑布式开发这样的重量级软件开发过程，以及像统一软件开发过程这样的方法论。

其中一个关键原则是“频繁地交付可用的软件，交付周期从数周到数月不等，周期越短越好”。另外还有两个原则，一个强调小规模、自组织的团队在高信任度的管理模式下工作的必要性，另一个强调小批量生产。敏捷还和一系列工具与实践方法相关，如 Scrum、每日站会等。

Velocity 大会

Velocity 大会始于 2007 年，由 Steve Souders、John Allspaw 和 Jesse Robbins 创办，旨在为 IT 运维和 Web 性能领域提供一个交流平台。在 2009 年的 Velocity 大会上，John Allspaw 和 Paul Hammond 发表了具有开创性意义的演讲“10 Deploys per Day: Dev and Ops Cooperation at Flickr”。

敏捷基础设施运动

在 2008 年的多伦多敏捷大会上，Patrick Debois 和 Andrew Shafer 主持了一场名为“birds of a feather”的研讨，提倡将敏捷原则应用于基础设施的管理（早期被称为“敏捷系统管理”）而不仅仅针对应用代码，旨在吸引更多志趣相投者，其中就包括 John Willis。之后，Debois 对 Allspaw 和 Hammond 的“10 Deploys per Day: Dev and Ops Cooperation at Flickr”演讲感到非常兴奋，于 2009 年在比利时根特创办了第一次 DevOpsDays 大会，并创造了“DevOps”这个词。

持续交付运动

基于持续构建、测试和集成的原则，Jez Humble 和 David Farley 将“持续”这一理念进一步延伸到了持续交付，通过“部署流水线”确保代码与基础设施始终处于可部署状态，所有提交到主干的代码均可安全地部署到生产环境。他们在 2006 年的敏捷会议上首次分享了这一理念，而 Tim Fitz 也在其题为“Continuous Deployment”的博客文章中独立发表了同一观点。

丰田套路运动

在 2009 年，Mike Rother 撰写了《丰田套路》，描述了他在丰田生产体系中探索近二十年的历程，以及对丰田生产体系的因果机制的系统化的理解。《丰田套路》描述了“在丰田成功实现持续改进和适应性背后，看不见的管理条例和思维方式……以及其他公司如何在其组织中形成类似的条例和思维”。

Mike Rother 得出的结论是，精益社区未能抓住其中最重要的实践，他称之为改善套路。他解释道，每个组织都有各自的日常工作流程，而丰田成功的关键因素是将改进工作融入组织中每个人的日常工作中。丰田套路采用了科学的解决问题的方法，持续迭代，循序渐进，追求共同的组织目标。

精益创业运动

2011 年，Eric Ries 创作了《精益创业：新创企业的成长思维》① 一书，总结了他在硅谷一家初创公司 IMVU 的经验教训，这些经验借鉴了 Steve Blank 的《四步创业法》② 和持续部署技术。Eric Ries

---

① 原版为 *The Lean Startup: How Today's Entrepreneurs Use Continuous Innovation to Create Radically Successful Businesses*，中文版由中信出版社于 2012 年出版。——编者注

② 原版为 *The Four Steps to the Epiphany*，中文版由华中科技大学出版社于 2012 年出版。——编者注

还整理了相关的实践和术语，包括最小可行产品、构建—测量—学习的循环以及许多持续部署的技术模式。

精益设计运动

2013 年，Jeff Gothelf 撰写了《精益设计：设计团队如何改善用户体验》[①] 一书。该书系统化阐述了如何改善"模糊前端"，解释了产品负责人如何构建商业假设、开展实验，并在投入时间和资源开发功能前获得信心。引入精益用户体验设计后，我们就拥有了优化从商业假设、功能开发、测试、部署到向客户交付的完整流程的工具。

加固计算运动

2011 年，Joshua Corman、David Rice 和 Jeff Williams 深入调查后发现，在软件研发生命周期的后期对应用程序和环境的安全加固是徒劳无功的。据此，他们提出了一种名为"加固计算"（rugged computing）的理念，试图界定稳定性、可扩展性、可用性、生存性、可持续性、安全性、支持性、可管理性和防御性等非功能性需求。

DevOps 提倡高发布频率，这会给 QA 和信息安全带来巨大的压力，因为当部署频率从每月或每季度一次提高到每天数百次甚至数千次时，两周的信息安全或 QA 工作周期就行不通了。加固计算运动认为，目前绝大多数信息安全措施对脆弱的软件系统的保护方法是毫无用处的。

附录 2：约束理论和长期存在的根本矛盾

约束理论的知识体系广泛探讨了创建核心冲突云（通常称为"C3"）的作用。图 B-1 显示了 IT 领域的冲突云。

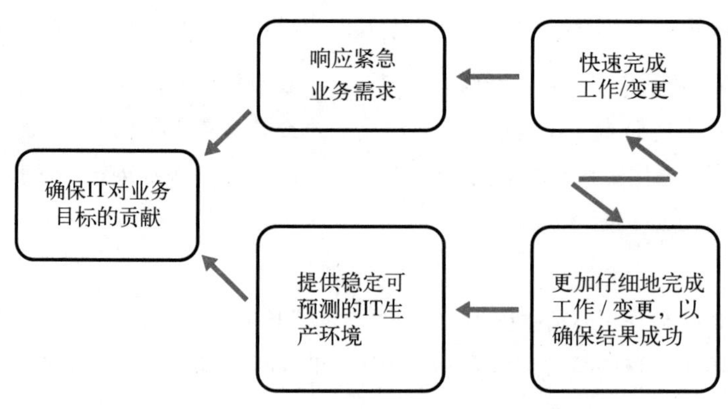

图 B-1　每个 IT 组织所面临的核心、长期冲突

① 原版为 *Lean UX: Applying Lean Principles to Improve User Experience*，中文版由人民邮电出版社于 2013 年出版，并于 2018 年出版第 2 版，详见 https://www.ituring.com.cn/book/1939。机械工业出版社于 2023 年出版第 3 版。——编者注

在 20 世纪 80 年代，制造业存在一个非常著名的核心、长期的冲突。每个工厂经理都有两个合理的商业目标：避免脱销和降低成本。问题是，为了避免脱销，销售部门自然会想到增加库存以确保始终能满足客户需求。而另一方面，为了降低成本，生产部门就会有意减少库存，确保资金不被在制品占用。

他们采用精益原则解决了这一冲突，比如缩减批量大小，减少在制品，缩短和加强反馈回路。最终工厂生产率、产品质量和客户满意度都得到显著提高。

DevOps 工作模式背后的原则与改变制造业的原则相同，通过优化 IT 价值流，我们将业务需求转化为为客户提供价值的能力和服务。

附录 3：恶性循环列表

《凤凰项目》中所描述的恶性循环如表 B-1 所示。

表 B-1　恶性循环

IT 运维人员的感受	开发人员的感受
脆弱的应用程序容易发生故障	脆弱的应用程序容易发生故障
定位问题需要很长时间	更紧急的、工期紧张的项目被放入队列中
监控形同虚设	更脆弱的代码（更不安全）被投入生产环境
恢复服务需要太长时间	发布版本越多，安装过程越混乱
太多的紧急“救火”和非计划工作	发布周期延长导致部署成本增加
紧急的安全修复和补救	大规模的部署失败难以定位问题
计划的项目工作无法完成	大多数资深 IT 运维人员没有时间来修复潜在的流程问题
客户因不满而流失	本可以帮助企业成功的工作被无限期搁置
市场份额下降	IT 运维、开发和设计之间的关系越来越紧张
企业未能兑现向华尔街做出的承诺	—
企业向华尔街做出更大的承诺	—

附录 4：交接和队列的危害

队列等待时长会随着交接次数的增加而延长，因为队列就是在交接过程中形成的。图 B-2 显示了等待时间与工作中心资源繁忙程度的关系。曲线显示了为什么一个“简单的 30 分钟的变更”通常需要数周才能完成——一旦特定的工程师和工作中心工作繁忙时，他们就会成为瓶颈。当工作中心满负荷运转时，任何需要经过它的工作都会滞留在队列中，如果没有人加急，这些工作就得不到处理。

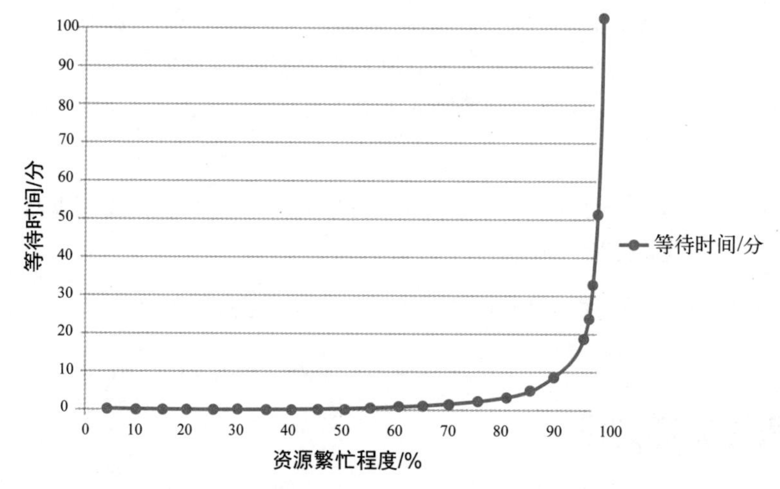

图 B-2　队列长度和等待时间与资源利用率的关系示意图

（来源：《凤凰项目》原书电子书版）

在图 B-2 中，横轴表示工作中心特定资源的繁忙程度，纵轴表示等待时间（或更准确地说，队列长度）。曲线的形状显示，在资源利用率超过 80% 时，等待时间会急剧攀升。

在《凤凰项目》中，Bill 和他的团队意识到这一点，对他们向项目管理办公室承诺的交付时间产生了毁灭性的影响。

> 我把 Erik 在 MRP-8 上讲的关于等待时间与资源利用率的关系告诉了他们：
>
> “等待时间是‘忙碌时间百分比’除以‘空闲时间百分比’。换句话说，如果一个资源 50% 时间忙碌，那么它就有 50% 的时间是空闲的。等待时间就是 50% 除以 50%，所以是 1 单位的时间，我们称其为 1 小时。
>
> “所以，平均而言，我们的任务在队列中等待 1 小时才会被处理。
>
> “另一方面，如果一个资源的利用率是 90%，等待时间就是 90% 除以 10%，即 9 小时。换句话说，任务在队列中的等待时间会是资源 50% 空闲时的 9 倍。”
>
> 我得出结论：“所以……对于凤凰任务，假设我们有 7 个交接步骤，每个资源都是 90% 的利用率，那么任务在队列中总共会花费 9 小时乘以 7 个步骤……”
>
> “什么？在队列中等待 63 小时？”Wes 难以置信地说道，“这不可能！”
>
> Patty 嘲笑地说：“哦，是啊。你是觉得打字只需要 30 秒，对不对？”

Bill 和团队意识到他们所谓的“简单 30 分钟任务”实际上需要经过 7 次交接（例如，服务器团队、网络团队、数据库团队、虚拟化团队，当然还有“摇滚明星”工程师 Brent）。

假设所有工作中心的忙碌度都是 90%，图 B-2 告诉我们，在每个工作中心的平均等待时间是 9 小时，因为工作必须经过 7 个工作中心，总等待时间是平均等待时间的 7 倍，即 63 小时。

换句话说，增值时间（有时称为过程时间）的百分比仅为前置时间的 0.79%（30 分钟除以 63 小时）。这意味着工作在前置时间的约 99.2% 里都处于队列中，等待被处理。

附录 5：工业安全的误区

几十年的复杂系统研究表明，人们的对策都是建立在几个误区基础上的。在“Some Myths about Industrial Safety”一文中，Denis Besnard 和 Erik Hollnagel 将这些误区总结如下。

- 误区 1：“人为错误是意外和事故发生的唯一原因。”
- 误区 2：“如果人们遵守既定的规程，系统就会安全。”
- 误区 3：“安全性可以通过设置障碍和保护措施得以提高。保护越多，安全性越高。”
- 误区 4：“事故分析可以找出事故发生的根本原因（‘真相’）。”
- 误区 5：“事故调查就是识别事实和原因之间的逻辑关系。”
- 误区 6：“安全的优先级最高，不容妥协。”

表 B-2 显示了误区与真相之间的区别。

表 B-2　误区与真相

误　　区	现　　实
祸起于人为错误	人为错误源于组织内部更深层次的系统性漏洞
陈述“人们应该怎样做”，是对失败的最好总结	陈述“人们应该怎样做”，并不能解释“为什么在当时他们觉得那样做才合理”
告诉人们更加小心，问题就会消失	只有不断寻找漏洞，组织才能增强安全性

附录 6：丰田安灯绳

很多人会问，如果安灯绳一天被拉动 5000 多次，那还能完成任何工作吗？准确地说，并不是每次拉动安灯绳都会导致整个生产线停工。相反，当安灯绳被拉动时，负责指定工作中心的团队领导有 50 秒的时间来解决问题。如果在 50 秒内问题没有解决，那么部分组装的车辆将越过地板上的一条线，生产线就会停止运行（见图 B-3）。

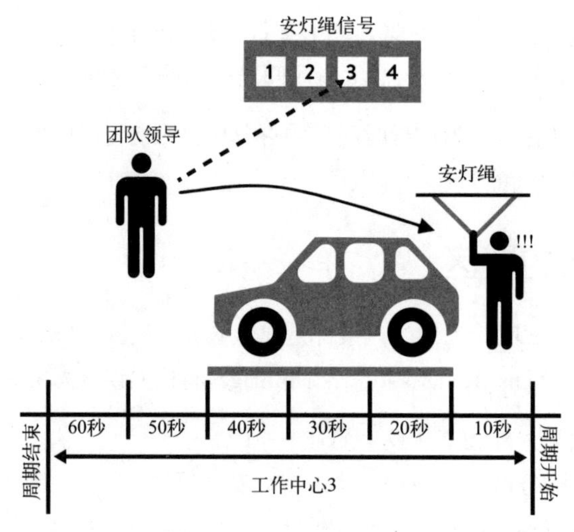

图 B-3 丰田安灯绳

附录 7：COTS 软件

目前，为了将复杂的 COTS 软件（如 SAP、IBM WebSphere、Oracle WebLogic）纳入版本控制，我们需要避免使用供应商提供的图形化的向导式点击操作模式的安装工具。为此，我们需要了解供应商安装程序的具体操作，在干净的服务器镜像上进行安装，对比文件系统，将添加的文件纳入版本控制。不随环境变化的文件被放在一个地方（如“基本安装”），而与环境相关的文件则区分目录存放（如“测试”或“生产”）。通过这样的方式，软件安装操作变成了一个版本控制操作，可视性、可重复性和安装速度都得到了提升。

我们还需要转换应用程序的配置，以便将其纳入版本控制。例如，我们可以将存储在数据库中的应用程序配置转换成 XML 文件，反之亦然。

附录 8：事后分析会议（回顾会议）

下面是事后分析会议的议程样本。

- 会议负责人或主持人首先声明，这是一个无问责的复盘会议，我们不会关注过去的事件，也不会推测“本应该”或“本可以”怎样。主持人可以宣读 Retrospective 网站上的“回顾基本指导原则”（Retrospective Prime Directive）。
- 此外，主持人提醒大家，任何对策都必须指派给特定责任人，如果纠正措施在会议结束时没能被列为高优先事项，那么它就不是纠正措施。（这是为了防止会议生成一份不会被实施的好点子清单。）

- 与会人员就事故的完整时间线达成一致意见，包括何时由谁检测到问题，如何发现问题（例如，自动监控、手工检测、客户通知我们），何时彻底恢复服务，等等。我们还需将事故发生期间所有的外部讨论按照时间线整合进来。
- 说到“时间线”，人们自然会联想到一系列顺序操作，展示我们调查问题并最终修复它的过程。实际上，在复杂的系统中，事故可能会涉及许多事件，并且我们在努力修复问题的过程中可能采取了许多故障排查路径和操作。在这个活动中，我们将记录所有这些事件和参与者的观点，并尽可能建立各种因果关系的假设。
- 团队列出所有导致事故的因素，包括人为因素和技术因素。然后，对其进行归类，例如“设计决策”“补救措施”“问题发现”等。团队使用头脑风暴和“infinite hows”等方式，对特别重要的诱因进行深入挖掘，以发现更深层次的诱因。所有的观点都应该被包容和尊重，禁止对别人指出的诱因进行争论或否认。对于事后总结的主持人来说，要确保这项活动的时间充足，确保团队不会试图进行收敛，例如试图找出一个或多个“根本原因”。
- 与会人员要对会后采取的纠正措施的最高优先级达成一致。对清单中所列出的措施需要集思广益，最终选择能防止问题再次发生，或能实现更快发现、恢复问题的那些措施。优化系统的改进方法也可以纳入其中。
- 我们的目标是识别能够实现期望结果的最小增量步骤，而不是“大爆炸”式的改变。后者不仅需要更长时间实施，还会拖延必要的改进。
- 我们还会单独生成一个低优先级的想法清单，并指定责任人。如果未来发生类似问题，这些想法可能成为制定未来对策的基础。
- 与会人员需要对事故指标及组织层面的影响达成一致意见。例如，我们可以选择以下指标来衡量事故。
    - 事件严重性：问题的严重程度。这直接关系到对服务和客户的影响。
    - 总停机时间：客户无法使用服务的时长。
    - 检测时间：发现系统出现问题所需时长。
    - 解决时间：发现问题后，恢复服务所需时长。

Etsy 的 Bethany Macri 发现：“无问责的复盘并不意味着没有人承担责任，而是希望找出在什么环境下允许执行变更，或是谁引入了问题。更大的背景是什么？……通过消除指责来消除恐惧，通过消除恐惧以获得诚实。”

附录 9：猿猴军团

在 2011 年 AWS 美国东部故障之后，Netflix 进行了许多关于如何自动处理故障的工程讨论。这些讨论逐渐演变成一个名为“混沌猴子”（Chaos Monkey）的服务。

此后，混沌猴子发展成一个完整的工具集，内部称为“Netflix 猿猴军团”（Netflix Simian Army），用于模拟不断升级的灾难性故障。包括：

- **混沌大猩猩**（Chaos Gorilla）：模拟整个 AWS 可用区的故障。
- **混沌金刚**（Chaos Kong）：模拟整个 AWS 区域的故障，如北美或欧洲区域。

猴子军团的其他成员包括：

- **延迟猴子**（Latency Monkey）：在 RESTful 客户端和服务器通信层引入人为延迟或停机，模拟服务退化，并确保依赖服务适当响应。
- **一致性猴子**（Conformity Monkey）：查找并关闭不符合最佳实践的 AWS 实例（例如，当实例不属于自动伸缩组，或者服务目录中没有升级工程师的电子邮件地址时）。
- **医生猴子**（Doctor Monkey）：利用在每个实例上运行的健康检查，查找不健康的实例，并在所有者没有及时修复根本原因时主动关闭它们。
- **保洁员猴子**（Janitor Monkey）：确保云环境没有杂乱和浪费，搜索未使用的资源并清理它们。
- **安全猴子**（Security Monkey）：一种一致性猴子的扩展，查找并终止存在安全违规或漏洞的实例，例如错误配置的 AWS 安全组。

附录 10：运行状态透明化

Lenny Rachitsky 如此论述他所谓“运行状态透明化”的好处：

> 通过运行状态透明化，你的支持成本将会降低，因为用户能够自行识别系统范围的问题，无须打电话或发送电子邮件给你的支持部门。用户不再需要猜测问题是本地问题还是全局问题，能够更快地找到问题的根本原因，避免向你抱怨。
>
> 利用互联网的广播优势，在宕机期间你可以更好地与客户进行沟通，而不是采用电子邮件和电话一对一通知。你不必重复传达相同的信息，节省时间用于解决问题。
>
> 为用户提供了一个明确的单一平台，用户遇到停机问题时，不必再浪费时间去搜索论坛、Twitter 或博客，只需要来这里就够了。
>
> 信任是所有 SaaS 服务成功的基石。客户把他们的业务和生计都押在了你的服务或平台上，已有的和潜在的客户都需要对你的服务充满信心。当你遇到问题时，他们有知情权。让客户实时了解意外事件是建立这种信任的最佳方式，隐瞒和孤立他们不是明智之举。
>
> 每个严肃的 SaaS 提供商在不久的将来都会提供公开的健康度仪表盘，用户有这样的要求。

致　谢

感谢我的妻子 Margueritte 和我的儿子 Reid、Parker 和 Grant，在过去的五年里容忍我处于疯狂写稿的“截止日期模式”。感谢我的父母帮助我在年轻时成为一个书呆子。感谢令人印象深刻的合著者们，以及 IT Revolution 团队，使这本书成为可能。特别感谢 Anna Noak 和 Leah Brown 在本书第 2 版中做出的所有杰出的工作！

我非常感激所有使第 1 版成为可能的人：John Allspaw（Etsy）、Alanna Brown（Puppet）、Adrian Cockcroft（Battery Ventures）、Justin Collins（Brakeman Pro）、Josh Corman（Atlantic Council）、Jason Cox（The Walt Disney Company）、Dominica DeGrandis（LeanKit）、Damon Edwards（DTO Solutions）、Nicole Forsgren 博士（Chef）、Gary Gruver、Sam Guckenheimer（微软）、Elisabeth Hendrickson（Pivotal Software）、Nick Galbreath（Signal Sciences）、Tom Limoncelli（Stack Exchange）、Chris Little、Ryan Martens、Ernest Mueller（AlienVault）、Mike Orzen、Christopher Porter（Fannie Mae 的首席信息安全官）、Scott Prugh（CSG International）、Roy Rapoport（Netflix）、Tarun Reddy（CA/Rally）、Jesse Robbins（Orion Labs）、Ben Rockwood（Chef）、Andrew Shafer（Pivotal）、Randy Shoup（Stitch Fix）、James Turnbull（Kickstarter）、James Wickett（Signal Sciences）。

我还要感谢为我们的研究提供他们精彩的 DevOps 故事的人，包括 Justin Arbuckle、David Ashman、Charlie Betz、Mike Bland、Toufic Boubez 博士、Em Campbell-Pretty、Jason Chan、Pete Cheslock、Ross Clanton、Jonathan Claudius、Shawn Davenport、James DeLuccia、Rob England、John Esser、James Fryman、Paul Farrall、Nathen Harvey、Mirco Hering、Adam Jacob、Luke Kanies、Kaimar Karu、Nigel Kersten、Courtney Kissler、Bethany Macri、Simon Morris、Ian Malpass、Dianne Marsh、Norman Marks、Bill Massie、Neil Matatall、Michael Nygard、Patrick McDonnell、Eran Messeri、Heather Mickman、Jody Mulkey、Paul Muller、Jesse Newland、Dan North、Tapabrata Pal 博士、Michael Rembetsy、Mike Rother、Paul Stack、Gareth Rushgrove、Mark Schwartz、Nathan Shimek、Bill Shinn、JP Schneider、Steven Spear 博士、Laurence Sweeney、Jim Stoneham、Ryan Tomayko。

我非常感激以下评论者给我们提供了极好的反馈，这些反馈成就了这本书：Will Albenzi、JT Armstrong、Paul Auclair、Ed Bellis、Daniel Blander、Matt Brender、Alanna Brown、Branden Burton、Ross Clanton、Adrian Cockcroft、Jennifer Davis、Jessica DeVita、Stephen Feldman、Martin Fisher、

Stephen Fishman、Jeff Gallimore、Becky Hartman、Matt Hatch、William Hertling、Rob Hirschfeld、Tim Hunter、Stein Inge Morisbak、Mark Klein、Alan Kraft、Bridget Kromhaut、Chris Leavory、Chris Leavoy、Jenny Madorsky、Dave Mangot、Chris McDevitt、Chris McEniry、Mike McGarr、Thomas McGonagle、Sam McLeod、Byron Miller、David Mortman、Chivas Nambiar、Charles Nelles、John Osborne、Matt O'Keefe、Manuel Pais、Gary Pedretti、Dan Piessens、Brian Prince、Dennis Ravenelle、Pete Reid、Markos Rendell、Trevor Roberts, Jr.、Frederick Scholl、Matthew Selheimer、David Severski、Samir Shah、Paul Stack、Scott Stockton、Dave Tempero、Todd Varland、Jeremy Voorhis、Branden Williams。

还有一些人带我体验了利用现代工具链写作的奇妙感受：Andrew Odewahn（O'Reilly Media）让我们使用了精彩的 Chimera 审阅平台，James Turnbull（Kickstarter）帮我创建了我的第一个出版渲染工具链，Scott Chacon（GitHub）为作者团队开发了 GitHub Flow。

——Gene Kim

创作这本书对 Gene 来说是一份爱的劳动。能够与 Gene 和其他作者 John、Patrick、Todd、Anna、Robyn，以及 IT Revolution 的编辑和制作团队一起工作，是一种巨大的荣幸和乐趣。我还要感谢 Nicole Forsgren，我和她与 Gene、Alanna Brown、Nigel Kersten 在 Puppet Labs/DORA 的《DevOps 现状报告》上的合作，在开发、测试和完善这本书中发挥了重要作用。我的妻子 Rani 和我的两个女儿 Amrita、Reshmi 在我写这本书期间给予了我无限的爱和支持，在我生活的每个部分都是如此。谢谢你们，我爱你们。最后，我感到非常幸运，能成为 DevOps 社区的一员，这个社区的成员几乎无一例外地践行着同情和尊重学习的文化。感谢每一个人。

——Jez Humble

我要感谢那些一起经历这段旅程的人，非常感激你们所有人。

——Patrick Debois

首先，我要感谢我圣女般的妻子容忍我疯狂的职业生涯。我从合著者 Patrick、Gene 和 Jez 身上学到了很多，这需要另一本书来表达。在我的旅程中，其他对我有重要影响、为我指明方向的人是 Mark Hinkle、Mark Burgess、Andrew Clay Shafer 和 Michael Cote。我还要向 Adam Jacob 表示感谢，他在 Chef 雇用了我，并给了我在早期探索我们所谓的 DevOps 的自由。最后同样需要感谢我的合作伙伴，我的 DevOps Cafe 合作主持人 Damon Edwards。

——John Willis

我感激 Jez 和 Gene，他们在《DevOps 现状报告》（以及后来的 DORA）上的合作，提供了一个美妙的研究环境，为我们的工作奠定了基础。这个合作中，Alanna Brown 的见解尤为重要，她领导了这个倡议，我们得以在最初的几份报告中与她合作。我始终感激那些相信女性，并相信女性的雄心、想法和观点的人。我生活中的一些值得一提的人是我的父母（对不起，给你们带来了压力！）、我的论文导师 Suzie Weisband 和 Alexandra Durcikova（你们给我和我的转型带来机会，向你们表示爱和敬意）、Xavier Velasquez（你一直相信我的计划会奏效），当然还有我的女性好友团（谢谢你们的爱与支持，谢谢你们给我发泄的空间，省得我在我的 Twitter 时间线上发泄）。最后，一如既往，谢谢我的无糖可乐。

——Nicole Forsgren

关于作者

吉恩·金（Gene Kim）是畅销书作者、研究员、斩获多项大奖的首席技术官及 IT Revolution 的创始人。他的著作包括《凤凰项目》《独角兽项目》《加速》。他是 DevOps 企业峰会的创始人和组织者，专注于研究大型复杂组织的技术转型。

耶斯·亨布尔（Jez Humble）与他人合著了几本关于软件的畅销书，包括 Jolt 奖获奖作品《持续交付》和 Shingo 出版奖获奖作品《加速》。他在谷歌工作，同时在美国加州大学伯克利分校任教。

帕特里克·德布瓦（Patrick Debois）是 Snyk 的 DevOps 关系总监兼顾问。他通过在开发、项目管理和系统管理中运用敏捷技术，弥合项目和运营之间的鸿沟。

约翰·威利斯（John Willis）是 Red Hat 全球转型办公室的高级总监。他在 IT 管理行业工作超过了 35 年。他是 *Beyond The Phoenix Project* 的作者之一，也是 Profound 播客的主持人。

妮科尔·福斯格伦（Nicole Forsgren）博士是微软研究院的合伙人，领导开发者速度实验室。她是 Shingo 出版奖获奖图书《加速》的作者之一，以在迄今为止最大的 DevOps 研究中担任首席调查员而闻名。她曾是一位成功的企业家（企业后来被谷歌收购）、教授、性能工程师和系统管理员。她的作品已发表在多个同行评审期刊上。